LUFTFAHRT-LEHRBÜCHEREI

Band 1

Die Wartung des Flugzeuges

von

Fliegerstabsing. H. Grube / Fliegerstabsing. G. Ulsmann
Dipl.-Ing. K. A. Schmidt / Fliegerstabsing. H. Zacharias
Fliegerstabsing. B. Klinker / Fliegerhaupting. P. Funk

Mit 236 Abbildungen und mehreren Tabellen

1941

Dr. M. MATTHIESEN & CO. / BERLIN SW 68

Druck: Dr. M. Matthiesen & Co. / Berlin SW 68

Inhaltsverzeichnis

Einleitung

Es gibt drei Arten von Wartungsarbeiten.

Die eine Art von Arbeiten am Flugzeug ist **vor bzw. nach jedem Flugtag** zu erledigen. Hierher gehört die Erledigung der aufgetretenen Beanstandungen, das Tanken, das Verankern usw.

Eine andere Art von Arbeiten, wie z. B. das Abschmieren, hängt von der Abnutzung des Flugzeuges im Flugbetrieb ab. Die **Arbeiten** sind also **nach bestimmten Flugstunden** zu leisten.

Eine dritte Art von Arbeiten wird durch die Zeit bestimmt. Hierunter fallen vor allem die **Arbeiten, die der Pflege der Konservierung dienen.**

Um die Wartungsarbeiten bei den Flugzeugen, Motoren, Geräten usw. ungefähr aufeinander abstimmen zu können, hat man die 12½-Stunden-Einteilung gewählt. Das ist 1/16 der Teilüberholungszeit von Flugzeugen, die bei den meisten Mustern nach 200 Stunden erfolgt.

Die 12½-Stunden-Grenze soll ein ungefährer Anhaltspunkt sein. Die Arbeiten, die nach 12½, 25, 37½ usw. Stunden auszuführen sind, brauchen nicht auf die Minute genau nach Ablauf dieser Flugstunden zu erfolgen. Sie können je nach dem Einsatz des Flugzeuges früher oder später ausgeführt werden. Die Störungen, die in den folgenden Kapiteln aufgezählt werden, sind auch nicht genau nach 12½ bzw. 25 usw. Flugstunden aufgetreten.

Für die neueren Flugzeugmuster gibt es besondere Wartungskarten, auf welchen alle Arbeiten angegeben sind, die an dem betr. Muster nach bestimmten Flugstunden auszuführen sind. Für die älteren Muster sind derartige Karten nicht mehr erforderlich, weil die Flugzeuge in ihrem Aufbau einfacher sind (kein Einziehfahrwerk, keine Landeklappen) und weil die Störungsmöglichkeiten und Besonderheiten dem Wartungspersonal bereits genügend bekannt sind.

Beispiel einer Zeitkarte als Wartungsvorschrift für ein neueres Flugzeugmuster:

Allgemeine Wartungsarbeiten

1. **Flugzeug gründlich reinigen und ausbessern, Korrosionsschäden beseitigen.**
2. **Flügel der Luftschrauben mit Vaseline säubern und schützen.**

3. Bei längerem Abstellen Motor mindestens wöchentlich 6 volle Kurbelwellenumdrehungen durchdrehen. Schnellstoppvorrichtung ziehen!
4.
5.

Wartungsarbeiten vor dem Fluge

6. Bei Einsatzflügen Waffenwart benachrichtigen.
7. Überzeugen, ob zulässiger Reifen- und Federbeindruck vorhanden ist.
8. Abdecken und Verankerung lösen
9. Überzeugen, ob Kraftstoff, Schmierstoff und Kühlstoff getankt ist.
10. Überzeugen, ob Ölstand im Vorratsbehälter der Bremsanlage und der hydraulischen Fahrwerksanlage genügt.
11. Bordnetz einschalten, Sammlerspannung prüfen und Bordnetz wieder ausschalten.
12. Heizspannung des Edisonsammlers prüfen.
13. Zielfluggerät auf sauberes Arbeiten prüfen.
14. Überzeugen, ob Manometer der Druckluftanlagen nach Vorschrift anzeigt.
15. Vor jedem befohlenen Höhenflug Sauerstoff auffüllen, Leitungen auf Dichtigkeit prüfen und Funktionsprüfung der Geräte vornehmen.
16. Anschnallgurte und Scherenzungenverschlüsse prüfen.
17. Feststellvorrichtungen entfernen, Bremsklötze vorlegen, Startfeuerlöscher bereitstellen.
18. Die Steuerung auf Gängigkeit prüfen.
19. Triebwerkgestänge für die Handbetätigung auf einwandfreien Gang prüfen.
20. Anlassen, warmlaufen lassen und abbremsen.
    Achtung! Bei Kaltstartverfahren besondere Vorschrift beachten.
21. Bremsklötze wegnehmen.
22.
23.

Wartungsarbeiten nach dem Fluge

24. Tanken von Kraftstoff, Schmierstoff und Kühlstoff.
    Achtung! Bei Kaltstartverfahren besondere Vorschrift beachten.
25. Überprüfen der Steuerung durch Bewegung der Steuersäule und der Fußhebel.
26. Feststellen der Ruder, dabei Festsitz der Ruder durch Schütteln prüfen.
27. Flugzeug verankern.
28. Äußere Besichtigung auf evtl. Schäden, Falten an den Flächen, Festsitz der Klappen, Höhenflosse usw.
29. Leitungen der Triebwerksanlage auf Dichtigkeit nachsehen.

30. Schmierstoff-Filter durch mehrmaliges Betätigen des Handhebels zur Ratsche reinigen.
31. Leitungen der Hydraulik auf Dichtigkeit prüfen; Ölstand im Behälter der Bremsanlage prüfen.
32. Flugzeug abdecken (bei Sonnenschein aufdecken und belüften).
33. Bereifungen auf Beschädigung prüfen.
34. Kohlebürsten der Bordnetzgeneratoren bei Flügen über 4000 m Höhe kontrollieren.
35. Säubern des Flugzeuges mit den vorgeschriebenen Reinigungsmitteln.
36.
37.

Wartungsarbeiten nach je 12½ Stunden

38. Prüfen gemäß Vorschrift der Wartung nach dem Fluge.
39. Schrauben der Spaltverkleidungen, Tankabdeckbleche, Klappen usw. auf Festsitz prüfen.
40. Spaltfilter der hydraulischen Anlage durch 3- bis 4-maliges Drehen des Handgriffes reinigen.
41. Genaue Untersuchung der Nieten am Flächenanschluß auf Festsitz.
42. Vorflügel auf Festsitz prüfen. (Achsiales Spiel besonders beachten.)
43. Befestigungsschrauben für den Sockel der Einspritzpumpe prüfen.
44. Kraftstoff-Filter reinigen.
45. Zündkerzen reinigen und prüfen.
46. Gasdrossel- und Reglergestänge sowie Drosselklappenwellen ölen.
47. Luftschraube auf Festsitz prüfen.
48. Schmierstoffilterkontrolle.
49. Falls bei fabrikneuen oder grundüberholten Motoren Metallabrieb oder Bearbeitungsspäne im Schmierstoff-Filter festgestellt werden, ist ein sofortiger Schmierstoffwechsel vorzunehmen.
50. Schmierstoff am Gemischregler für die Einspritzpumpe auffüllen.
51. Kühlwasserpumpe mit Kalypsol abschmieren.
52. Fahrwerk abschmieren.
53.
54.

Wartungsarbeiten nach je 25 Stunden

55. Wartungsarbeiten gemäß Vorschrift der 12½-Stunden-Kontrolle durchführen.
56. Steuerungs- und Leitwerkslager abschmieren.
57. Steuerzüge auf Vorspannung prüfen.
58. Trimmspindel auf Spiel im Gewinde prüfen (Höhenflosse).
59. VDM-Verstellgetriebe durch den Schmiernippel am Nabenhals mit Spezialfett VII. 42 blau abschmieren.

60. Elektrische Stellungsanzeiger der VDM-Luftschraube durch Übereinstimmung mit den mechanischen Stellungsanzeigern überprüfen.
61. Allgemeine Prüfung des Askania-Horizontes.
62. Nachprüfung der Gemischreglereinstellung.
63. Steuerung abschmieren.
64.

Wartungsarbeiten nach je 50 Stunden

65. Wartungsarbeiten gemäß Vorschrift der 25-Stunden-Kontrolle durchführen.
66. Kompressionsprobe für jeden Zylinder durchführen.
67. Ventilkontrolle.
68. Flügeleinstellung der VDM-Verstelluftschraube nachprüfen.
69. VDM-Sperrstift im Motorgetriebe prüfen und neu mit Graphitpaste VDM 43 einreiben.
70. Kohlebürsten der Generatoren auf Abnutzung prüfen.
71. Kupplungsgestänge des Bosch-Anlassers auf Gängigkeit kontrollieren.
72.
73.

Wartungsarbeiten nach je 100 Stunden

74. Wartungsarbeiten gemäß Vorschrift der 50-Stunden-Kontrolle durchführen.
75. Motor-Teilüberholung.
76. VDM-Luftschraube, Schneckengetriebe abschmieren. Deckel an dem Schneckenfenster abnehmen und Spezialfett VDM 42 blau einfüllen.
77.
78.

Wartungsarbeiten nach je 14 Tagen

79. Reifen- und Federbeindrücke prüfen.
80. Funktionsprüfung des Bordnetzes einschl. sämtlicher Stromverbraucher. Die elektrische Betätigungs-, Überwachungs- und Warnanlagen für das Fahrwerk werden bei Fahrwerkskontrolle geprüft.
81. Kennlichter auf Beschädigung und Verschmutzung prüfen.
82.
83.

Wartungsarbeiten nach je 1 Monat

84. Traggurte der Kraft- und Schmierstoffbehälter prüfen.
85. Fallschirme packen.
86. Schlauchboote aufpumpen und mit Talkum bestreuen.
87. Aufhängung der FT-Rahmen prüfen.

88. Peilrahmenstand (Gleichlauf mit Peiltochterkompaß) kontrollieren.
89. FT-Leitungen kontrollieren. Die wichtigsten Spannungen, Fest- und Schleppantenne einschl. der Stab- und Dipolantennen in bezug auf mechanische Festigkeit, Isolation und Verschmutzung prüfen. Behebung von Korrosionserscheinungen.
90. Ausführliche Bodenprüfung unter Berücksichtigung der gesamten FT-Anlage einschl. Peilanlage, evtl. auch der Blindlandeanlage durchführen.
91. Askania-Horizont prüfen.
92. Bordnetzsammler in Ladewerkstatt prüfen und aufladen.
93. Kohlebürsten auf Abnützung prüfen bei elektromotorischen Antrieben für Schwungkraftanlasser, Luftschraubenverstellung, Klappenverstellung, Kraftstofförderpumpen, Umformer von FT-Anlage, Fernkompaßanlage.
94. Isolationsmessungen des Bordnetzes.
95. Zündanlage prüfen.
96. Sämtliche elektrischen Leitungen auf Scheuerstellen und Korrosionen prüfen.
97.
98.

Wartungsarbeiten nach je 2 Monaten

99. Höhenmesseranlage prüfen.
100. Sämtliche Dosengeräte einschl. Leitungen auf Dichtigkeit prüfen.
101.
102.

Wartungsarbeiten nach je 3 Monaten

103. Flugzeug kompensieren.
104. Schwimmwesten auf Dichtigkeit prüfen.

Wartungsarbeiten nach je 25 Starts

107. Fahrwerk säubern, einfahren, ausfahren und abschmieren.
108. Bremsprobe der Laufräder vornehmen.
109.
110.
111.
112.

Besondere Prüfungen

113. Nach 200 Stunden bzw. nach Düsen- oder Staurohrwechsel ist ein Geschwindigkeitsmeßflug durchzuführen.

114. Nach Motorwechsel oder nach 6 Monaten ist eine Funkbeschickung durchzuführen.
115. Nach 1 Jahr sind Zelle, Motor und Fallschirm neu zuzulassen.
116. Nach 1 Jahr sind die Flaschen der Schwimmwesten abzudrücken.
117. Nach 2 Jahren ist bei den Sauerstoff-Leichtmetallflaschen (Bondur) Druckprüfung vorzunehmen.
118. Nach 5 Jahren sind die Sauerstoff-Stahlflaschen zu ersetzen.
119.
120.

(In jedem Absatz sind mehrere Punkte freigelassen. Hier können Arbeiten eingetragen werden, die sich bei dem betr. Flugzeugmuster im Laufe des Betriebs noch ergeben sollten.)

Erster Abschnitt
Die Wartung des Flugwerks (Zelle)

I. Arbeiten unmittelbar vor und nach dem Flug

1. Verankern und Rollen

Die Wartung des Flugzeuges beginnt mit seiner Übernahme von der fliegenden Besatzung und der Entgegennahme der Beanstandungen, die während des Fluges aufgetreten sind.

Handelt es sich um ein Flugzeug, das werkneu vom Hersteller oder von einem anderen Halter übernommen worden ist, dann kommt es in die Werft, um zunächst von der Prüfgruppe noch einmal einer eingehenden Prüfung auf seinen Betriebszustand unterzogen zu werden. Ein bereits im Flugbetrieb befindliches Flugzeug wird dagegen, wenn keine Beanstandungen vorliegen, die seinen Transport in die Werft nötig machen, in die Halle geschafft oder zu seinem Abstellplatz gerollt und dort verankert.

Befindet sich das Flugzeug beim Verlassen durch die Besatzung noch auf dem Rollfeld, dann wird es zweckmäßig mit eigener Kraft bis zu seinem Abstellplatz bzw. zum Hallen-Vorfeld gerollt. **Ein Vorrollen bis an die Hallentore oder gar in die Halle hinein ist keinesfalls zulässig.**

Zum Rollen eines Flugzeuges ist nur der Inhaber eines Rollscheines berechtigt.

Nach dem Anlassen der Motoren überzeugt man sich zunächst, ob die Landeklappen in Nullstellung sind, weil angestellte Klappen durch Wasser oder Steinschlag beschädigt werden können (s. Abb. 1 und 2).

Bei größeren Flugzeugen hat ein Mann das Flugzeug einzuwinken. Kleinere Flugzeuge müssen von einem Mann am Flächenende geführt werden; und zwar mit entsprechender Vorsicht, da kleinere Flugzeugmuster an den Flächenenden zwar auf Luftkräfte, nicht aber auf übergroße Handkräfte berechnet und gebaut sind.

Das Höhenruder wird angezogen und so viel Gas gegeben, daß das Flugzeug etwa mit Schrittgeschwindigkeit rollt. Nur bei geringer Geschwindigkeit ist die Gewähr gegeben, daß ein Flugzeug beim Versagen der Bremsen vor einem Hindernis rechtzeitig zum Halten gebracht werden kann. Die Bremsen dürfen beim Rollen möglichst wenig benutzt werden,

Abb. 1. Beim Rollen durch Eis und Schnee zerstörte Landeklappe eines He 111 Flugzeuges.

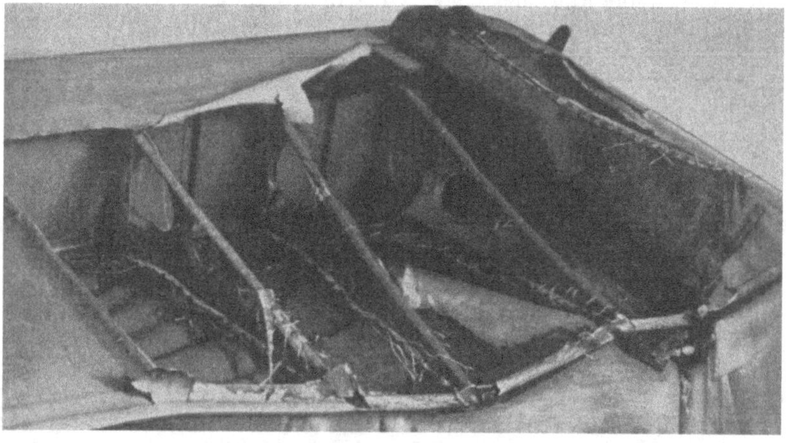

Abb. 2. Durch Eisschlag zerstörte Landeklappe eines Bf 110 Flugzeuges.

um übermäßiges Erwärmen der Bremstrommeln und damit zu starke Erhitzung der Bereifung (Platzen der Reifen) zu vermeiden.

Man kann fast alle Kurven bei einmotorigen Flugzeugen mit dem Seitenruder, bei mehrmotorigen mit den Seitenmotoren ausführen. Der engste Kurvenradius soll immer noch so groß sein, daß das Flugzeug sich um die innere Flächenspitze dreht. Keinesfalls darf es vorkommen, daß das innere Rad so stark abgebremst wird, daß sich das Flugzeug um dieses Rad dreht. Denn dadurch wird der Reifen des betr. Rades stark abgenutzt, er kann sogar von der Felge abgewürgt werden und platzen.

Abb. 3. Zusammenstoß einer Ju 52 mit einem Zelt. Die Ju 52 rollte bei großer Geschwindigkeit mit ihrer linken Fläche gegen ein Flugzeugzelt. Sie schwenkte herum und stieß mit ihren drei Motoren gegen die Zeltwand. Ein abgerissener Tragflächenendkasten, ein abgerissenes Querruder und drei verbogene Luftschrauben und Motorverkleidungen waren das Ergebnis zu leichtfertigen Rollens.

Vor zu schnellem Rollen kann nicht dringend genug gewarnt werden. Die meistenteils gute Wirkung der Bremsen darf nicht dazu verleiten, Rollfähigkeit und Wendigkeit eines Flugzeuges zu überschätzen. Ein Versagen der Bremsen kann bei der Ju 52 z. B. durch Undichtwerden der Bremsventile und vorzeitige Erschöpfung des Preßluftvorrates eintreten. Außerdem kann beim Rollen über nasse Grasnarbe die Wirkung der Bremsen dadurch zunichte gemacht werden, daß die blockierten Räder auf dem nassen Gras rutschen.

Die Abbildung 3 zeigt die Folgen von unsachgemäßem Rollen. Das Bild soll dem Wart immer vor Augen halten, welche Verantwortung er beim Rollen trägt und welche Schuld er durch disziplinloses Verhalten auf sich laden kann.

An der Grenze des Hallenvorfeldes werden der bzw. die Motoren nach genügend langem Leerlauf zwecks Abkühlung abgestellt und das Flugzeug in die Halle geschoben. Kleinere Flugzeuge haben am Rumpfende Griffe, mit deren Hilfe sie angehoben werden können (s. Abb. 4). Bei anderen Flugzeugen kann man eine Stange durch das Rumpfende stecken und es durch zwei oder drei Leute anheben.

Abb. 4. Aufgebocktes Rumpfende eines Bü 131 Flugzeuges. Die Aufschriften und Pfeile zeigen an, wo das Rumpfende anzufassen und zu unterbocken ist. Zu seiner Prüfung sind die Verkleidungen abgenommen, eine Rumpfklappe und die Verschnürung unter dem Rumpf geöffnet. Die Rudertrimmkante des Seitenleitwerks ist auf der Erde durch Verbiegen, die Rudertrimmkante des Höhenruders im Fluge verstellbar.

Abb. 5. Die Heuschrecke unter einem Flugzeug He 45. Rechts das Rumpfende des Flugzeuges mit Sporn und Spornpilz. Rechts vom Sporn im Rumpfende das Loch für das Durchsteckrohr zum Anheben des Rumpfes. Die Heuschrecke ist heruntergekurbelt. Ganz links zwischen den Handgriffen die Kurbel zum Hochwinden. Darüber ist die Sperre zum Verriegeln der Kurbel. Unten die Stange zum Einhängen in den Trecker.

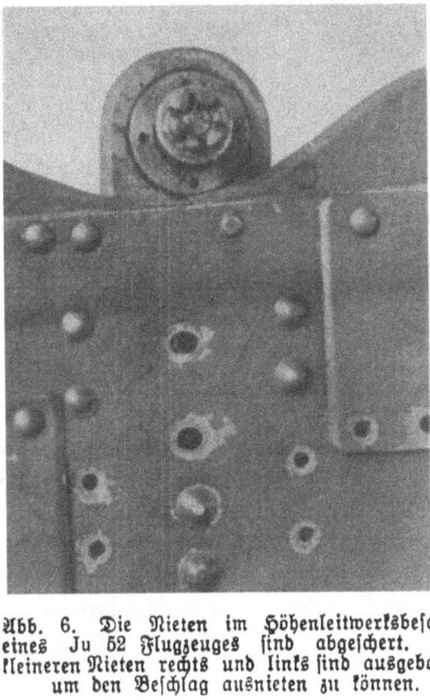

Abb. 6. Die Nieten im Höhenleitwerksbeschlag eines Ju 52 Flugzeuges sind abgeschert. Die kleineren Nieten rechts und links sind ausgebohrt, um den Beschlag ausnieten zu können.

Größere Muster werden mit Hilfe der **Heuschrecke** fortbewegt. Der Sporn trägt dazu einen Spornpilz (Abb. 5).

Beim Hineinschieben des Flugzeuges in die Halle muß unbedingt darauf geachtet werden, daß nicht an falschen Stellen, wie z. B. an den Querrudern, an Landeklappen oder gar an den Vorflügeln gezogen oder geschoben wird. Derartige Bauteile sind bei einigen Flugzeugen durch Aufschrift gekennzeichnet.

In Abb. 6 ist der Beschlag am Höhenleitwerk eines Ju 52-Flugzeuges zu sehen, bei dem sich die Nieten vermutlich dadurch gelockert haben, daß man einseitig gehoben oder geschoben hat.

Abb. 7. Abschleppöse am Fahrwerk eines He 111 Flugzeuges.

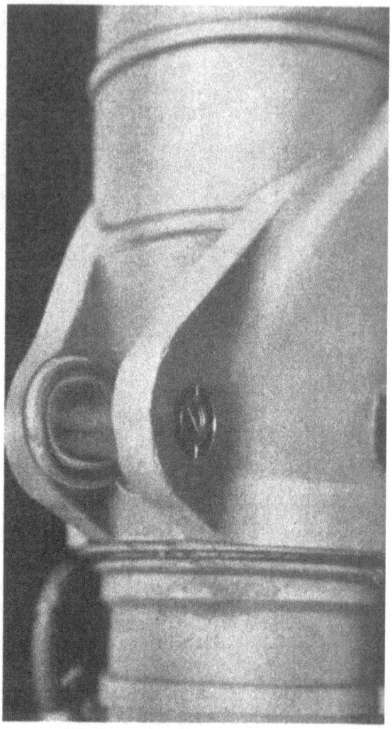

Abb. 8. Abschleppöse am Fahrwerk eines Ju 88 Flugzeuges.

Abb. 9. Abschleppen eines Do 17 Flugzeuges mit Hilfe eines Treckers.

Das Abschleppen größerer Flugzeuge geschieht mit Hilfe eines Treckers. Zu diesem Zweck sind an den Fahrwerken Abschleppösen angebracht (s. Abb. 7 und 8). Abb. 9 zeigt das Abschleppen eines Flugzeuges. Dabei ist zu beachten, daß jedes Abschleppseil mindestens 6 m lang ist und daß immer an beiden Fahrwerken, niemals an einem allein geschleppt wird. Da der Trecker an einem Seil schleppt, könnte das Flugzeug an abschüssigen Stellen oder beim Halten des Treckers durch Auflaufen beschädigt werden. Der Führersitz ist daher mit einem Mann zu besetzen, der die Bremsen bedient.

An der Spornrolle oder ihrem Drehgelenk kann eine Deichsel befestigt werden, an der ein Mann das Flugzeug zu führen hat (s. Abb. 10). Bei einigen Flugzeugmustern kann der Sporn zur Vermeidung des Ausbrechens bei Start und Landung vom Führerraum aus in der Mittellage festgestellt werden. Bei anderen ist eine Feststellmöglichkeit am Sporn selbst vorhanden, um zu vermeiden, daß er sich bei abgestelltem Flugzeug unter Einwirkung des Winddruckes bewegen kann. Diese Verriegelungen müssen vor Beginn des Rollens und Abschleppens gelöst werden.

Abb. 10.

Abb. 11. Sporn eines Go 145 Flugzeuges, dessen Spornpilz durch zu heftiges Anfahren mit dem Trecker ausgerissen wurde.

Es versteht sich von selbst, daß ein ruckweises Anfahren des Treckers auf jeden Fall vermieden werden muß, damit nicht Überbeanspruchung des Fahrgestells zum Bruch eines Bauteils führt. Abb. 11 zeigt, wie durch ruckartiges Anfahren der Spornpilz aus einem Sporn ausgerissen wurde.

2. Aufbocken

Müssen bei einem Flugzeug Arbeiten am Fahrwerk vorgenommen werden, dann ist es erforderlich, das Flugzeug aufzubocken. Hierfür befinden sich auf der Unterseite des Rumpfes oder der Tragflächen Kugelpfannen, unter die Spindelböcke gestellt werden (Abb. 12).

Abb. 12. Spindel zum Aufbocken eines Flugzeuges He 111. Das Aufbocken geschieht hier in der Halle. Wenn es auf nicht betoniertem Grund erfolgt, müssen zunächst einige Bohlen untergelegt und dann die Spindel mit Hilfe des Lotes senkrecht gestellt werden. Der rechte Motor ist durch eine Abdeckplane abgedeckt.

Bei derartigen Arbeiten muß unbedingt darauf geachtet werden, daß die Spindelböcke genügend standfest sind und genau senkrecht stehen. Um das Senkrechtstehen der Böcke prüfen zu können, befindet sich an jedem Bock ein Lot.

Außer mit Spindelböcken können Flugzeuge auch mit Hißgeschirren angehoben werden. Tragflächen oder Rumpf haben bei den meisten Mustern Beschläge, in die das Hißgeschirr eingepickt wird. Das Hißgeschirr selbst befindet sich im Werftsatz des betreffenden Flugzeugmusters.

Soll das Rumpfende aufgebockt werden, dann sind bei kleineren Flugzeugen, wie bereits oben erwähnt, Handgriffe bzw. eine Vorrichtung zum Durchstecken einer Stange vorhanden. Das Unterbocken des Rumpfes darf nur an Stellen vorgenommen werden, die festigkeitsmäßig für diese Last berechnet sind. Das sind bei Rümpfen aus Stahlrohr die Knotenpunkte, bei denen die Längsholme mit den Spanten und Diagonalversteifungen zusammentreffen. Bei Rümpfen aus Leichtmetall sind es die Spanten.

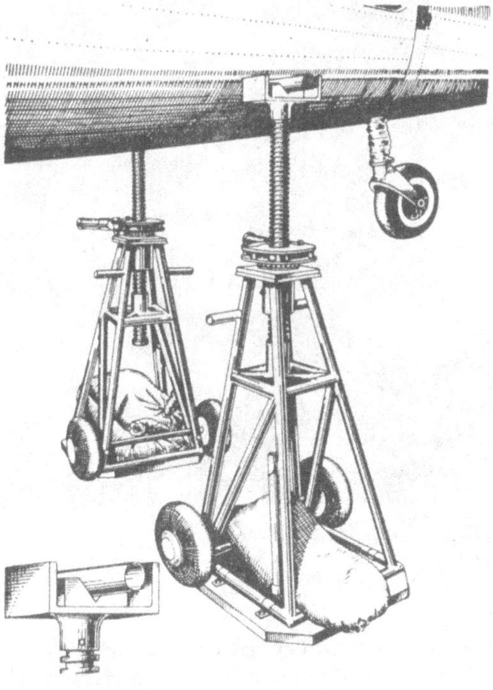

Abb. 13. Aufgebocktes Rumpfende. Erklärung im Text.

Viele Muster haben außer dem normalen Sporn einen Notsporn, der beim Bruch des Spornes das Rumpfende und vor allem das Leitwerk vor zu großen Beschädigungen schützen soll. Auch auf diesem Notsporn kann das Rumpfende aufgebockt werden.

Abb. 13 zeigt das Rumpfende eines Flugzeuges. Durch den Rumpf ist eine Stange gesteckt, die selbst wieder auf zwei Spindelböcken liegt. Die Böcke (die Ausführungsart ist etwas anders als auf Abb. 12) sind zur Erhöhung der Standfestigkeit mit Sandsäcken beschwert. Im vorliegenden Fall ist vergessen worden, das Rumpfende zu beschweren.

Größere Flugzeuge hebt man mit dem Hubgerät „Herkules" an (s. Abb. 14).

Unmittelbar nach dem Aufbocken muß das Rumpfende durch Auflegen von Sandsäcken oder Anhängen von Gewichten beschwert werden, um zu vermeiden, daß das Flugzeug bei Arbeiten am Motorvorbau oder Betreten der Rumpfkanzel auf den Kopf geht.

Abb. 14. Hubgerät „Herkules". Links die Auflage für den Flugzeugrumpf, in der Mitte eine Zahnstange mit Klinke, um das Hubgerät in jeder Lage feststellen zu können. Rechts oben der Ölbehälter mit dem Einsatz für den Pumpenschwengel.

Ein in der Halle (nicht in der Werft!) aufgebocktes Flugzeug muß abends wieder abgebockt werden, damit es über Nacht rollklar ist. Wenn in der Nacht Feuer ausbrechen sollte, müssen die in der Halle befindlichen Flugzeuge schnellstens entfernt werden können. Ein nicht rollfähiges Flugzeug würde nicht nur selbst vernichtet werden, sondern könnte dadurch, daß es anderen Flugzeugen beim Herausbringen aus der Halle im Wege steht, diese ebenfalls gefährden.

3. Verankern

An seinem Abstellplatz muß das Flugzeug sofort verankert und mit Planen abgedeckt werden. Außerdem sind die Ruder durch Feststellscheren festzulegen. Verankerungsseile, Planen und Scheren befinden sich im Bordsack.

Das Abstellen und Verankern des Flugzeuges erfolgt zweckmäßig gegen die Windrichtung. Abb. 15 zeigt die Verankerung eines Flugzeuges.

Die Räder sind durch **Bremsklötze** zu sichern, die vor und hinter das Rad gelegt werden. Bei Fahrgestellen mit weit heruntergezogenen Verkleidungen muß darauf geachtet werden, daß die Bremsklötze nicht zu groß sind. Denn wenn ein Reifen Luft verlieren oder platzen sollte, senken sich die Verkleidungen auf die zu hohen Bremsklötze und werden beschädigt.

Beim **Überlegen der Planen** ist darauf zu achten, daß vorstehende Teile, wie z. B. Staurohre, Öl- oder Benzinstandanzeiger, Windschutzschirme, nicht beschädigt oder gar zerstört werden. Bei einigen Flugzeugmustern läuft unter dem Rumpf die Antenne für die Landebake entlang. Auf die Schonung dieser Anlage ist ganz besonders zu achten. Sollte das Gerät trotz größter Vorsicht einmal verbogen werden, darf keinesfalls der Versuch gemacht werden, die Antenne mit Bordmitteln wieder in Ordnung zu bringen. Es muß vielmehr der Funkmeisterei Meldung gemacht werden, damit das ganze Gerät wieder neu abgestimmt werden kann.

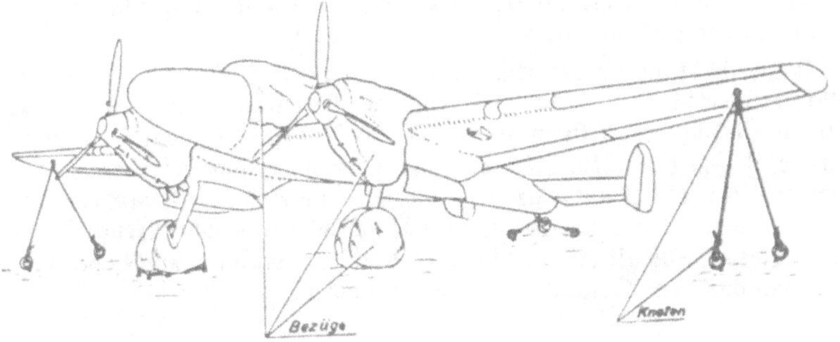

Abb. 15. Verankerungsplan eines Bf 110 Flugzeuges.

Trotz aufgelegter Planen wird es sich bei Regenwetter nicht vermeiden lassen, daß Wasser in das Flugzeuginnere eindringt. Bei länger andauerndem, schlechten Wetter wird dann das Innere des Flugzeuges durch die angesammelte Feuchtigkeit verrotten und der Isolationswert des elektrischen Bordnetzes herabsinken; unter Umständen wird sogar Kurzschluß eintreten. Um das zu vermeiden, sind die Planen sofort bei Wiedereintritt guter Witterung tagsüber abzunehmen, sowie Klappen und Einsteiglukent zu öffnen, damit Durchzug entstehen kann.

Im Winter wird sich auf abgestellten Flugzeugen Reif bilden oder Schnee ansetzen. Hierdurch verändert sich das Tragflächenprofil. Die Tragfähigkeit wird herabgesetzt. Ein Start mit derartig verändertem Profil ist gefährlich und daher auf jeden Fall zu unterlassen, wenn nicht vorher Tragflächen, Rumpfoberseite und Leitwerk von Schnee oder Reif befreit worden sind. Dies kann durch Abfegen mit einem Besen geschehen, wobei mit größter Sorgfalt vorgegangen werden muß, um die Konservierung nicht zu beschädigen. Zweckmäßiger ist es daher, Schnee oder Reif mit Hilfe eines Heißluftbläsers abzutauen, dessen Schlauch man durch die geöffneten Klappen in das Tragflächen- oder Rumpfinnere einführt.

Am besten ist es natürlich, wenn es gelingt, die Bildung von Eis oder Reif am Flugzeug zu verhindern. Das kann man durch Einreiben mit Glycerin oder Motoröl bis zu einem gewissen Grad erreichen. Noch besseren Schutz jedoch kann man durch Auflegen von Schutzüberzügen über Tragflächen und Leitwerk schaffen. Um ein Festfrieren der Überzüge zu vermeiden, werden sie vorher mit Motorenöl oder mit einer Mischung, bestehend aus Glykol (Glycerin) und Wasser im Verhältnis 1 : 1 getränkt. Damit der Stoff nicht aufliegt, sind zwischen Planen und Flächen im Abstand von etwa ½ m kleine Holzleisten zu legen.

Die Befestigung der Ankerseile am Flugzeug ist bei den einzelnen Mustern verschieden. Abb. 16 zeigt die Befestigung bei dem Flugzeugmuster Bf 108. Hier ist in die Fläche ein Rohrstück eingenietet, durch das das Seil gezogen wird. Auf der Oberseite der Fläche wird bei genügend starkem Seil ein Knoten geschlagen, bei dünnerem Seil wird es um ein Holz gelegt oder um einen Schraubenschlüssel (Bordwerkzeug) geknotet. In letzterem Fall ist ein Putzlappen unter den Schlüssel zu legen, um eine Beschädigung der Konservierung zu vermeiden.

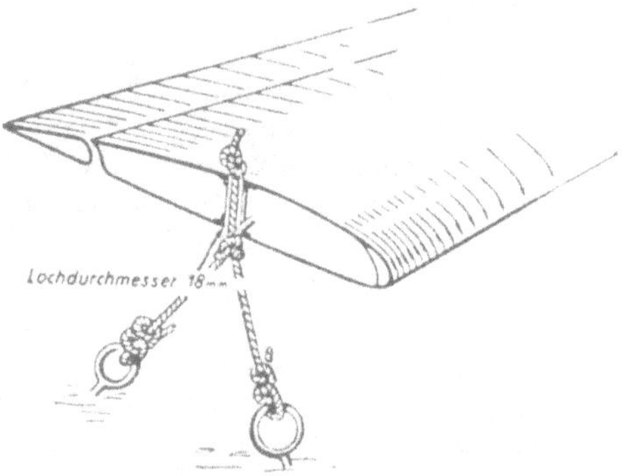

Abb. 16. Befestigung des Seiles an der Fläche eines Bf 108 Flugzeuges.

Bei den meisten Flugzeugmustern befindet sich an der Unterseite jeder Fläche ein Gewinde zur Aufnahme eines Schäkels, durch den das Verankerungsseil gezogen werden kann. Nach Lösen der Verankerung werden die Schäkel ausgeschraubt und im Bordsack verstaut.

Von den Verankerungsbeschlägen am Flugzeug dürfen die Seile zu den Erdankern nicht senkrecht nach unten geführt werden. Sie müssen vielmehr schräg nach unten außen gehen, wie Abbildung 17 zeigt. Gegebenenfalls sind an jeder Seite zwei Seile v-förmig nach unten zu spannen. Auf diese Weise erreicht man, daß die Bewegungen des Flugzeuges unter der Einwirkung von Böen weicher abgefangen werden.

Abb. 17. Dieses Ju 52 Flugzeug wurde schlecht verankert. Es hätten zwei Anker, wie die Strichlinien zeigen, eingeschraubt werden müssen. Art des Einschraubens siehe Text.

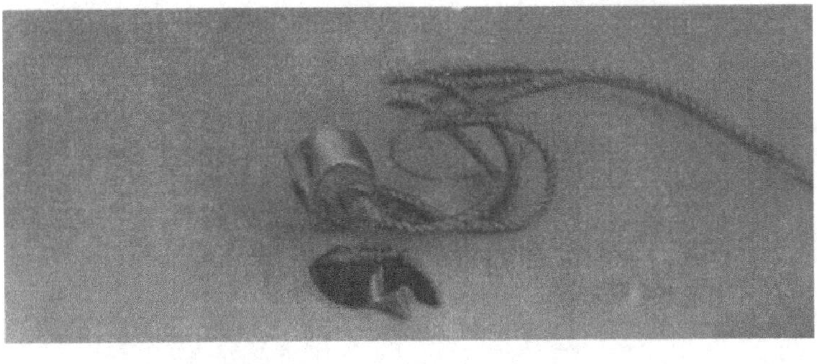

Abb. 18. Durch übergroßen Zug aus der Tragfläche ausgerissene Verankerungsöse eines FW 58 Flugzeuges.

Werden Sturmwarnungen ausgegeben, dann ist die gesamte Verankerung nochmals auf ihre Festigkeit zu untersuchen. Die Seile sind gegebenenfalls nachzuziehen, damit bei Böen Stöße und Schläge in die Verankerung vermieden werden. Nötigenfalls sind zusätzliche Verankerungen anzubringen. Das Nachspannen darf jedoch nicht zu stramm vorgenommen werden, weil sich die Seile unter Einwirkung von Regen schon von selbst stark verkürzen.

Wie groß die Kräfte sind, die beim Sturm in der Verankerung auftreten können, zeigt Abb. 18. Es handelt sich um eine Verankerungsöse in der Tragfläche eines FW 58-Flugzeuges. In diesem Fall riß nicht das Gewinde aus, sondern gleich das ganze Leichtmetallstück, in das das Gewinde hineingeschnitten war.

4. Erdanker

Erdanker sind nicht im Bordsack enthalten. Sie müssen bei der Fliegerhorst-Betriebs-Kompanie oder bei der Gerät-Ausgabe- und Sammelstelle des Fliegerhorstes angefordert werden. Anker für kleinere Flugzeugmuster sind Schlaganker, die mit einem Hammer in die Erde getrieben werden, und zwar so, daß das Verankerungsseil mit der Richtung des Ankers möglichst einen rechten Winkel bildet. In Abb. 19 ist die richtige und falsche Art der Verankerung gezeigt.

Für größere Flugzeugmuster verwendet man Schraubanker (s. Abb. 20).

Wenn beim Schulbetrieb oder bei einem in einem Fliegerhorst verbleibenden Verband jedem Flugzeug ein bestimmter Abstellplatz zugewiesen

Abb. 19. Falsch und richtig eingeschlagener Erdanker.

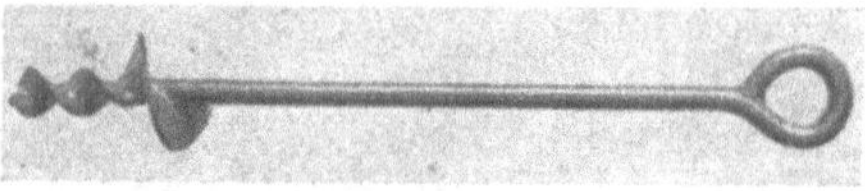

Abb. 20. Erdschraubanker.

worden ist, wird man zweckmäßig die Anker sitzen lassen, statt sie jedesmal beim Startklarmachen des Flugzeuges herauszuschrauben. Es ist jedoch in solchem Fall jeder Anker mit einer Kennzeichnung etwa durch einen rot-weißen Wimpel oder dergl. zu versehen, damit er wiedergefunden werden kann und fremde Flugzeuge die Ankerösen nicht überrollen und sich dabei Reifen und Sporn beschädigen.

Statt der Eisenschraubanker verwendet man bei festen Abstellplätzen häufig Anker aus Beton, die in die Erde eingegraben werden.

Derartige Plätze sind außerdem durch Bohlen oder Betonplatten zu befestigen, um zu vermeiden, daß die Flugzeuge bei durch Regen aufgeweichten Plätzen einsacken.

5. Ruderfeststellvorrichtungen

Wie oben bereits erwähnt, sind die Ruder des Flugzeuges beim Abstellen festzulegen. Das kann für ganz kurzes Abstellen durch Festlegen der Steuerung geschehen. Abb. 21 zeigt eine festgestellte Steuerung an dem Flugzeugmuster Ar 68. Diese Art der Feststellung hat jedoch den

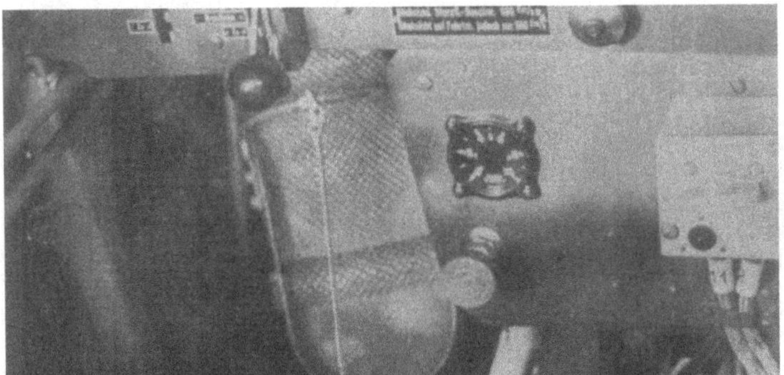

Abb. 21. Behelfsmäßige Feststellvorrichtung im Führersitz einer Ar 68. Das Kabel links unten wird in ein Loch in der Sitzwanne eingehakt. Es geht dann durch eine Öse, die am Steuerknüppel sitzt, zum linken Seitensteuerpedal. Das Kabel rechts unten wird dann ebenfalls eingehängt und mit einem Knebel, der in einem Spannschloß sitzt, festgezogen.

großen Nachteil, daß die ganze Kraft des Winddrucks auf das Ruder von der Steuerung übernommen werden muß. Der Winddruck auf das Seitenruder eines Flugzeuges, das z. B. quer zum Wind abgestellt ist,

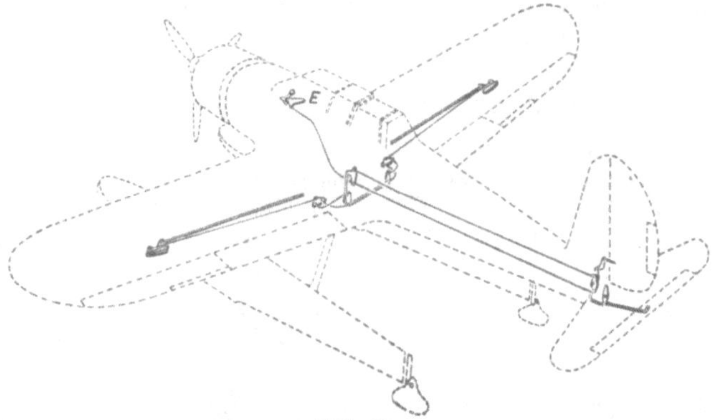

Abb. 22.

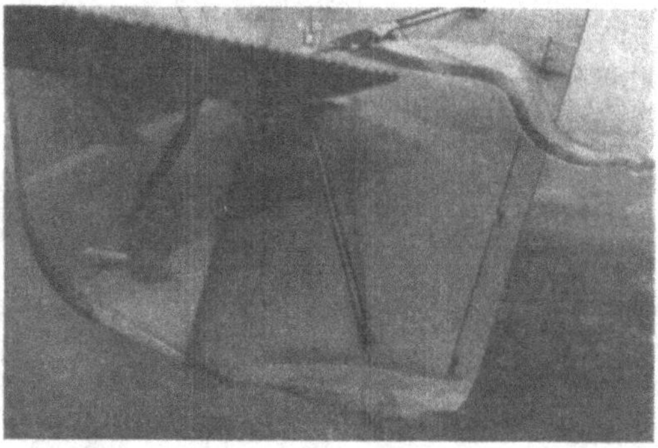

Abb. 23. Feststellvorrichtung am Seiten- und Höhenruder einer Ju 86. Die Feststellvorrichtung ist durch einen rotweißen Wimpel gekennzeichnet. Bei einem besonders starken Sturm riß die linke Verankerung und das Flugzeug legte sich auf die rechte Seite. Dabei wurde das Seidenruder, wie aus dem Bilde ersichtlich, beschädigt.

kann so stark sein, daß die Steuerung sich verbiegt bzw. bricht. Ist ein Flugzeug außerdem mit Rückenwind abgestellt und ändert sich die Windrichtung etwas oder kommt der Wind abwechselnd aus verschiedenen Richtungen, dann sind ausgeschlagene Gelenke in der Steuerung die Folge derartig festgelegter Steuerungen.

Abb. 22 zeigt die Ruderfeststellung bei dem Flugzeugmuster Ar 196. Hier können die Ruder vom Führerraum aus in der Mittelstellung verriegelt werden. Der Feststellhebel ragt bei festen Rudern in den Führerraum hinein und blockiert außerdem den Gashebel, so daß ein Start mit festgestellten Rudern nicht möglich ist.

Auch diese Feststellvorrichtungen dürfen nur bei ganz kurzzeitigem Abstellen verwendet werden. Wird das Flugzeug für längere Zeit abgestellt, müssen unter allen Umständen die Ruder selbst festgelegt werden (s. Abb. 23).

Abb. 24. Durch den Winddruck abgebogene Ruderfeststellschere bei einem Ju 52 Flugzeug, das mit Rückenwind abgestellt wurde. Das stark ausgeschlagene Ruder zeigt am besten die Wirkung des starken Winddrucks.

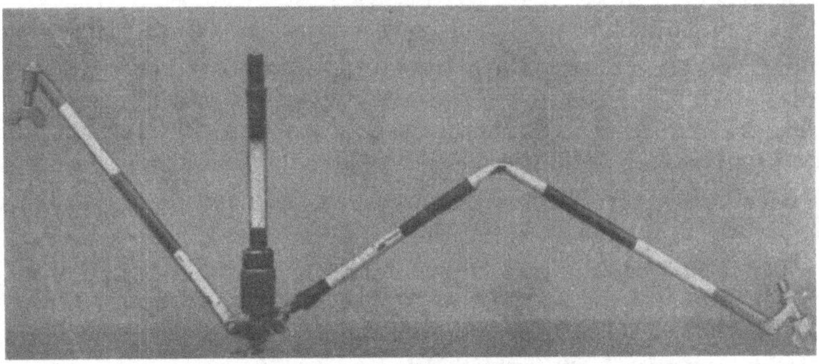

Abb. 25. Feststellvorrichtung für das Querruder des Flugzeugmusters He 111. Durch den Druck der auf das Querruder einwirkenden Böen wurde das Stahlrohr geknickt.

Eine Art der Feststellung von Rudern ist das Anbringen von besonderen **Feststellscheren**. Das sind Zwingen, die bei kleineren Flugzeugmustern aus Holz, bei größeren aus Leichtmetall bestehen. Sie sind innen gepolstert und schmiegen sich dem Profil zwischen Tragfläche und

Querruder bzw. zwischen Flosse und Ruder an. Abb. 17 und 24 zeigen das Anbringen der Scheren an einem Flugzeug des Musters Ju 52.

Von der Größe der möglicherweise auftretenden Kräfte geben die Abb. 24 und 25 einen Begriff. Wenn schon Feststellvorrichtungen und Scheren unter Sturmeinwirkung derartige Schäden erleiden können, dann kann man ungefähr ermessen, welchen Beanspruchungen Ruder ausgesetzt sind, die nicht durch Feststellvorrichtungen oder Scheren geschützt sind.

Es versteht sich von selbst, daß man bei festgelegten Rudern nicht die Landeklappen anstellt; auch nicht bei den Mustern, bei denen nur die Querruder festgestellt werden, nicht aber die Landeklappen. Landeklappen und Querruder sind nämlich so miteinander verbunden, daß sich die Querruder beim Anstellen der Klappen ebenfalls etwas nach unten verstellen. Mehrere Steuerstoßstangen sind bereits durch derartige Spielereien so verbogen worden, daß sie ausgewechselt werden mußten.

Wenn auch der Flugzeugführer sich vor Antritt eines Fluges von der einwandfreien Gängigkeit der Steuerung zu überzeugen hat, sind doch verschiedentlich Flugzeuge mit festgelegten Rudern gestartet. Um daher festgelegte Ruder anzuzeigen, sind Feststellvorrichtungen und Scheren mit rot-weißen Wimpeln versehen. Wo das seitens der Flugzeughersteller noch nicht geschehen sein sollte, ist es durch den Bordwart schnellstens nachzuholen.

II. Wartungsarbeiten am Rumpfwerk

1. Wartungsarbeiten nach jedem Flugtag

Das Rumpfinnere ist vom **Schmutz** zu säubern, der sich besonders am Einstieg und unter den Sitzen bei regnerischem oder Schneewetter stark absetzt. Auch Werkzeug, lose Schrauben, Muttern und dergl. sind zu entfernen, da derartige Teile durch Einklemmen in die Steuerungsorgane leicht für Flugzeug und Besatzung verhängnisvolle Folgen haben können.

Schmierstoff- und Auspuffspuren sind mit dem vorgeschriebenen Flugzeug-Reinigungsmittel zu entfernen.

Der **Schutzanstrich** ist auf einwandfreie Beschaffenheit zu prüfen, beschädigte Stellen sind auszubessern.

Die **Bespannung** bei Gemischtbau-Flugzeugen ist auf einwandfreies Anliegen zu prüfen. Zu schlaffe Bespannung läßt darauf schließen, daß das Formgebungsgerüst eingedrückt ist oder daß Rohre des Rumpfgerüstes durch harte Landungen oder Überbeanspruchungen im Fluge gestaucht oder verbogen sind. In einem solchen Falle sind die nächstgelegenen Klappen zu öffnen (Rumpfrücken abzunehmen bzw. Verschnürung zu öffnen) und sowohl die betreffende Stelle als auch vor allem die in der Nähe gelegenen Knotenpunkte genauestens zu untersuchen. Auf Abb. 26 ist ein geknickter Rumpfknotenpunkt eines FW 44-Flugzeuges zu sehen.

Bei Flugzeugen aus Leichtmetall ist die **Beplankung** auf eingebeulte Stellen und angescherte Niete zu untersuchen.

Rumpfausschnitte sind auf Risse zu prüfen. Kleine Risse sind lediglich abzubohren, größere sind ebenfalls abzubohren und zusätzlich durch Unternieten eines Bleches zu verstärken. Bei den nächsten Flügen ist darauf zu achten, ob sich die Risse trotz der getroffenen Maßnahmen weiter vergrößern.

Nicht immer sind Einbeulungen am Flugzeugrumpf bedenklich. Bei der wechselnden Belastung, der der Rumpf beim Rollen über Bodenunebenheiten und während des Fluges unterworfen ist, springt ein schlecht aufgenietetes Blech nach außen und innen, es „knallt". Die Folge ist, daß

Abb. 26. Rumpfknotenpunkt eines FW 44 Flugzeuges. Das Längsrohr ist im Knotenpunkt durch Überbeanspruchung gefaltet.

die Farbe an diesen Stellen abplatzt. Solange die Nieten in der Nähe derartiger Ausbeulungen nicht anscheren, sind solche „Knaller" unbedenklich. Man kann sie durch Unternieten eines Blechprofils beseitigen. Abb. 27 zeigt den Rumpf hinter dem Heckstand eines He 111-Flugzeuges von oben gesehen. Die auf dem Bilde erkenntlichen weißen Flecken zeigen die Stellen, an denen die Farbe abgeplatzt ist.

Ausgesprochen gefährlich sind dagegen die Rumpf-Verformungen, wie sie Abb. 28 zeigt. Sie entstanden während des Fluges durch ein nicht ausgeglichenes Seitenruder. Der Rumpf kam dadurch bei hoher Geschwindigkeit ins Schwingen und wurde in der gezeigten Form beschädigt.

Spaltverkleidungen, Rumpfdeckel und **Klappen** sind auf einwandfreien Sitz bzw. Verschluß zu prüfen.

Verstellbare Sitze sind auf leichte Gängigkeit zu prüfen und in der obersten Stellung einzurasten.

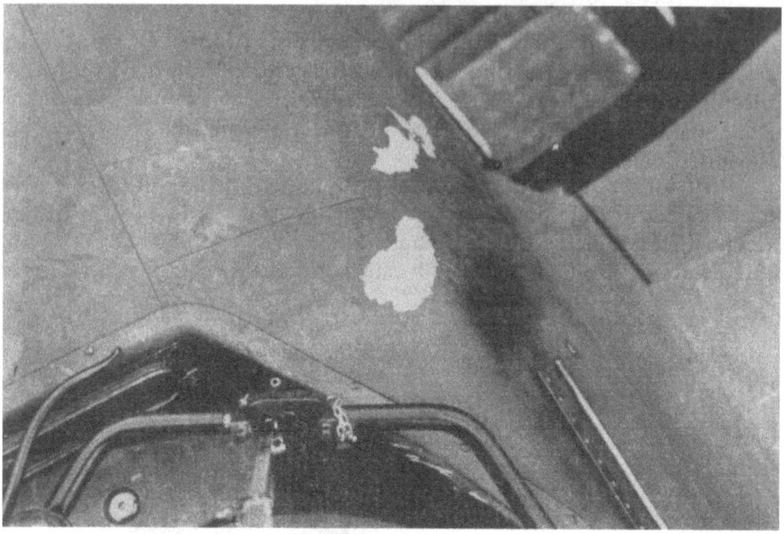

Abb. 27. Rumpf eines He 111 Flugzeuges von oben gesehen. Durch „Knallen“ der Rumpfbeplankung ist an den weißen Stellen die Farbe abgeplatzt.

Abb. 28. Rumpf eines He 111 Flugzeuges, bei dem durch Schwingungen starke Rumpfverformungen auftraten. Die zerstörte Verkleidung zeigt, daß auch Rumpf und Fläche gegeneinander gearbeitet haben.

2. Wartungsarbeiten nach 12½ Flugstunden

Das Rumpfinnere ist auf Beschädigungen zu untersuchen, die in vielen Fällen durch unvorsichtiges Auftreten hervorgerufen worden sein können. Bei Abb. 29 handelt es sich um eine Zerstörung der Profile im Führer-

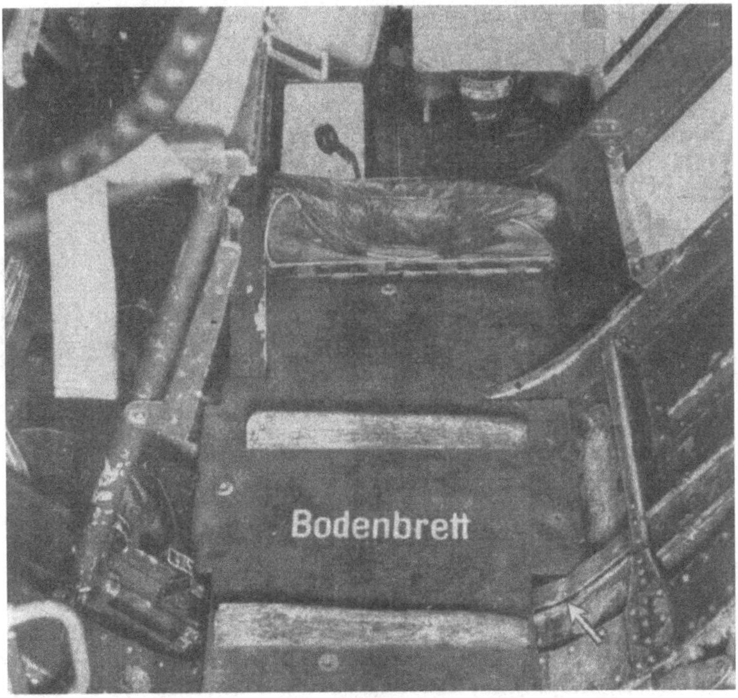

Abb. 29. Durch unvorsichtiges Auftreten zerstörte Profile im Rumpf eines Do 17 Flugzeuges.

raum an einer Stelle, die man jederzeit überschauen kann. Weniger gut dagegen ist eine Überprüfung an anderen Stellen, z. B. im hinteren Teil des Rumpfes, möglich. Muß man bei größeren Flugzeugen das Rumpfende begehen oder bei kleineren Flugzeugen hineinkriechen, um z. B. an der Spornanlage oder der Höhenflossenverstellung arbeiten zu können, dann muß das entsprechend sorgfältig geschehen. Wie schon oben gesagt, dienen die Profile zur Versteifung und Formerhaltung der Beplankung und damit zur Erhaltung der Festigkeit des ganzen Rumpfes. Wenn sie beschädigt werden, ist die Festigkeit des Rumpfes nicht mehr gewährleistet.

Ebenso unzulässig ist es, wenn Profile oder Beplankungsteile angebohrt und damit geschwächt werden und, was noch schlimmer ist, diese Bohrungen ausgerechnet in Nietlöcher oder dicht daneben gesetzt werden, wie es Abb. 30 zeigt. Die Erhaltung der Formsteifigkeit ist bei einem Flugzeug, das unter äußerster Ausnutzung der Materialfestigkeit gebaut worden ist, oberstes Gesetz.

Abb. 30. Rumpfverband eines Ju 52 Flugzeuges, der durch unsachgemäßes Anbohren geschwächt wurde.

Die **Verkleidungsbleche** sind auf einwandfreie Beschaffenheit und gute Befestigung zu prüfen. Sie können sich bei den Schwingungen während des Fluges bei nicht einwandfreier Befestigung leicht losreißen oder an ihren Auflagen durchscheuern.

Durch die dauernde Reibung zwischen den Verkleidungsblechen und ihren Unterlagen werden die untergelegten Streifen allmählich abgewetzt. Soweit die Befestigung der Streifen durch Nieten erfolgte, treten diese dann stärker hervor und reiben die Bleche durch. Die Streifen sind daher bei Abnutzung rechtzeitig zu erneuern.

Alle Kontrollklappen des Rumpfes sind zu öffnen, ihre Gelenke und Verschlüsse dabei auf Unversehrtheit und einwandfreies Schließen zu prüfen und mit Flugzeugfett „blau" leicht einzufetten.

Das Rumpfinnere ist durch die geöffneten Klappen einer genauen Durchsicht zu unterziehen.

Den **Rumpfausschnitten** sowie den **Übergängen** zwischen Rumpf und Flächen bzw. Leitwerk ist besondere Aufmerksamkeit zu widmen. Beim Start dringen Staub und Sand in das Rumpfinnere. Im Winter und auf nassen Plätzen können Wasser und Schnee eindringen, die dann, wenn sie gefrieren, zur Blockierung der Steuerung oder der Spornauslaß-Vorrichtung führen können.

Abb. 31 zeigt den Rumpf eines FW 44-Flugzeuges, in dem sich nach mehrstündigem Schulbetrieb Schnee angesammelt hatte, der durch Undichtigkeit zwischen Rumpf und Höhenflosse eingedrungen war.

Abb. 31. Rumpf eines FW 44 Flugzeuges, in den durch die Undichtigkeit zwischen Rumpf und Höhenleitwerk etwa 80 kg Schnee eingedrungen sind. Die Rumpfklappe unter dem Höhenleitwerk ist zur besseren Prüfung abgenommen.

An der Unterseite des Rumpfes sind **Entwässerungslöcher** angebracht, durch die eingedrungenes Wasser wieder ablaufen soll.

Diese Löcher müssen nach spätestens 25 Stunden auf einwandfreien Durchlaß geprüft werden. Verstopfte Löcher sind von außen her durch vorsichtiges Durchstoßen mit einem weichen Draht zu säubern.

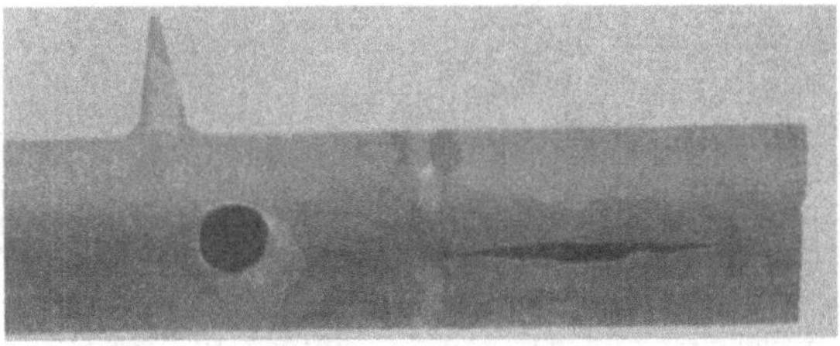

Abb. 32. Rumpfrohr eines FW Flugzeuges, das durch das Gefrieren von Wasser im Inneren gesprengt wurde.

Welch verheerende Wirkung eingedrungenes Wasser haben kann, zeigt Abb. 32. Hier ist auf ungeklärte Weise Wasser in ein Rumpfrohr eines FW 58-Flugzeuges gelangt. Das Wasser ist gefroren und hat das Rohr zum Platzen gebracht. Es mußte herausgesägt und ein neues eingeschweißt werden.

Notausstiege und abwerfbare Türen sind auf einwandfreies Arbeiten zu überprüfen und wieder sorgfältig zu verriegeln.

Auf **gute Abwerfbarkeit** ist zu achten. Häufig wird Schwergängigkeit dadurch hervorgerufen, daß die Tür bei neuen Flugzeugen bereits geschlossen wurde, bevor die Farbe trocken war. Die Folge ist ein Festkleben. Außerdem besteht die Möglichkeit, daß der Gummi, der zur besseren Abdichtung eingelegt war, gequollen ist. Durch vorsichtiges Nacharbeiten ist dieser Mangel zu beheben.

Abb. 33. Überdachung des Heckstandes eines Ju 87 Flugzeuges. Die Verriegelungsseile sind zu locker. Dadurch kann der Abwurf versehentlich betätigt werden.

Ist die **Verriegelung** nicht einwandfrei geschlossen, dann besteht die Möglichkeit, daß der Notausstieg während des Fluges abgerissen wird. Bild 33 zeigt die Überdachung des Heckschützenstandes eines Ju 87-Flugzeuges, bei der der Schütze versehentlich den Notabwurf betätigte, weil das Spannschloß des Auslöseseiles nicht genügend angezogen war.

Die **Sitze** sind auf einwandfreien Zustand zu prüfen. Abb. 34 zeigt den Sitz eines Bf 109-Flugzeuges, der an der Stelle der stärksten Beanspruchung eingebeult und gerissen ist. Einen so beschädigten Sitz kann man zwar behelfsmäßig wieder instandsetzen, besser ist es jedoch, ihn gegen einen neuen auszutauschen.

Die **Sitzverstellung** ist auf Leichtgängigkeit zu prüfen, alle Gelenke der Verstelleinrichtung sind mit „Flugzeugfett blau" abzuschmieren und die Gleitflächen einzufetten.

Verstellbare Sitze haben zur Entlastung der Handkräfte Gummizüge, die den Sitz in die oberste Stellung ziehen. Um eine Ermüdung der

Abb. 34. Durch Überbeanspruchung eingebeulter Sitz eines Bf 109 Flugzeuges.

Gummizüge zu vermeiden, sind die Sitze nach Beendigung des Fluges in die oberste Stellung einzurasten.

Gummizüge sind auf einwandfreie Beschaffenheit zu prüfen.

Anschnallgurte und **Scherenzungen** sind auf einwandfreien Zustand bzw. leichte Auslösbarkeit zu prüfen. Anschnallgurte sind, auch wenn sie nur geringe Scheuerspuren aufweisen, auszuwechseln.

Auch die Befestigung (Vernietung) der Anschnallgurte am Rumpf ist auf einwandfreie Festigkeit zu prüfen.

3. Wartungsarbeiten nach 25 usw. Flugstunden

entsprechen denen nach 12½ Flugstunden.

4. Wartungsarbeiten an der Feuerlöschanlage

Die Feuerlöschanlage wird bei Motorbränden betätigt und besteht aus dem Vorratsbehälter mit der Löschflüssigkeit (meistenteils Tetra-Chlor-Kohlenstoff), dem Druckmesser, dem Absperrventil mit Bediengriff im Führerraum, den Leitungen und den Düsen, die im Motorvorbau in der Nähe der Vergaser und Ölwannen sitzen. Beim Öffnen des Ventils wird die Löschflüssigkeit durch Preßluft von den Düsen auf Vergaser und Ölwannen gespritzt.

Die Wartung der Feuerlöschanlage beschränkt sich auf die Kontrolle des Drucks vor jedem Flug. Bei Nachlassen des Drucks innerhalb größerer Zeiträume ist Preßluft nachzupumpen (6 atü). Tritt Druckverlust in kürzeren Zeitabständen ein, sind die Leitungsanschlüsse und Ventile mit Seifenwasser zu überpinseln, um undichte Stellen feststellen zu können. Der Inhalt des Vorratsbehälters ist zu prüfen und gegebenenfalls Tetra-Chlor-Kohlenstoff nachzufüllen.

Bei Flugzeugen mit Einspritzmotoren fällt die Feuerlöschanlage weg, es ist lediglich ein kleiner Feuerlöscher im Führerraum vorhanden, bei dem gelegentlich der Druck nachzuprüfen ist.

5. Wartungsarbeiten an der Höhenatmeranlage

Die Höhenatmeranlage hat die Besatzung bei Flügen über 4 km Höhe mit Sauerstoff zu versorgen. Die Anlage besteht aus einem oder mehreren Sauerstoffbehältern mit Flaschenfernventil, der Hochdruckleitung, dem Druckmesser, dem Druckminderventil, dem Lungenautomaten, der Luftdrossel, dem Atemschlauch und der Maske bzw. dem Mundstück.

Durch den Außenbordanschluß wird die Anlage bis zu einem Druck von 150 atü mit Sauerstoff gefüllt. Nach Öffnen des Flaschenfernventils bei jeder Anlage strömt der Sauerstoff, dessen Druck dabei durch das Manometer angezeigt wird, über einen Absperrhahn zum Druckminderventil. Der Absperrhahn sollte früher Sauerstoffverlust verhindern. Er ist jedoch überflüssig, da das Fernventil diese Funktion bereits übernimmt. Der Absperrhahn ist deswegen in geöffneter Stellung zu plombieren; bei neueren Flugzeugmustern fehlt er überhaupt. Im Druckminderventil wird der Druck auf 8 atü herabgesetzt. Beim Ansaugen von Atemluft durch den Benutzer entsteht im Lungenautomaten ein leichter Unterdruck, der bewirkt, daß ein Ventil geöffnet wird, durch das Sauerstoff in den Atembeutel hineinströmen kann.

In Höhen bis 6 km soll kein reiner Sauerstoff geatmet werden. Deswegen wird durch eine Luftdrossel dem Sauerstoff eine bestimmte Luftmenge beigemischt.

Die beigemischte Luftmenge richtet sich nach der Flughöhe. Die Luftdrossel ist daher der jeweiligen Höhe entsprechend einzustellen.

Wartungsarbeiten. Das Flaschenventil ist zu öffnen und der Sauerstoffvorrat zu prüfen. Das Manometer muß einen Druck von 150 atü zeigen. Ist er geringer, muß am Außenbordanschluß Sauerstoff mit Hilfe der Umfüllpumpe aufgefüllt werden.

Ist seit dem letzten Auffüllen kein Sauerstoff entnommen worden, dann besteht die Wahrscheinlichkeit, daß das Flaschenventil und die Leitungen nicht mehr ganz dicht sind. Die Dichtigkeitsprobe macht man in der Weise, daß man Seifenwasser auf die einzelnen Dichtstellen pinselt. Bilden sich Blasen, dann ist an der betreffenden Stelle der Anschluß nicht mehr dicht. Meistenteils kann durch Anziehen der Dichtmuttern wieder Dichtigkeit erzielt werden.

Die Geräte sind auf einwandfreies Arbeiten zu prüfen. An der Schnelltrennstelle ist durch kräftiges Saugen viel Sauerstoff zu entnehmen. Dabei darf das Manometer des Druckmessers zwar etwas schwanken, aber keinesfalls um mehr als 20% des jeweils angezeigten Druckes fallen. Bei 150 atü darf das Manometer also nur bis auf 120 atü sinken. Es muß sofort nach der Sauerstoffentnahme wieder den vollen Druck anzeigen.

Der Absperrhahn ist auf richtige Stellung zu überprüfen. Er muß in der Stellung „auf" plombiert sein.

Wartungsarbeiten nach jedem Flugtag. Die Sauerstoffanlage ist auf Unversehrtheit zu prüfen. Die Schläuche der Höhenatmeranlagen können unter Umständen so verlegt sein, daß sie von den Besatzungsmitgliedern beim Ein- und Aussteigen betreten und gequetscht werden. Derartige Schläuche sind auszuwechseln. Die Metallumhüllungen der Lungenautomaten sind auf einwandfreie Beschaffenheit zu prüfen. Auch hier besteht die Möglichkeit, daß sie beim Ein- und Aussteigen beschädigt werden.

Die Leitungen sind, wenn sie verschmutzt sind, zu säubern. Stark haftende Schmutzteile dürfen nur mit lauwarmem Wasser, keinesfalls mit Öl oder Benzin entfernt werden. Wegen der außerordentlich hohen Explosionsgefahr darf Sauerstoff mit Ölen, Fetten oder Benzin auf keinen Fall zusammenkommen. Schwergehende Ventile dürfen deswegen auch unter keinen Umständen mit Fett oder Öl gängig gemacht werden.

Wartungsarbeiten an den Atemmasken und Mundstücken führt der R- und S-Wart (Rettungs- und Sicherheitsgerät) aus. Er ist auch bei auftretenden Beanstandungen an der Höhenatmeranlage sofort zu benachrichtigen.

6. Wartungsarbeiten am Rettungsschlauchboot

Flugzeuge, die über See fliegen, führen im Rumpf ein Rettungsschlauchboot mit. Es handelt sich dabei um ein Gummischlauchboot, das durch eine am Boot befindliche Flasche mit komprimierter Kohlensäure aufgeblasen wird. Das Boot enthält einen Behälter für Notproviant, einen Behälter für Notsignale, einen Farbbeutel, fünf dreiteilige Bootsriemen, einen Treibanker, einen Blasebalg, einen Flickbeutel. Es ist mit einer mehrere Meter langen Handleine ausgestattet, die am Flugzeug befestigt ist.

Das Boot liegt in zusammengerolltem Zustand im Rumpf (Ju 88, He 111) oder hinter dem Leitwerk (Bf 110). Durch einen Notzug, der vom Führerraum aus betätigt wird, wird das Ventil der Kohlensäureflasche geöffnet und das Boot aufgeblasen. Gleichzeitig werden die Verschlüsse der Bootshalterung gelöst, so daß sich die Rumpfklappen öffnen und das Boot herausfallen kann. Mit der Handleine kann das aufgeblasene Boot auf dem Wasser an den Führerraum herangeholt werden.

Einbau und Wartung des Bootes geschieht durch den R- und S-Wart. Nach dem Fluge ist auf einwandfreien Verschluß der Bootshalterungen zu achten und nach Feindflügen die Bootslagerung auf Beschußverletzungen zu prüfen.

Wird das Flugzeug für längere Zeit abgestellt, so ist das Schlauchboot auszubauen und dem R- und S-Wart zur Pflege und Lagerung zu übergeben.

III. Wartungsarbeiten am Fahrwerk

1. Wartungsarbeiten am Anlaufrad mit Bremstrommel

Man unterscheidet Anlaufräder für Hochdruckreifen, Ballonreifen, Hochleistungsreifen und Breitfelgenreifen. In bezug auf die Wartung unterscheiden sich diese Räder nur geringfügig.

Nach der Art der **Lagerung des Rades** auf der Achse unterscheidet man Räder mit festen Buchsen, schwimmenden Buchsen, Federrollenlagern und Kugellagern.

Die Räder werden meistenteils fertig montiert, d. h. mit Schlauch und Reifen gelagert. Bei einem Reifenschaden wird zweckmäßig zunächst das ganze Rad gewechselt und dann, wenn genügend Zeit ist, der schadhafte Reifen gegen einen neuen ausgetauscht.

Das Abziehen des ganzen Laufrades ist je nach dem Aufbau der Achse mehr oder weniger einfach. Die einfachste Auswechslung ist dann gegeben, wenn das Rad gegen Ablaufen durch eine einfache Radkappe mit Splintbolzen gesichert ist. In diesem Fall braucht man nur, nachdem das Flugzeug aufgebockt wurde, den Splintbolzen nach Entfernen des Splintes herauszuziehen und die Radkappe abzunehmen. Bei der Wartung ist auf genügende Sicherung des Splintes zu achten. Auch der Zustand der Splintbolzenbohrung ist zu überprüfen, da sie bei großen seitlichen Beanspruchungen ausgerissen sein könnte.

Zum Schutz gegen Korrosion sind die blanken Teile eines neuen Rades (Radnabe, Inneres der Bremstrommel usw.) mit Rostschutzlack gestrichen. Dieser Lack ist vor dem Einbau des Rades durch Abwaschen mit Benzin sorgfältig zu entfernen.

Nachdem die Lauffläche des neuen Rades genügend eingefettet wurde, ist das Rad so auf die Achse aufzusetzen, daß sich der aufgemalte rote Pfeil in Rollrichtung dreht. Die Radkappe ist wieder aufzusetzen, der Splintbolzen durchzustecken und mit einem neuen Splint zu versplinten.

Bei Rädern mit Doppelbremsen (Ju 88) muß die äußere Bremstrommel beim Radwechsel ebenfalls abgenommen werden.

Nach dem Aufbocken ist zunächst die Bremsleitung an ihrem Austritt aus der Achse an der Argus-Rohrleitungskupplung zu lösen. Ein Lösen der Bremsölleitung an anderer Stelle darf nicht erfolgen, weil sonst das gesamte Bremsöl auslaufen würde. Am äußeren Bremsflansch sind die sechs Sechskantbolzen, die den Bremsflansch gegen Verdrehen sichern, abzuschrauben, darauf können der Bremsflansch und das Rad abgezogen werden.

Bei Rädern, die nicht auf einem Achsstummel sitzen, sondern in einer Gabel laufen, wird die Achse entweder nach unten ausgebaut oder nach der Seite herausgezogen.

Im ersteren Falle (z. B. He 111) wird beim Laufradwechsel folgendermaßen vorgegangen:

Die Verschraubung der Bremsölleitung wird gelöst und das herauslaufende Bremsöl in einem sauberen Gefäß aufgefangen. Wenn genügend Zeit zur Verfügung steht, wird die Schlauchverbindung gleichzeitig durch eine Argus-Rohrleitungskupplung ersetzt.

Das Rad wird beim aufgebockten Flugzeug durch Unterlagen von Brettern oder Bohlen unterstützt. Dann werden die Splinte der Kronenmuttern an den Schrauben, die die unteren Lagerschalen der Achsknieſtücke halten, entfernt und die Muttern abgeschraubt. Die unteren Lagerschalen können dadurch nach unten abgezogen und die Schrauben nach oben herausgezogen werden. Die Achse liegt jetzt soweit frei, daß das Rad nach Entfernen der Unterlagen nach vorn oder hinten aus seiner Gabel herausgerollt werden kann. Am abgestellten Rad sind die Schutzbleche zu entfernen und die Bremsflansche abzuziehen. Nach Herausschrauben der Konen auf der Achse kann auch diese aus dem Rad herausgezogen werden. Beim Zusammenbau des neuen Rades ist darauf zu achten, daß die Konen auf der Radachse nicht zu fest angezogen werden und daß die freien Enden der Achse auf beiden Seiten gleich lang sind.

Bei den bisher beschriebenen Arten der Laufradbefestigungen war ein Wechsel des Rades mit handelsüblichem Werkzeug möglich. Beim Ausbau des Rades durch Herausziehen der Achse nach einer Seite ist jedoch Spezialwerkzeug des betreffenden Flugzeugmusters erforderlich.

Beim Laufradwechsel in dem Flugzeugmuster Ju 87 wird der Sechskant-Gewindering, der auf dem Achsrohr sitzt, mit Hilfe eines Spezialschlüssels gelöst und die Achse herausgezogen. Hierbei empfiehlt es sich ebenfalls, das Rad durch Unterlegen von Brettern oder Bohlen zu unterstützen, um das Herausziehen der Achse durch das Gewicht des freischwebenden Rades nicht unnötig zu erschweren.

2. Wartungsarbeiten an der Gummifederung

Die Gummifederung besteht aus zwei ineinandergleitenden Rohren und Gummiringen, die durch Metallscheiben voneinander getrennt sind (vgl. Abb. 35). Bei der Abbildung ist die obere Halterung des Federbeins durch einen zu großen Landestoß zu Bruch gegangen. Bei der Wartung und Schmierung dieses Federbeines muß unbedingt darauf geachtet werden, **daß kein Fett oder Öl mit den Gummiringen in Berührung kommt**, weil diese sich sonst zersetzen und unbrauchbar werden. Im Laufe des Flugbetriebes werden sich die Gummiringe etwas dehnen, dadurch wird das gesamte Fahrwerk breiter, und die Anlaufräder stehen nicht mehr senkrecht (s. Abb. 36). In diesem Falle wird durch Einsetzen eines weiteren Ringes dieser Mangel wieder behoben.

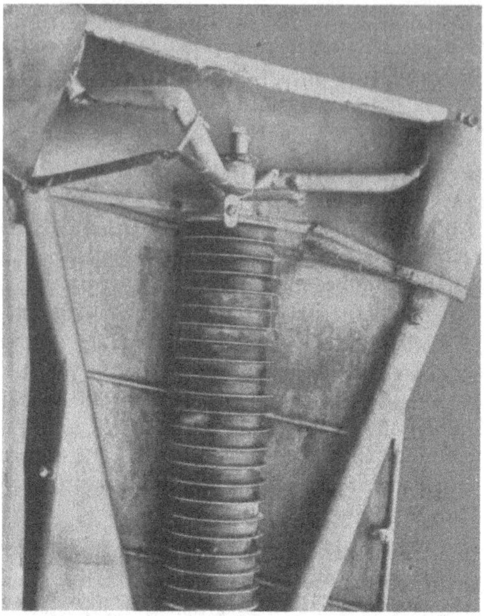

Abb. 35.
Federbein mit Gummiringen aus einem FW 44 Flugzeug. Durch einen zu harten Landestoß sind die oberen Streben zu Bruch gegangen.

Abb. 36.
Fahrwerk eines FW 44 Flugzeuges, der Sturz der Räder muß hier durch Einsetzen des 11. Ringes wieder vergrößert werden.

3. Wartungsarbeiten an der Spiralfederung

Die Spiralfederung besteht in der einfachsten Form aus zwei ineinandergeschobenen Rohren mit einer Spiralfeder im Inneren. Eine vollkommene Anlage zeigt Abb. 37.

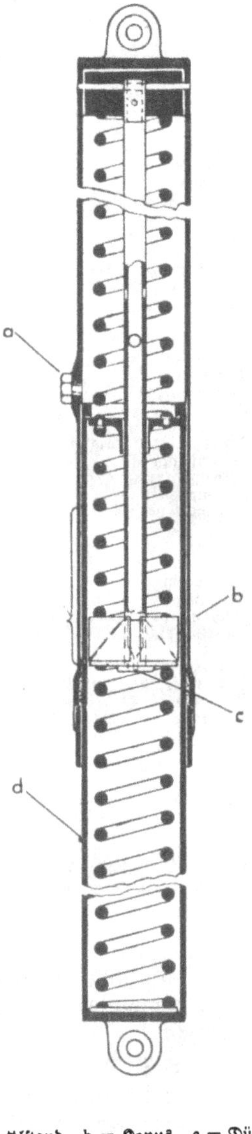

a = Ölstand, b = Konus, c = Düse, d = Kolben.

Ab. 37. EC-Federbein für das Flugzeugmuster Go 145.

An einem äußeren, oberen Rohr, das am Rumpf angeschlossen ist, gleitet ein inneres, unteres Rohr, das an der Achse angeschlossen ist. Beide Rohre sind durch Gummimanschetten gegeneinander abgedichtet. Den Federungskörper bildet eine Drahtspirale im Inneren dieser Rohre. Sie ist aus drei Einzel-Spiralen zusammengesetzt, die einmal durch den Verschlußboden des inneren Rohres und zum anderen durch einen konischen Kolben mit einer Düse getrennt sind. Der konische Kolben und die Düse sind durch ein Rohr, das im oberen Teil durchbohrt ist, an dem oberen Teil des Federbeines befestigt.

Zur Dämpfung der Landestöße und Rückstöße ist das Federbein bis zu der auf der linken Seite sichtbaren Marke mit Öl gefüllt (EC grün bzw. Shell AB 11 bzw. S 2069).

Der Grad der Dämpfung hängt von der Größe der Düse ab.

Wenn nicht rechtzeitig genügend Öl nachgefüllt wird, wird die Dämpfung zu gering. Dann federt das Bein zu schnell zurück und reißt den Kolben unter Umständen ab.

4. Wartungsarbeiten an der Luftfederung

a) Reine Luftfederbeine (Faudi-Federbeine) werden in Deutschland von der Firma VDM hergestellt. Abb. 38 zeigt einen Schnitt durch das Federbein.

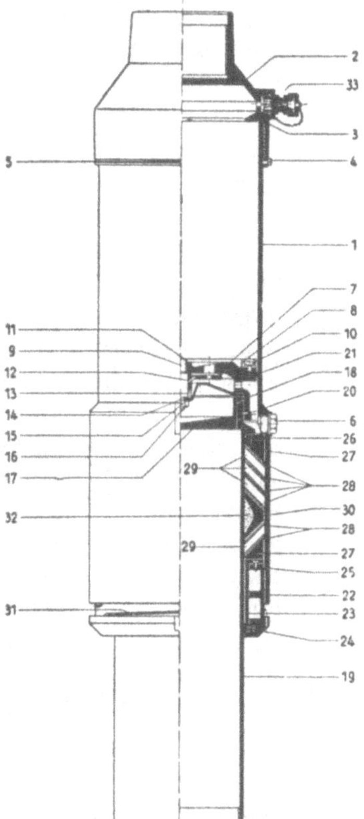

1 = Zylinder
2 = Zylinderdeckel
3 = Dichtring
4 = Sicherungsschraube
5 = Sicherungsdraht
6 = Stopfen
7 = Kolben
8 = Stoßring aus Leder
9 = Ventilführungsschaft
10 = Zylinderschraube
11 = Splint
12 = Ventilteller
13 = Ventilfeder
14 = Fiberring
15 = Ölfangscheibe
16 = Sechskantmutter
17 = Kolbenboden
18 = Dichtring aus Gummi
19 = Kolbenstange
20 = Hakensprengring
21 = Kolbenring
22 = Führungsbüchse
23 = Büchse
24 = Filzring
25 = Senkschraube
26 = Anschlagring
27 = Druckring
28 = Stützring aus Leder
29 = Dichtungsring aus Gewebegummi
30 = Zwischenring
31 = Doppelhakensprengring
32 = Grafitfett
33 = Füllventil

Abb. 38. Querschnitt des VDM-Faudi-Luftfederbeines.

Das Faudi-Federbein besteht aus drei Hauptteilen, und zwar dem Kompressionszylinder, dem Zylinderdeckel und der Kolbenstange. Zylinder und Kolbenstange sind durch Gummipackungen abgedichtet.

Auf dem oberen Teil der Kolbenstange sitzt der Kolben, der zur besseren Führung und Abdichtung im Zylinder mit einem Kolbenring versehen ist. Der Kolben weist in Längsrichtung des Federbeines verlaufende Bohrungen auf, durch die beim Zusammendrücken des Federbeines die Luft unter gleichzeitigem Anheben eines Ventiles in den unteren Teil der Kolbenstange entweichen kann.

Wenn auch das Faudi-Federbein ein reines Luftfederbein ist, so braucht es doch zur Schmierung der Gleitflächen und der Manschetten Öl. Wird nicht genügend Öl nachgefüllt, dann werden die Packungen trocken, der Gummi gleitet nicht mehr, sondern radiert; das Federbein bewegt sich beim Wippen an den Tragflächen nicht mehr gleitend, sondern ruckweise. Eine weitere Folge ist Nachlassen des Druckes und Zusammensacken des Federbeines. Bei älteren Faudi-Beinen ist Faudi-Spezialöl zu verwenden. Im Laufe der Zeit werden jedoch alle Gummipackungen der Federbeine gegen Bunaringe ausgewechselt. In diesem Fall ist das Federbein durch zwei gelbe Ringe um den Zylinder gekennzeichnet. Dann kann Shell AB 11, S 2069, VDM 4 oder EC grün verwendet werden.

Die Abbildung 39 zeigt durch zu wenig Öl unbrauchbar gewordene Manschetten und Kolbendichtungen.

Abb. 39. Unbrauchbar gewordene Kolbendichtung.

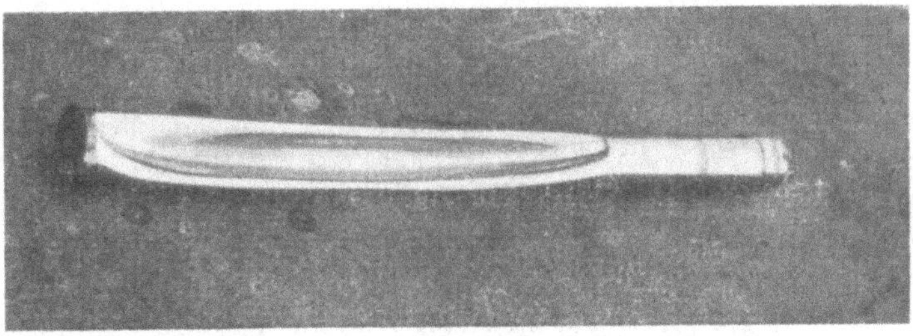

Abb. 40. Öl-Luftfederbein, das mit zu viel Öl gefüllt worden war.

Andererseits darf man aber auch nicht zu viel Öl nachfüllen, da dann das Federbein nicht mehr elastisch ist. Flüssigkeiten lassen sich bekanntlich nicht zusammendrücken. Bei einem harten Landestoß wird daher der hohe Druck die Kolbenstange zusammendrücken, wie es Abb. 40 zeigt. Der rechte Teil der Kolbenstange ist, weil er außerhalb des Zylinders war, normal geblieben, den linken (vorderen) Teil hat der hohe Öldruck verformt.

Zum Prüfen des Federbeindruckes wird die Verschlußmutter ab- und der Prüfstutzen angeschraubt (vgl. Abb. 41). Dann kann der Druck im Federbein abgelesen und bei Bedarf wieder Druck aufgefüllt werden, bis der Wert, der auf dem Typenschild des Federbeines eingeschlagen worden ist, erreicht ist. Diese Druckmessung darf nur bei entlastetem Federbein, d. h. bei aufgebocktem Flugzeug vorgenommen werden; denn mit zunehmender Einfederung nimmt der Druck des Federbeines zu. Man würde, wenn man bei nicht aufgebocktem Flugzeug, also bei eingefedertem Federbein messen würde, einen zu geringen Druck im Federbein haben. Das Federbein würde beim Rollen und Landen zu weich federn und durchschlagen. Die Aufgabe des Federbeines wäre dann nicht erfüllt.

E = Entlüftungsschraube
H = Handspindel
S = Spindelende.

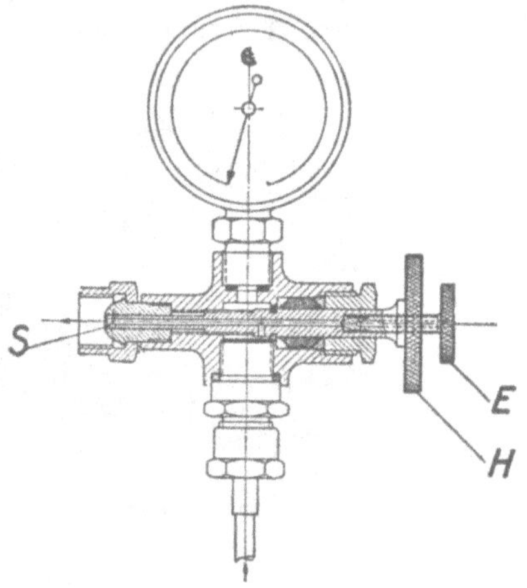

Abb. 41. Prüfstutzen für das VDM-Federbein.

Die entgegengesetzte Wirkung, nämlich ein knochenhartes Federbein, kann man erzielen, wenn man zu viel Luft aufdrückt.

Wenn durch zu wenig Öl, also mangelhafte Wartung, das Federbein zusammengesackt ist, dann genügt es nicht, mit der Preßluftflasche Luft hineinzudrücken, bis das Federbein wieder voll ausgefahren ist.

Man braucht bei einem derart unsachgemäßen Vorgehen nicht lange zu warten, um zu sehen, wie das Federbein wieder absackt.

Wenn also ein Federbein Druck verliert und absackt, bockt man das Flugzeug auf, läßt den Druck vollkommen ab und füllt etwas Öl auf. Dann pumpt man das Bein wieder bis zum vorgeschriebenen Druck mit der Handpumpe oder mit Preßluft auf.

b) Luftölfederbeine (EC-Federbeine) werden von der Firma Elektron-Co m. b. H. hergestellt. Sie unterscheiden sich von den Luftfederbeinen dadurch, daß sie zu einem Teil mit Öl gefüllt sind und dieses Öl (es handelt sich um EC grün oder Shell AB 11) zum Dämpfen des Rückstoßes verwendet wird. Abb. 42 zeigt ein EC-Federbein.

Die Druckprüfung und das Nachfüllen geschieht wie beim Faudi-Federbein. Gegenüber dem Einfüllventil für Druckluft befindet sich jedoch noch eine weitere Schraube, die Prüfschraube für den Ölstand. Da bei diesem Federbein eine größere Ölmenge benötigt wird, muß auch der Ölstand genauer geprüft werden.

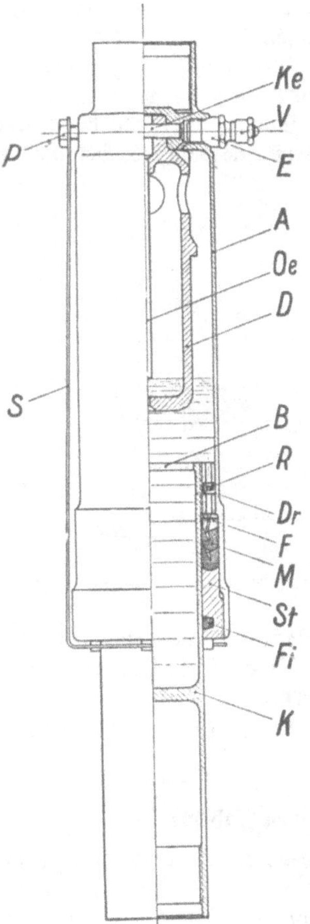

Abb. 42. Schnitt durch ein EC-Öl-Luft-Federbein.

A = Arbeitszylinder mit Prüfschraube P, Einfüllventil (Rückschlagventil) E und Verschlußkappe V.
D = Dämpferkolben, gesichert durch Kegelstift Ke, mit Ölstandrohr Oe.
K = Kolben mit Bohrung B und Rückschlag-Ringventil R mit der kleinen Drosselbohrung Dr.
M = Spezialmanschette
F = Führungsring
St = Stopfbuchsmutter } zur Abdichtung
S = Sicherungsblech, verbindet Stopfbuchsmutter St und Prüfschraube P.

Wirkungsweise des Flugzeugbeins
(Elektronmetall-Vickers)

Die im Arbeitszylinder befindliche Preßluft wird beim Aufwärtsgehen des Kolbens komprimiert. Gleichzeitig sinkt der bis zum unteren Ende des Ölstandrohres stehende Ölspiegel um den Betrag des hinter dem Kolben frei werdenden Ringraumes ab. Die Stopfbuchse steht also stets unter Öldruck. Bei weiterem Aufwärtsgang der Kolbenstange gleitet der Dämpferkolben in die Bohrung der ölgefüllten Kolbenstange und treibt das Öl aus dieser durch den Spalt zwischen Arbeitskolben und Dämpferkolben nach oben hinaus. Damit tritt die Öldämpfung in Tätigkeit.

Nach vollkommener Entlüftung wird mit der Handpumpe eine größere Menge Öl durch das Füllventil eingefüllt. Dann werden etwa 2 Atm. Druck auf das Federbein gegeben. Nach einiger Zeit läßt man durch Öffnen der Prüfschraube das überschüssige Öl austreten. Die Prüfschraube wird dann wieder verschlossen. Diesen Vorgang wiederholt man noch einmal. Dann schließt man die Prüfschraube fest und gibt den am Typenschild eingeschlagenen Druck auf das Federbein.

5. Wartungsarbeiten an der Stahlringfederung

Die Stahlringfederung (Kronprinz-Ringfederbeine) besteht aus zwei ineinandergleitenden Rohren und den federnden Stahlringen. Diese Federbeine arbeiten ohne Luft und Öl. Den eigentlichen Federungskörper bilden die Stahlringe, bei denen ein äußerer Ring mit einer konischen Innenfläche und ein Innenring mit einer konischen Außenfläche miteinander abwechseln. Drückt man auf diesen Federungskörper, dann werden die Außenringe nach außen und die Innenringe nach innen gedrückt. Dabei wird ein großer Teil des Landestoßes durch die Reibung zwischen Innen- und Außenringen vernichtet. Abb. 43 zeigt auf der linken Seite eine unbelastete und auf der rechten Seite eine belastete Ringfeder.

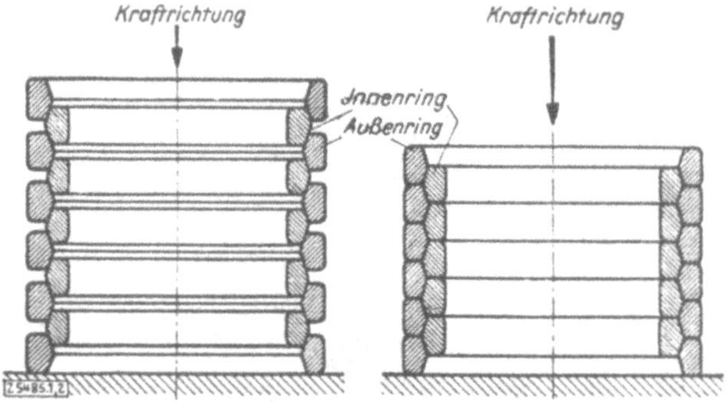

Abb. 43. Ringe des Kronprinz-Federbeins. Links unbelastet, rechts belastet.

Das Kronprinz-Federbein verlangt im Gegensatz zu den vorher besprochenen nicht die geringste Wartung. Die Ringe sind zwar mit Fett eingesetzt, bedürfen aber keinerlei Fett-Erneuerung.

Die Wartung erstreckt sich lediglich auf eine Kontrolle des äußeren Zustandes.

6. Wartungsarbeiten an einziehbaren Fahrwerken

Sie unterscheiden sich von den festen Fahrwerken dadurch, daß sie zur Verringerung des Luftwiderstandes während des Fluges eingezogen werden können. Zu den bei dem festen Fahrwerk bereits besprochenen Bauteilen kommt die Einziehvorrichtung hinzu.

Wenn schon ein festes Fahrwerk einer außerordentlich gründlichen Wartung bedarf, so gilt das für die Einziehfahrwerke ganz besonders. Diese Notwendigkeit ergibt sich aus dem meistenteils sehr komplizierten Aufbau des Einzieh-Mechanismus. Wenn bei dem Einzieh-Mechanismus durch locker gewordene Schraubverbindungen oder durch ausgeschlagene Gelenke unzulässig großes Spiel entsteht, dann kann es leicht vorkommen, daß das Fahrwerk nicht in seine Endlage einklinkt und bei der Landung wieder einfährt. Eine solche Bauchlandung macht oft den Eindruck, als wenn sie glimpflich abgegangen wäre (Abb. 44). Bei näherem Zusehen stellt sich jedoch heraus, daß das Flugzeug ganz erheblich beschädigt wurde. (Abt. 45.)

Abb. 44. Bauchlandung eines He 111 Flugzeuges.

Abb. 45. Die Beschädigungen des Flugzeuges: Luftschrauben verbogen, Motorabdeckbleche abgerissen, Kühler abgerissen, Kühlleitungen verbogen, Kühlschläuche abgerissen, Fahrgestell zerstört, Reifen geplatzt, Fahrgestellverkleidungen abgerissen.

Der Aufbau der Einziehvorrichtung richtet sich vollkommen nach der Bauart des Flugzeuges.

Während bei kleinen Flugzeugen die Handkraft zur Bedienung der Einziehvorrichtung genügt, ist bei größeren Flugzeugen motorischer Antrieb erforderlich.

Man unterscheidet daher drei Arten von Einziehvorrichtungen:

a) mechanische,
b) elektrische,
c) hydraulische.

7. Wartungsarbeiten am Sporn

Der Sporn besteht aus dem Spornfuß (Spornschuh) und der Federung.

Der Spornschuh ist bei größeren und neueren Flugzeugmustern durch ein Spornrad ersetzt, obgleich bei dieser Ausführung der Auslauf des Flugzeuges nach der Landung größer ist. Der Schleifsporn hatte jedoch den Nachteil, daß er die Grasnarbe des Flugplatzes zu sehr aufriß und bei Plätzen mit einer Asphalt-, Beton- oder Bitumendecke zu schnell abgeschliffen war.

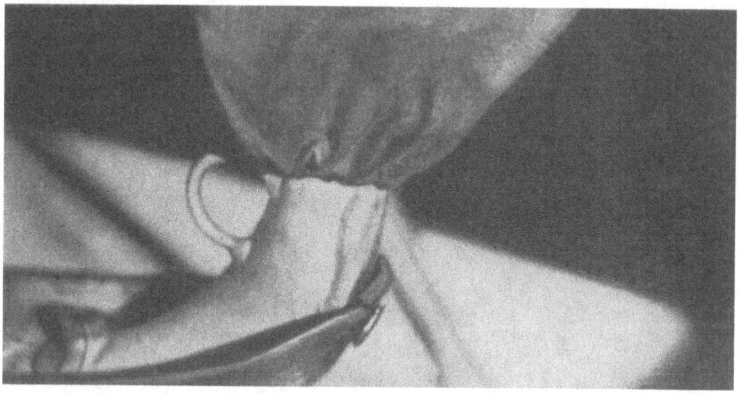

Abb. 46. Sporn des Flugzeugmuster FW 44, der zur Verhütung des Eindringens von Staub und Schmutz in den Rumpf mit Leder eingefaßt ist; am Spornfuß der abschraubbare Schuh.

Bei Flugzeugen mit Spornschuh ist also darauf zu achten, daß dieser ausgewechselt wird, bevor er vollkommen durchgeschliffen ist und dann den Spornträger in Mitleidenschaft zieht. Abb. 46 zeigt einen Spornträger mit Spornschuh. In der Mitte des Spornschuhs ist eine der beiden Schrauben zu erkennen, mit der er am Spornträger befestigt ist. Die andere Schraube sitzt an der Stirnseite des Spornschuhs auf gleicher Höhe wie der untere Teil des aufgeschweißten Bügels.

Der Federungskörper des Spornes besteht bei einigen älteren Flugzeugmustern noch aus Gummiseilen, bei neueren aus Luftölfederbeinen oder KPZ-Federstreben.

— Die Wartung dieser Federung wird, da diese Stelle nicht besonders gut zugänglich ist, häufig vernachlässigt. Abb. 47 zeigt Gummiseile, die durch einen zu starken Klemmkonus und zu starkes Recken ausgerissen sind. Abb. 49 zeigt einen Sporngummi, der durch darauftropfendes Öl zerstört wurde.

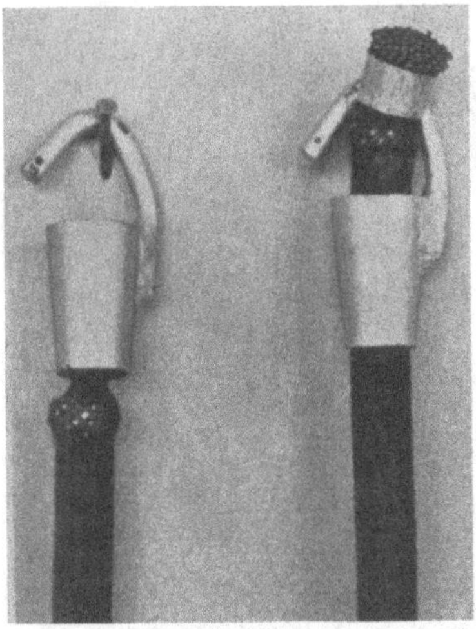

Abb. 47. Gummiseile, deren Fäden abgekniffen wurden.

Bei Gummiseilen in der Spornabfederung ist als Endbegrenzung noch ein Drahtseil vorhanden. Achtet man zu wenig auf die ausgereckten Seile, dann kommt der ganze Landestoß auf das Drahtseil, das dieser Überbeanspruchung nicht gewachsen ist und deshalb reißt (Abb. 48).

Auch bei Spornen mit Luftfederbeinen ist bei zu geringem Luftdruck mit einer Überbeanspruchung der Spornlagerung zu rechnen (Abb. 50).

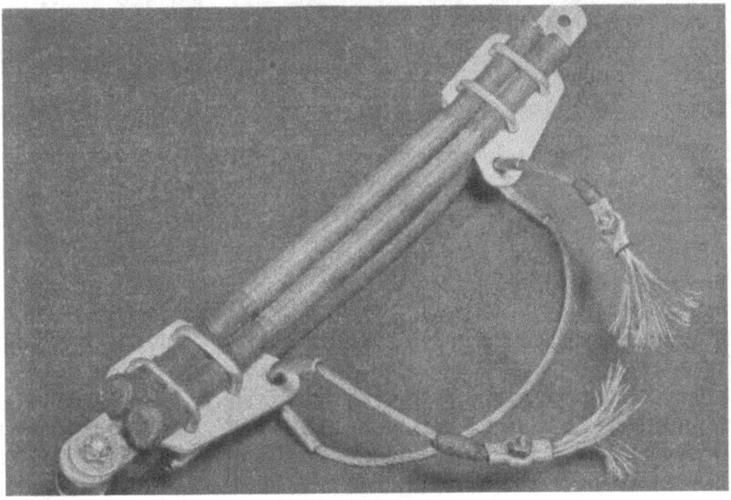

Abb. 48. Gerissenes Endbegrenzungskabel in der Spornabfederung eines He 45 Flugzeuges.

Abb. 49. Durch Tropf-Öl gerissene Gummifäden in einem Gummiseil.

Abb. 50. Gerissene Dreibockstrebe an der Spornlagerung eines FW 56 Flugzeuges.

8. Aufziehen der Reifen

Beim Aufziehen des Reifens legt man das Rad flach mit der Bremstrommelseite nach unten auf den Boden. Dann steckt man den leicht aufgepumpten Schlauch faltenfrei und ohne Verdrehung in die Decke ein, nachdem das Deckeninnere und der Luftschlauch leicht mit Talkum eingestäubt wurden. Nachdem man den unten liegenden Reifenwulst in der Nähe des Ventils über das Felgenhorn in das Tiefbett geschoben und die Decke in dieser Lage festgehalten hat, drückt man den Rest des unteren Wulstes über das Felgenhorn in die Felge. Dann wird das Ventil durch das Felgenloch gesteckt und die Ventilmutter leicht aufgedreht. Gegenüber dem Ventil wird hierauf der obere Wulst in das Tiefbett geschoben und die Decke durch Daraufknien niedergehalten, bis der Rest des oberen

Abb. 51. Flugzeugreifen 1100 × 375 mit Schlauch und Tiefbettfelge. Davor die beiden Montierhebel und der Gummihammer.

Abb. 52. Das Rad liegt flach auf dem Boden. Der Reifen wird über den Felgenrand gekippt und der untere Wulst möglichst weit in das Tiefbett der Felge gelegt.

Abb. 53. Zwei Montierhebel werden angesetzt und durch weiteres Nachsetzen der Reifenwulst über das Felgenhorn gedrückt. Größte Vorsicht ist geboten, damit die Bremstrommel nicht beschädigt wird.

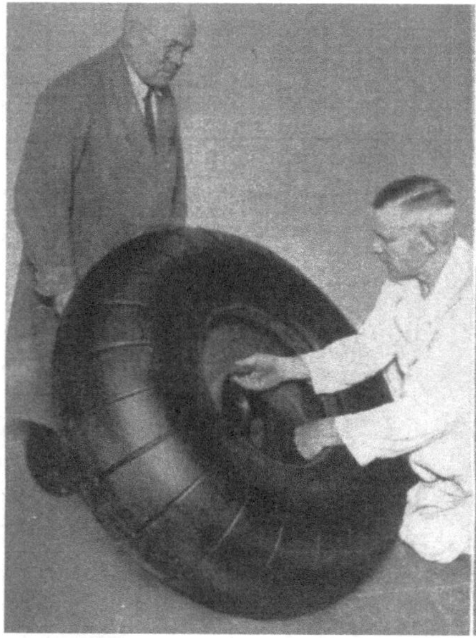

Abb. 54. Der Schlauch wird mit Talkum eingepudert und eingelegt. Der Reifen wird zu dem Zweck vorher etwas angehoben.

Abb. 55. Das Schlauchventil wird durch das Ventilloch des Rades gesteckt und die Felgenmutter einige Gänge aufgeschraubt. Der Schlauch wird ganz in das Reifeninnere gedrückt und etwas aufgefüllt, um ein Klemmen bei der weiteren Montage zu verhindern.

Abb. 56. Der obere Reifenwulst wird montiert. Dabei muß sich der untere Teil des Reifens mit seinen Wulsten möglichst weit im Tiefbett befinden (darauf knien!). Das letzte Sechstel wird *ohne* Montiereisen und ohne Montierhebel nur durch Schläge mit dem Gummihammer montiert. Leichtes Einschmieren des Felgenhornes mit Schmierseife erleichtert die Montage.

Wulstes, durch Hebeeisen über das Felgenhorn gedrückt, einschnappt; dann pumpt man den Reifen auf den vorgeschriebenen Aufblasdruck auf (vgl. Abb. 51—56).

Mit dem Abziehen des Reifens beginnt man auf der der Bremstrommel gegenüberliegenden Seite, d. h. am Felgenhorn mit schmaler Schulter. Man legt das Rad flach auf den Boden, drückt gegenüber dem Ventil den Reifewulst in das Tiefbett und hebt, in der Nähe des Ventiles anfangend, erst den äußeren und nach dem Herausziehen des Schlauches aus der Decke den inneren Drahtwulst über den äußeren Felgenrand. Man stellt den Reifen dann hoch und zieht das Rad heraus. Beim Abnehmen des äußeren Drahtwulstes und Herausnehmen des Schlauches ist besonders auf das Ventil zu achten, um Beschädigungen des Schlauches und des Ventiles zu vermeiden.

9. Wartungsarbeiten nach jedem Flugtag

Die außerordentlich hohen Beanspruchungen, denen gerade das Fahrwerk bei schlechten Landungen durch Bedienungsfehler bzw. bei Landungen auf schlechten Plätzen ausgesetzt ist, verlangen eine besonders sorgfältige Wartung und Pflege.

Alle Bauteile des Fahrwerks sind von Schmutz und Spritzern zu säubern, auf einwandfreien Bauzustand und vorgeschriebene Sicherung zu prüfen.

Die Bereifung ist auf richtigen Druck und einwandfreie Beschaffenheit zu prüfen. Die Prüfung erfolgt mit einem **Reifendruckprüfer** bei aufgebocktem Flugzeug. Nach Abschrauben der Schutzkappe auf dem Schlauchventil kann der Prüfer aufgesetzt und der Druck im Reifen abgelesen werden. Der für das betreffende Muster vorgeschriebene Druck ist auf der Radverkleidung oder dem Federbein verzeichnet. Bei zu niedrigem Druck ist nachzupumpen (Hand- oder Motorpumpe). Beim Nachfüllen mit Preßluft ist ein besonderes Zwischenstück zu verwenden, das an den Preßluftschlauch angeschraubt wird. Mit dem anderen Ende wird es auf das Schlauchventil gedrückt. Bei dieser Art des Reifenaufpumpens ist mit äußerster Vorsicht vorzugehen, damit der Reifen nicht durch zu schnelles Öffnen des Preßluftventiles an der Flasche oder des Reduzierventils einen zu hohen Druck bekommt. Nach dem Auffüllen ist nochmals nachzumessen und der gegebenenfalls zu hohe Druck wieder abzulassen.

Reifenlauffläche, Seitenwände und Wülste sind auf einwandfreien Zustand zu prüfen.

Die Lauffläche unterliegt starker Abnutzung. Beim landenden Flugzeug müssen die Räder im Augenblick des Aufsetzens vom Stillstand auf die Landegeschwindigkeit des Flugzeuges (zwischen 80 und 180 km) beschleunigt werden. Das erfolgt durch Reiben (Radieren) der Lauffläche am Boden. Je nach Beschaffenheit der Landebahn ist das Radieren verschieden stark. Bei nassem Gras ist die Abnutzung der Reifenlauffläche am geringsten, bei trockenem Asphalt oder Beton am höchsten. Im letzteren Fall ist sie so stark, daß man beim Aufsetzen von größeren Flugzeugen starke Rauchentwicklung beobachten kann. An der Aufsetzstelle findet man dann nachher eine mehrere Meter lange Spur von abgenutztem Gummi. Auch beim Start mit hohen Fluggewichten auf Betonbahnen ist die Abnutzung der Lauffläche außerordentlich hoch, so daß derartig hoch beanspruchte Reifen nach etwa 30 bis 50 Starts ausgewechselt werden müssen.

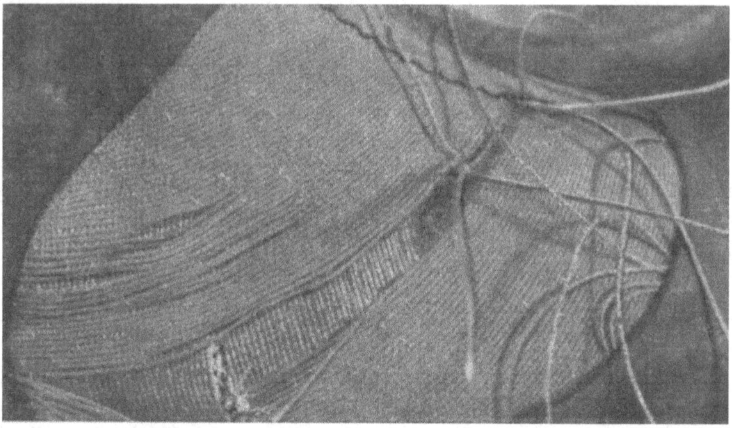

Abb. 57. Reifen eines Anlaufrades, bei dem der Gummi sich vom Kordgewebe gelöst hat. Auch die einzelnen Fäden des Kordgewebes haben sich voneinander gelöst. An der Stelle links unten ist das Gewebe gebrochen.

Bei Reifen mit ungenügendem Druck werden die Seitenwände und die Wülste sehr stark beansprucht. Durch die dauernde Verformung, der sie beim Rollen unterworfen sind, werden sie stark erhitzt und die einzelnen Fäden des Kordgewebes voneinander gelöst. Außerdem federt ein ungenügend aufgepumpter Reifen beim Landestoß oder beim Rollen über Hindernisse bis auf die Felge durch, wobei das Kordgewebe an der betreffenden Stelle bricht (s. Abb. 57).

Wird beim Rollen eines Flugzeuges das Platzen eines Reifens beobachtet, dann darf auf keinen Fall weitergerollt werden. Das Flugzeug muß vielmehr an Ort und Stelle aufgebockt und das schadhafte Lauf- bzw. Spornrad ausgewechselt werden. Wird statt dessen weitergerollt, dann ist eine vollkommene Zerstörung des Reifens, wie Abb. 58 zeigt, die Folge. Häufig geht dabei auch noch der Radkörper selbst zu Bruch (Abb. 59).

Lauffläche und Reifen-Seitenwände sind auf Scheuerstellen zu prüfen.

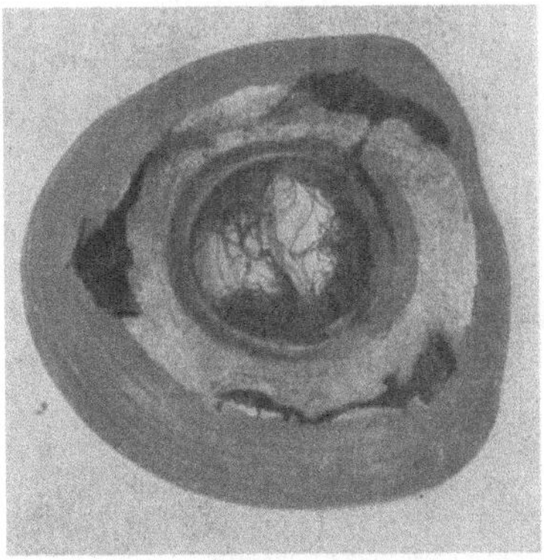

Abb. 58. Durch Rollen ohne Luft zerstörter Spornradreifen.

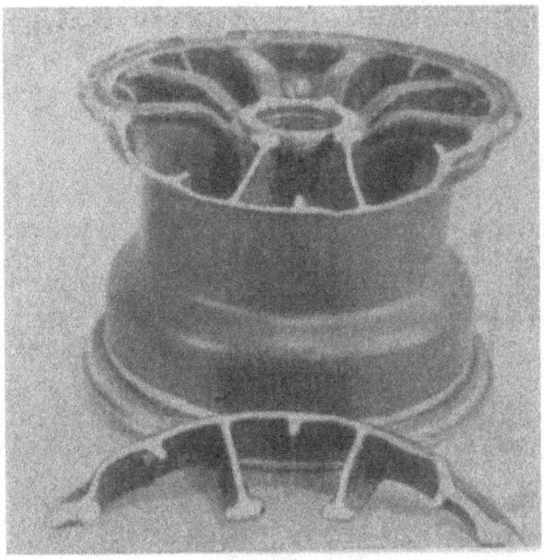

Abb. 59. Durch Rollen auf einem luftleeren Reifen zerstörtes Anlaufrad.

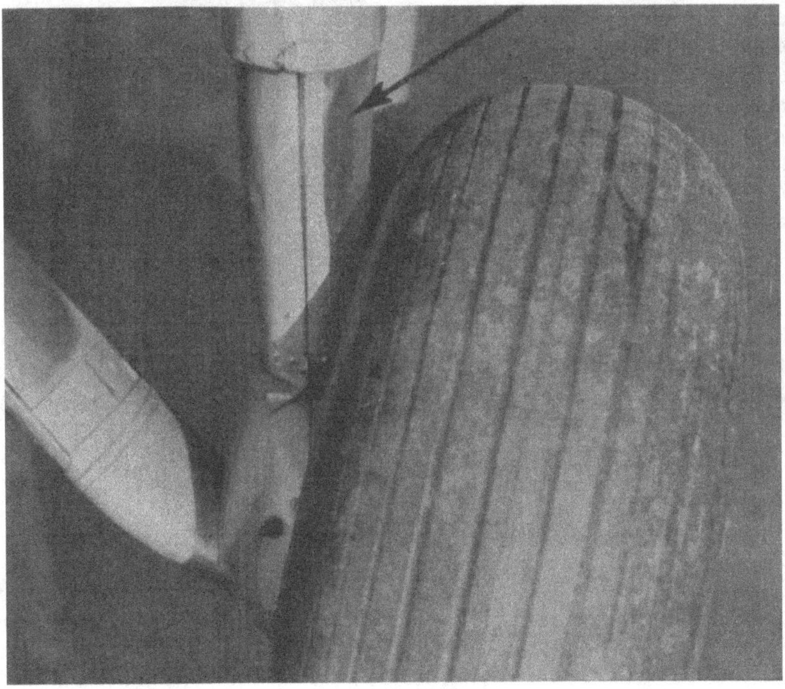

Abb. 60. Federbeinverkleidung an einem W 34 Flugzeug, die durch zu geringen Abstand zwischen Verkleidung und Reifen angescheuert wurde.

Bei einigen Flugzeugmustern ist zwischen den Seitenteilen des Reifens und den Federstreben des Fahrwerkes so wenig Luft, daß der Reifen scheuern kann (Abb. 60). Durch Einbeulen der Verkleidung an der Scheuerstelle kann ein solcher Schaden unter Umständen sofort behoben werden.

Die Abb. 61 und 62 zeigen die Zerstörung des Spornradreifens an einem Ju 52-Flugzeug durch Nachlässigkeit. Der Sicherungsbolzen der Sporngabelfeststellung war nicht ordnungsgemäß eingesetzt und gesichert, so daß er sich während des Rollens zwischen Sporngabel und Rad einklemmen konnte. Die Folge war ein Aufreißen des Reifens.

Abb. 61. Der durch den eingeklemmten Bolzen zerstörte Spornradreifen.

Der einwandfreie Sitz des Reifens auf der Felge ist zu überprüfen. Nach der Montage des Reifens auf das Rad ist am Übergang zwischen Reifen und Felge ein roter Streifen anzubringen. Wandert während des Flugbetriebes der Reifen auf der Felge beim Bremsen infolge ungenügenden Reifendruckes, so ist das an diesem Streifen zu erkennen. Da beim Wandern eines Reifens das Schlauchventil (das ja das Wandern auf der Felge nicht mitmachen kann) sehr stark auf Ausreißen beansprucht und außerdem der Reifenwulst durch die Reibung an der Felge beschädigt wird, ist ein sofortiger Ausbau des Rades erforderlich. Geschieht das nicht, dann ist ein Platzen des Reifens oder ein Undichtwerden des Schlauches die Folge. Beides kann, wenn es bei Start oder Landung, also im Augenblick der größten Beanspruchung erfolgt, zur Beschädigung oder Zerstörung des Flugzeuges sowie Gefährdung der Besatzung führen.

Die **Bremstrommeln** sind auf einwandfreien Zustand zu prüfen.

Die Temperaturen, die beim Bremsen auftreten können, sind derartig hoch, daß das Material des Radkörpers unter Umständen zu schmelzen beginnt. Schon beim geringen Bremsen zeigt der Lack in der Nähe der Bremstrommeln infolge der erhöhten Temperatur Blasen und springt ab. Dieser Zustand ist noch unbedenklich. Beim stärkeren Bremsen jedoch bzw. beim mehrmaligen Bremsen im Schulbetrieb ohne genügende Abkühlung der Bremsen zwischen den einzelnen Landungen beginnt das Material zu fließen. Das Leichtmetall zeigt Perlen und Risse. Wenn dies der Fall ist, muß das Rad ausgewechselt werden. Nach dem Ausbau findet man dann meistenteils, daß die in das Leichtmetall eingesetzte Stahltrommel ebenfalls Risse aufweist (s. Abb. 63).

Abb. 62. Spornradanlage eines Ju 52 Flugzeuges, bei der sich der Sicherungsbolzen der Feststellung zwischen Rad und Radgabel geklemmt hat.

Die **Luftölfederbeine** sind auf richtigen Druck zu prüfen. Die Prüfung muß in aufgebocktem Zustand erfolgen. Die Schutzkappe des Federbeines ist abzuschrauben und das Prüfmanometer aufzudrücken. Bei einigen größeren Flugzeugmustern (Do 17, He 111) sind zwei Federbeine zu einem Rahmen zusammengefaßt. Um ein Verklemmen zu vermeiden, müssen die beiden Federbeine immer gleichen Druck haben. Deshalb sind die Zylinder durch eine Druckleitung miteinander verbunden. In einem solchen Fall braucht nur der Druck eines Federbeines geprüft zu

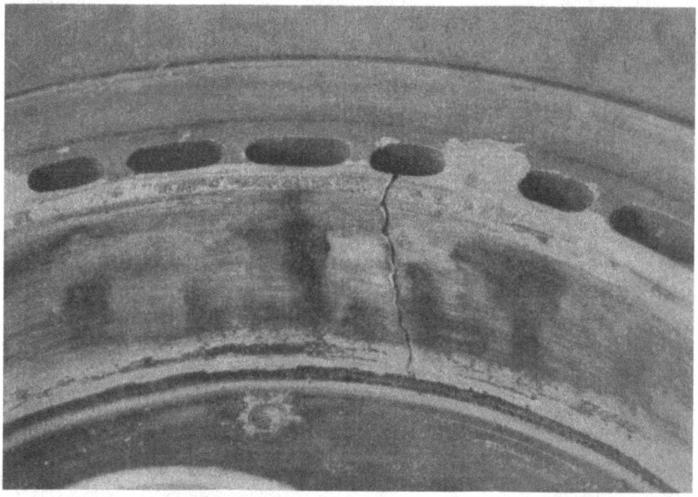

Abb. 63. Risse in einem Anlaufrad nach Ausbau der Stahltrommel. Das Leichtmetall ist in den Ecken bereits geschmolzen.

werden. Hier ist es nicht nötig, nach jedem Flugtag nachzumessen, wenn auf Grund des Fluggewichtes und der Einfederung des Federbeines zu ersehen ist, daß der Druck sich nicht geändert hat. Durch Wippen am Tragflächenende ist zu untersuchen, ob die Federung zügig erfolgt. Erfolgt sie bei Luft- und Luftölfederbeinen ruckartig, dann sind die Manschetten zu trocken.

Die **Lederstulpen**, die die Gleitfläche des Federbeinkolbens vor Staub und Sand schützen sollen, sind auf einwandfreien Sitz zu prüfen.

Die **Höhe des Ölspiegels** im Vorratsbehälter der Bremsanlage ist zu prüfen. Gegebenenfalls ist der Ölvorrat zu ergänzen. Dabei ist peinlichst auf Verwendung des richtigen Öles zu achten, um eine Zerstörung der Manschetten und Leitungen durch ungeeignetes Öl zu vermeiden. Ist merklicher Ölverlust eingetreten, dann sind die Bremsleitungen, Schläuche und Anschlußnippel auf Dichtheit zu prüfen. In den meisten Fällen wird es genügen, wenn die Anschlußmuttern der Leitungen und Schläuche nachgezogen werden. Sollte infolge zu starken Ölverlustes kein Öl mehr im

Vorratsbehälter zu sehen sein, dann muß die Anlage neu entlüftet werden.

Die **Spornanlage** ist bei entriegeltem Sporn durch Bewegen des Rumpfendes auf gute Schwenkbarkeit zu prüfen. Bei Flugzeugen mit Schleifsporn ist bei zu starkem Abschliff der Spornschuh auszuwechseln.

Bei Einziehfahrwerken sind die **Bauteile der Einziehvorrichtung** auf feste Verbindung, die Verkleidungen und Klappen auf Flattern zu prüfen.

Abb. 64. Falte in der Rumpfbeplankung eines Bf 109 Flugzeuges.

An Fahrwerken, an denen zur Abfederung oder zur Betätigung der Fahrwerksklappen **Gummiseile oder -ringe** verwendet werden, sind diese bei strenger Kälte oder nach Flügen in großer Höhe auf genügende Elastizität zu prüfen. Spröde gewordene Seile und Ringe sind auszuwechseln.

Bei schlechten Landungen sind außer den Bauteilen des Fahrwerkes auch die Teile des Rumpfes oder Tragwerkes zu prüfen, die die vom Fahrwerk kommenden Stöße aufzunehmen haben.

Auf Abb. 64 ist eine Falte am Rumpf eines Bf 109-Flugzeuges zu sehen. Die Falte deutet darauf hin, daß auf den Rumpfverband so hohe Kräfte gewirkt haben, daß er in der Beplankung ausbeulte. In einem solchen Falle sind die Verkleidungsbleche abzunehmen, um den weiteren Verlauf der Falte verfolgen zu können.

Durch zu harte Landungen können Verformungen am Rumpf (siehe Abb. 65) entstehen.

10. Wartungsarbeiten nach 12½ Flugstunden

Abb. 65. Rumpf eines Hs 126 Flugzeuges, eine zu harte Landung führte zum Falten und Reißen der Beplankung am Fahrgestell-Anschluß sowie zum Reißen an der durch den Auftritt geschwächten Stelle.

Das Fahrwerk ist sorgfältig von Schmutz und Öl zu säubern und bei aufgebocktem Flugzeug mit Flugzeugfett „blau" abzuschmieren (außer den Achslagern). Das Hineindrücken von Fett mit der Hochdruckpresse hat solange zu erfolgen, bis das alte, schmutzige Fett aus den Gelenken herausgetreten ist und nur noch frisches Fett nachkommt. Mit einem sauberen Lappen ist dann das überschüssige Fett abzuwischen. Auf das Heraustreten des alten Fettes ist unter allen Umständen zu achten, da durchaus die Möglichkeit besteht, daß die Schmierkanäle durch früher versäumte Schmierung und zu altes, harzig gewordenes Fett verstopft sind. Beim Abschmieren ist auf festen Sitz der Schmiernippel zu achten.

Bei Flugzeugen mit **Kugelpfannen** ist eine Schmiermöglichkeit nicht ohne weiteres vorhanden. Hier muß oft erst die Überwurfmutter der Kugelpfanne gelöst und dann die Pfanne mit Fett (Flugzeugfett „blau") gefüllt werden. Eine Schmierung ist hier jedoch erst nach 50 Stunden erforderlich. Wird die rechtzeitige Schmierung unterlassen

Abb. 66. Kugelkopf mit Pfannen und Schalen aus Ju 52 Flugzeugen.

oder wird ungeeignetes Fett verwendet, dann ergeben sich Freßerscheinungen, wie sie Abb. 66 zeigt. Auf dem Bild sind sie sowohl am Kugelkopf als auch an den Pfannen und Schalen zu erkennen. In diesem Fall sind sie allerdings noch durch Polieren zu beheben. Sind die Freßstellen jedoch schon so tief, daß auch die Schmiernuten in Mitleidenschaft gezogen worden sind, dann müssen die betreffenden Teile gegen neue ausgewechselt werden.

Kugelkopf und Pfanne müssen beim Zusammenbau mit Hilfe von Schleifpaste miteinander eingeschliffen werden, um ein gleichmäßiges Tragen zu erreichen. Das Anziehen der Überwurfmutter muß so erfolgen, daß der Kugelkopf in seiner Beweglichkeit nicht gehemmt wird. Er muß sich ohne Spiel nach allen Seiten bewegen können. Ist Spiel vorhanden, dann ist von den Lagerschalen etwas abzuschleifen (vgl. Abb. 67).

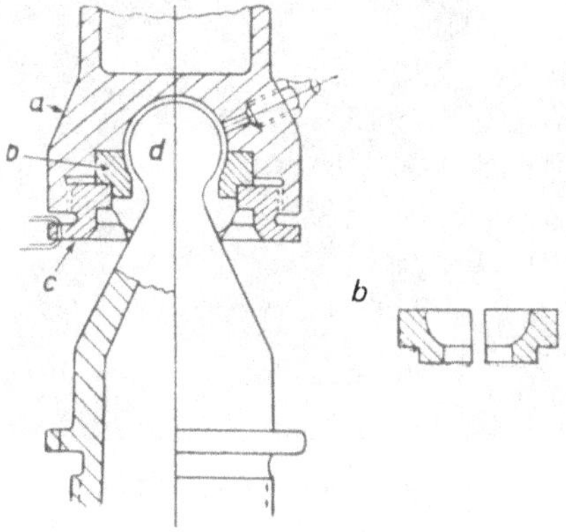

a = Kugelpfanne
b = Lagerschale
c = Gewindering
d = Kugelkopf

Abb. 67. Richtiger Sitz des Kugelkopfes in der Pfanne.

Sitzt der Kopf zu fest, dann ist ein dünner Ring zwischen Pfanne und Schalen zu legen. Ist eine Bewegung des Kugelkopfes in der Pfanne und damit eine Bewegung der Strebe nicht möglich, dann geht der Kugelhals später unter der Belastung beim Landestoß bestimmt bei einer der nächsten Landungen zu Bruch.

Die Verbindungen der einzelnen Bauteile sind auf festen Sitz, einwandfreie Befestigung und Sicherung zu prüfen. Bei klappernden Gelenken ist die Ursache festzustellen. In den meisten Fällen, vor allem bei werkneuen Flugzeugen, werden sich die Schraubverbindungen gesetzt haben. In diesem Fall sind die Sicherungen (Splinte) zu entfernen, die Muttern nachzuziehen und neu zu sichern. Bei Bolzen-Verbindungen ist ein Nachziehen nicht möglich. Hier muß man, wenn das Spiel zu groß wird, den Bolzen gegen einen neuen (stärkeren) auswechseln und die ausgeschlagene Buchse aufreiben.

Das Spiel jedoch, das nach 12½ Stunden festgestellt wird, ist nicht etwa auf ausgeschlagene Buchsen zurückzuführen, sondern bestand wahrscheinlich schon bei der Ablieferung des Flugzeuges vom Herstellerwerk. Wenn nämlich bei einer Verbindung der kleinste zulässige Bolzen und die größte zulässige Bohrung der Buchse zusammenkommen, liegt das auftretende Spiel noch innerhalb der zulässigen Toleranz.

Erst nach weiteren Betriebsstunden treten Schäden auf, wie sie Abb. 68 zeigt.

Die **Stahl- und Duralrohre** des Fahrwerkes sind nach Stauchwulsten, Knickungen und Verbiegungen abzusuchen.

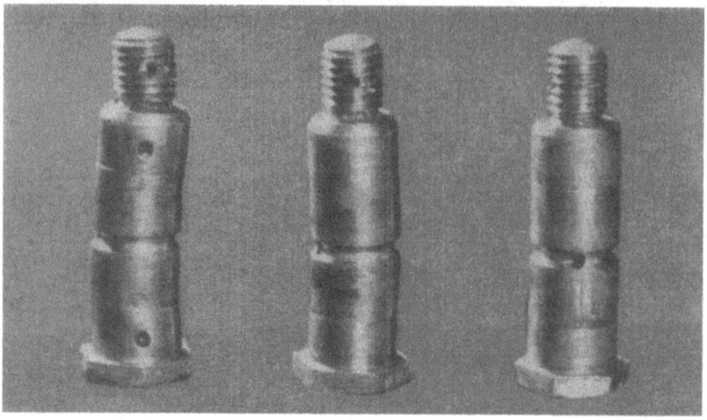

Abb. 68. Bolzen aus dem Fahrgestell eines Flugzeuges des Musters Ar 66.

Schweiß-Verbindungen der Rohre sind auf Risse zu prüfen.

Rohre mit **Nietverbindungen** sind auf einwandfreie Vernietung zu prüfen (siehe Abb. 69). Der Anschlußbeschlag ist mit Rohrnieten in die Rohrstrebe eingesetzt. Auf Grund der hohen wechselseitigen Beanspruchungen haben sich die Nieten gelockert. Lockerungen dieser Art kann man daran erkennen, daß sich an den betreffenden Stellen Öl ansammelt. Die dunklen Umrandungen der Rohrnieten deuten darauf hin. Auch der dunkle Ring zwischen Rohr und Beschlag deutet auf das Vorhandensein von Öl und damit auf lockeren Sitz hin. Das heißt, daß sich der Beschlag in der Rohrstrebe schon so weit gelockert hat, daß die Strebe gegen eine neue ausgewechselt werden muß.

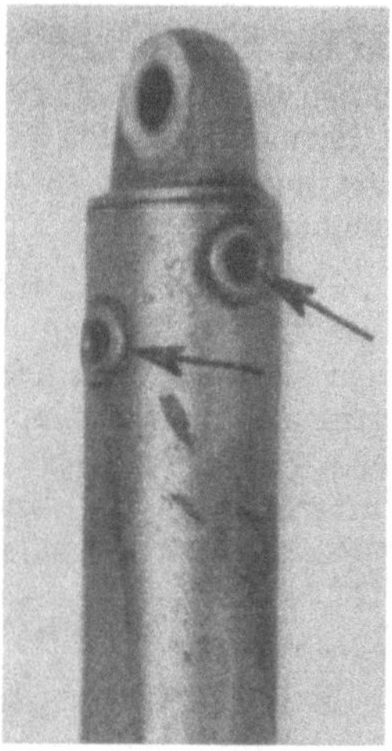

Abb. 69. In der Nietung locker gewordene Rohrstrebe am Fahrgestell eines Go 145 Flugzeuges.

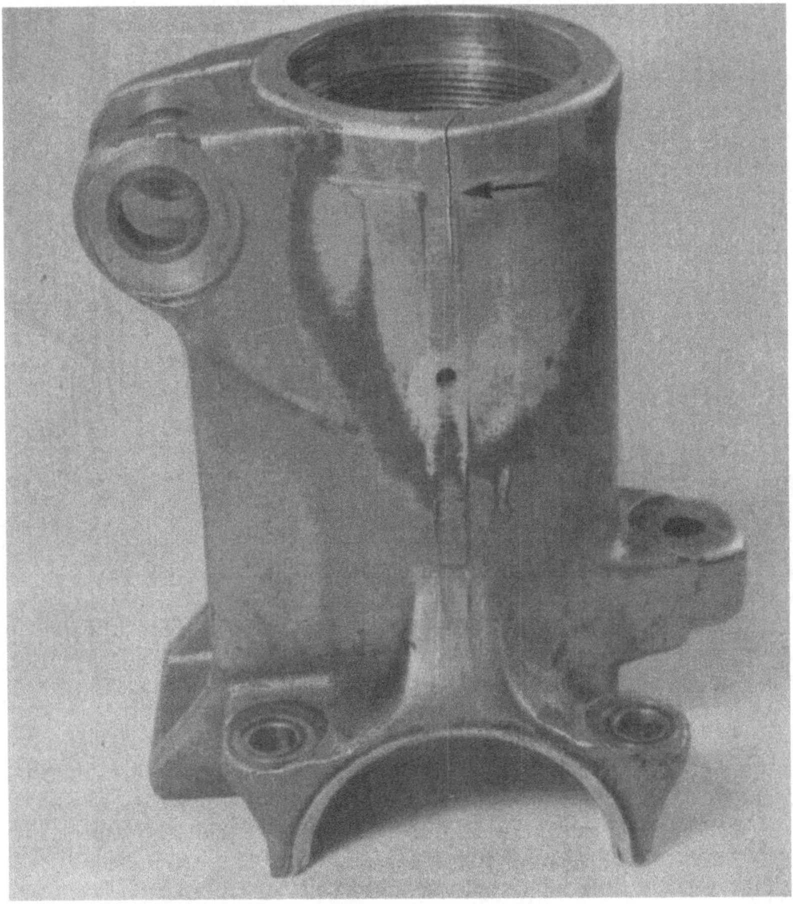

Abb. 70. Anriß im Gabelachsbeschlag eines He 111 Flugzeuges.

Fahrwerksteile aus Guß oder Preßteilen sind ebenfalls auf Anrisse zu prüfen. Abb. 70 zeigt den soeben erkennbaren Anriß im Gabelachsbeschlag eines He 111-Flugzeuges. Dieser Anriß ist besonders gefährlich, weil er in der sog. Preßnaht liegt. Auf Abb. 71 ist zu sehen, wie der Riß an der Naht entlang gelaufen ist und den Beschlag gesprengt hat.

Rohrstreben selbst sind ebenfalls auf Risse zu prüfen. Es ist durchaus möglich, daß sich derartige Risse bereits beim Ziehen der Rohre bilden, ohne daß es der Werkskontrolle auffällt, da sie vorerst noch nicht sichtbar sind.

Die **Achslager** sind mit Achslagerfett (Heißlagerfett: Intava-Achslagerfett 1200, Calypsol WIDD, Shell Wälzlagerfett) abzuschmieren.

Abb. 71. Der Riß vom vorigen Bild ist vollkommen durchgegangen.

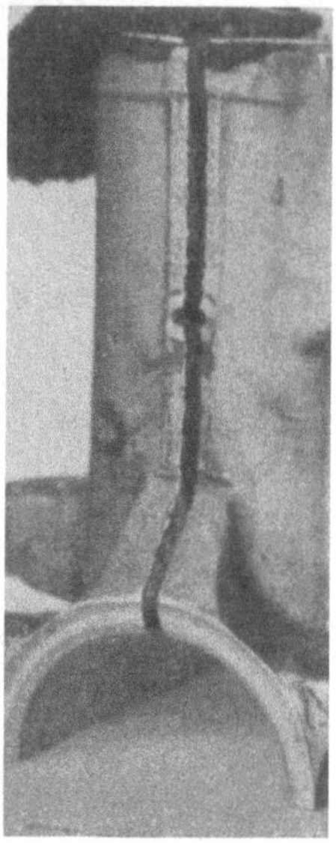

Das Durchdrücken des Fettes muß hier sehr sorgfältig geschehen, damit es nicht in die Bremstrommel gelangt und dort die Bremsen unwirksam macht. Auf gute und sorgfältige Schmierung der Laufradachsen unter Verwendung des richtigen Fettes ist besonderer Wert zu legen. Abb. 72 zeigt Buchsen, die infolge Fettmangels gefressen haben. Ein Nacharbeiten durch Schleifen und Polieren ist hier nicht mehr möglich. Die Teile müssen ausgewechselt werden.

Die Bremsanlage ist auf einwandfreies Arbeiten zu prüfen. Die Bremsen müssen so eingestellt sein, daß sie nach etwa 10 bis 15 mm Bremshub fassen. Ist das nicht der Fall, dann sind die Bremsbacken entsprechend nachzustellen. Zu stark abgeschliffene oder durch Fett und Öl verunreinigte Bremsbeläge sind gegen neue auszuwechseln. Dabei ist auch der Bremsschild auf einwandfreien Zustand zu prüfen.

Beim Nichtbetätigen der Bremsen dürfen die Beläge beim in Drehung versetzten Rad nicht schleifen. Wird die Bremse betätigt, dann muß das Rad so festgehalten werden, daß es nicht mehr gedreht werden kann.

Die weitere Bremswirkung ist nachher beim Rollen zu prüfen. Bei betätigten Bremsen muß das Flugzeug bei etwa dreiviertel der Vollgasdrehzahl des Motors noch mit den Bremsen zu halten sein.

Sollten beim laufenden Rad und bei aufgebocktem Flugzeug irgendwelche Geräusche zu hören sein, die nicht auf das Schleifen der Bremsbeläge zurückgeführt werden können, dann ist das Rad abzunehmen und die Lauffläche zu untersuchen. Dabei werden sich vermutlich Schäden zeigen, wie sie die Abb. 73 zeigt.

Die Teile der Einziehvorrichtung sind auf Verschleiß und Scheuerstellen zu untersuchen. Insbesondere hydraulische Bremsölleitungen sind auf diese Störungsmöglichkeit hin zu überprüfen. Sind bei der Einziehvorrichtung Seile verwendet, dann sind sie auf richtige Vorspannung, ihre Aufhängung auf einwandfreie Befestigung zu prüfen.

Das Fahrwerk ist bei aufgebocktem Flugzeug ein- und auszufahren und dabei das einwandfreie Arbeiten der Verriegelungen zu überprüfen.

Bei Flugzeugen mit Schneekufen sind die Teile des Fahrwerks, die beim Kurvenrollen beansprucht werden, ganz besonders sorgfältig zu prüfen. Auf Grund ihrer Länge setzt die Schneekufe im Schnee den Drehbewegungen des Flugzeuges einen erheblich größeren Widerstand entgegen als ein Rad.

Der Boden der Schneekufen ist auf Beschädigungen durch Steine oder Eisstücke zu untersuchen (s. Abb. 74).

Abb. 72. Durch Fettmangel sind diese Laufbuchsen aus einem Do 23 Flugzeug zu heiß geworden und zerstört worden; bei der linken Buchse war die Temperatur so hoch, daß die Schmiernuten nicht mehr zu erkennen sind.

Abb. 73. Ausgebrochene Federrollen aus dem Rollenlager eines Go 145 Flugzeuges.

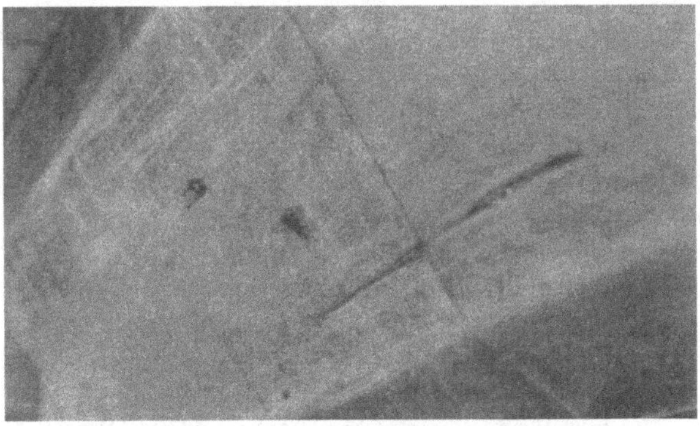

Abb. 74. Schneekufe eines W 34 Flugzeuges, der Boden ist durch Rollen über Eisstücke durchgedrückt worden und der Kunststoffbelag zerstört.

11. Wartungsarbeiten nach 25 usw. Flugstunden entsprechen denen nach 12½ Flugstunden.

IV. Wartungsarbeiten am Tragwerk

1. Wartungsarbeiten nach jedem Flugtag

Die Flächen sind mit dem vorgeschriebenen Flieg-Reinigungsmittel Z zu reinigen. Der Schutzanstrich ist auf einwandfreie Beschaffenheit zu prüfen. Beschädigte Stellen sind auszubessern.

Die **Bespannung** ist auf einwandfreie Verleimung und Faltenbildung zu prüfen. Lockerungen in der Bespannung weisen meist auf Schäden im Inneren der Fläche hin. Zunächst ist zu versuchen, durch Öffnen der nächstgelegenen Kontrollklappen die Ursache festzustellen. Ist das nicht möglich, dann ist die Bespannung an der betreffenden Stelle zu öffnen (abzuledern) (Abb. 75).

Abb. 75. Gebrochener Hinterholm im Baldachin eines AR 66 Flugzeuges. Die Bespannung ist zur besseren Prüfung bereits abgeledert.

Die **Zackenbänder** auf den Nähten der Bespannung sind auf einwandfreie Verleimung zu prüfen. Schadhafte Leimverbindungen sind sofort auszubessern, da sonst die Gefahr besteht, daß das Band durch den Flugwind abgerissen wird.

Die **Beplankung bei Metallflugzeugen** ist auf Anrisse und angescherte Nieten zu prüfen.

Abb. 76 zeigt Risse in der Beplankung eines Do 18-Flugzeuges. Durch die Erschütterungen während des Fluges, verstärkt durch den Luftschraubenstrahl (diese Stelle liegt hinter den Motoren), riß das Blech an den Nieten ein. Es mußte abgenietet und durch ein stärkeres ersetzt werden.

Man sieht aus Abb. 77, wie die Farbe um die Nieten herum abgeplatzt ist, ein Zeichen dafür, daß sich die Nieten und das Blech bei den Beanspruchungen, die die Fläche während des Fluges erfährt, gegeneinander bewegen, ihre Verbindung miteinander also nicht mehr einwandfrei fest ist.

Die in der Abb. 77 gezeigten Beschädigungen müssen nicht unbedingt zum sofortigen Auswechseln der betreffenden Fläche führen, denn es kann sich unter Umständen nur um eine einmalige Überbeanspruchung während

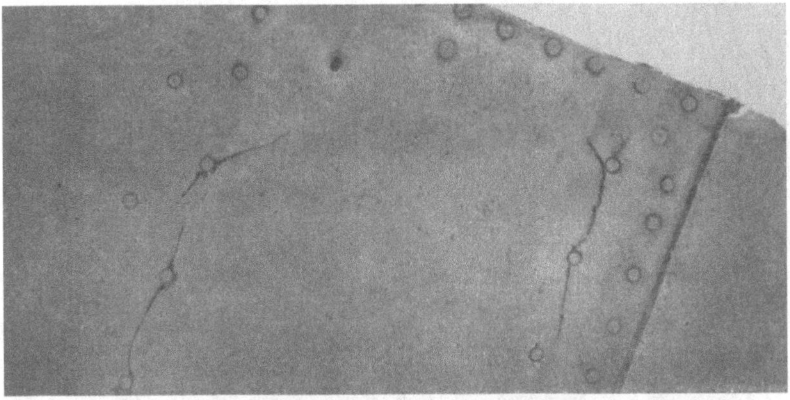

Abb. 76. Risse in der Beplankung eines Do 18 Flugzeuges, hervorgerufen durch Schwingungen während des Fluges, verstärkt durch den Luftschraubenstrahl.

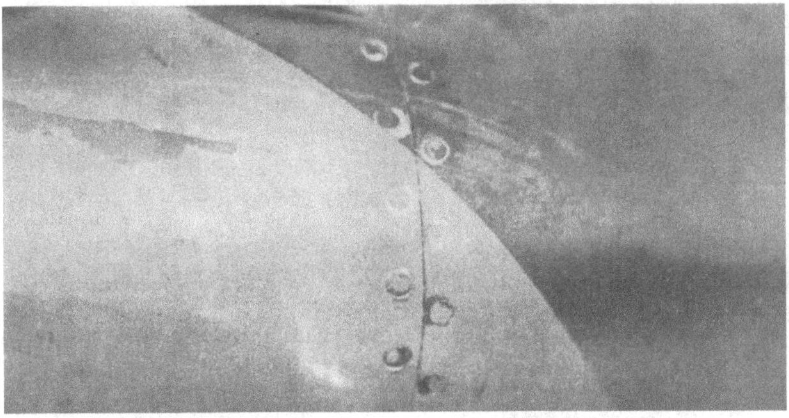

Abb. 77. Abgeplatzte Farbe an der Vernietung der Flügelnase eines Do 17 Flugzeuges.

eines Fluges gehandelt haben. Auf jeden Fall ist aber an derartigen Stellen die Farbe abzulaugen und dafür farbloser Lack aufzubringen. Bei diesem Lack ist eine bessere Kontrolle der Vernietung möglich. Zeigt sich dann im weiteren Flugbetrieb, daß auch der neue Lack abplatzt, dann liegt eine Gefährdung der Fläche vor, und sie ist auszuwechseln.

Abb. 78. Normale Verformungen der Beplankung, wie sie bei fast jedem Flugzeug mit Blechbeplankung während des Fluges auftreten.

Die Falte, die in Abb. 78 an der Innenseite des Vorflügels (Slots) ersichtlich ist, war am stärksten ausgeprägt. Sie gab zu Bedenken Anlaß, zumal sie sich bei Böen und beim Betätigen des Höhenruders in Größe und Tiefe veränderte. Ein Belastungsversuch, der daraufhin angestellt wurde, zeigte jedoch, daß hier auch bei Überlastung kein Bruch eintrat.

Das **Flügelinnere** ist zu prüfen, wenn die Beplankung auf Schäden schließen läßt. Die Prüfung ist in den meisten Fällen infolge größerer Kontrollklappen und einer größeren Zahl von Klappen besser möglich als bei Tragflächen aus Holz.

Bei einem Ju 52-Flugzeug ließ ein Klingeln in der Fläche beim Rollen darauf schließen, daß etwas nicht in Ordnung war. Die Überprüfung durch vorsichtiges Hineinkriechen ergab eine lockere Strebe (s. Abb. 79).

Abb. 79. Abgescherte Vernietung zwischen dem Flächenholm und den Streben bei einem Ju 52 Flugzeug. Die Beplankung ist abgenietet und aufgeschnitten.

Die **Verkleidungsbleche, Deckel und Klappen** sind auf einwandfreie Beschaffenheit, ihre Befestigungen auf festen Sitz zu prüfen.

Kleinere Deckel (Handlochdeckel) sind gegen Verlust durch eine Kette gesichert. Es ist darauf zu achten, daß die Kette im Flügelinneren liegt und nicht eingeklemmt wird, sonst greift der Flugwind unter den Deckel und reißt ihn ab.

Bei Schnellverschlüssen ist auf richtige Stellung der Verschlußschrauben zu achten, die durch rote Markierungen gekennzeichnet ist. Auch hier werden die Deckel bei nicht einwandfreien Verschlüssen abgerissen.

Bei großen Deckeln (Tankabdeckung), die meistenteils angeschraubt werden, ist zu prüfen, ob auch alle Schrauben wirklich festgezogen werden können.

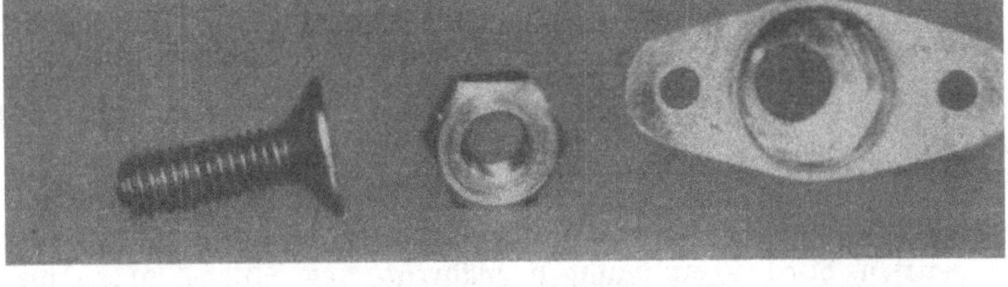

Abb. 80. Ausgeleiertes Gehäuse einer Annietmutter mit Mutter und Schraube. Das Gehäuse ist bereits ausgenietet.

In Abb. 80 ist zu sehen, wie das Gehäuse einer Annietmutter ausgeleiert ist, so daß die Mutter keinen Halt mehr hat und sich mitdreht. Das Gehäuse ist in einem solchen Fall auszunieten und durch ein neues zu ersetzen.

Auch die Rahmen, in die die Deckel eingesetzt oder in die sie eingeschraubt werden, sind auf einwandfreie Beschaffenheit, vor allem auf Anrisse, zu prüfen.

Bei Flugzeugen mit **Vorflügeln (Slots),** vorläufig nur bei Messerschmitt-Flugzeugen, sind diese auf Anrisse an der ganzen Vorflügellänge zu untersuchen.

Anrisse in den Vorflügeln treten meistens als Folge der Erschütterungen während des Fluges auf. Die Vorflügel sind daher neuerdings durch Filzstreifen unterlegt. Auf deren Unversehrtheit ist entsprechend sorgfältig zu achten.

Abb. 81. Riß in der Beplankung an dem Ausschnitt für die Vorflügellagerung.

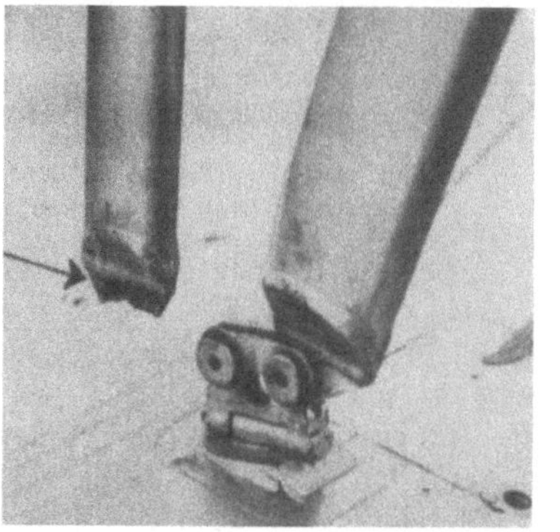

Abb. 82. Durch zu große Vorspannung gerissener Flächenstiel eines FW 44 Flugzeuges.

Auch die Fläche unterhalb der Vorflügel ist auf Anrisse zu prüfen. Durch das Ausschneiden des Beplankungsbleches tritt an den Ecken leicht ein Anreißen des Bleches ein (s. Abb. 81). Auch auf der linken Seite zeigt das Abplatzen der Farbe und die leichte Verformung, daß sich dort ein Anriß bilden wird.

Blechausschnitte sind daher an den Ecken immer genügend auszurunden.

Bei verspannten Flugzeugen sind die **Verspannungsdrähte** auf einwandfreien Zustand zu prüfen. Insbesondere ist darauf zu achten, ob sich, hervorgerufen durch Schwingungen während des Fluges, irgendwelche Anrisse zeigen. Wird bei einer oberflächlichen Prüfung auf Vorspannung mit der Hand ein lockeres Kabel festgestellt, dann ist eine genauere Untersuchung erforderlich.

Flächenstiele und Verstrebungen sind ebenfalls auf einwandfreie Beschaffenheit zu prüfen. Auf Risse in den Schweißnähten und Einknickungen der Streben ist hierbei besonders zu achten (s. Abb. 82).

2. Wartungsarbeiten nach 12½ Flugstunden

Klappen und Deckel sind stichprobenweise zu öffnen und das Flächeninnere auf einwandfreien Zustand zu prüfen. Stellen sich dabei Konservierungsschäden oder Verrottungserscheinungen heraus, sind alle Klappen zur Kontrolle zu öffnen. Gegebenenfalls ist die Bespannung zum Teil

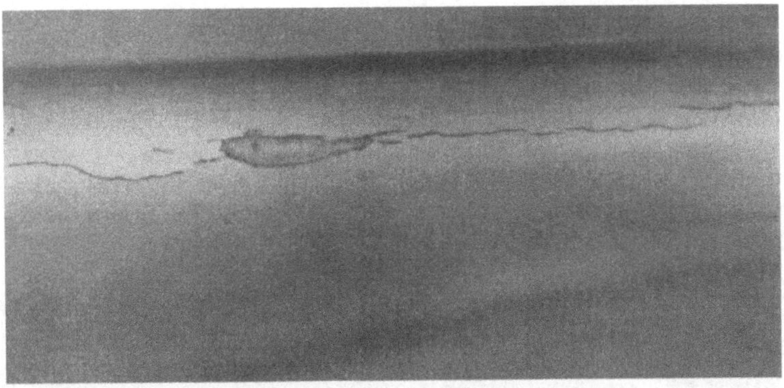

Abb. 83. Erstes Stadium in der Verrottung von Sperrholz. Wasser ist eingedrungen und beginnt die Schichten loszuleimen.

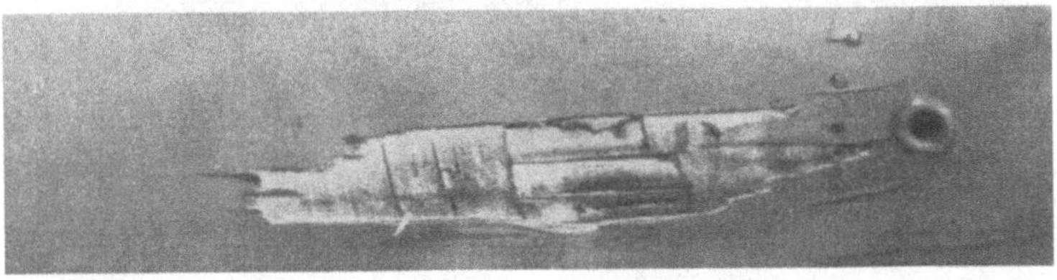

Abb. 84. Fortschreitende Verrottung. Die oberste Schicht des Sperrholzes und ein Teil der zweiten sind bereits abgerissen. Auch an den Nägeln ist Wasser eingedrungen.

Abb. 85. Durch Eindringen von Wasser vollkommene Verrottung des Sperrholzes.

abzuledern. Verrottungserscheinungen stellen sich in den Tragflächen eher ein als in den Rümpfen, weil das eingedrungene Wasser infolge der großen ebenen Flächen schlechter ablaufen kann und der geringe Zwischenraum zwischen Ober- und Unterseite der Flächen vor allem hinter dem Hinterholm eine gute Durchlüftung erschwert. Hier muß durch eine sorgfältige Wartung einer Verrottung und damit einem vorzeitigen Unbrauchbarwerden des Flugzeuges entgegengewirkt werden. Auf guten Durchlaß der Entwässerungslöcher ist also besonders peinlich zu achten. Bei gutem Wetter sind Klappen und Deckel zu öffnen, damit ein genügender Luftdurchgang ermöglicht wird.

Die Bilder 83 bis 85 zeigen das fortschreitende Verfaulen von Sperrholz durch Eindringen von Wasser infolge schlechter Konservierung.

Die Verkleidungen zwischen Flächen und Flächenstielen sind einer sorgfältigen Prüfung auf Verrottungserscheinungen zu unterziehen.

In Abb. 86 ist der Flächenstiel eines Ar 66-Flugzeuges zu sehen, der noch mit Naturleder verkleidet war. Bei nachlässiger Wartung hätte der Stiel so weit durchrosten können, daß er starke Einbuße an Festigkeit erlitten hätte.

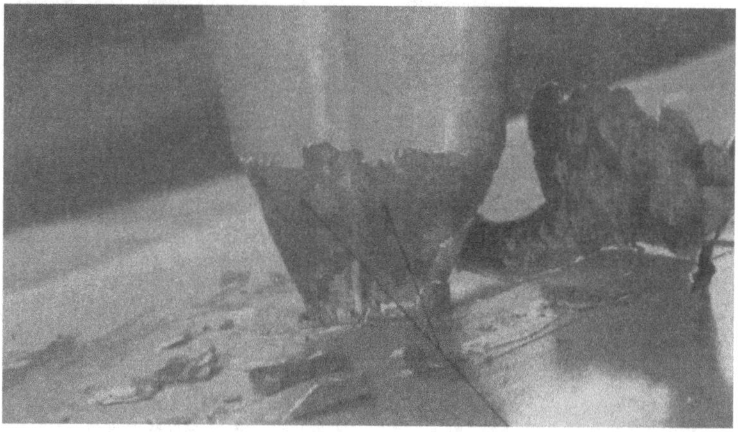

Abb. 86. Korrosion infolge Abdichtung mit Naturleder an einem Flächenstiel.

Auch bei Flugzeugen mit Metallbeplankung ist auf derartige Schäden zu achten.

Stellt man Konservierungsschäden oder Verrottungserscheinungen an einer Tragfläche fest, dann wäre es verfehlt, diese Schäden nur soweit zu beseitigen, wie das von Deckeln oder Handlöchern aus möglich ist. Denn eine solche Arbeit täuscht für den, der als nächster prüft, einen guten Zustand des Flächeninneren vor. Entweder beläßt man die Fläche in diesem Zustand und beobachtet sie laufend weiter, oder man bringt sie vollkommen in Ordnung.

Bei werkneuen Flugzeugen sind die Flächen-Anschlußbeschläge auf festen Sitz und einwandfreie Sicherung zu prüfen. Die Beschläge werden zwar im Herstellerwerk festgezogen, „setzen“ sich aber nach den ersten Flugstunden etwas. Abb. 87 zeigt den Kugelanschluß eines Ju 52-Flugzeuges, der beim Ansetzen der Fläche nicht genügend angezogen bzw. nicht rechtzeitig nachgezogen wurde. Man erkennt auf den Kugelflächen deutlich Freßriefen als Zeichen dafür, daß Flächen- und Rumpfbeschläge bei den Beanspruchungen während des Fluges gegeneinander gearbeitet haben.

Bei werkneuen Flugzeugen ist die Verspannung mit einem Tensiometer nachzumessen, weil das Holz etwas schrumpft und die Kabelbefestigung sich unter Einwirkung der Verspannung „setzt". Ungenügend

Abb. 87. Flächenanschluß eines Ju 52 Flugzeuges. Die Freßstellen auf dem kugeligen Teil zeigen, daß die Beschläge von Rumpf und Fläche gegeneinander gearbeitet haben.

vorgespannte Kabel flattern bzw. schwingen im Fluge und können dabei zu Bruch gehen. Außerdem werden andere Kabel sowie Stiele stärker beansprucht, als gerechnet war.

Meistens wird sich die Notwendigkeit des Nachspannens ergeben; sollte ausnahmsweise ein Kabel gelockert werden müssen, dann ist darauf zu achten, daß es nicht zu weit aus dem Kabelschuh herausgeschraubt wird. In jedem Kabelschuh (Kabelschäkel) befindet sich ein rot gekennzeichnetes Prüfloch. Bis hierhin muß das Kabel eingeschraubt sein. Durch Hineinstecken eines Drahtes oder einer Nadel kann man prüfen, ob das der Fall ist. Andernfalls muß das Verspannungskabel gegen ein längeres ausgewechselt werden. Nach dem Nachspannen bzw. Lockern der Verspannung ist die Gegenmutter wieder gut festzuziehen.

Verspannungskabel sind an den Durchführungen durch die Flächen auf Anscheuern der Kabel an der Bespannung bzw. Beplankung zu

prüfen. Auch das Anscheuern der Kabel aneinander und der einwandfreie Sitz und Zustand der Kabelhalter ist zu prüfen (vgl. Abb. 88 und 89).

Bei Tragflächen mit Vorflügeln sind diese auf leichtes Heraus- und Hineingehen zu prüfen.

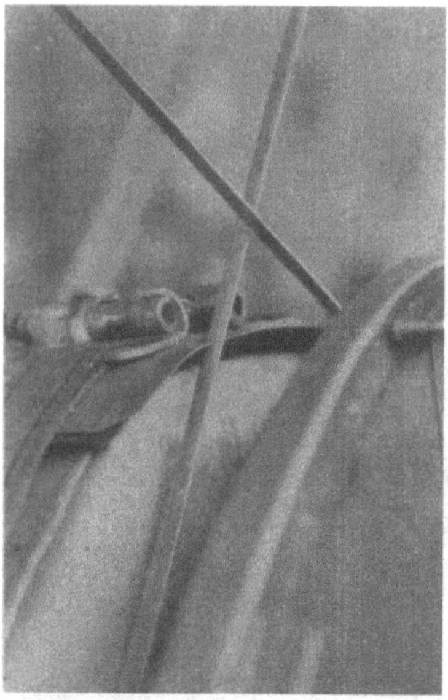

Abb. 88. Verspannungsdrähte der Baldachin-Auskreuzung eines Flugzeuges des Musters He 72, die sowohl gegeneinander als auch an einem Unterlageblech für die Tankbefestigung scheuern.

Abb. 89. Behebung des Mangels durch Beledern der Verspannungsdrähte und Aufbiegen bzw. Erneuern des Unterlagebleches.

3. Wartungsarbeiten nach 25 Flugstunden

Bei Tragflächen mit Vorflügeln ist die Verbindung (die Koppelung) zwischen dem inneren und äußeren Vorflügellager durch Öffnen der entsprechenden Kontrollklappen auf einwandfreies Arbeiten zu prüfen. Die Gelenke und Verbindungsbolzen sind mit Flugzeugfett „blau" abzuschmieren bzw. einzufetten.

Alle Klappen und Deckel sind zu öffnen und das Flügelinnere eingehend auf Konservierungsschäden, Korrosionserscheinungen und einwandfreien Bauzustand zu prüfen.

4. Wartungsarbeiten nach 50 und 100 Flugstunden

entsprechen denen nach 12½, 25 usw. Stunden.

V. Wartungsarbeiten am Leitwerk

1. Wartungsarbeiten nach jedem Flugtag

Die Wartungsarbeiten und Prüfungen entsprechen denen für das Tragwerk.

Das Leitwerk ist nach jedem Flugtag mit dem vorgeschriebenen Flieg-**Reinigungsmittel** zu reinigen und der Schutzanstrich auf einwandfreie Beschaffenheit zu prüfen.

Die **Bespannung** bzw. Beplankung ist auf einwandfreies Anliegen bzw. einwandfreien Zustand zu prüfen.

Höhenleitwerk und angestellte Landeklappen haben bei den meisten Mustern einen wesentlich geringeren Bodenabstand als die Tragflächen. Hinzu kommt, daß sie meistens im Luftschraubenstrahl und hinter den

Abb. 90. Höhenflosse eines He 111 Flugzeuges, die durch Eisstücke an der Nasenkante eingebeult wurde. Die Einbeulung in der Mitte muß ausgebeult, die anderen Beulen können belassen werden.

Anlaufrädern liegen, so daß sie Wasser und Steinschlägen ganz besonders ausgesetzt sind. Sie verlangen daher eine ganz besonders sorgfältige Prüfung.

Die Abb. 1 und 2 haben bereits Beschädigungen bei angestellten Landeklappen gezeigt. Auf Abb. 90 ist das Höhenleitwerk eines He 111-Flugzeuges zu sehen, das ebenfalls durch Eisstücke beschädigt wurde. Kleinere Beschädigungen und Einbeulungen der Nasenkanten (auf dem

Bilde ganz links) kann man belassen, es genügt, wenn die Konservierung wieder ausgebessert wird. Größere Einbeulungen dagegen muß man wieder auszubeulen versuchen. Löcher müssen durch Überkleben von Leinwand bzw. Aufnieten eines Bleches wieder geschlossen werden.

Alle Leitwerksteile sind beim **Schleppen** auf dem Boden und Wenden des Flugzeuges in der Halle durch unvorsichtiges Anfassen oder Anstoßen ganz besonders leicht Beschädigungen ausgesetzt. Sie sind daraufhin eingehend zu prüfen. Vor allem ist darauf zu achten, daß die Trimmkanten nicht versehentlich verbogen werden. Schon die kleinste Änderung an einer Trimmkante führt zum Drehen oder Hängen des Flugzeugs während des Fluges.

Abb. 91. Lagerbock des Seitenruders eines Ju 88 Flugzeuges. Der Bock ist verformt und in seiner Befestigung ausgerissen. Beachte die Ruderbegrenzungen.

Die Ruder und ihre Lagerungen sind durch Bewegen auf Leichtgängigkeit zu prüfen. Bei den Lagern ist auf Sauberkeit und genügende Fettmenge zu achten. Dasselbe gilt für die Rudertrimmkanten mit ihren Lagerungen. Ist ein Flugzeug auf dem Notsporn gelandet, dann ist in vielen Fällen (vor allem bei hohem Schnee) die Lagerung des oder der Seitenruder in Mitleidenschaft gezogen (vgl. Abb. 91).

Die **Hebel** für den **Angriff** der Steuerung sind auf festen Sitz im Ruder, die Anschlußbolzen auf einwandfreie Sicherung, Sauberkeit und genügende Fettmenge zu prüfen.

Die **Ausgleichgewichte** der Ruder sind auf einwandfreie Befestigung zu prüfen (vgl. Abb. 92).

Die **Anschlagklötze** der Ruderbegrenzungen sind auf Abnutzungserscheinungen zu prüfen und gegebenenfalls auszuwechseln.

Abb. 92. Durch das Aufschlagen des Ausgleichgewichtes verformte Seitenflosse eines Ju 87 Flugzeuges.

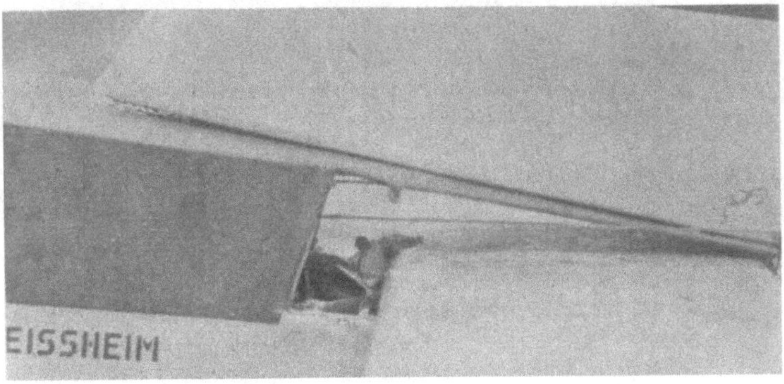

Abb. 93. Höhenflosse eines FW 44 Flugzeuges, bei der der vordere Höhenflossen-Lagerklotz durch Anheben oder Schieben aus der Flosse ausgerissen wurde.

Sofern die Flossen verstrebt oder verspannt sind, sind **Streben** und Spanndrähte auf Anrisse bzw. Vorspannung zu prüfen. Obgleich es verboten ist, daß an Flossen und Streben gehoben oder geschoben wird und obgleich dies auch durch Aufschrift meistenteils nochmals angezeigt wird, geschieht es immer wieder (vgl. Abb. 93 und 94).

Verkleidungsbleche sind auf einwandfreie Beschaffenheit (Anrisse), ihre Befestigung auf festen Sitz zu prüfen. Bei Flugzeugen mit verstellbarer Flosse ist eine einwandfreie Befestigung der Verkleidung konstruktiv nicht so gut möglich wie bei einer festen Flosse. Hier muß dieser Mangel durch sorgfältigere Wartung wieder ausgeglichen werden (vgl. Abb. 95).

Bei Flugzeugen mit **Gummienteisern** ist die Enteisungsanlage auf guten Zustand und einwandfreies Arbeiten zu prüfen.

Abb. 94. Der Lagerklotz aus der Höhenflosse des vorigen Bildes.

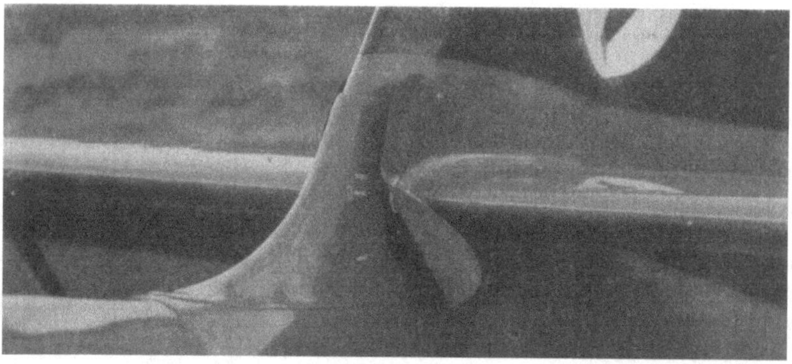

Abb. 95. Durch den Flugwind abgebogenes und eingerissenes Verkleidungsstück an der Höhenflosse eines Bf 108 Flugzeuges.

2. Wartungsarbeiten nach 12½ Flugstunden

Bespannung und **Beplankung** sind auf Beschädigungen durch unsachgemäß angesetzte Verstellscheren zu prüfen. Schäden an der Konservierung sind auszubessern.

Klappen und **Deckel** sind stichprobenweise zu öffnen und das Innere der Flossen und Ruder auf Verrottungserscheinungen und Konservierungsschäden wie beim Tragwerk zu prüfen (vgl. Abb. 96).

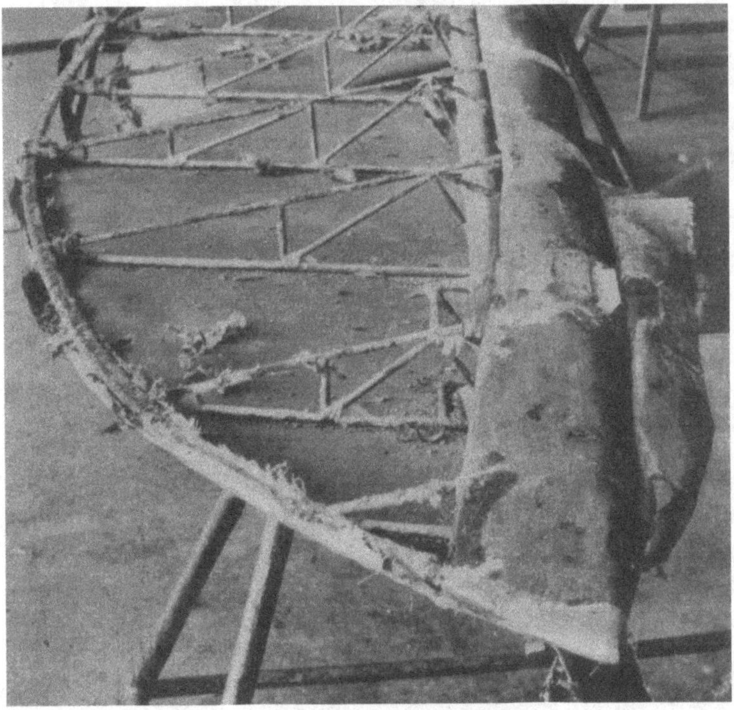

Abb. 96. Durch Rost zerstörtes Höhenruder eines He 42 Flugzeuges.

Auch **Holme** und **Rippen** sind auf einwandfreien Zustand zu prüfen. Auf festsitzende **Niete** ist besonders zu achten.

Die **Lagerungen** der Ruder und Trimmkanten sind auf gute Gängigkeit und Abnutzung der Bolzen und Buchsen zu prüfen. Ausgeschlagene Bolzen sind bei zu großem Spiel gegen neue auszuwechseln.

Die **Lagerböcke** sind auf guten Bauzustand zu prüfen.

Abb. 97 zeigt den Lagerbock am Seitenruder eines He 123-Flugzeuges, bei dem das Blech des Bockes durch zu große Lagerdrücke verformt worden ist.

Auf Abb. 98 ist die Höhenflossenlagerung eines He 111-Flugzeuges zu sehen. Der Lagerbock beginnt mit seinen Nieten aus der Halterung auszureißen.

Abb. 97. Durch zu große Lagerdrücke verformtes Blech am Lagerbock eines He 123 Flugzeuges.

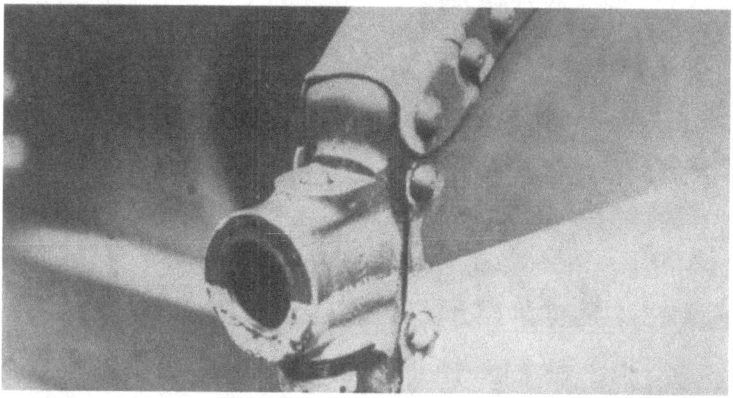

Abb. 98. Höhenruderlagerbock eines He 111 Flugzeuges. Das Blech ist eingerissen und beginnt auszureißen.

Bei Leitwerken mit Verwendung von Stahlrohr sind die **Schweißstellen** auf Anrisse zu untersuchen.

Verstrebungen sind auf Abnutzungserscheinungen und Spiel zu prüfen.

Bei Flugzeugen mit **verstellbaren Flossen** sind auch die Verstelleinrichtungen auf Leichtgängigkeit, Sauberkeit, gute Sicherung und Abnutzungserscheinungen zu prüfen.

3. Wartungsarbeiten nach 25 Flugstunden

Alle **Kontrollklappen** sind zur Prüfung zu öffnen.

Die **Lagerungen** der Ruder sind gegebenenfalls zu säubern und mit Flugzeugfett „blau" abzuschmieren bzw. zu fetten.

Die **Verstelleinrichtungen** der Flossen sind durch Öffnen der entsprechenden Rumpfklappen auf einwandfreien Zustand und Abnutzungserscheinungen zu prüfen. Ihre Gelenke und Bolzen sind abzuschmieren bzw. einzufetten. Verstellstreben mit Kugelköpfen sind durch Drehen auf Leichtgängigkeit bzw. zu großes Spiel zu prüfen. Müssen Überwurfmuttern bei Kugelgelenken nachgezogen werden, dann ist unbedingt darauf zu achten, daß dies nicht zu fest geschieht, weil sonst leicht die Möglichkeit besteht, daß die Köpfe festsitzen und dann an ihren Hälsen brechen.

Abb. 99. Durch Sprödigkeit des Gummis gerissene Enteisungsanlage am Höhenruder eines Ju 52 Flugzeuges.

Der **Gummi** bei Flugzeugen mit Enteisungsanlage ist auf gute Befestigung und Sprödigkeit zu untersuchen; verschmutzte Enteiser sind mit einem leicht in Benzin getränkten Lappen zu säubern und dann mit Schutzlack A 2 neu zu streichen. Abb. 99 zeigt den Gummi-Enteiser am Höhenruder eines Ju 52-Flugzeuges, der spröde geworden und gerissen ist.

4. Die Wartungsarbeiten nach 50 usw. Flugstunden

entsprechen denen nach 12½ und 25 Flugstunden.

VI. Wartungsarbeiten am Steuerwerk

1. Einstellen der Steuerung

Um die Steuerung richtig einstellen zu können, d. h. bei Mitte Ruderlage auch Mitte Steuersäule bzw. Mitte Fußpedale zu haben, sind die Stoßstangen und Seile in ihrer Länge veränderlich. Bei den Stoßstangen kann der Stoßstangenkopf mehr oder weniger tief in das Rohr eingeschraubt werden. In der jeweiligen Lage wird er durch eine Gegenmutter gehalten.

Zum Einstellen der Steuerung wird das Flugzeug mit Hilfe der Wasserwaage und der rot gekennzeichneten Rüstmarken am Rumpf in die Waagrechte gebracht. Dann wird das einzustellende Ruder mit der **Winkel-Wasserwaage** in die Nullstellung gebracht. Die Messung des Winkels zwischen dem Ruder und der Waagrechten erfolgt entweder am Ruder selbst oder aber an einer **Einstellschere**, die an einem bestimmten Punkt um das Ruder herumgelegt wird.

Wenn man nun, nachdem man die Steuersäule (Knüppel) ebenfalls in Nullage gebracht hat, die Stoßstangen beliebig zwischen die Umlenk- bzw. Pendelhebel setzen würde, könnte es vorkommen, daß irgendein Hebel bereits anschlägt, bevor dies das Ruder oder die Steuersäule tun, weil dieser Hebel zwischen einer zu kurz und einer zu lang eingestellten Stoßstange sitzt. Es müssen deswegen auch alle Zwischenhebel in der Steuerung sich vor dem Anschließen in Nullage bzw. einer Lage gemäß dem Einstellblatt in der Lebenslaufakte befinden. Nach der Einstellung ist sorgfältig darauf zu achten, daß die Steuerung nur an den dafür vorgesehenen Anschlägen, nämlich am Ruder und im Führerraum zum Anschlag kommt. Die Steuerung muß in allen Teilen gängig sein und darf nirgends anschlagen oder scheuern.

Um beim Einstellen der Steuerung nicht immer messen zu müssen und um die Umlenk- und Pendelhebel genau festzulegen, verwendet man Einstellschablonen (Abb. 100 und 101). Es handelt sich um die Quersteuerung und Landeklappenanlage des Flugzeugmusters Ju 52. Wird das Querruderhandrad nach links gedreht, dann bewegen sich infolge der Kegelradübersetzungen in der Steuersäule die Stoßstangen Nr. 10 und 11 nach links. Infolge der Übertragung durch die Umlenkhebel bewegt sich dann die Stange 4 nach links, die Stangen 2 und 3 ebenfalls, da sie durch das Umlenkgetriebe (Differential) mit der Stoßstange 4 verbunden sind. Die Stoßstange 1 bewegt sich dabei auf das Querruder zu und hebt es nach oben. Das Flugzeug legt sich auf die linke Seite.

Beim Drehen des Handrades für die Landeklappenverstellung nach hinten (im Uhrzeigersinn) dreht sich über das Kegelradgetriebe die Welle a so, daß die Spindelmutter b sich nach rechts bewegt. Dadurch geht die Stoßstange 7 nach links, die Stangen 5 und 6 bewegen sich von der

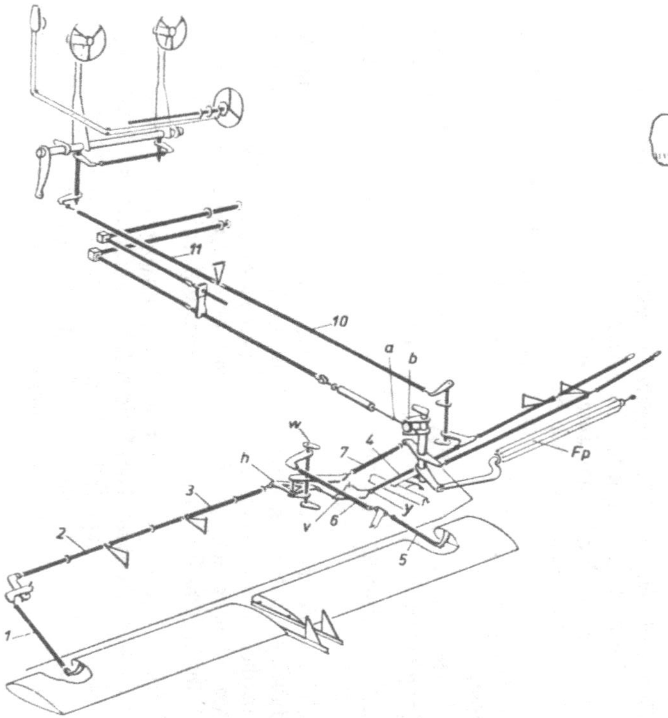

Abb. 100.

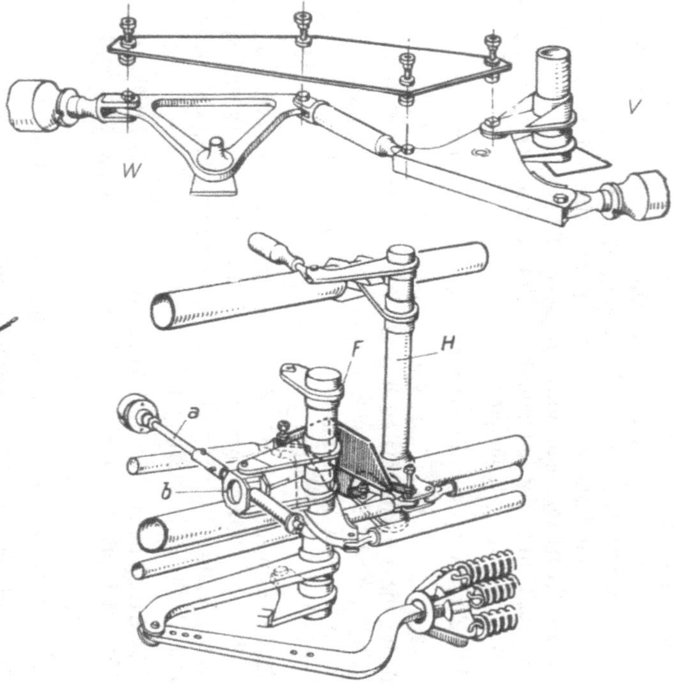

Abb. 101.

Landeklappe weg und ziehen sie nach unten. Bei dieser Bewegung wird durch das Drehen der Hebelwelle W nach rechts der Umlenkhebel h verstellt, und zwar derart, daß die Entfernung zwischen den Punkten h und y kleiner wird; das Querrudergestänge wird also verkürzt, infolgedessen werden die Querruder nach unten gezogen. Gleichzeitig wird ein Federpaket FP gespannt. Es unterstützt ein Zurückgehen der Landeklappen bei zu groß werdender Fluggeschwindigkeit.

Die Einstellung der Steuerung geschieht folgendermaßen:

Das Flugzeug ist aufzubocken und mit Hilfe der Nivelliermarken am Rumpf in die Horizontale zu bringen. Das Handrad ist entgegengesetzt dem Uhrzeiger (in Richtung kopflastig) bis zum Anschlag zu drehen. Dabei muß die Dämpfungsfläche vollkopflastig stehen. Die Anzeigevorrichtung im Führerraum ist so anzuschließen, daß sie — 2,5° anzeigt.

Die Hebelwellen H und F werden nun mit der einen, die Hebelwellen W und V mit der zweiten Schablone festgelegt. Landeklappen und Querruder müssen hierbei auf — 2,5° eingestellt sein. Das Querruder-Handrad ist in Mittelstellung zu bringen.

Die Stoßstangen sind jetzt durch Hinein- und Herausschrauben der Gabelbolzen so abzustimmen, daß sie ohne Spannung eingepaßt werden können.

Die Schablonen sind wieder abzunehmen. Das Einstellen ist beendet.

Zur Prüfung des Querruder-Ausschlages ist das Handrad nach links zu legen. Dabei muß der Ausschlag der Querruder links 20,5° nach oben und rechts 20,5° nach unten betragen. Da die Querruder bei 0-Stellung 2,5° nach oben angestellt sind, muß die Winkelwasserwaage links 20,5° plus 2,5° = 23° nach oben und rechts 20,5° — 2,5° = 18° nach unten anzeigen. Bei nach rechts gelegtem Handrad sind die Werte umgekehrt.

Sollten hierbei kleine Unstimmigkeiten festgestellt werden, dann sind die Stoßstangen 1, 2, 3 und 6 etwas nachzustellen.

Ist die Einstellung richtig, dann sind die Gabelbolzen der Stoßstangen zu sichern.

Erfolgt die Einstellung nicht nach diesen Schablonen, dann können die Gabelbolzen bei den Winkelhebeln ausschlagen und verbogen werden oder brechen (s. Abb. 102). Außerdem werden die Querruder beim Anstellen der Landeklappen nicht gleichmäßig nach unten gezogen, so daß das Flugzeug beim Anschweben zur Landung hängt und dreht.

Abb. 103 zeigt die Steuerung des Flugzeugmusters He 111. Wird das Querruder-Handrad nach links gelegt, dann wird die Torsionswelle 1 nach rechts gedreht; der Hebel 2 an der Welle drückt dadurch die Stoßstangen 3, 4, 5 und 6 nach links. Durch den Winkelhebel 7 bewegt sich dann die Stange 8 nach rechts hinten. 9 ist ein Umkehrhebel mit der

Lagerung 10. An dem unteren Arm des Hebels ist die Stoßstange 11 angeschlossen, die sich nach vorn bewegt und damit das Ruder nach oben zieht (s. Abb. 103).

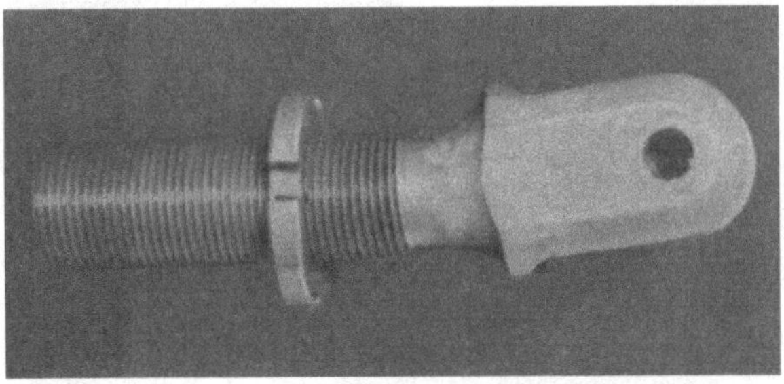

Abb. 102. Gabelbolzen aus der Quersteuerung des Flugzeugmusters Ju 52, der durch falsche Einstellung verbogen wurde.

Wird der Hebel für die Landeklappenverstellung auf „Klappen senken" gelegt, dann strömt Drucköl in die linke Seite des Landeklappenzylinders 12 und drückt den Kolben mit der Kolbenstange 13 nach **rechts**. Der Winkelhebel 14 dreht sich links herum, so daß sich die Stoßstange 15 nach **hinten** bewegt und damit die Landeklappe anstellt. Gleichzeitig gehen auch die Stoßstange 16, 17 und 18 nach **rechts**. Die Stoßstange 18 greift wieder an einen Winkelhebel 19 an, der sich dabei **rechts** herum dreht. Dadurch geht eine Zahnstange 20 nach links und dreht ein Schraubgewinde so, daß der Lagerpunkt 10 des Umlenkhebels 9 sich in Flugrichtung nach **hinten** bewegt. Die Bewegung wird auf die Stoßstange 11 übertragen und das Querruder etwas angestellt.

Das Querruder trägt an der Hinterkante 2 **Hilfsruder**. Wenn das Querruder nach **unten** bewegt wird, drückt die Stoßstange 1 mit Hilfe des Trimmruder-Antriebhebels 2 das Hilfsruder nach **oben**, so daß ein weiteres Bewegen des Querruders nach unten durch den Flugwind erleichtert wird. Wird das Querruder nach oben bewegt, dann behält das Trimmruder zunächst seine Stellung bei, weil der Gabelkopf der Stoßstange 1 ein Langloch hat. Eine Feder drückt eine Stösselrolle gegen zwei Nocken an der Hilfsruderantriebswelle, so daß das Hilfsruder solange in der Mittelstellung gehalten wird, bis beim nach oben gehenden Querruder der Bolzen im Antriebshebel zum Anschlag kommt. Erst von jetzt ab wird die weitere Bewegung des Querruders durch Verstellen des Hilfsruders unterstützt.

Die ungleiche Steuerung des Hilfsruders beim Bewegen des Querruders nach oben und unten hat folgenden Grund:

Unter der Einwirkung des Staudruckes werden die Querruder etwas (2 Grad) nach oben gedrückt. Würde in der Gabel der Stoßstange ein normales Loch statt des Langlochs sein, dann würde diese durchaus un-

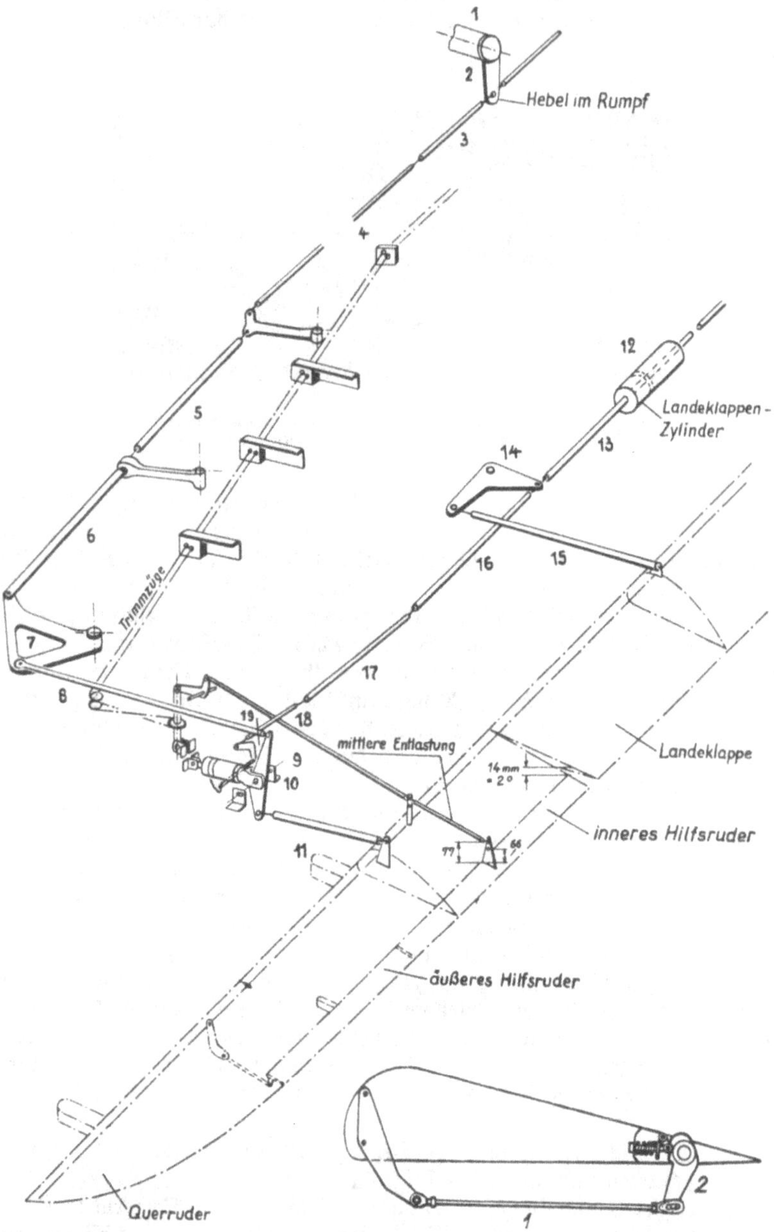

Abb. 103. Querrudersteuerung eines He 111 Flugzeuges.

erwünschte Bewegung des Querruders bereits unterstützt. Würde sich außerdem das Querruder unter der Einwirkung von Böen bewegen, müßte das Hilfsruder jede Bewegung mitmachen und ein dauerndes Spielen der Quersteuerung, wenn nicht gar Flattern der Ruder herbeiführen.

Da sich hier jedoch ein Langloch befindet, kann das Querruder um mehrere Grade nach oben gehen, ohne daß das Hilfsruder diese Bewegungen mitmacht.

Bei der Einstellung der Hilfsruder-Steuerung ist die Länge der Stoßstange 1 durch Heraus- oder Hereinschrauben des Gabelkopfes so zu bemessen, daß das Trimmruder beim nach unten gehenden Querruder sofort ausschlägt.

Das innere Hilfsruder des linken Querruders ist durch Stoßstangen und Winkelhebel an eine Trimmspindel angeschlossen, so daß ein Hängen des Flugzeuges durch Beschuß oder Ausfall eines Motors ausgeglichen werden kann.

In der **Nullstellung** der Landeklappen sind die Stoßstangenlängen so einzustellen, daß der Kolben im Landeklappenzylinder bis zur Zylinderwand noch etwa 10 mm Luft hat.

Die **Landeklappen** müssen mit einem gewissen Druck an den Anschlägen in Nullstellung liegen, um ein Flattern während des Fluges zu vermeiden. Der Anpreßdruck muß so groß sein, daß die Landeklappe gerade abhebt, wenn an ihrer Hinterkante mit einer Federwaage mit 5 kg nach unten gezogen wird. Einseitiges oder ungenügendes Anliegen kann durch Verkürzen der Stoßstange 15 beseitigt werden.

Beide Landeklappen müssen sich beim Anstellen gleichmäßig über den ganzen Bereich nach unten bewegen. Bei auf 15 Grad angestellten Klappen sind 0,5 Grad Unterschied zulässig. Ist der Unterschied größer, dann ist ein Drehen und Hängen des Flugzeuges die Folge. Gleichmäßiges Senken wird durch Verändern der Stoßstangenlänge 13 erzielt.

Zum Einstellen der **Quersteuerung** wird das Handrad in Mittelstellung gebracht. Der Hebel 2 muß dabei senkrecht nach unten stehen. Die Querruder sind 2 Grad nach unten anzustellen und die Stoßstangen anzuschließen. Jetzt müssen die Querruder und Hilfsruder die Ausschläge haben, wie es der Einstellbericht zeigt. Bei Ungenauigkeiten oder falschen Anschlägen sind die Stoßstangen 3, 4, 5, 6, 8 und 11 entsprechend nachzustellen. Dann sind durch Betätigen des Landeklappenhebels auf „Klappen senken" die Querruder zu senken. Erfolgt das nicht gleichmäßig, dann ist an den Stoßstangen 16, 17, 18 und 20 entsprechend nachzustellen. Die angestellten Querruder müssen dann ebenfalls die Winkel-Ausschläge haben, wie es der Einstellbericht zeigt.

Wegen der außerordentlich hohen Ruderkräfte, die beim Anstellen der Landeklappen bei diesem Flugzeugmuster am Handrad auftreten, ist bei der Einstellung der Quersteuerung ganz besonders sorgfältig zu verfahren.

Auch der **Leichtgängigkeit** der Steuerung ist bei diesem Flugzeugmuster größte Aufmerksamkeit zu schenken. Nach der Einstellung ist sie mit einer Federwaage zu messen. Die Federwaage ist am Handradumfang einzuhaken und zu ziehen. Bei 2 kg Zug muß die Reibung überwunden sein und die Quersteuerung sich bewegen. Beim Einhaken der Federwaage an der Mitte des Handrades und beim Ziehen der Höhensteuerung muß die Steuerung sich bei 1,2 kg Zug bewegen. Die Seitensteuerung, deren Reibung man dadurch mißt, daß man mit der Waage an der Mitte des Fußhebels angreift, darf 3 kg Reibung haben. Diese Messungen müssen naturgemäß in der Halle oder im Freien bei Windstille ausgeführt werden, da der Winddruck auf die Ruder die Messung stark beeinflussen würde.

2. Beseitigung von schlechten Flugeigenschaften beim Einfliegen

Sind die Querruderdrücke zu **hoch**, dann ist die Stoßstange des inneren Hilfsruders auf den kleinsten Hebelarm **am Hilfsruder** einzustellen (66 mm). Dadurch wird erreicht, daß das Hilfsruder beim Bewegen des Querruders **größere** Ausschläge macht und die Ruderkräfte **herabsetzt**. Sind die Querruderdrücke **zu niedrig**, was jedoch wahrscheinlich außerordentlich selten eintreten dürfte, dann ist die Stoßstange **an der Fläche** auf den kleinsten Hebelarm (66 mm) einzustellen. Dadurch wird erreicht, daß das Hilfsruder beim Bewegen des Querruders **kleinere** Ausschläge macht und die Querruderkräfte **erhöht**.

Sind die Handkräfte beim Betätigen des Querruders **unsymmetrisch**, d. h. also sind die Drücke beim Betätigen des Ruders nach **links kleiner** als nach **rechts**, dann ist der Gabelkopf mit dem Langloch am **linken** äußeren Hilfsruder einen halben Gewindegang **herauszudrehen**. Dadurch wird das Hilfsruder beim Betätigen des Querruders nach **rechts**, also beim Herunterziehen des linken Querruders noch eher ausgeschlagen, so daß das nach unten gehende Querruder stärker ausgeglichen wird. Genügt dieses Herausdrehen nicht, dann ist der Gabelkopf des **rechten** äußeren Hilfsruders einen halben Gang **hineinzudrehen**. Das Hilfsruder kommt beim Betätigen des Querruders nach rechts eher zum Ausschlag und unterstützt dann ebenfalls.

Bei Steuerseilen und -ketten geschieht die Einstellung der Länge mit Hilfe von Spannschlössern. Ähnlich wie bei den Tragwerksverspannungen muß auch hier die Vorspannung der Seile und Ketten einen ganz bestimmten Wert haben, damit die Anlage einerseits nicht zu viel Spiel aufweist, andererseits aber auch Umlenkhebel und Seilrollenführungen nicht aus ihren Befestigungen gerissen werden. Die Größe der Vorspannung, die natürlich wesentlich geringer ist als die der Tragwerksverspannungen, wird mit Hilfe einer Federwaage gemessen. Das Einstellblatt in der Lebenslaufakte oder in der Betriebsanweisung gibt an, wie groß dieser Wert sein soll.

3. Schmierung der Steuerung

Zwecks Prüfung und Schmierung müssen die Umlenk- und Pendelhebel der Steuerung durch Klappen und Handlöcher im Rumpf, in den Flächen und dem Leitwerk zugänglich sein; leider ist das noch nicht bei allen Mustern in dem Maße der Fall, wie es eigentlich notwendig wäre. So kann es bei einem Flugzeugmuster vorkommen, daß ein Teil der Querrudersteuerung z. B. sehr gut zu prüfen und abzuschmieren ist und ein anderer Teil nur sehr schwer.

Unter Umständen müssen beim Abschmieren besondere Schlitze in der Beplankung durch Abreißen von Leinwandstreifen freigelegt werden, um an die Steuerung gelangen zu können. Nach dem Abschmieren müssen die Schlitze wieder mit neuem Leinenstoff unter Verwendung von Glasso-Kleber verklebt werden.

Es wäre in einem solchen Fall grob fahrlässig, nur den gut zugänglichen Teil in Ordnung zu halten und sich um den anderen nicht zu kümmern. Denn dann wird bei einer etwaigen Abgabe des Flugzeuges an einen anderen Wart (der das betreffende Muster möglicherweise noch nicht genau kennt) ein guter Wartungszustand vorgetäuscht, während in Wirklichkeit die Quersteuerung wegen mangelhafter Schmierung und gefressener Lager kurz vor der Blockierung steht.

Die Schmierung erfolgt mit Hilfe von Flugzeugfett „blau", das mit Hilfe von Schmiernippeln in die Lager gedrückt wird. Das überschüssige, austretende Fett ist mit einem sauberen Lappen wieder abzuwischen. Kugellager brauchen nur neu gefettet zu werden, wenn das im Lager vorhandene Fett durch Staub und Sand stark verunreinigt ist. In diesem Fall ist es vorher mit Benzin auszuwaschen.

4. Wartungsarbeiten nach jedem Flugtag

Sämtliche **Ruder** und Trimmkanten sind durch langsames Betätigen nacheinander auf Leichtgängigkeit bis zum vollen Anschlag zu prüfen. Dabei ist auf Freigängigkeit aller Betätigungsorgane zu achten. Durch die Beanspruchung während des Fluges oder durch harte Landungen besteht die Gefahr, daß Stoßstangen oder Steuerseile, die bis dahin nur geringe Freigängigkeit an irgendwelchen Bauteilen des Flugzeuges hatten, nun an diesen scheuern. Das Scheuern macht sich durch ganz leichtes Reiben oder Kratzen während der Betätigung bemerkbar (vgl. Abb. 104).

Treten beim **Betätigen** größere Widerstände auf, dann ist keinesfalls, vor allem nicht mit Gewalt, weiter zu betätigen, sondern zunächst einmal die Ursache zu suchen (vgl. Abb. 105 und 106).

Auch durch falsche Montage können Behinderungen in der Steuerung eintreten.

Alle freiliegenden Steuerungsteile sind einer Prüfung auf Beschädigung durch Auftreten und Anstoßen bzw. auf Einknicken zu unterziehen (vgl. Abb. 107 und 108).

Abb. 104. Scheuerstelle an der Querruderstoßstange eines Ju 88 Flugzeuges beim Durchbruch durch den Rumpf.

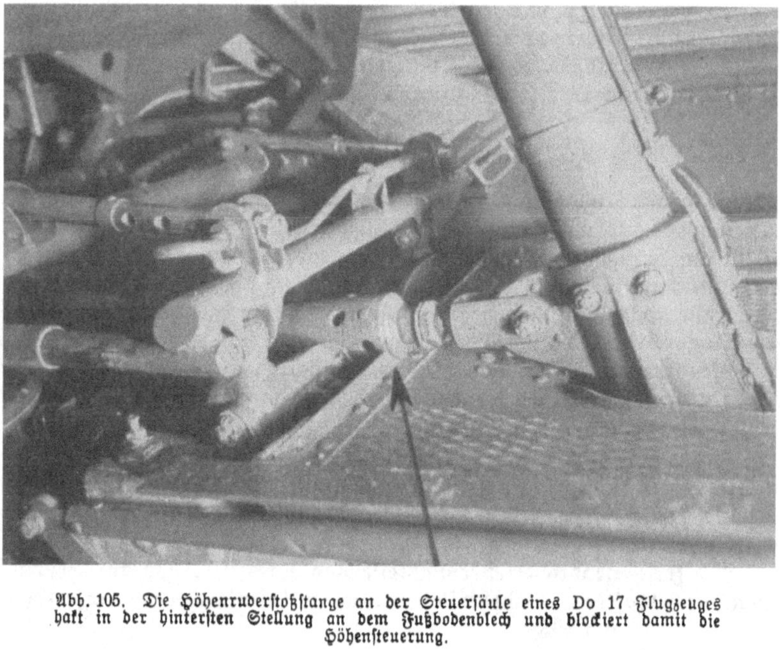

Abb. 105. Die Höhenruderstoßstange an der Steuersäule eines Do 17 Flugzeuges hakt in der hintersten Stellung an dem Fußbodenblech und blockiert damit die Höhensteuerung.

Abb. 106. Umlenkhebel im Rumpf eines FW 44 Flugzeuges. Ein Abdeckblech hat sich zwischen Umlenkhebel und Steuerseil (links) festgeklemmt. Beachte die Formgebungsleiste, deren Halterung mit dem Spant verschweißt ist.

Abb. 107. Landeklappenzylinder und Betätigung im Rumpf eines He 111 Flugzeuges.
Durch Betreten werden Zylinder- und Betätigungsgestänge verbogen.

Abb. 108. So darf es nicht gemacht werden!
Benutzung einer Steuerstoßstange als Fußbank.

Auf das sofortige Anbringen von **Feststellscheren** unmittelbar nach dem Abstellen des Flugzeuges ist peinlichst zu achten, um zu vermeiden, daß die Steuerung durch Böen zu stark belastet wird.

Auch beim **Säubern** des Flugzeuginneren ist entsprechend sorgfältig zu verfahren. Ein Flugzeug des Musters Bf 109 konnte nach einem Fluge nur mit Mühe gelandet werden, weil das Seitenruder sich nicht mehr nach links austreten ließ. Die Untersuchung ergab, daß die Feder eines

Abb. 109. Umlenkhebel an der Fläche eines He 111 Flugzeuges. Das Auge des Umlenkhebels ist ausgebrochen, die Lagerung ist verbogen, die heruntergefallene Stoßstange hat ein Rippenprofil geknickt. Beachte die Befestigungsschrauben für das Abdeckblech unter der Fläche.

Kettenschlosses beim Arbeiten im Führerraum wahrscheinlich angestoßen und dadurch gelöst wurde. Das Schloß ist dann während des Fluges herausgefallen.

Bei der Prüfung ist jedoch nicht auf die Steuerung allein zu achten, sondern auch auf die Teile, die mit ihr verbunden sind bzw. sich mit ihr bewegen.

Es wurde bereits erwähnt, daß bei Beschädigung **eines** Bauteiles oft auch andere Teile in Mitleidenschaft gezogen werden können. Die Abb. 1

und 2 zeigten Beschädigungen an Landeklappen, die durch Steinschlag und Eisstücke hervorgerufen wurden. Wie sich derartige Schäden an der Steuerung auswirken können, zeigt die Abb. 109.

5. Wartungsarbeiten nach $12\frac{1}{2}$ Flugstunden

Die Steuerung ist auf Leichtgängigkeit und toten Gang zu prüfen.

6. Wartungsarbeiten nach 25 Flugstunden

Die gesamte Steuerung ist auf Leichtgängigkeit und toten Gang zu prüfen. Zu dem Zweck hat ein Helfer das jeweils zu prüfende Ruder festzuhalten. Bei vorsichtiger Betätigung des Steuerknüppels oder der Seitensteuerpedale kann dann die Größe des Spiels in der Steuerung festgestellt werden. Läßt sich nicht ohne weiteres feststellen, an welcher Stelle das Spiel unzulässig groß ist, dann ist die Steuerung an einer beliebigen

Abb. 110. Umlenkhebel in der Fläche eines FW 44 Flugzeuges, der zusammen mit seiner Lagerung durch zu stramm gespannte Querruderseile ausgerissen wurde. Die Bespannung ist zur leichteren Prüfung abgeledert.

Stelle zu trennen und jedes Teil für sich zu prüfen. Falls notwendig, kann durch weiteres Trennen der Fehler eingekreist und gefunden werden.

Zu großes Spiel ergibt sich meistenteils durch das Ausschlagen der Umlenkhebellagerungen und der Lagerungen der Stoßstangenköpfe. Bei Steuerseilen kann es durch Längung der Kabel hervorgerufen werden. Sie sind daher auf richtige Vorspannung zu prüfen und gegebenenfalls nachzuspannen. Sind die Seile besonders locker, dann besteht die Wahrscheinlichkeit, daß ein Umlenkhebel sich gelockert hat (Abb. 110).

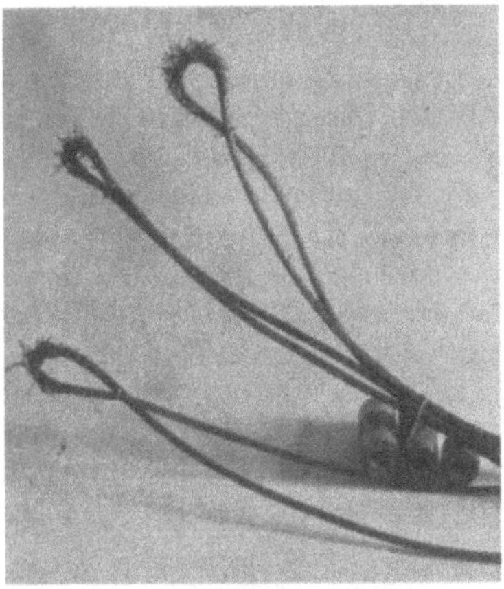

Abb. 111. Steuerkabel an einem FW 44 Flugzeug, die an der Durchführung durch die Fiberbüchsen zerstört wurden. Auch die Fiberbüchsen sind durch die Kabel unrund geschliffen.

Steuerseile sind auf Abnutzungserscheinungen zu prüfen. Die Seile scheuern an den Seilrollen und den Durchführungen durch die Rumpfaußenhaut (Fiberrohre). Fettet man derartige Seile stark ein, um ein besseres Gleiten zu erzielen, dann erreicht man meistenteils nur, daß Staub und Sand sich mit dem Fett vermengen und das Seil in noch stärkerem Maß zerstören. Hier kann nur eine sorgfältige Wartung und rechtzeitiges Auswechseln eine Gefährdung von Flugzeug und Besatzung verhüten. Die Seile sind vollkommen fettfrei zu halten, nachdem sie vor dem Einbau vorgereckt und in Fett gekocht wurden. Das Auswechseln der Seile hat bereits zu erfolgen, wenn erst wenige Drähte angescheuert sind (Abb. 111).

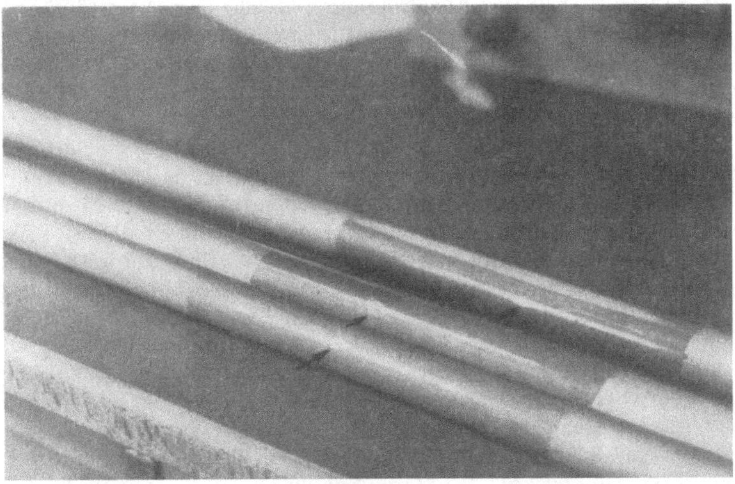

Abb. 112. Stoßstangen aus einem Flugzeug des Musters He 111. Durch die Erschütterungen während des Fluges haben die Harexrollen die Stoßstangen beschädigt. In der Nullstellung der Ruder ist die Beschädigung am stärksten. Mit der Größe des Ruder-Ausschlages wird sie geringer.

Die **Stoßstangen** sind auf Riefen, hervorgerufen durch schlechtes Laufen auf den Rollenlagern, zu prüfen. Stangen mit zu tiefen Riefen oder Einschlagstellen sind auszuwechseln (vgl. Abb. 112), beschädigte

Rollen oder Rollenführungen ebenfalls. Rollenführungen, die zu viel Spiel zeigen, sind nachzustellen.

Die **Anschlagklötze** sind auf Abnutzungserscheinungen zu prüfen und nötigenfalls auszuwechseln. In vielen Fällen schlagen Steuersäule oder Pedale infolge des geringen freien Raumes im Führerraum bei etwas abgenutzten Anschlagklötzen gegen andere Bauteile und beschädigen sie.

Sämtliche Bauteile der Steuerung sind auf **Korrosionserscheinungen** zu prüfen. Stoßstangen und Verbindungsstreben sind infolge ihrer geringeren Wandstärke viel eher durchkorrodiert als z. B. die Abstützstreben des Baldachins der Fahrwerke oder Flossen.

In einigen Fällen sind zur besseren Abdichtung der Kugellager an den Pendel- und Umlenkhebeln Lederscheiben verwendet worden, und zwar wurde nicht Kunstleder genommen, sondern Fettgarleder. Die im Leder vorhandene Gerbsäure greift jedoch unter Einwirkung des Wassers das Leichtmetall an und zerstört es.

VII. Wartungsarbeiten an der Hydraulikanlage

1. Auffüllen der Druckölanlage

Beim **Neufüllen** der hydraulischen Anlage nach einer Überholung oder der Auswechslung größerer Teile müssen die Leitungen entlüftet werden, um zu vermeiden, daß Lufteinschlüsse die Betriebssicherheit gefährden.

Beim **Auswechseln** schadhaft gewordener Rohre und Schläuche müssen die neuen Leitungen vor dem Einbau in das Flugzeug durchgespült werden, damit Fremdkörper, die sich in diesen Leitungen befinden könnten, nicht in das Netz der Hydraulikanlage gelangen können.

Als Beispiel wird im folgenden das Auffüllen und Entlüften der Hydraulikanlage bei dem Flugzeugmuster He 111 beschrieben.

Das Flugzeug ist aufzubocken. Der Vorratsbehälter wird mit dem vorgeschriebenen Hydrauliköl, in diesem Fall Shell AB 11 gefüllt. Dann wird die Entlüftungsschraube auf der Ölpumpe gelöst und erst wieder geschlossen, wenn Öl austritt. Ist an der Pumpe keine Entlüftungsschraube vorhanden, dann ist der Anschluß der Saugleitung zu lösen.

Am Außenbordanschluß ist ein Pumpaggregat anzuschließen.

Am Fahrwerk-Hauptzylinder, an den Knickzylindern und am Sporneinzieh-Zylinder werden die Leitungen gelöst, der Schalter auf „Fahrwerk heben" gelegt und der Schnappschalter umgelegt. Das Pumpaggregat wird angelassen und mit langsamster Drehzahl betrieben bzw. wiederholt ausgeschaltet, um zu hohe Drücke in den Leitungen zu vermeiden. Nach Austritt von Öl an den Leitungsanschlüssen sind diese wieder dicht zu ziehen und das Fahrwerk einzufahren. Das Pumpaggregat ist wieder abzuschalten. Im Vorratsbehälter eingetretener Ölverlust ist zu ergänzen.

Nun ist der Fahrwerkschalter auf „Fahrwerk senken" zu legen und der Schnappschalter umzulegen. Das Fahrwerk wird durch sein Gewicht bis fast zur Endstellung ausgefahren. Nach dem Stillstand sind die Verschraubungen an den Knickzylindern zu lösen und das Pumpaggregat wieder langsam anzulassen. Nach dem Ölaustritt an den Anschlüssen sind sie wieder dicht zu ziehen und das Fahrwerk ganz auszufahren.

Ein- und Ausfahren des Fahrwerks sind mehrere Male zu wiederholen. Dabei sind alle Teile des Einfahrmechanismus auf einwandfreies Arbeiten, die Leitungen auf Freigängigkeit zu prüfen.

Der Landeklappenzylinder ist ebenso zu entlüften wie der Fahrwerkhauptzylinder, nämlich durch Lösen des Leitungsanschlusses und Stellung des Hebels auf „Klappen anstellen". Eine Entlüftung beim Einfahren der Klappen ist nicht nötig, da ja nur das Öl aus dem Landeklappenzylinder in den Vorsatzbehälter zurückläuft.

Die Entlüftung der anderen Zylinder (Sitzverstellung, Wasserkühler, Ölkühler) erfolgt in derselben Weise.

Die geringe Luftmenge, die sich gegebenenfalls noch in der Druckleitung von der Motorpumpe bis zum Außenbordanschluß befindet, wird beim Warmlaufen des Flugmotors durch den Leerlauf des Ölstroms von der Pumpe über die Steuerschieber zum Vorratsbehälter entfernt.

Nach dem Warmlaufen des Motors ist der Vorratsbehälter nochmals auf genügende Ölmenge zu prüfen.

Die Entlüftung der Hydraulikanlage in anderen Flugzeugmustern wird in der gleichen Weise vorgenommen. Es ist immer darauf zu achten, daß sie in den Leitungen möglichst nahe an den Betätigungszylindern erfolgt.

Steht ein Pumpaggregat nicht zur Verfügung, dann muß das Aufbringen des Druckes mit der Handpumpe erfolgen.

Bei der Entlüftung wurde angegeben, daß die Leitungsanschlüsse zu lösen sind und zu warten ist, bis Öl austritt. Unter den Leitungsanschlüssen ist selbstverständlich ein Auffanggerät bereit zu halten, damit unnötiger Verlust des teuren Öles vermieden wird.

2. Wartungsarbeiten nach jedem Flugtag

Ölvorrat im Vorratsbehälter prüfen (Schauglas oder Peilstab); gegebenenfalls ergänzen! Leitungen und Anschlüsse auf Dichtheit prüfen. Größerer Ölverlust zeigt immer an, daß in der Anlage irgendwo eine Undichtigkeit vorhanden ist. Meistenteils kann man derartige Stellen an größeren Ölansammlungen erkennen. Ist das Erkennen der undichten Stellen nicht ohne weiteres möglich, dann muß man mit der Handpumpe Druck aufpumpen und die einzelnen Anlagen nacheinander einschalten. Sind bei dem betreffenden Muster weder Handpumpe noch Außenbordanschluß vorhanden, dann sind Saug- und Druckleitungen von der Motorpumpe abzunehmen und die Saug- und Druckleitungen eines Pumpaggregates mit Zwischenstücken anzuschließen.

Zeigt sich auch hierbei keine undichte Stelle, dann ist die Saugleitung vom Vorratsbehälter zur Ölpumpe auf Undichtigkeit zu prüfen. Denn hier wird bei Undichtigkeiten Luft angesogen. Beim Durchgang durch die

Pumpe vermischt sie sich mit Öl und bildet einen Ölschaum. Dieser Schaum tritt, da sein Volumen bedeutend größer ist als das des reinen Öles, durch die Entlüftungsleitung des Ölbehälters aus. Wenn dann

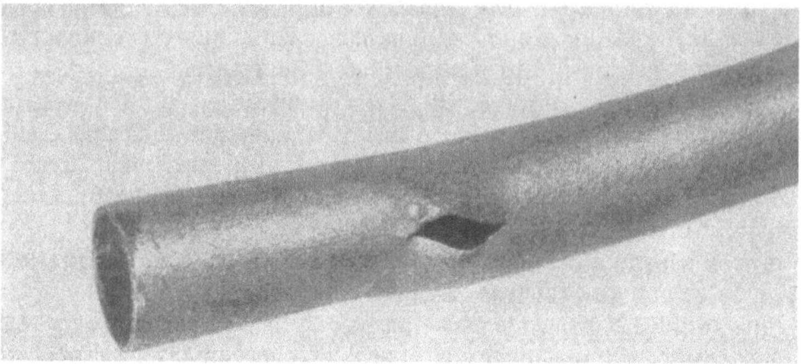

Abb. 113. Durch zu hohen Öldruck geplatztes Aluminiumrohr aus einem Flugzeug des Musters Bf 110.

die Anlage wieder ausgeschaltet wird, trennen sich auch Luft und Öl wieder voneinander. Das Öl im Vorratsbehälter ist entsprechend weniger geworden. In den Leitungen und Betätigungsorganen bilden sich Luftblasen.

Der Grund zu Undichtigkeiten liegt in vielen Fällen in schlechten Schlauchverbindungen. Die Verbindungen sind nicht fest genug angezogen worden oder haben sich im Lauf des Flugbetriebes gelockert. Meistenteils können sie durch vorsichtiges Nachziehen wieder dicht gezogen werden.

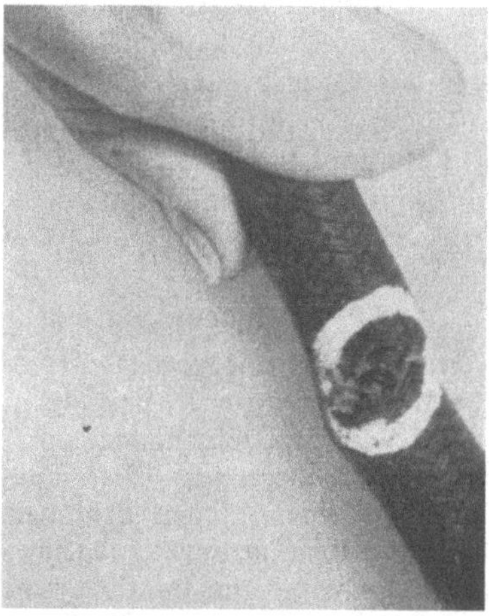

Abb. 114. Bruchstelle in einem Contischlauch.

Bei zu hohem Öldruck, der dann entsteht, wenn das Überdruckventil hängt und nicht rechtzeitig öffnet, besteht die Gefahr des Rohr- oder Schlauchbruches (vgl. Abb. 113). Wenn in einer Anlage ein Druckrohr an einer Stelle geplatzt ist, ist es in seinem weiteren Verlauf auf Aufweitungserscheinungen zu prüfen. In vielen Fällen kann man Aufweitungen schon daran erkennen, daß die Farbe abgeplatzt ist. Außerdem kann man sie durch Abfühlen mit der Hand feststellen. Sie bilden sich meistenteils an Umleitungen und Biegungen, weil da das Rohr bereits bei der Herstellung etwas schwächer ist, als an den geraden Stellen.

Hinzu kommt, daß diese Bauteile meistenteils aus Leichtmetall hergestellt sind, bei dem die Bildung von Lunkern und weichen Stellen nicht ausgeschlossen ist.

Auch Schlauchleitungen können bei Überlastungen platzen, wie es Bild Nr. 114 zeigt.

Bei großem Ölverlust im Vorratsbehälter kann die Undichtigkeit auch in der Ölpumpe liegen. Trotz genauester Untersuchung konnte in einem Fall ein Grund für einen erheblichen Ölverlust nach jedem Flug nicht gefunden werden. Erst nach dem Abbauen der Pumpe wurde festgestellt, daß die Abdichtmanschette in der Aussparung des Gewinderinges hinter der Kupplung fehlte. Dadurch konnte das Öl aus der Pumpe in den Motor abfließen, ohne daß nach außen etwas zu bemerken gewesen wäre. Da das Hydrauliköl wesentlich dünnflüssiger ist als das Motoröl, hätte bei Nichtbeachtung des großen Ölverbrauchs unter Umständen der Motor fressen können.

Bei Hydraulikanlagen mit Spaltfilter ist das Filter durch Drehen zu reinigen.

Abb. 115. Spaltfilter aus dem Flugzeugmuster Bf 110. Das verschlammte Filter wurde mit einer Kombinationszange gewaltsam gedreht. Dabei wurden die Bürstenplättchen abgerissen.

Abb. 116. Ölschlamm am Hydraulikfilter eines Hs 126 Flugzeuges infolge ungenügender Reinigung.

Wenn auch bei einigermaßen sorgfältigem Auffüllen sauberes Öl in die Hydraulikanlage hineingelangt, so lösen sich doch im Lauf der Zeit sowohl vom Gummi der Manschetten als auch von den Schläuchen kleine Teilchen, die in den Ölumlauf gelangen. Sie würden bei den feinen

Passungen und den hohen Drehzahlen der Ölpumpen zum Fressen der Lager führen, wenn sie nicht durch ein Filter aufgehalten würden. Bedingung ist natürlich, daß das Filter auch wirklich betätigt wird, damit es nicht verschmutzt und verkrustet (vgl. Abb. 115).

3. Wartungsarbeiten nach 12½ Flugstunden

Die **Filter** der Hydraulikanlage sind zu öffnen und in Benzin zu reinigen. Welche Ölschlammablagerungen dabei gefunden werden können, zeigt die Abb. 116.

Leitungen und Schläuche sind auf Scheuerstellen zu untersuchen. Die Prüfung ist besonders sorgfältig an den beweglichen Teilen der Fahrwerkeinziehvorrichtung durchzuführen, weil diese Teile sich beim Ein- und Ausfahren des Fahrwerks bewegen und dann an irgendwelchen anderen Bauteilen zum Anschlag kommen können.

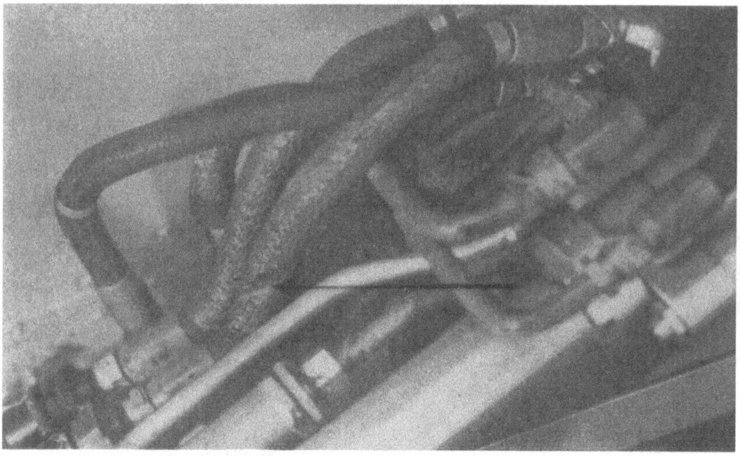

Abb. 117. Druckstelle in der Hydraulikanlage des Flugzeugmusters Ju 88. Die Leitung wird beim Einfahren des Fahrwerks geklemmt. Sie befindet sich unmittelbar am Fahrwerkseinziehzylinder.

Schlauchleitungen schwingen nicht nur während des Fluges durch die auftretenden Erschütterungen, sondern dehnen sich auch unter der Einwirkung des Öldruckes aus. Sie verändern dabei unter Umständen ihren Biegeradius und kommen dadurch an Stellen zum Anliegen und Scheuern, die sie, wenn sie drucklos sind und nicht schwingen, nicht berühren.

Abb. 117 zeigt die Druckölleitung vom Fahrwerkszylinder eines Ju 88-Flugzeuges, die beim Einfahren geklemmt wird. Die Lage ist hier besonders kritisch, weil auch beim Notauslaß das Öl durch diese Leitung fließen muß.

Der Scheuerschutz aus Leder ist in diesem Fall aufzutrennen und nachzuprüfen, ob die eigentliche Leitung auch bereits beschädigt ist.

VIII. Bruchbergung und Verladung

1. Landeschäden und Brüche auf dem eigenen Flugplatz

Die leichtesten Schäden sind **Fahrwerk- oder Radbrüche** bei der Landung.

In den meisten Fällen wird es möglich sein, an Ort und Stelle ein neues Rad, eine neue Achse oder ein ganzes Fahrwerk unterzubauen, um das Flugzeug zur endgültigen Instandsetzung in die Werft zu rollen. Vor Inangriffnahme der Arbeiten ist es jedoch durch rot-weiße Fahnen zu kennzeichnen, um andere Flugzeuge auf das in der Landebahn liegende Hindernis aufmerksam zu machen.

Kleinere Flugzeuge kann man mit Handkraft aufbocken. Größere hebt man mit Winden an. Sowohl beim Anheben mit der Hand als auch erst recht mit der Winde ist peinlichst darauf zu achten, daß nur dort angehoben wird, wo es die Festigkeit des betreffenden Bauteils gestattet. (Bei Anheben mit Menschenkraft mit dem Rücken unter dem Holm anheben!)

Die Teile, an denen man mit der Winde angreift, sind durch Holz mit aufgelegtem Filz zu unterfüttern. Geeignete Punkte für diese Ansätze sind zum Beispiel Flügelanschluß-Beschläge, Fahrwerkanschlußpunkte der zerstörten Fahrwerkhälfte, Motor-Vorbau-Anschlüsse usw. Bevor man die Winde ansetzt, ist ihr Standort durch Unterlegen von Bohlen zu befestigen, um zu vermeiden, daß sie in den Boden einsackt. Außerdem ist der Ansatz so zu wählen, daß nicht Teile des Flugzeuges beim Anheben die Winde streifen oder umwerfen können. Der Standort der Hilfskräfte muß so sein, daß niemand beim Ausrutschen der Winde von herabfallenden Flugzeugteilen verletzt werden kann oder gar unter das Flugzeug gerät.

Abb. 118. Achsbruch eines W 34 Flugzeuges.

Bei der auf Abb. 118 dargestellten W 34 wird man die Verkleidung von Flügelmittelstück und Außenfläche abnehmen und an einem der Holme die Winde ansetzen. Sind genügend Leute vorhanden, dann kann man das Flugzeug auch ohne sonstige Hilfsmittel anheben. Es muß jedoch auch hier der Platz unter dem Flügelanschluß bei weichem Boden durch Bohlen befestigt werden, damit der Abstellbock, den zwei Mann nach dem Anheben unterzuschieben haben, nicht einsacken kann. Die linke Fahrgestellhälfte wird durch Lösen der Überwurfmuttern abgenommen und eine neue untergebaut. Sauberes Einpassen der Kugelpfannen und Sichern der neuen Fahrgestellhälfte ist nicht nötig, weil das Flugzeug zunächst schnellstens vom Platz geschafft werden muß, um den Flugbetrieb nicht länger zu gefährden. In der Halle oder der Werft muß die neue Fahrwerkshälfte sowieso noch einmal abgenommen werden, damit die Kugelköpfe der Streben in die Kugelpfannen eingeschliffen werden können. Außerdem ist die rechte Fahrwerkshälfte genauestens auf Beschädigungen (Anrisse, Verbiegungen, Verklemmen des Bremsschildes in der Trommel usw.) zu prüfen. Wahrscheinlich ist auch das Außenende der linken Fläche, das auf dem Boden aufgelegen oder gestreift hat, wieder instandzusetzen.

Bei **Flugzeugen mit Einziehfahrwerk** kann es vorkommen, daß das Fahrwerk durch Bedienungsfehler oder technische Mängel nach der Landung wieder einfährt. Das ist bei dem Flugzeug FW 58, wie Abb. 119 zeigt, eingetreten. In diesem Fall wird es möglich sein, das Flugzeug mit etwa 15 bis 20 Mann anzuheben, dann fällt das Fahrgestell meistens von selbst heraus. Damit ein neuerliches Einfahren nicht möglich ist, muß der Einfahrmechanismus mit Holzstreben versteift oder es müssen die Knickgelenke mit Seilen bzw. entsprechend starken Drähten festgebunden werden. Sodann ist das Flugzeug vorsichtig zur Halle oder in die Werft zu schleppen. Hier kann es ordnungsgemäß aufgebockt und der Fahrwerksschaden untersucht werden.

Abb. 119. Bauchlandung eines FW 58 Flugzeuges.

Stehen nicht genügend Hilfskräfte zur Verfügung, dann ist das Flugzeug mit dem Dreibock anzuheben (vgl. Abb. 120).

2. Leichte und schwere Brüche außerhalb des Platzes

Bei unvorhergesehenen Landungen außerhalb des Platzes ist zunächst der Umfang der Beschädigung festzustellen. Der einfachste Fall ist gegeben, wenn das Flugzeug wegen Kraftstoffmangel oder einer kleinen Motorstörung notlanden mußte und dabei keinen Bruch machte. Wenn ein Start in dem Notlandegelände wieder möglich ist, wird es nur erforderlich sein, Kraftstoff aufzutanken bzw. das schadhafte Triebwerksteil gegen ein

Abb. 120. Anheben eines Bf 109 Flugzeuges mit dem Dreibock nach Fahrwerkbruch.

neues auszuwechseln und einen sorgfältigen Probelauf des oder der Motoren zu machen. Ist ein Start auf dem Notlandegelände selbst nicht möglich, dann ist nicht sogleich mit dem Abrüsten des Flugzeugs zu beginnen, da dies, besonders bei größeren Flugzeugen viel Arbeit und Zeitverlust bedeutet, vielmehr muß erst sorgfältigst geprüft werden, ob sich

Abb. 121. Überschlag eines He 70 Flugzeuges. Reihenfolge des Abrüstens: Einfahren des Fahrwerkes durch Öffnen der Hydraulikleitungen — Abnehmen und Verladen der Fläche (Fläche ist durchgehend; Dreibock verwenden!) — Abbau des Höhenleitwerks — Umdrehen des Rumpfes — Unterbauen eines Notfahrwerkes — Wenn nicht möglich: Abbau des Triebwerkes.

nicht eine Möglichkeit ergibt, das Flugzeug mit Hilfe von Bohlenbrücken oder dergl. auf ein anderes Gelände in der Nähe zu schaffen, wo wieder gestartet werden kann. Erst wenn auch diese Möglichkeit nicht besteht, ist das Flugzeug abzurüsten.

In den meisten Fällen kann man damit rechnen, daß beim **Abrüsten** und beim **Transport eines Flugzeuges** vom Notlandeplatz zum nächsten Fliegerhorst durch unsachgemäßes Abbauen und Verladen weit größere Schäden entstehen als die, welche bei der Notlandung verursacht worden sind.

Abb. 122. Bruchlandung eines He 72 Flugzeuges. Reihenfolge des Abrüstens: Abbau der oberen Flächen — Abbau der unteren Flächen — Abbau des Motors (da der zum Teil bereits ausgebrochen ist) — Verladen des Rumpfes auf dem LKW, da das Fahrwerk mit seinen Anschlußpunkten im Rumpf zerstört ist.

Vor Beginn des Abbaues ist das Flugzeug zu **enttanken,** entweder durch Ablassen des Kraft- und Schmierstoffes durch den Ablaßhahn am Tank oder durch Einführen eines Schlauches in den Tankkopf und Absaugen mit einer Handpumpe. Das Einführen des Schlauches hat unter Beachtung peinlichster Sauberkeit zu geschehen, damit kein Schmutz in den Tank gelangen kann, der nach der Instandsetzung beim Einfliegen zur Verstopfung der Filter führen kann.

Die L u f t s c h r a u b e n sind abzubauen.

Der bezw. die M o t o r e n sind auszubauen. Wenn das Flugzeug noch auf den Rädern steht, ist es unter Umständen möglich, mit dem Lastwagen gleich unter den Motor-Vorbau zu fahren und den Motor nach dem Lösen der Anschlüsse auf dem Wagen abzusetzen.

Zum Abbau der Flächen sind zunächst die Verkleidungen an den Trennstellen abzunehmen. Dies ermöglicht den Zugang zu den Anschlußbeschlägen, Steuerungsteilen sowie elektrischen und hydraulischen Leitungen.

Das Lösen aller Verbindungen hat mit größter Sorgfalt zu geschehen. Beim Abbau ist immer zu bedenken, daß das Flugzeug mit diesen Anschlüssen und Verbindungen auch wieder aufgebaut werden muß. Beim Trennen der Ölleitungen ist ein sauberes Gefäß unterzustellen. Die Öffnungen sind sofort mit einem Korken bzw. Holzstopfen oder durch Umwickeln mit Ölpapier zu verschließen, um zu vermeiden, daß Fremdkörper eindringen. Keinesfalls darf das Verschließen durch Hineinstopfen von Lappen vorgenommen werden, da auch bei größter Vorsicht Stoffasern nach dem Herausziehen der Lappen in der Leitung zurückbleiben können.

Abb. 123. Sachgemäße Verladung eines W 33 Flugzeuges.
Die Räder sind abgenommen, die Radachsen und damit das ganze Flugzeug auf dem Waggon befestigt. Der Motor ist an der Luftschraubennabe besonders unterbockt. Tragflächen und Leitwerke befinden sich in gefütterten Scheren. Das ganze Flugzeug ist mit einem Lattengerüst in den Ausmaßen des Reichsbahnladeprofils umbaut, damit eine Plane übergezogen werden kann.

Abb. 124. Unsachgemäße Verladung eines Flugzeuges des Musters Ju 86.
Der Auflagebock ist weder am Flugzeug noch am Waggon befestigt. Die Befestigungsdrähte sind ohne Unterfütterung durch Holz am Rumpf befestigt. Sie sind zum Teil bereits gerissen.

Bei Steuerstoßstangen sind die Verbindungsbolzen mit ihren Beilagscheiben wieder in die Gabelbolzen zu stecken und zu sichern. Fällt eine der Stangen nach der Trennung herunter, weil ihre Führung sich an dem abgetrennten Bauteil befindet, dann ist sie durch ein Seil festzulegen, nachdem sie mit einem Lappen umwickelt worden ist, um ein Scheuern und Schlagen beim Transport zu vermeiden.

Der Akkumulator ist abzuklemmen und auszubauen.

Abgenommene Flächen sind möglichst sofort auf dem Lastwagen bzw. besonderen Flächen-Transportwagen zu verladen. Die Fläche ist in den Scheren so festzulegen, daß sie sich beim Transport nicht verschieben kann. Nach hinten überstehende Teile sind durch eine rote Warnflagge zu kennzeichnen (nachts rotes Licht!). Kann eine Fläche nicht sofort verladen

Abb. 125. Schlecht verladene Einzelteile eines Ju 86 Flugzeuges.

werden, dann ist sie in der Nähe flach hinzulegen, wobei darauf zu achten ist, daß der Boden keinerlei Erhöhungen aufweist, die die Bespannung, bzw. Beplankung eindrücken können. Bei Wind ist die Fläche zur Sicherheit mit Sandsäcken zu beschweren.

Ist das Fahrwerk bei dem zu bergenden Flugzeugmuster am Rumpf angeschlossen und ist es unverletzt, dann ist das Rumpfende auf dem Lastwagen zu verzurren und der Rumpf rückwärts abzuschleppen. Ist das Fahrwerk an der Fläche angeschlossen bzw. ist es beschädigt, dann kann man bei einigen Flugzeugmustern ein Notfahrwerk unterbocken und dann den Rumpf auf oben beschriebene Art abschleppen. Ist das nicht möglich, dann ist der Rumpf mit Hilfe des Dreibocks auf einem Lastwagen oder einem besonderen Bergungswagen abzutransportieren.

Sollte ein Weitertransport des Flugzeuges mit der Bahn erforderlich sein, dann sind für die Verladung sowie für die Anforderung bzw. Selbst-Anfertigung der erforderlichen Scheren und Böcke die Richtlinien im Flugzeug-Handbuch maßgebend. Für das Beladen der Eisenbahnwagen sind die Reichsbahnladeprofile genau einzuhalten (vgl. Abb. 126).

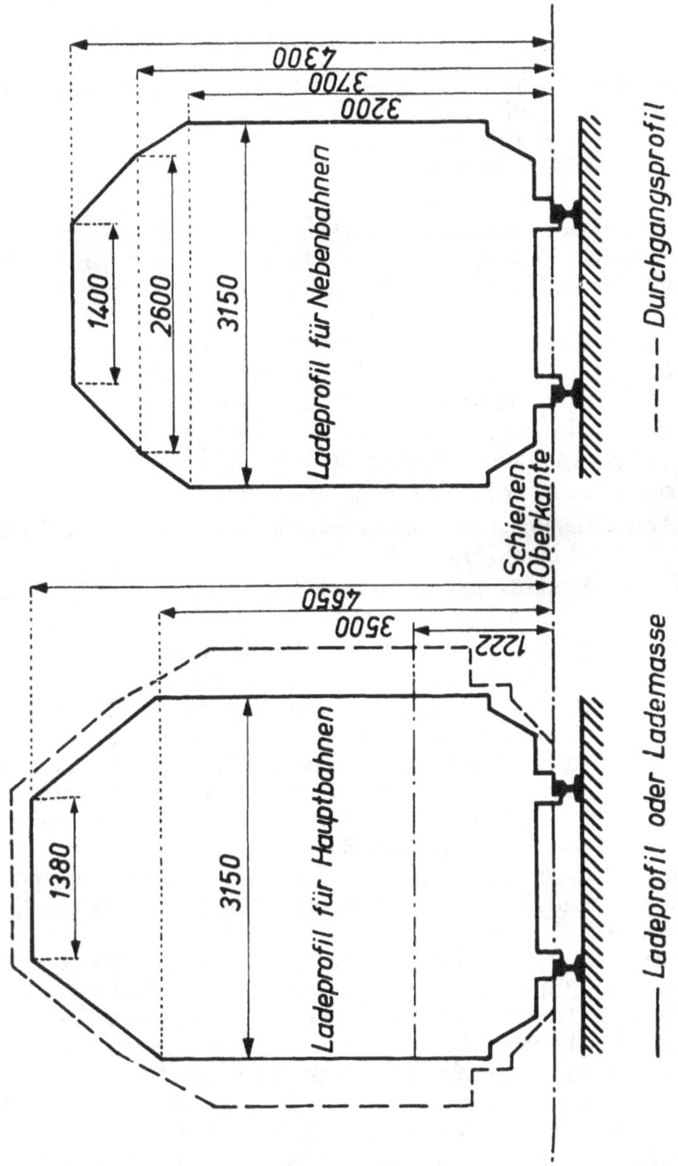

Abb. 126. Reichsbahnladeprofile.

IX. Allgemeine Wartungsarbeiten

1. Anstrichpflege

Beim **Anstrich** von Flugzeugteilen muß man, je nach den Aufgaben, die erfüllt werden müssen, **drei Arten** unterscheiden:

a) **Korrosionsschutz,**
b) **Sichtschutz,**
c) **Spannlack.**

Bei Flugzeugen mit korrosionsbeständiger Oberfläche wird nur einmal gespritzt (Einschichtanstrich). Bei Flugzeugen, bei denen die Oberfläche zunächst konserviert (bei Bespannstoffen gestrafft) werden muß, müssen mehrere Anstriche aufgebracht werden.

Die **Reihenfolge** der einzelnen Anstriche nennt man eine **Lackkette**. Je nach der Zusammensetzung der Lacke wird die Lackkette bezeichnet. Die Lacke selbst trugen früher Firmenbezeichnungen, jetzt Nummern. Im folgenden wird ein Beispiel gegeben für die Lacke, wie sie zur Lackierung von Flugzeugbespannstoff verwendet werden:

Flieglackkette 20 besteht aus folgenden Lacken:

Herboloit Kombinationsgrund grau-grün BC 6965, jetzige Bezeichnung 7113

Herboloit Kombinationszwischenlack Silber BC 6966, jetzige Bezeichnung 7114.01

Herboloit Decklack Silber-matt-grau 550 BC 6954.

Beim Aufbringen werden diese Lacke verdünnt mit Herboloit Spezialverdünnung BC 6970. Jetzige Bezeichnung Verdünnung 7213.00.

Die verwendeten Lacke für die einzelnen Bauteile sind in der **Lebenslaufakte** des Flugzeuges angegeben. Mit Rücksicht darauf, daß gewisse Lacke nicht auf andere aufgebracht werden dürfen, ist beim Ausbessern von Anstrichen darauf zu achten, daß nur diejenigen Lacke verwendet werden, die in der Lebenslaufakte angegeben sind.

Flugzeugteile, die zusammengenietet oder -geschraubt werden, sind **vor** dem Zusammenbau **einzeln** zu konservieren. Wenn das nicht geschieht, korrodieren sie.

Die Anstriche der Flugzeuge unterliegen der **Verwitterung**. Durch starke Sonneneinstrahlung werden die leichten Öle im Lack und Konservierungsschutz **verflüchtigt**. Nur die härteren Bestandteile bleiben übrig. Sie fühlen sich beim Abwischen mit der Hand **spröde** und kalkig an.

Die Zerstörung des Anstriches kann durch unsachgemäße Behandlung ebenfalls hervorgerufen werden. Benzin, Benzolgemische, P 3-Lösungen und Schmierstoffe greifen die Anstriche an und lösen sie auf.

Andererseits kann die **Zersetzung** des Anstriches durch sachgemäße Reinigung und Pflege stark **herabgesetzt** oder **verhindert** werden. Außerdem wird die Oberfläche durch die wasserabweisende Eigenschaft der Pflegemittel vor dem Eindringen von Feuchtigkeit geschützt.

Einige derartige Mittel sind reine **Pflegemittel**, die man erst anwenden darf, wenn der Anstrich vorher **gereinigt** wurde, während andere Mittel Reinigungs- und Pflegemittel zugleich sind. Die Anstrichpflege wird wie folgt vorgenommen:

1. Abstauben des Anstriches mit einem Haarbesen.
2. Reinigen von stark verschmutzten, öligen Stellen mit Flieg-Lack-Reinigungsmittel Z.
3. Aufbringen und Verreiben des Lack-Pflegemittels mit einem sauberen Lappen gemäß Gebrauchsanweisung des jeweiligen Mittels. Wesentlich ist hierbei, daß das Pflegemittel dünn aufgetragen und gut verrieben wird, damit kein Staub am so gepflegten Anstrich haften bleibt.

Bei derartigen Arbeiten an der Tragfläche, dem Rumpf und dem Leitwerk ist immer ein **Schraubenzieher** mitzuführen, um gegebenenfalls **lockere** Senkschrauben an den Verkleidungsblechen usw. wieder **festziehen** zu können.

Schäden, die im Anstrich auftreten, sind baldmöglichst **auszubessern**.

Von Wichtigkeit ist dabei zunächst die Feststellung, ob der Schaden in der Konservierung durch **Abnutzung**, d. h. Betreten, Anstoßen und dergl. oder durch das Arbeiten der Flugzeugteile, z. B. **Verformen** der Beplankung, **Arbeiten** der Beplankung in den **Nieten** oder gar Abscheren der Nieten entstanden ist. Einfache Abnutzungsschäden können ohne weiteres ausgebessert werden. Beim Abplatzen der Farbe infolge Arbeitens der Beplankung ist zunächst die **Prüfgruppe** in Kenntnis zu setzen, die dann nähere **Anweisungen** geben wird.

Bei **Metallflugzeugen** sind bei der Ausbesserung zunächst die **noch** verbliebenen Farbreste mit Flieg-**Abbeizmittel** 7210.00 zu entfernen. Das Abbeizmittel ist äußerst **sparsam** aufzutragen, damit es nicht zu sehr verläuft und durch Klappen oder Öffnungen in das Innere des Flugzeuges gelangen kann. Nach dem Abbeizen ist mit dem Flieg-**Reinigungsmittel Z** nachzuwaschen. Es ist darauf zu achten, daß das Abbeizmittel unter den Nieten und an den Blechstößen ganz besonders **sorgfältig entfernt** wird. Dann ist die neue Lackette nach den Angaben der Lebenslaufakte des betreffenden Flugzeuges wieder aufzubringen.

Bei **Gemischtbauflugzeugen** sind die Farbreste ebenfalls zunächst mit dem Abbeizmittel 7210.00 zu entfernen. Die Ränder der vom Lack befreiten Stellen sind anzuschleifen, um einen gleichmäßigen Anstrich zu erzielen. Der Staub, der sich dabei bildet, ist mit einem Haarbesen zu entfernen. Die neue Lackette ist der Lebenslaufakte zu entnehmen.

Bei Beschädigungen der Lackierung auf **Bespannstoffen** ist in derselben Weise zu verfahren.

Bei größeren Beschädigungen, etwa beim Durchstoßen der Bespannung, muß der entstandene Riß, auch wenn er nur geringe Ausmaße hat, zunächst **genäht** werden. Dann ist der **Anstrich** im Umkreis der beschädigten Stelle mit Flieg-Lack-Verdünnung 230.00 **aufzuweichen**. Das

Auftragen der Verdünnung erfolgt mit einem weichen Lappen. Ein Stück **Bespannstoff**, das den Riß genügend überdeckt, ist vorher in der entsprechenden Größe zugeschnitten worden und wird jetzt, nachdem es in Flieg-**Lack 7130** eingetaucht wurde, auf den Riß **aufgeklebt**. Nach dem **Trocknen** wird nochmals Flieg-Lack 7130 **übergestrichen**. Dann kann nach entsprechender Trockenzeit die Lackkette des Flugzeugmusters aufgetragen werden.

Zackenstreifen, die auf dem Bespannstoff an den Rippen oder an den Übergängen zwischen Bespannstoff und Metall bzw. Holz aufgeklebt sind, sind, wenn sie sich gelöst haben, wie folgt wieder zu befestigen:

1. bei auf **Leinwand** aufgeklebten Streifen:
   Aufweichen der betreffenden Stelle mit Flieg-Lack-Verdünnung 230.00 und weiter wie oben.
2. bei auf **Metall** aufgeklebten Streifen:
   Bestreichen des Metalls mit Glasso-Kleber S 13499.
   Aufkleben und Festdrücken des Zackenstreifens.
   Reinigen des Metalls von überstehendem Klebemittel mit Flieg-Reinigungsmittel Z.
   Behandeln des Metalls und des Zackenstreifens gemäß Lackkette der Lebenslaufakte.

2. Pflege der Sichtscheiben

Für Sichtscheiben im Flugzeugbau wird **Sekurit** und **Plexiglas** verwendet.

Sekuritglas ist ein Glas, das unter starker Spannung steht und daher beim Stoß oder Schlag **splitterfrei** zerbricht.

Die Notwendigkeit, auch Hauben und Kanzeln, also stark gebogene Flächen durchsichtig zu machen, führte zur Verwendung von **Plexiglas**. Es besteht aus einem **zähen Kunstharz** und ist schwer zerbrechlich. Auf Grund seiner leichten Verformbarkeit und seines geringen Gewichtes ist es für diesen Zweck besonders geeignet. Dazu kommt, daß es nicht, wie Zellon, die unangenehme Eigenschaft hat, zu **brennen** und **blind** zu werden. Unangenehm beim Plexiglas ist jedoch, daß es nicht so hart ist, wie Glas. Es ist daher außerordentlich empfindlich gegen **Kratzer, Schrammen** und dergl.

Würde man Plexiglas bei der Herstellung härter machen, dann würde es auch die nachteiligen Eigenschaften des Glases (spitze Splitter bei Bruch) annehmen und damit gegenüber dem Glas einige seiner Vorteile verlieren. Bereits in der heutigen Beschaffenheit kann es bei Bruchlandungen und Beschußverletzungen die Besatzung durch Splitterbildung gefährden.

Der Empfindlichkeit und Weichheit dieses Materials muß bei der Wartung entsprechend Rechnung getragen werden.

Plexiglas ist, wenn es durch Staub oder Schmutz **verunreinigt** ist, mit **Wasser** abzuspülen. Dann ist es mit einem weichen Natur- oder Viskoseschwamm abzudrücken und vorsichtig abzuwischen. Handelt es sich um besonders starke Verschmutzungen, so ist dem handwarmen Wasser etwas **Seife** oder **Soda** bzw. Glasurit-Flugzeug-Reiniger in der Verdünnung 1 : 20 zuzusetzen.

Lackspritzer oder Ölfarbe sind mit **Terpentinöl**-Ersatz zu entfernen und mit **Handschuhstoff** (Wildleder-Ersatz) nachzupolieren.

Beim **Reinigen** von Plexiglasscheiben muß vor allem darauf geachtet werden, daß die Scheiben nicht durch Verwendung ungeeigneter Lösungsmittel **blind** werden. Benzol und Kraftstoffgemische sowie alle Lacklösungsmittel außer Glasurit, Flugzeugreiniger (Lackreinigungsmittel 7238.00) dürfen daher nicht verwendet werden. Ebenso **ungeeignet** sind alle **harten** und **scharfkantigen** Materialien, wie Schmirgel und Bimssand.

Bei stark **verkratzten** Scheiben ist ein Stück sauberen Handschuhstoffes (Wildleder-Ersatz) mit kaltem Wasser anzufeuchten. Das Tuch wird zu einem Bausch zusammengelegt und **Plexipol** darauf verteilt. Mit diesem Bausch ist auf dem Plexiglas hin- und herzureiben, und zwar unter mäßigem Druck. Nur bei stärker verkratzten Stellen ist unter größerem Druck zu reiben. Bei **größeren** Scheiben ist in **Abschnitten** zu reinigen, so daß die auf einmal zu säubernde Fläche nicht größer ist als 25 × 25 cm. Dann ist mit einem trockenen Handschuhstoff nachzureiben und zu polieren. Sind nach dieser Behandlung noch Kratzer vorhanden, dann ist mit dem Bausch mit Plexipol der Vorgang zu **wiederholen**.

Scheiben, bei denen durch Witterungseinflüsse feine **Haarrisse** aufgetreten sind, müssen ebenfalls mit Plexipol poliert werden, damit diese Risse wieder **verschwinden**. Geschieht das nicht, dann werden die Risse bei den Temperaturschwankungen immer länger und tiefer, bis sie letzten Endes zum Platzen der Scheibe führen können.

Verkleben von Durchschußlöchern im Plexiglas

Plexiglas ist außerordentlich **teuer** und nur schwer **beschaffbar**. Bei Beschußverletzungen ist daher, wenn irgend möglich, die betreffende Scheibe im Flugzeug zu lassen und das **Durchschußloch** durch Verkleben mit Plexigum wieder zu **schließen**.

Man kann derartige Verletzungen wieder instandsetzen, wenn das einzelne Durchschußloch nicht **größer** ist als **20 mm** im Durchmesser oder, wenn es oval ist, nicht **länger** als **35 mm** ist. Dabei sind die trichterförmigen Ausbrüche auf der Ausschußseite nicht gerechnet. Die **Risse**, die vom Loch ausgehen, dürfen nicht länger sein als etwa **50 mm** (vgl. Abb. 127 u. 128).

Wenn **mehrere** Löcher in der Scheibe sind oder wenn bereits bei einem Loch die **Festigkeit** gefährdet ist, muß die Scheibe **ausgewechselt** werden.

Bei durchgehenden **Sprüngen** kann man eine Scheibe unter Umständen noch dadurch retten, daß man seitlich der Sprünge Bohrungen anbringt, **Bindedrähte** durchsteckt und die Scheibenhälften zusammenzieht. Die Sprünge selbst werden überklebt.

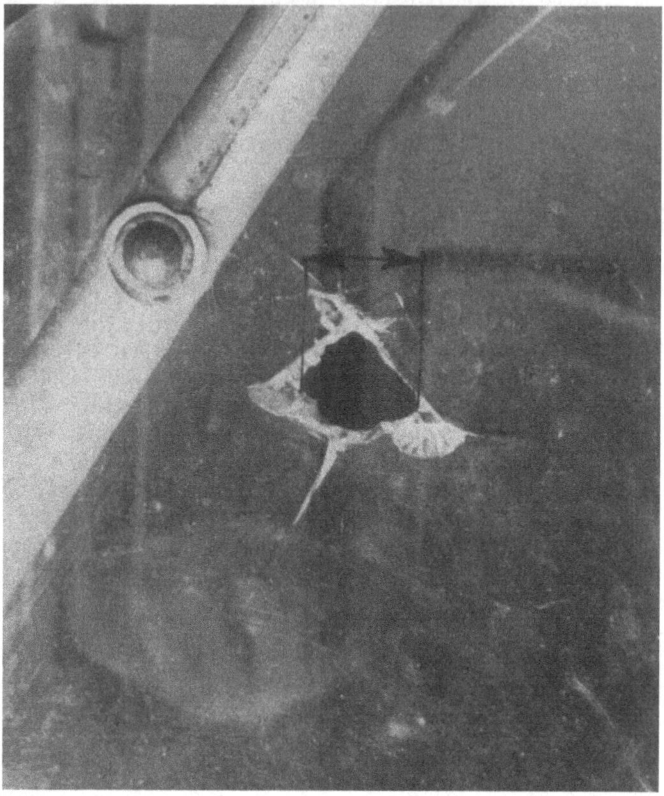

Abb. 127. Schuß durch eine Plexiglasscheibe bei dem Flugzeugmuster Bf 110. Diese Verletzung kann wieder instandgesetzt werden.

Bei derartigen Instandsetzungen wird folgendermaßen verfahren:

1. Alle **Anrisse** sind **abzubohren**. Beim Bohren darf man nicht auf den Bohrer **drücken**, weil der Sprung sonst weitergeht.
2. Aus dem **Plexigum**-Film KP 601 ist ein runder oder ovaler **Flicken** so auszuschneiden, daß er etwa **10 mm größer** ist als die Absplitterungen auf der Ausschußseite. Kurze Anrisse können mit einbezogen werden.
3. Der **Flicken wird** auf die Plexiglasscheibe, über die Durchschußöffnung gelegt und sein Umfang mit feinem **Anriß umfahren.** Die angezeichnete Stelle ist mit **Petroläther**, wenn nicht vorhanden mit Flieg-Lack-Reinigungsmittel 7238.00, zu **säubern** und **trocken** zu **reiben.**

4. Der **Rand** der Klebefläche ist mit Klebeband **abzudecken**, damit die Plexiglasscheibe an den überstehenden Kleberändern nicht **undurchsichtig wird**.
5. Die Klebefläche, auf die der Flicken geklebt werden soll, ist mit dem flüssigen **Klebemittel** KP 532 mit Hilfe eines Glas- oder Holzstäbchens dünn und gleichmäßig zu bestreichen.

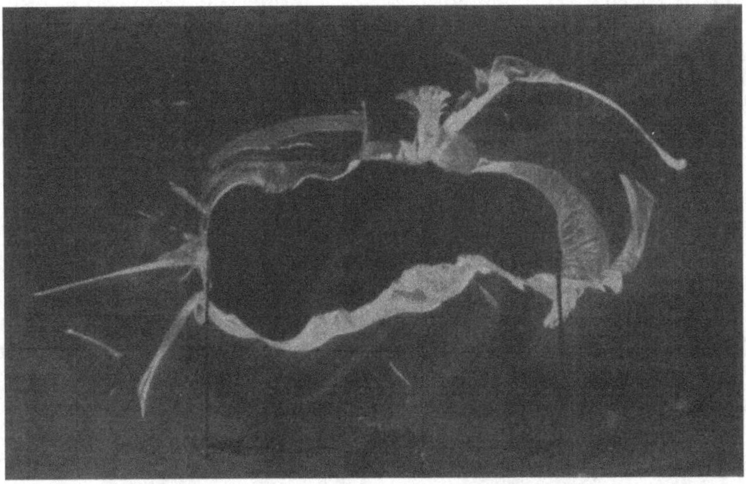

Abb. 128. Beschußverletzung einer Plexiglasscheibe eines Do 17 Flugzeuges. Die Verletzung kann nicht behelfsmäßig instandgesetzt werden, da das Durchschußloch zu groß ist.

6. Der **Plexigumfilm-Flicken** ist, nachdem das Klebemittel 1 bis 2 Min. eingezogen ist, **aufzulegen** und sorgfältig anzudrücken, damit Luftbläschen zwischen Flicken und Glas herausgedrückt werden. Mit einem Holzklötzchen, das durch einen sauberen Lappen oder Papier unterfüttert ist und durch Klebeband auf dem Glas **festgespannt** wird, ist der Flicken unter Druck zu setzen.
7. Nach zwei Stunden ist der Druckverband zu lösen, die **Klebstoffreste** des Klebebandes sind mit **Plexipol** abzureiben.
8. **Abbohrlöcher**, die außerhalb des Flickens liegen, sind mit **Kittmasse (Fakokitt)** zu dichten.
9. Die ganze Plexiglasscheibe ist mit Plexipol überzupolieren.

3. Zusammenfassung der bei der Flugzeugwartung benötigten Fette und Öle

Die **Fette**, die zur Schmierung der Steuerungslager und Triebwerksgestänge verwendet werden, müssen auch bei **großer Kälte** (— 50 bis 60° C) ihre **Schmierfähigkeit** noch behalten. Sie dürfen keinesfalls hart werden, weil sonst die Steuerung und Triebwerkgestänge nicht mehr betätigt werden können. Außerdem dürfen sie kein Wasser aufnehmen, weil das Wasser gefrieren würde und ebenfalls eine Blockierung herbeiführen könnte. Das sog. **Flugzeugfett „blau"** genügt diesen Anforderungen. Die Herstellerbezeichnungen sind: Intava Flugzeugfett 1416, Calypsol K, Shell Aerofett. Alle drei Fette sind zur Kennzeichnung **kornblumenblau** gefärbt, untereinander **austauschbar** und **mischbar**. Das Flugzeugfett „blau" hat jedoch den Nachteil, daß es bei Erwärmung schon früher flüssig wird als andere Fette. Es kann also unter Umständen im Sommer bei starker Sonneneinstrahlung aus den Lagern herauslaufen. Die Lagerstellen und Steuerungsantriebe sind daraufhin des öfteren zu prüfen, da in vielen Fällen bei der Konstruktion der Steuerungsgetriebe (z. B. Handrad He 111) auf diese nachteilige Eigenschaft des Fettes nicht genügend geachtet wurde.

Die Schmierung der Steuerungsteile geschieht mit Hilfe von **Schmierpressen.** An Schmiernippeln, auf die die Pressen aufgesetzt werden, gibt es zwei Arten: **Lubnippel** und **Meyrelnippel.** Im Gerät und Sonderwerkzeug erster Ordnung des betreffenden Flugzeugmusters befindet sich eine Schmierpresse, in die sowohl ein Anschluß für Lubnippel als auch für Meyrelnippel eingeschraubt werden kann. Bei der Schmierung der Lager ist mit Hilfe der Presse so lange Fett einzudrücken, bis das **alte, verbrauchte Fett** vollkommen aus dem Lager herausgedrückt worden ist und nur noch **neues Fett** kommt. Die Fettklumpen an den Schmierstellen sind mit einem sauberen Lappen wieder zu entfernen. Sie täuschen nur eine Schmierung vor, sammeln Staub und beschmutzen das Flugzeug.

Zur Schmierung der Achslager ist **Fl. Achslagerfett** zu verwenden (die Firmenbezeichnungen sind: Intava-Achslagerfett 1200, Calypsol WIBD, Shell Wälzlagerfett). Von dem Achslagerfett muß gefordert werden, daß es bei den hohen Landegeschwindigkeiten der Flugzeuge und bei den **hohen Temperaturen,** die beim Bremsen entstehen, seine Schmierfähigkeit behält. Es darf sich nicht **zersetzen** oder zu dünnflüssig werden.

Die **Öle,** die in der Hydraulik- und Bremsanlage verwendet werden, müssen **dünnflüssig** sein, damit die betreffenden Betätigungszylinder schnell ansprechen. Die Dünnflüssigkeit muß auch bei **den niedrigen** Temperaturen (— 50 Grad) noch gewahrt bleiben, andererseits darf sich das Öl bei **hohen** Temperaturen, wie sie bei Überlastung der Pumpe auftreten können, nicht **zersetzen** oder **ausdampfen.**

Die für die hydraulischen Anlagen benutzten Öle kann man in zwei Gruppen einteilen:

a) **Mineralische Öle**

Zu diesen gehören: Shell AB 11, Intava S 20 69, EC grün, VDM 4. Die Öle EC grün und VDM 4 sind Shell AB 11-Öle, die von den Firmen EC und VDM lediglich mit einem Graphitzusatz und grünem Farbstoff versehen sind. EC grün und VDM 4 können ohne weiteres durch Shell

AB 11 ersetzt werden. AB 11 und S 2069 können **nicht** untereinander **gemischt** werden.

b) **Alkoholische Öle**

Zu diesen gehören: AT blau Hydrauliköl, EC rot. Es handelt sich hierbei um ein Gemisch von Rizinus- und Glykoläther. Die beiden Öle sind untereinander **nicht mischbar**. Sie haben den großen Nachteil, daß der Glykoläther bei starker Erwärmung **ausdampft**. Sind wieder normale Temperaturen eingetreten oder tritt starke Abkühlung ein, dann läßt sich die Hydraulik- bzw. Bremsanlage infolge des zäh gewordenen Restöles nur noch schwer betätigen. AT blau hat weiterhin die nachteilige Eigenschaft, daß es sich bei Lichteinwirkung **verfärbt** und dann grünlich schimmert. Deswegen kann es bei erforderlichem Nachfüllen geschehen, daß irrtümlich EC grün zugesetzt wird, was zur Zerstörung der Gummimanschetten führt. Es darf in der Hydraulik- oder Bremsanlage keineswegs ein anderes Öl verwendet werden als das, welches für das betreffende Flugzeugmuster vorgeschrieben ist. Die Manschetten und Dichtungen der Anlagen sind entweder aus Naturgummi oder aus Buna. Verwendet man hierbei das falsche Öl, dann ist eine Zerstörung der Manschetten und Dichtungen die Folge.

Zweiter Abschnitt
Die Wartung des Triebwerkes

I. Der Motor im Flugbetrieb

A. Betriebsstoffe

1. Kraftstoffe

Für Flugmotoren werden je nach Verdichtungsverhältnis und Baumuster gewöhnlich Kraftstoffe mit den Oktanzahlen 80 und 87 verwendet. Die **Oktanzahl** ist ein Maßstab für die **Klopffestigkeit** eines Brennstoffes. Mit Klopfen bezeichnet man einen Verbrennungsvorgang im Zylinder, bei dem an Stelle des erwünschten langsamen Verbrennungsablaufes nach zuerst normal eingeleiteter Verbrennung das noch im Verbrennungsraum befindliche Restgemisch gleichzeitig mit sehr großer Zündgeschwindigkeit explosivartig verpufft. Diese Erscheinung tritt besonders bei Motoren mit hohem Verdichtungsverhältnis auf, wenn sie mit Kraftstoff von zu geringer Klopffestigkeit betrieben werden. Das Auftreten des Klopfens ist im praktischen Betriebe jedoch nicht nur von der angegebenen Klopffestigkeit des Kraftstoffes, sondern weiterhin auch von einer Reihe anderer Faktoren, wie z. B. der Form des Verbrennungsraumes, der Zylindertemperatur, der Anordnung sowie der Konstruktion der Kerzen und Ventile, der Drehzahl und Aufladung des Motors usw., abhängig.

Man kann die **Klopffestigkeit** eines Kraftstoffes nicht ohne weiteres mittels eines Apparates leicht **messen**, sondern benötigt dazu einen besonders konstruierten **Prüfmotor**, in dem der zu untersuchende Kraftstoff mit einer Mischung aus den beiden Normalkraftstoffen Oktan und Heptan, deren Klopffestigkeit bei Oktan = 100 und Heptan = 0 festgelegt ist, verglichen wird. **Die Oktanzahl gibt also den Prozentsatz an Oktan desjenigen Gemisches aus Oktan und Heptan an, das die gleiche Klopffestigkeit wie der zu prüfende Kraftstoff besitzt.** Beispiel: Ein Kraftstoff mit der Oktanzahl 87 klopft unter denselben Verhältnissen genau so stark wie ein Gemisch aus 87 Teilen Oktan und 13 Teilen Heptan.

Der Klopfvorgang ist mit einer erheblichen Druck- und Temperatursteigerung über die normal für den Motor zugelassenen Werte verbunden, so daß sich das Klopfen außerordentlich nachteilig auf

Triebwerk, Zylinder und Ventile auswirkt. Wird versehentlich ein Kraftstoff mit der Oktanzahl 80 in höher verdichteten Motoren, für die ein Kraftstoff mit der Oktanzahl 87 vorgeschrieben ist, verwendet, so wirkt sich diese Verwechslung auf die Dauer sehr schädlich für den betr. Motor aus. Bestehen daher bei einem Motormuster Unklarheiten über die Art und Oktanzahl des zu verwendenden Kraftstoffes, so sind die Angaben im Motorhandbuch nachzulesen.

Um eine möglichst hohe Klopffestigkeit zu erreichen und damit das Verdichtungsverhältnis und die Leistung des Motors erhöhen zu können, **mischt man** dem normalen Benzin einen **klopffesteren Kraftstoff oder ein chemisches Mittel (Bleitetraäthyl) bei.**

Als verhältnismäßig klopffesten Kraftstoff verwendet man Benzol, das z. B. in einem Mischungsverhältnis von Benzin zu Benzol wie 70 : 30 eine Oktanzahl von 80 ergibt. Mischungen mit höheren Prozentsätzen an Benzol haben jedoch den Nachteil, daß durch den verhältnismäßig hohen Gefrierpunkt des Benzols (+ 6° C) der Gefrierpunkt der Gesamtmischung so hoch steigt, daß in größeren Höhen bei den dort herrschenden niedrigen Temperaturen die Gefahr einer Vereisung der Vergaserdüsen bzw. Zerstäuber besteht. Neben Benzol kommt als Antiklopfmittel **Bleitetraäthyl** in Frage, von dem schon geringe Prozentsätze genügen, um die Klopffestigkeit des normalen Benzins wesentlich zu steigern. Dieser Zusatz von Bleitetraäthyl beeinträchtigt das Kälteverhalten des Kraftstoffes nicht, hat jedoch infolge des bei der Verbrennung freiwerdenden Bleibromids nachteilige Wirkungen auf die Zündkerzen (Niederschlag usw.), Ventile, Kolben und Zylinder des Motors (Materialzerstörungen durch Korrosionserscheinungen).

Das mit äthylisierten Kraftstoffen umgehende Personal muß zur Vermeidung von Gesundheitsschäden gewisse Verhaltungsvorschriften beachten.

Für das **Motormuster Jumo 205** ist **Gasöl** zu verwenden, für das bestimmte Abnahmebedingungen (z. B. Stockpunkt muß unter — 20° C liegen) vorgeschrieben sind.

2. Schmierstoffe

Als Schmierstoffe kommen in der Hauptsache **reine Mineralöle** oder Mineralöle mit einem sehr geringen Prozentsatz an pflanzlichen Ölen zur Verwendung. Die für das jeweilige Motormuster **zugelassenen Schmierstoffsorten** sind den Motorhandbüchern zu entnehmen.

Um den Anlaßvorgang im Winter bei kälterem Wetter zu erleichtern und die Bildung eines hinreichenden Ölfilmes an den Lager- und Gleitstellen auch bei niedrigeren Temperaturen zu fördern, werden bei einigen Flugmotorenmustern **in den Wintermonaten Schmierstoffe mit einer geringeren Zähflüssigkeit (Viskosität)** als in den Sommermonaten vorgeschrieben, so daß in den Übergangszeiten ein Schmierstoffwechsel durchzuführen ist.

Beim **Umölen** eines Flugmotors von einer Schmierstoffsorte auf eine andere ist lediglich der im Vorratsbehälter befindliche **Schmierstoff** in warmem Zustand **abzulassen** und danach die **neue Schmierstoffsorte zu tanken**. Während der Betriebszeit des Motors ist die einmal getankte Schmierstoffsorte möglichst beizubehalten. Sollte jedoch bei einem Überlandflug der vorher getankte Schmierstoff nicht erhältlich sein, so kann **ausnahmsweise** ein anderer für das betr. Motormuster zugelassene Schmierstoff zugetankt werden.

3. Fette und Öle

Für die von Hand zu schmierenden **Steuerungsteile der luftgekühlten Motoren** ist Kipphebelfett in den Motorhandbüchern vorgeschrieben.

Für die Schmierung der **Kühlstoffpumpe** sind Sonderfette (s. Wartungsvorschriften) zu benutzen.

Zur Schmierung des **Verteilerlagers** durch den am Zündmagnet angebrachten Klappöler ist **Spindelöl (grün)** zu benutzen.

4. Kühlstoffe

Als Kühlstoffe kommen im allgemeinen **Wasser-Glykolmischungen** und in einigen Fällen **reines Glykol** für die sog. Heißkühlungsmotoren (B M W VI Baureihe 7 und 9) in Frage. Als Kühlwasser verwende man reines, möglichst weiches Wasser (falls vorhanden, Regenwasser).

Um einen genügenden **Frostschutz** der flüssigkeitsgekühlten Motoren **im Winter** (in der Zeit vom 1. Oktober bis 30. April) zu gewährleisten, ist die Mischung **Wasser-Glykol** für diese Jahreszeit auf 50 : 50 zu bringen. Eine solche Mischung bietet einen genügenden Frostschutz bis zu Außentemperaturen von — 38° C.

Beim **Einfüllen von Glykol** ist darauf zu achten, daß nicht unnötig große Mengen durch Überlaufen verloren gehen (Korrosionsgefahr!). Verschiedentlich konnte beobachtet werden, daß durch überlaufendes Glykol z. B. sowohl die Wicklungen als auch das Gehäuse des Anlassers mit der Zeit so stark korrodierte, daß eine Auswechslung dieses Teiles notwendig wurde.

Zur Vermeidung von Rostangriff, Kesselsteinansatz und sonstigen Anfressungen der Kühler und Kühlstoffräume der Motoren wird als Vorbeugungsmaßnahme **Schutzöl** nach besonderer Anweisung verwendet. Das Schutzöl kann sowohl für Wasser als auch für alle Glykol-Wassermischungen und Reinglykol sämtlichen flüssigkeitsgekühlten Motoren zugesetzt werden.

Die sonst gebräuchlichen **Kühlstoff-Zusätze an Enthärtungs- und Korrosionsschutzmitteln**, wie **Soda**, **Kühlerschutzpatronen**, **Kaliumfluorid** und dergl., die noch immer in einem Teil der Motorhandbücher angegeben werden, sind **nicht zu empfehlen**.

B. Ausbau des Motors aus der Versandkiste und Einbau in das Flugzeug

Der Flugmotor wird in einer Spezialkiste sorgfältig verpackt angeliefert. In der Spezialkiste ist der Motor durch besondere Einbauten aus Kantholz und Winkeleisen so gehaltert, daß eine seitliche Verschiebung des Motors in der Kiste unmöglich ist. Für den Transport mit dem Kran ist die Kiste mit Ösen zum Befestigen der Seile versehen. Der Transport der Kiste ist mit größter Vorsicht vorzunehmen; vor allem darf die Kiste weder gekantet noch hart aufgesetzt werden. Das Öffnen der Kiste und Freilegen des Motors ist in allen Einzelheiten in den entsprechenden Motorhandbüchern beschrieben.

Für das **Ausheben des Motors** aus der Versandkiste soll ein Hebezeug benutzt werden, an dessen Haken der Motor mittels einer besonderen **Aufhängevorrichtung** (Motorhißgeschirr) befestigt wird. Als **Aufhängepunkte** sind stets die Hißösen oder die sonst in den Motorhandbüchern bezeichneten Stellen zu benutzen, da eine Aufhängung beliebiger Art leicht zu Motorschäden (Einbeulen der Ansaugrohre und sonstiger Rohrleitungen) führen kann. Um Beschädigungen beim Anheben des Motors durch Anstoßen zu vermeiden, soll dieser Vorgang langsam und vorsichtig erfolgen.

Nach dem Ausbau aus der Kiste setzt man den Motor vorerst auf einen Bock ab, um das **Konservierungsöl**, das nach Abnahme des Motors im Herstellerwerk in den Zylinder eingespritzt wurde, durch Absaugen mit einer Spritze unter Durchdrehen zu **entfernen**. Wurde der Motor in einem schwenkbaren Motorrüstbock eingebracht, so kann man das Konservierungsöl nach Drehung des Motors aus den Zündkerzenbohrungen ablaufen lassen. Die Entfernung der Reste der Schutzölemulsion aus den Kühlstoffräumen ist durch Ausspülen mit Wasser vorzunehmen.

Wird der Motor nicht sofort in das Flugzeug eingebaut und soll er nicht auf einem Motorrüstbock abgestellt oder weiter transportiert werden, so ist er in allen Fällen durch Unterlegen eines Holzbockes oder von Kanthölzern so zu lagern, daß Beschädigungen der vorstehenden Teile, wie Vergaser und dergl., nicht eintreten können. Ein Teil der Herstellerfirmen hat für den Flurtransport der Motoren aus Stahlrohren geschweißte Transportgestelle angefertigt.

Für den Einbau des Motors in das Flugzeug ist eine Aufhängevorrichtung (Motorhißgeschirr) zu benutzen, die so gebaut ist, daß sie unter Berücksichtigung der Lage des Motors im Flugzeug in Sporn- oder Fluglage eine bequeme Auswechslung gestattet.

Vor dem Einbau des Motors prüfe man nochmals sämtliche Leitungen, Gummiteile und Schlauchverbindungen auf einwandfreie Beschaffenheit, da es vorkommen kann, daß sich an diesen Teilen während der Lagerzeit Risse gebildet haben. **Erst nach dem Einbau des Motors in das Flugzeug sind unmittelbar vor dem Anschließen**

der einzelnen Rohrleitungen die Blindflansche, Holzdeckel oder Gummikappen zu entfernen, da nur so das Eindringen von Fremdkörpern in das Motorinnere auf jeden Fall verhindert werden kann. Besonders muß bei allen späteren Arbeiten an Motoren mit nach oben liegender Ansaugöffnung diese durch eine Blechkappe (nicht mit Putzwolle oder Lappen zustopfen!) abgedeckt werden, da schon häufig (z. B. beim Jumo 210) festgestellt wurde, daß bei irgendwelchen Arbeiten

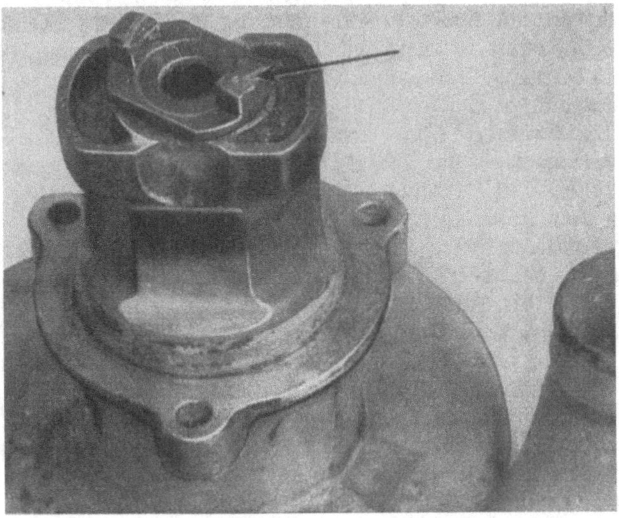

Abb. 129. Beschädigung der Antriebsklaue infolge unsachgemäßer Montage der Kühlstoffpumpe (zu starke Dichtung am Kühlstoffpumpenflansch).

am Motor Fremdkörper, wie Splinte, Schraubenmuttern usw., in den Lader gefallen sind und zur vollständigen Zerstörung des Laderlaufrades geführt haben.

Wichtig ist, daß die Schmierstoffleitungen vor dem Anschließen mit Schmierstoff aufgefüllt werden; dabei muß die Luft aus den Leitungen restlos entweichen können.

Bei einigen Motormustern ist der **Abbau von Hilfsgeräten,** wie Vergaser, Pumpen, Schwungkraftanlasser und Magnete, vor dem Einbau in den Motorvorbau des Flugzeuges notwendig. Beim Wiedereinbau dieser Hilfsgeräte achte man darauf, daß die Antriebsstummel mit dem festgelegten axialen Spiel und daß Dichtungen der vorgeschriebenen Stärke eingesetzt werden, da die Antriebsklauen bei unsachgemäßem Anbau beschädigt (abgeschliffen) werden können (s. Abb. 129), so daß dann die Geräte ausfallen.

Nach Beendigung des Einbaues ist nochmals besonders zu prüfen, ob alle Anschlüsse und Leitungen zu den Behältern gut dicht und sachgemäß abgesichert sind. Sämtliche Entlüftungsleitungen müssen vor der Inbetriebnahme angeschlossen sein.

C. Beim Anbau der Luftschraube ist motorseitig zu beachten

Bei den **Fest-Luftschrauben**, deren Naben (Ruppnaben) mittels **Hirthverzahnung** mit Bolzen am Motorflansch befestigt werden, ist motorseitig für den Anbau der Luftschraube die für den Versand angebrachte Schutzscheibe zu entfernen und vor der Befestigung der Luftschraubennabe die Hirthverzahnung sorgfältig zu reinigen und mit einem Fetthauch zu überziehen.

Bei Luftschrauben **(Fest- und Einstellschrauben)**, die mit einer **Luftschraubennabenmutter** auf der Kurbelwelle befestigt werden, wie z. B. Sh 14 a, BMW 132 A, sind die Gewinde der Mutter und Kurbelwelle vor dem Aufbringen der Luftschraube sorgfältig zu reinigen. Die Nabenmuttern dieser Motoren sind im Herstellerwerk aufgepaßt, mit der Nummer des betr. Motors versehen und sollen nicht vertauscht werden. Wird die Luftschraube auf die Welle aufgeschoben, so ist darauf zu achten, daß die Keilbahnen der Nabe, die ebenfalls mit einem Fetthauch versehen werden sollen, das Gewinde der Kurbelwelle nicht beschädigen. Bevor die Luftschraubennabenmutter bis zum Anschlag von Hand auf das Kurbelwellengewinde aufgeschraubt wird, ist das Gewinde der Mutter und Kurbelwelle gut einzufetten. Zum Anziehen der Mutter ist der für das betr. Flugzeug vorgesehene Schlüssel mit einer Hebellänge von 1,2 bis 1,5 m zu benutzen. An diesem soll ein Mann mit vollem Körpergewicht und leichtem Nachwuchten anziehen. Nach dem Festziehen ist die Mutter zu sichern. Das Anziehen ist nach dem ersten Flug zu wiederholen, da sich während der ersten Betriebszeit die Befestigung etwas setzt.

Muß bei einem Luftschraubenwechsel die Mutter wieder abgezogen werden und kommt es dabei vor, daß dieselbe frißt oder sich immer schwerer drehen läßt, so darf die Mutter keinesfalls mit Gewalt abgezogen werden, sondern ist an einer geeigneten Stelle anzubohren und aufzusprengen, um die vollständige Zerstörung des Kurbelwellengewindes (s. Abb. 130) und damit die gegebenenfalls notwendige Auswechslung der Kurbelwelle zu vermeiden. Geringe Verletzungen des Gewindes durch Fressen oder Beschädigungen, wie sie sich beim Anbohren oft nicht vermeiden lassen, können meistens nachgearbeitet werden, ohne daß die Welle unbrauchbar wird.

Besondere Beachtung ist beim Anbau der Luftschraube dem einwandfreien Zustand des vorderen und hinteren **Konusringes (Zentrierringes)** auf der Kurbelwelle zu schenken (s. Abb. 131: Konusringe 3 und 4 auf der Zwischenhülse beim BMW VI dir.). Stark gefressene oder sehr schlecht tragende Ringe sind auszuwechseln. Ringe mit leichten Freßstellen, die

u. U. vorher vorsichtig nachgearbeitet werden müssen sowie neue Ringe **werden** mit Hilfe einer besonderen **Einschleifvorrichtung** und feiner Schleifpaste in die dazugehörige Nabe eingeschliffen. Zwei fabrikneue Teile (Nabe und Ringe) brauchen im allgemeinen nicht eingeschliffen zu werden, da sie meistens bereits ausreichend tragen. Vom einwandfreien Tragen

Abb. 130. Infolge Fressens der Kurbelwellenmutter zerstörtes Kurbelwellengewinde.

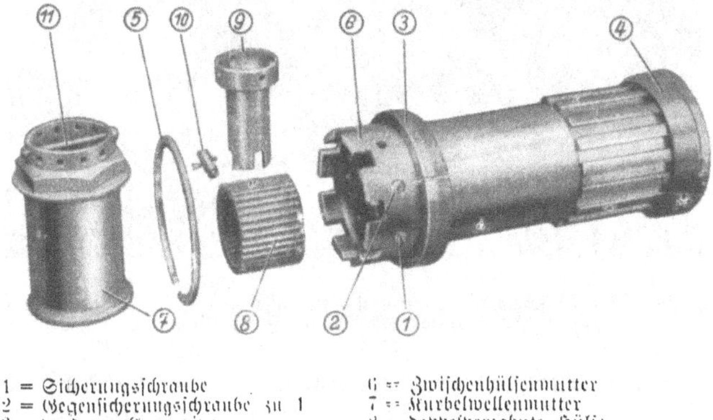

1 = Sicherungsschraube
2 = Gegensicherungsschraube zu 1
3 = vorderer Konusring
4 = hinterer Konusring
5 = Sprengring
6 = Zwischenhülsenmutter
7 = Kurbelwellenmutter
8 = doppelverzahnte Hülse
9 = Sicherungshülse zu 7
10 = Sicherungsstift mit Hülse
11 = Sicherungsbolzen zu 7

Abb. 131. Zwischenhülse für VDM-Verstelluftschraube am BMW 6 dir.

überzeugt man sich am besten durch eine **Tuschierprüfung** (durch Auftragen von Pariser Blau und Drehen der in der Einschleifvorrichtung eingespannten Ringe auf ihrem Sitz in der Nabe), die bei neuen Teilen bzw. nach dem Einschleifen vorzunehmen ist. Vor dem endgültigen Aufsetzen sind die Konusringe leicht einzufetten.

Für die an neueren Motoren verwendeten **Verstelluftschrauben** (VDM und Junkers-Hamilton) ist mittels Hirthverzahnung und Bolzen an den Motorflansch eine **Flanschwelle** zur Aufnahme der Luftschraube angebaut. Die Befestigung derselben auf der Flanschwelle erfolgt bei VDM mit Luftschraubenmutter (bei Junkers-Hamilton mit Hilfe des Kolbens) und mit Konusringen. Es gelten dafür die Ausführungen auf S. 118 sinngemäß. Zu bemerken ist, daß für die VDM Verstellluftschrauben zum Schutz des Flanschwellengewindes beim Auf- und Abbau der Schrauben besondere **Gewindeschutzhülsen** in den Luftschraubenwerkzeugen vorgesehen sind.

D. Anlassen

1. Vorbereitungen für das Anlassen

Der Anlaßvorgang richtet sich nach der in dem betr. Baumuster eingebauten Anlaßvorrichtung. Einzelheiten hierüber sind aus den Motorhandbüchern zu entnehmen. Vor allem muß vor jeder Handhabung der Anlaßvorrichtung die zu dem betr. Flugzeug- bzw. Motorenmuster gehörige „**Kurzbetriebsanweisung**" eingehend gelesen werden.

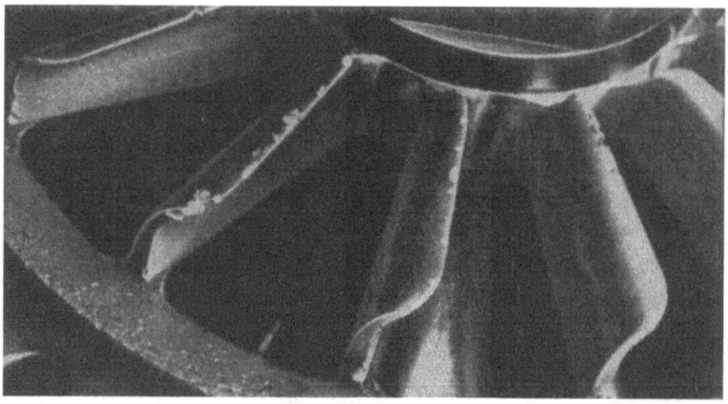

Abb. 132. Durch Fremdkörper (vermutl. Flugsand und Steinschlag) beschädigtes Laderlaufrad des Motors Jumo 210.

Allgemein sind folgende **vorbereitenden Arbeiten** durchzuführen:

1. Prüfung des Behälterinhaltes (Kraft- und Schmierstoff).

2. Aufstellen des Flugzeuges im Freien auf möglichst staubfreier Stelle, so daß vom Schraubenstrahl weder die geöffnete Halle noch andere Flugzeuge getroffen werden, da sonst Verschmutzungsgefahr durch aufgewirbelten Sand besteht und auch die Motoren beschädigt werden können (s. Abb. 132).

3. Zur Bekämpfung von Vergaserbränden, die durch Zurückschlagen der Flammen aus den Zylindern in die Saugleitungen entstehen können, stelle man einen Handfeuerlöscher griffbereit.

4. Montageböcke, Leitern und dergl., die vorher für Arbeiten am Motor benötigt wurden, sind zu entfernen bzw. umzulegen, da der Luftschraubenkreis frei sein muß.

5. Vor die Laufräder des Flugzeuges sind Bremsklötze zu legen, um zu verhindern, daß das Flugzeug beim Abbremsen fortrollt.

6. Schließlich ist zu prüfen, ob im Gum-Einspritzbehälter genügend Anlaßkraftstoff vorhanden ist. Beim Jumo 205 ist der Zündölzerstäuber mit 0,1 l Zündöl zu füllen.

2. Anlaßvorgang

Die **Schmierstoffkühlung** ist entsprechend der Jahreszeit zu regulieren (bei kaltem Wetter Schmierstoffkühler vollständig abschalten!).

Bei flüssigkeitsgekühlten Motoren sind die **Kühlstoffkühlerklappen** zu schließen bzw. der Kühler einzuziehen.

Sodann ist der **Brandhahn** und, soweit vorhanden, auch der **Ölhahn zu öffnen.** Bei älteren Flugzeugen ist, falls sie noch mit einem Falltank ausgerüstet sind (z. B. Ju 52), auf diesen zu schalten. Bei neueren Flugzeugen, die fast ausnahmslos mit einer Kraftstoffhandpumpe ausgerüstet sind, ist Druck auf das Kraftstoffsystem zu pumpen. Für Vergaser- und Dieselmotoren genügt eine Anzeige von 0,1 bis 0,2 kg/cm^2 am Kraftstoffdruckmesser. Für Einspritzmotoren soll mit dem Druck etwas höher (bis 0,5 kg/cm^2) gegangen werden, damit die Luft aus Leitungen und Pumpe restlos beseitigt wird.

Der **Pumpenprüfhebel** ist **auf beide Kraftstoffpumpen** (P 1 und P 2) zu schalten.

Ist eine Zündverstellung von Hand vorhanden, so ist diese auf **Spätzündung** einzustellen. Der Zündschlüssel, der nach dem Abstellen des Motors immer herausgezogen sein muß, ist erst in die Nullstellung einzuführen, wenn das im folgenden beschriebene Durchdrehen des Motors kurz vor dem Anlassen beendet ist. Falls Ferntrennschalter eingebaut, diesen einschalten!

Bei dem **Hebel für Höhengas** ist zu prüfen, ob sich dieser in der hinteren „Bodenstellung" befindet.

Ist eine **Verstell-Luftschraube** vorhanden, so ist sie für den Anlaßvorgang auf kleinste Steigung (an der Anzeigeuhr der VDM-Verstellschraube auf Stellung 12 Uhr) zu bringen.

Nach diesen Vorbereitungen ist der **Motor** unmittelbar vor dem Anlassen an der Luftschraube **bei ausgeschalteter Zündung durchzudrehen. Das Durchdrehen an der Luftschraube darf nur bei kaltem Motor erfolgen!** Um eine Beschädigung der Luftschraube an den Blattspitzen und hinteren (Austritts-) Kanten zu vermeiden, soll das „Losbrechen" des Motors von Hand oder mit der Propellerpeitsche durch Rückwärtsdrehen an der vorderen (Eintritts-) Kante erfolgen. Vor dem Durchdrehen der Luftschraube eines **warmen** Motors, der erst kurze Zeit vorher stillgesetzt wurde, wird **besonders gewarnt,** da noch glühende Kerzen oder Ölkohle auf dem Kolbenboden eine Zündung des Gemisches hervorrufen und den Motor zum Anspringen bringen können. Wenn das Durchdrehen des kalten Motors bei kleineren Flugzeugen in Ermangelung einer Durchdrehvorrichtung nicht mit der Kurbel, sondern ausnahmsweise von Hand vorgenommen werden muß, ist darauf zu achten, daß sich Ober- und Unterkörper des Durchdrehenden außerhalb der Luftschraubenebene befinden. Bei größeren Flugzeugen soll zum Durchdrehen stets eine **Propellerpeitsche** benutzt werden.

Während des Durchdrehens können mit der Sum-Einspritz-(Vernebler-) Pumpe 3—6 Hübe **Anlaßkraftstoff in die Ansaugleitung eingespritzt** werden, um die Gemischbildung im Zylinder zu beschleunigen und das Anspringen zu erleichtern.

Für alle Motorenmuster ist das Durchdrehen (Losbrechen) des kalten in Betrieb zu nehmenden Motors erforderlich, um die infolge der Zähigkeit des Ölfilms zwischen Kolben und Zylinder sowie in den Lagerstellen vorhandene Haftung zu lösen und auf diese Weise die Reibungswiderstände für das Anspringen des Motors zu verringern.

Weiterhin dient das **Durchdrehen** des Motors **zur Auffüllung der Verbrennungsräume** mit frischem Gas-Luft-Gemisch und zur Feststellung ungewöhnlicher Widerstände im Motorinneren. Diese Widerstände können bei Sternmotoren in den unteren Zylindern oder bei Reihenmotoren in hängenden Zylindern dadurch auftreten, daß sich dort nach längerem Stillstand Schmierstoff oder Kraftstoff ansammelt. Bei der Inbetriebsetzung des Motors besteht dann die Gefahr, daß das Pleuel (s. Abb. 133) oder der Zylinderkopf durch Flüssigkeitsschlag beschädigt oder zerstört wird.

Die verhältnismäßig große Anzahl von Unfällen infolge Propellerschlag zwingt jedoch dazu, darauf hinzuweisen, daß **bei dem Durchdrehen alle Vorsichtsmaßregeln peinlichst beachtet werden müssen.**

Sowohl für das Durchdrehen des Motors als auch für den eigentlichen Anlaßvorgang ist zur **Verständigung zwischen dem im Führersitz am Zündmagnet Schaltenden und dem Durchdrehenden** die Einführung der im folgenden beschriebenen Zeichen und Zurufe zu empfehlen, deren einheitliche Anwendung im Interesse der Unfallverhütung liegt. Außer dieser Verständigung ist besonders wichtig, daß während des gesamten Anlaßvorganges zwischen dem Schaltenden und Durchdrehenden **immer Augenverbindung** gehalten wird.

Beim Durchdrehen des Motors **bei herausgezogenem Zündschlüssel** (Zündung ausgeschaltet) streckt der Flugzeugführer oder Bordwart im Führersitz den **linken Arm mit geballter Faust aus dem Flugzeug** heraus und ruft „aus". Der zum Durchdrehen bestimmte Wart wiederholt mit erhobenem Arm und geballter Faust „aus". Erst dann darf er zum Durchdrehen an die Luftschraube (bei größeren Maschinen mit Propellerpeitsche) herantreten.

Nach dem Durchdrehen der Luftschraube tritt er von der Luftschraube ab, so daß er vom Führersitz aus gesehen werden kann, und ruft, nachdem er selbst Augenverbindung mit dem Flugzeugführer oder Bordwart im Führersitz aufgenommen hat, „frei" und hebt gleichzeitig den rechten Arm mit gestreckter Hand hoch. Der Flugzeugführer oder

Abb. 133. Infolge Ölschlags ausgeknickte Pleuelstange eines Sternmotors (Bramo 322).

Bordwart wiederholt „frei", nimmt den **linken Arm in das Flugzeug** zurück, schaltet die Zündung auf M 1 und M 2 (beide Zündmagnete) und betätigt die Anlaßvorrichtung.

Springt der Motor nicht an, schaltet der Flugzeugführer oder Bordwart wieder aus, hält den linken Arm mit geballter Faust aus dem Flugzeug heraus und ruft „aus". Es muß besonders darauf geachtet werden, daß das Rufen „frei" und „aus" mit den entsprechenden Zeichen zeitlich nach der entsprechenden Handlung erfolgt. **Das Durchreißen der Luftschraube von Hand bei eingeschalteter Zündung ist ver-**

boten. Beim Anlassen mit der Kurbel oder mit Preßluft ist nach den obigen Ausführungen sinngemäß zu verfahren.

Es empfiehlt sich, im **Augenblick des Anspringens** dem Motor noch 1 bis 2 Hübe mit der Sum-Pumpe einzuspritzen, um ihm die ersten Umdrehungen überwinden zu helfen. Der Gashebel ist für den Anlaßvorgang bei Vergaser- und Einspritzmotoren in der bereits eingestellten wenig geöffneten Leerlaufstellung zu belassen und aus der letzteren gegebenenfalls erst nach dem Anspringen etwas zurückzunehmen.

Eine Ausnahme bildet hiervon das Motormuster Jumo 205, bei dem der Kraftstoffhebel für das Anlassen nach Schaltung des Drehschiebers auf Innenluft und Öffnen des Anlaßventils vom Führersitz in die Vollgasstellung zu legen ist. Sobald der Motor Jumo 205 angesprungen ist, ist das Anlaßventil zu schließen und der Kraftstoffhebel in die Leerlaufstellung zurückzunehmen. Bei Motoren, die Vergaser mit Beschleunigerpumpe besitzen, ist der Gashebel für die Betätigung dieser Pumpe beim Anlassen einige Male hin und her zu bewegen. Eine allzu häufige Betätigung sog. „Pumpen" mit dem Gashebel ist bei diesen Motoren gefährlich, da infolge Kraftstoffüberschusses (starken Überlaufens des Vergasers) beim Zurückschlagen der Flamme ein Vergaserbrand begünstigt wird. Bei Motoren mit Vergaser ohne Beschleunigerpumpe und bei Einspritzmotoren ist das sog. „Pumpen" zwecklos, da dadurch lediglich die Drosselklappe betätigt wird.

Springt der Motor nach häufigeren Anlaßversuchen nicht an, so suche man nach der **Störungsursache,** da bei weiteren Anlaßversuchen übermäßig viel Kraftstoff in die Zylinder eingespritzt wird, so daß hierdurch der Ölfilm von der Zylinderwandung abgewaschen wird und Kolbenfresser eingeleitet werden können. Bei Vergasermotoren kann man den kalten Motor, wenn die Zylinder durch zuviel Kraftstoff überflutet sind, bei voll geöffneter Drossel und abgeschalteter Zündung einige Male an der **Luftschraube rückwärts drehen,** wobei durch die Auspuffventile angesaugte frische Luft mit dem in dem Zylinder befindlichen Gemisch durch die Saugleitung gedrückt wird. Bei Drosselstellung „Leerlauf" drehe man darauf den Motor an der Luftschraube einige Male vorwärts durch und wiederhole den Anlaßvorgang nach Einschalten der Zündung. Bei Einspritzmotoren ist das Rückwärtsdrehen nach mißglücktem Anlaßversuch zu unterlassen, wenn die Kraftstofförderung nicht durch die sog. Stoppvorrichtung abgestellt werden kann. Durch die zwangsläufige Förderung der Einspritzdüsen würde ohne Abschalten der Kraftstofförderung nur noch mehr Kraftstoff in die Zylinder eingespritzt. Ein Einspritzen von Anlaßkraftstoff mit der Sum-Verneblerpumpe in einen betriebswarmen Motor ist besonders bei Einspritzmotoren meistens unnötig und zu vermeiden.

3. Anlaßzündung

Infolge der sehr geringen Umlaufzahl des Flugmotors beim Anlassen gegenüber der Betriebsdrehzahl kann der Betriebszündmagnet keine so hohe Spannung erzeugen, daß an den Kerzenelektroden ein genügend kräftiger Funke überspringt. Man hat daher eine besondere Anlaßzündung, die entweder als Schnapperanlaßzündung, als Magnetanlaßzündung oder als Summeranlaßzündung ausgeführt ist, angeordnet.

Schnapperanlaßzündung. Der am Zündmagnet angebaute Schnapper hält die Läuferwelle des Zündmagneten beim langsamen Durchdrehen des Motors zurück und spannt eine Feder, die im Spätzündungszeitpunkt ausgelöst wird und den Läufer im Magnetfeld des Zündmagneten so stark beschleunigt, daß in der Sekundärwicklung des Zündmagneten ein Hochspannungsstoß erzeugt wird, der wiederum einen kräftigen Zündfunken zur Folge hat. Nach dem Anspringen schaltet sich der Schnapper selbsttätig aus, und der Zündmagnet arbeitet normal weiter.

Magnetanlaßzündung. Der Anlaßzündmagnet besitzt einen Anker, der zwischen zwei Magnetpolschuhen umläuft und die Primär- sowie Sekundärwicklung trägt. Durch rasches Durchdrehen von Hand entsteht in der Primärwicklung ein Niederspannungsstrom, der im Zeitpunkt seines höchsten Wertes unterbrochen wird und infolge der Unterbrechungen in dem Primärstromkreis in der Sekundärwicklung den zur Erzeugung des Zündfunkens notwendigen Hochspannungsstoß liefert. Die aufeinander folgenden Hochspannungsstöße werden über die Anlaßelektrode des Betriebszündmagneten, die der Verteilerelektrode um einen bestimmten Winkel nacheilt, der Zündkerze desjenigen Zylinders zugeführt, dessen Kolben sich einige Grade nach dem oberen Verdichtungstotpunkt befindet.

Summeranlaßzündung. Während Schnapper- und Magnetanlaßzündung hauptsächlich bei kleineren Motoren in Sport- und Schulflugzeugen verwendet werden, ist an fast allen größeren Motoren die Summeranlaßzündung angebaut. Für diese Art der Anlaßzündung braucht man außer einem Stromsammler für die Stromlieferung einen Summer und eine Zündspule (Transformator).

Der Sammlerstrom, der durch die Primärwicklung der Zündspule hindurchfließt, wird durch den Summer in rascher Folge unterbrochen, so daß in der Sekundärwicklung der Zündspule schnell aufeinanderfolgende Hochspannungsstöße entstehen. Diese werden in der geschilderten Weise über den Verteiler des Betriebszündmagneten den Zündkerzen zugeführt und erzeugen im gewünschten Augenblick den für die Entzündung des Gasgemisches notwendigen Zündfunken. Das Einschalten der Summeranlaßzündung erfolgt bei älteren Ausführungen durch einen an den Schwungkraftanlasser angebauten und im Schlepp des Kuppelhebels betätigten Schleppschalter. Bei neueren Ausführungen erfolgt die Einschaltung der Anlaßzündung durch den Anlaßschalter. Zur Sicherung gegen unbeabsichtigtes Betätigen des Anlaßschalters ist die Leitungsführung für die Betätigung der Summeranlaßzündung so vorgenommen, daß sie nur dann eingeschaltet werden kann, wenn auch der Zündschalter eingeschaltet ist. **Durch Drücken des Anlaßschalters wird der Schwungkraftanlasser eingeschaltet;** beim Herausziehen des Schaltergriffes erfolgt das **Kuppeln des Anlassers** und gleichzeitig das **Einschalten der Summeranlaßzündung**. Hat der Flugmotor nach dem Anspringen eine genügend hohe Drehzahl erreicht, kann die Summerzündung durch Loslassen des Anlaßschaltergriffes abgeschaltet werden.

4. Anlaßarten

Anlassen mit Handkurbel bei Motoren ohne Schwungkraftanlasser (kleinen Motoren in Sport- und Schulflugzeugen). Mit einer abnehmbaren Handkurbel wird eine Andrehvorrichtung, die durch eine Übersetzung mit der Kurbelwelle gekuppelt ist, durchgedreht. Beim Anspringen sowie Zurückschlagen des Motors rückt die Handkurbel selbsttätig aus, so daß Unfälle durch ein Zurückschlagen der Kurbel vermieden werden.

Anlassen mit Druckluft. Die Druckluft wird einer Flasche entnommen, die auf den Flugplätzen meistens transportabel auf einem kleinen Karren oder auf dem Startwagen gelagert ist. Man öffnet für das Anlassen den Außenbordanschluß zur Druckluftleitung am Flugzeug und schließt die von der Vorratsflasche kommende Leitung an. Dann öffnet man das Flaschenventil und betätigt, sobald die Luftschraube durch die Druckluft in Gang gekommen ist, die Anlaßzündung. Ist der Motor angesprungen, schaltet man die Druckluft ab. Beim Abkuppeln des Druckluftschlauches ist der Schlauchkopf mit einer Verschlußkappe zu versehen, um ihn gegen jegliche Verschmutzung zu sichern.

Da immer wieder schwere **Unfälle und Schäden durch irrtümliche Verwendung von Sauerstoff an Stelle von Preßluft** vorgekommen sind, achte man besonders auf die Bezeichnung des Inhalts der Flaschen. Jede Gasflasche ist durch einen Schlagstempel am Halsansatz für ein bestimmtes Gas gekennzeichnet und zugelassen. Es ist den Lieferwerken streng verboten, irgendeine Flasche mit einer Gasart zu füllen, die nicht der Beschriftung entspricht.

Völlig abwegig ist es, zur Erleichterung des Anspringens (vor allem im Winter) ein Benzin-Äthergemisch mittels Preßluft in die Zylinder einzublasen, da hierdurch schwere Schäden am Motor entstehen können. Springt der Motor mit Druckluft binnen kurzer Zeit nicht an, so ist es zwecklos, sehr schnell hintereinander weitere Versuche mit Preßluft zu unternehmen, da durch die wiederholte Expansion der Preßluft nur ein Auskühlen der Zylinder erreicht und der Anlaßvorgang erschwert wird.

Anlassen mittels Schwungkraftanlasser. Bei den Schwungkraftanlassern, die entweder von Hand oder durch einen elektrischen Anlaßmotor aufgezogen werden, wird die Schwungenergie des auf hohe Drehzahl (etwa 14 000 Uml/min) gebrachten Schwungrades dazu ausgenutzt, um den Flugmotor über zwei Stirnräderpaare, ein Planetengetriebe, eine einstellbare Lamellenkupplung und eine einrückbare Klauenkupplung anzuwerfen.

a) Schwungkraftanlasser mit Handbetätigung. Man setzt die Handandrehkurbel ein und bringt den Anlasser bei abgeschalteter Zündung durch gleichmäßiges und langsam sich steigerndes Drehen auf die höchstmögliche Drehzahl. Das Erreichen dieser Drehzahl kann man an einem bestimmten gleichmäßigen Singen der Übersetzungszahnräder leicht erkennen. Man drehe anfänglich nicht mit unnötig hoher Kraftaufwendung, da hierdurch oft ein frühzeitiges Ermüden eintritt, sondern spare vielmehr die größte Kraftentfaltung für die letzten Umdrehungen auf. Wenn die höchste Drehzahl erreicht ist, zieht der durchdrehende Wart die Handkurbel ab, und vom Führersitz wird der Zündschalter auf die Stellung M 1 und M 2 gelegt. Gleichzeitig wird die Anwerfklaue des Schwungkraftanlassers mit der Anlaßklaue des Motors durch Ziehen an einem Kuppelgestänge oder einem Seilzug von Hand gekuppelt. Das Einkuppeln kann auch elektromagnetisch mit Hilfe eines Kuppelmagneten, der durch Herausziehen des Anlaßschaltergriffes in Tätigkeit gesetzt wird, erfolgen.

b) Schwungkraftanlasser mit elektrischer Betätigung (meistens in Verbindung mit Handbetätigung). Ein Elektromotor, der durch eine fahrbare Bodenstromquelle oder in Ausnahmefällen auch durch den Bordnetzsammler gespeist wird, bringt den Schwungkraftanlasser auf die nötige Drehzahl. Nach genügender Beschleunigung des Schwungrades ist die Zündung auf M 1 und M 2 zu schalten und der Handgriff des Außenschalters herauszuziehen. Hierdurch wird gleichzeitig der Anlaßmotor ausgeschaltet, der Schwungkraftanlasser eingekuppelt und die Summeranlaßzündung eingeschaltet. Das Loslassen des Anlaßschaltergriffes hat dann das Auskuppeln des Schwungkraftanlassers aus dem Flugmotor und das Ausschalten der Summeranlaßzündung zur Folge.

Das Niederdrücken des Anlaßschaltergriffes (Einschalten des Elektromotors) darf die Zeit von 10 Sekunden beim warmen und 20 Sekunden beim kalten Motor nicht überschreiten, da der Elektromotor aus Gewichts- und Raumgründen nur für eine kurzzeitige Leistung gebaut ist. **Wird er zu lange oder zu schnell hintereinander eingeschaltet** (eine häufigere Betätigung des Anlassers hintereinander ist nur dann zulässig, wenn nach jedem Anlaßversuch mindestens eine Pause von 2 Minuten eingelegt wird), so **erhitzt er sich zu stark** oder kommt auf zu hohe Drehzahl, so daß Schäden, wie Auslöten der Kollektorlamellen (s. Abb. 134) oder Herausschleudern der Wicklungen aus den Nuten infolge zu großer Fliehkraftentwicklung auftreten. **Nach dem Anspringen** des Motors muß das Kupplungsgestänge oder der Seilzug wieder in die ursprüngliche Stellung zurückgehen. Wenn die Anwerfklaue nicht auf ihren Dichtungssitz zurückgehen kann (z. B. wenn das Gestänge klemmt oder der Seilzug zu kurz ist), dringt in den Schwungkraftanlasser und Elektromotor von der Anlaßklaue des Motors her Öl ein, das auf das Schwungrad beim Aufziehen hemmend wirkt und eine Überlastung des Elektromotors hervorruft (s. Abb. 135).

Bei einigen Flugzeugen wird an Stelle des Kuppelmagneten zum Kuppeln des Schwungkraftanlassers mit dem Flugmotor ein Seilzug

Abb. 134. Infolge Überlastung des Elektromotors verbrannte Lamellen des Kollektors.

Abb. 135. Verölter Anlassermotor.

benutzt, der an der Schaltstange des Anlaßschalters befestigt ist. Durch Herausziehen des Anlaßschaltergriffes wird der Schwungkraftanlasser über den Seilzug gekuppelt.

Wegen der hohen Stromaufnahme ist das elektrische Anlassen im normalen Betrieb mit einer fahrbaren **Bodenstromquelle** vorzunehmen, da der Bordnetzsammler, der beim häufigen Anlassen bald erschöpft ist, für den Betrieb während des Fluges zur Verfügung bleiben muß.

Springt der Motor bei dem ersten Anlaßversuch nicht an, so läuft das Schwungrad des Anlassers beim plötzlichen Stillsetzen der Auswerfklaue rückwärts. Mit dem erneuten Anlaßversuch ist daher so lange zu warten, bis der Anlasser wieder zur Ruhe gekommen ist, da sonst Brüche der Kuppelklaue oder der Achse des Anlassermotors vorkommen können. Im allgemeinen soll diese Wartezeit etwa 2 Minuten betragen. Sie kann abgekürzt werden durch Abbremsen des rückwärtslaufenden Schwungrades mit der Handkurbel.

Ist der Motor angesprungen, so ist dafür zu sorgen, daß die **Sum-Verneblerpumpe geschlossen** ist, da sonst zusätzliche Kraftstoffmengen durch die Saugwirkung des Motors in die Zylinder gelangen können. Bei Flugzeugen mit Falltank ist auf den normalen Brennstofftank umzuschalten.

E. Warmlaufenlassen des Motors

Schon wenige Sekunden nach dem Anspringen (bei den meisten Motoren spätestens nach 10—15 Sekunden, bei kalten Motoren etwas länger) muß der **Schmierstoffdruckmesser** Druck anzeigen. Andernfalls ist die Zündung sofort auszuschalten und die Schmierstoffanlage sowie der gesamte Motor auf die sonst möglichen Ursachen des Nichtanzeigens zu untersuchen. Ein sofortiges Anzeigen des Schmierstoffdruckmessers ist *besonders bei den Ladermotoren* wegen der Schmierung der hochtourigen Wellen des Laderantriebes und Laders wichtig.

Auch der **Kraftstoffdruckmesser** muß sofort den vorgeschriebenen Druck ohne größere Schwankungen anzeigen.

Sind die Daten für Schmierstoff- und Kraftstoffdruck nach dem Anspringen des Motors in Ordnung, so steigert man die Drehzahl in etwa ½—1 Min. stetig von der Leerlaufdrehzahl je nach Motorenmuster auf 800—1200 Uml/min, um dann den Motor mit dieser Drehzahl so lange laufen zu lassen, bis die mindest zulässigen **Kühlstoff- und Schmierstofftemperaturen** erreicht sind. Vor einer weiteren Steigerung der Drehzahl muß der Schmierstoff erst genügend erwärmt sein, um sämtliche Lager und sonstigen Gleitstellen des Motors mit einem hinreichenden Ölfilm zu versehen.

Bei **wassergekühlten Motoren** wird z. B. vor der weiteren Drehzahlsteigerung mindestens eine Schmierstoffeintrittstemperatur von 30—40 ° und eine Kühlstofftemperatur von 50—60 °, bei **luftgekühlten Motoren** mindestens eine Austrittstemperatur des Schmierstoffes von 40—50 ° gefordert. Die vorgeschriebenen Mindest-, Normal- und Höchstwerte für

Temperaturen und Drücke sind für das jeweilige Motormuster im Handbuch nachzulesen und außerdem in der Tabelle 1 für die gebräuchlichsten Motoren zusammengestellt. Falls die Zündung bei der Steigerung der Drehzahl nicht automatisch (durch Schleppschalter oder Fliehkraftversteller) umgeschaltet wird, ist sie von Hand auf **Frühzündung** umzuschalten. Bis zum Erreichen der vorgeschriebenen Temperaturen findet das Warmlaufen bei geschlossenen Kühlstoffkühlerklappen und Schmierstoffkühlern statt. **Man soll für längeres Warmfahren möglichst eine Drehzahl wählen, bei der der Motor einen besonders ruhigen Lauf aufzuweisen hat.** Je niedriger die Außentemperatur und je kälter der Schmierstoff anfänglich ist, um so vorsichtiger muß man beim Warmfahren vorgehen. **Durch sorgfältiges Warmfahren kann die Lebensdauer des Motors erheblich erhöht werden.**

Die gesamte **Dauer des Warmlaufens** beträgt je nach Motormuster bei Außentemperaturen um 0° für wassergekühlte Motoren im Durchschnitt etwa 10 Minuten, bei luftgekühlten Motoren etwa 15—20 Minuten. Im Winter erhöht sich diese Zeit entsprechend den vorhandenen niedrigeren Temperaturen. Gegen Ende des Warmlaufens prüfe man zwecks Vororientierung bei höheren Drehzahlen die Zündanlage durch Schalten auf M 1 und M 2 (Zündmagnete einzeln). Die Drehzahl bei Schaltung auf die einzelnen Magnete soll gegenüber der Drehzahl bei Schaltung auf beide Magnete (M 1 + M 2) nur unwesentlich abfallen. Weiterhin ist der Motor während des Warmlaufens auf jede mögliche Tank- und Kraftstoffpumpenstellung (Schalten auf P 1 und P 2 einzeln) zu schalten und in dieser Stellung ¼ bis ½ Minute laufen zu lassen. Beim Umschalten darf weder Drehzahlabfall noch unruhiger Lauf des Motors noch ein starkes Schwanken des Kraftstoffdruckes auftreten.

F. Abbremsen

Sobald die zugelassenen Mindestbetriebstemperaturen erreicht sind (s. Tab. 1), werden die **Kühlstoffkühlerklappen** und der **Schmierstoffkühler geöffnet**, um die Motorprobe vor dem Start durch das sog. „Abbremsen" vorzunehmen. Bei den neueren luftgekühlten Motoren sind für diesen Vorgang die Motorspreizklappen zu öffnen.

Vor dem Abbremsen ist das Höhenruder anzuziehen und in dieser Lage festzuhalten, um einen Kopfstand des Flugzeuges zu vermindern. Das Verschieben des Gashebels auf Vollgas soll wie beim Start langsam zügig bis zum Anschlag erfolgen. Das Abbremsen soll man nicht länger ausdehnen, als es zum Umschalten auf die einzelnen Zündmagnete und Kraftstofförderpumpen sowie zum Ablesen der Triebwerküberwachungsinstrumente unbedingt notwendig ist. Während der Drehzahlsteigerung beobachte man, ob der Lauf des Motors bezüglich Übergänge ausgeglichen und bei Vollgas ruhig ist. Unruhiger Lauf ist neben vielen anderen Ursachen oft durch schlechten Luftschraubensitz bedingt.

Während des Vollgaslaufes schalte man die Zündung auf M 1 und M 2 (Zündmagnete einzeln) und die Kraftstofförderung auf P 1 und P 2

(Kraftstoffpumpen einzeln). **Bei Vollgas soll die Drehzahl bei Schaltung auf die einzelnen Zündmagnete im allgemeinen nicht über 50—80 Uml/min abfallen.** Eine **Ausnahme** bildet das Motormuster Jumo 211 A, das in seiner jetzigen Ausführung beim Schalten auf die Außenkerzen (Magnet II) einen Drehzahlabfall bei Vollgas bis zu 200 Uml/min aufweisen darf, ohne daß eine Motorstörung vorliegt.

An den **Triebwerküberwachungsinstrumenten** sind bei Vollgas Drehzahl, Schmierstoff- und Kraftstoffdruck, Kühlstoff- und Schmierstofftemperatur sowie bei Ladermotoren besonders der Ladedruck zu beachten. Die für jedes Motormuster vorgeschriebenen Daten sind der beigefügten Tabelle 1 oder den entsprechenden Motorhandbüchern und Kurzbetriebsanweisungen zu entnehmen.

Das **Abbremsen bei Vollgas** soll im allgemeinen die Dauer von 30 Sekunden nicht überschreiten, da die Kühlverhältnisse am Stand besonders bei luftgekühlten Motoren und bei wassergekühlten Motoren mit kleinem Kühler, der für einen längeren Vollgasbetrieb am Stand nicht berechnet ist, infolge Fehlens des normalen Staudruckes recht ungünstig sind.

Nach dem Abbremsen ist der Gashebel langsam wieder auf Leerlauf zurückzunehmen. Erfolgt anschließend nicht sofort der Start, so ist zu vermeiden, den Motor längere Zeit im Leerlauf laufen zu lassen, da bei Zündermotoren ein Verrußen und Verölen der Zündkerzen, bei Dieselmotoren ein Verkoken der Einspritzdüsen vorkommen kann, was sich beim nächsten Start durch unregelmäßigen Lauf oder Aussetzen des Motors bemerkbar macht und u. U. sehr gefährlich werden kann. Ist man aus irgendeinem Grund zu längerem Leerlauf gezwungen, so kann man sich dadurch helfen, daß man kurzzeitig die Drehzahl des Motors erhöht.

G. Motor im Flug

1. Allgemeines

Für den ordnungsgemäßen Betrieb des Motors im Fluge ist es erforderlich, daß die für die verschiedenen Flugzustände und Flughöhen zugelassenen Drehzahlen, Drücke und Temperaturen den Angaben in den Motorhandbüchern, Kurzbetriebsanweisungen usw. entsprechen. **Eine dauernde Überprüfung der Instrumentenanzeigen ist daher während des Fluges unerläßlich.** Dabei kommt es für die Beurteilung des Motorverhaltens und das rechtzeitige Erkennen von Störungen weniger auf die Feststellung eines kurzzeitig erreichten Anzeigewertes irgendeines Instrumentes, sondern vielmehr auf die *Tendenz der Anzeige* an, z. B. ob die Drehzahl dauernd stark schwankt, bei Vollgas ihren Höchstwert nicht mehr erreicht, ein plötzlicher Drehzahlabfall eintritt oder ob der Schmierstoffdruck langsam nachläßt, schnell auf geringe Werte abfällt u. ä. Aus diesen Erscheinungen lassen sich bei einiger Kenntnis der Eigenschaften des betreffenden Motormusters Schlüsse über Art und Umfang der Störung ziehen, so daß es u. U. noch möglich ist, rechtzeitig zweckentsprechende Maßnahmen einzuleiten.

Um während des Fluges in den verschiedenen Höhen beurteilen zu können, ob sich die angezeigten Drehzahlen und Ladedrücke bei den einzelnen Motormustern in den normalen und zulässigen Grenzen bewegen, ist die **Kenntnis der Leistungscharakteristik** der Motoren von Wichtigkeit. Bei den heute gebräuchlichen Motoren unterscheidet man zwischen Bodenmotoren mit und ohne Aufladung und Höhenmotoren.

Bei den Bodenmotoren nimmt die Leistung mit wachsender Höhe stetig ab. Sie können daher mit voll geöffneter Drossel im Steig- und Horizontalflug in Bodennähe ohne Gefährung des Motors kurzzeitig betrieben werden.

Bei den Höhenmotoren sind die Zylinder bei am Boden voll geöffneter Drossel so stark über den normalen Atmosphärendruck aufgeladen, daß sie in Bodennähe auch beim Start nicht ohne Drosselung betrieben werden dürfen. Sie erreichen erst in einer bestimmten Höhe der sogenannten Nennleistungs- oder Volldruckhöhe die maximale Leistung, um dann allmählich ebenfalls mit weiter zunehmender Höhe an Leistung abzufallen.

Bodenmotoren ohne Lader sind z. B. BMW VI, HM 60, Sh 14a, As 10 C.

Bodenmotoren mit Lader: HM 508.

Höhenmotoren: Jumo 210 D, Jumo 211 A (diese beiden Muster sind nach Umschalten des Zweigangladers auch als Bodenmotoren zu fliegen), DB 600 C und G, Bramo 323 A usw.

Die Drosselung der Höhenmotoren wird durch eine Drosselklappe bewirkt, die durch einen selbsttätig arbeitenden Ladedruckregler so gesteuert wird, daß der zugelassene Ladedruck bis zur Volldruckhöhe gleich hoch gehalten wird. Erst nach Erreichen der Volldruckhöhe setzt dann wie beim Bodenmotor der Leistungsabfall ein. Unter **Gleichdruckhöhe** versteht man diejenige Höhe, bei der der Ladedruck gleich dem Normalluftdruck (1,033 ata = 760 mm Quecksilbersäule) ist.

Bei Motoren **mit fester Luftschraube und ohne Lader** stellt die **Drehzahlbegrenzung** eine Sicherung gegen Motorüberlastung dar.

Bei Motoren **mit fester Luftschraube** und **mit Lader** ist die **obere Grenze des Ladedruckes** zu beachten, die **drehzahlabhängig** ist und bei richtiger Einstellung des Ladedruckreglers und Einhalten der vorgeschriebenen Drehzahlen nicht überschritten werden darf.

Bei allen Motoren **mit Lader** und **im Flug verstellbaren Luftschrauben** müssen die **Werte von Ladedruck und Drehzahl gleichzeitig beachtet** werden, da die Drehzahl allein kein Maß für die Motorbelastung darstellt. Bei den einzelnen Leistungsstufen, wie z. B. 1 min-Leistung (Startleistung), 30 min-Leistung (Steigleistung) oder höchstzulässige Dauerleistung, dürfen die jeweils höchstzulässigen Werte für Ladedruck und Drehzahl nicht überschritten werden.

Der zuerst erreichte höchstzulässige Wert, sei es der Ladedruck oder die Drehzahl, gilt als Begrenzung.

Allgemein ist bei Motoren mit Lader und nicht automatischen Verstellschrauben zu beachten, daß beim Fliegen mit kleiner Steigung zuerst die Drehzahl, beim Fliegen mit großer Steigung zuerst der Ladedruck die höchstzulässigen Werte erreicht (Betriebsdaten der gebräuchlichsten Motorenmuster s. Tab. 1).

Bei Motoren mit automatischer Verstellschraube (Regelung auf konstante Drehzahl) muß während des Fluges das Hauptaugenmerk auf die Einhaltung des höchstzulässigen Ladedruckes gerichtet werden.

2. Start

Beim Start ist der Gashebel langsam zügig auf Vollgas zu schieben und die Verstellschraube, falls vorhanden, vorher auf die kleinste Steigung einzustellen. Gestartet wird bei 1 min oder 5 min Kurzleistung mit Höchstdrehzahl und höchstzulässigem Ladedruck nach Tabelle 1.

Die Schmierstoff- und Kühlstofftemperaturen dürfen wie beim Abbremsen die vorgeschriebenen Grenzen weder über- noch unterschreiten. Bei normalen Temperaturen sind die Kühlstoffkühlerklappen vollständig zu öffnen und die Schmierstoffkühler je nach den vor dem Start erreichten Temperaturen zu regulieren. Bei den neueren luftgekühlten Sternmotoren sind für den Start, soweit vorhanden, die Motorspreizklappen zu öffnen.

3. Steigflug

Nach Beendigung des Startes wird der anschließende Steigflug je nach Dauer bei 5- oder 30 min-Leistung ausgeführt. **Den Schmierstoff- und Kühlstofftemperaturen ist hierbei die größte Beachtung zu schenken.** Durch rechtzeitige Bedienung der Kühlstoffkühlerklappen oder Einschaltung des Schmierstoffkühlers sollen die Temperaturen möglichst konstant in den zulässigen Grenzen gehalten werden. Werden die Höchsttemperaturen überschritten, so ist die Motorbelastung entsprechend zu verringern.

Für die Grenze der zulässigen Temperaturen in den verschiedenen Flughöhen ist bei wassergekühlten Motoren auch die **Art des Kühlstoffkreislaufes von Wichtigkeit.** Ist der Kühlstoffkreislauf „offen", d. h. durch die Entlüftungsleitung mit der Atmosphäre in unmittelbarer Verbindung (z. B. D B 600 G in He 111 J), so liegt die Grenze für die zulässigen Temperaturen in den verschiedenen Höhen niedriger als für den „geschlossenen" Kühlstoffkreislauf (z. B. Jumo 211 A in He 111 E und F), bei dem in die Entlüftungsleitung ein **Doppelventil** eingebaut ist, das als Überdruckventil bis zu einem Überdruck von 0,3—0,4 kg/cm² von innen nach außen und als Belüftungsventil beim Abkühlen des Kühlstoffes bis zu einem Unterdruck von 0,05—0,15 kg/cm² von außen nach innen dicht hält. Die für die verschiedenen Höhen zulässigen Wassertemperaturen sind unterschiedlich und nehmen mit zunehmender Höhe ab. Sie sind meistens auf dem Instrumentenbrett des Flugzeuges vor dem Führersitz an den Kühlstoffthermometern gut übersichtlich für die verschiedenen Höhen markiert. Es wird jedoch darauf hingewiesen, daß die dort und die als Beispiel in der Tabelle 2 verzeichneten Temperaturen Höchstwerte darstellen, die nur wenige Grade unter dem Siedepunkt liegen.

Abb. 136. Durch Überhitzung beim Steigflug zerstörter Kolben.

Es empfiehlt sich im allgemeinen, unter diesen Temperaturen zu bleiben, da sonst leicht Überhitzungen der Motoren, Kolbenfresser und weitere Schäden auftreten können (s. Abb. 136).

Bei Motoren mit Zweiganglader n (z. B. Jumo 210 und 211) ist, soweit eine Handbetätigung vorgesehen ist, beim Steigflug von einer bestimmten Höhe ab, der sog. **Umschalthöhe, von Bodenlader auf Höhenlader zu schalten,** um jeweils die höchste Leistung des Motors zu erzielen. Die günstigsten Umschalthöhen sind in Abhängigkeit von der Kurbelwellendrehzahl den Motorhandbüchern zu entnehmen.

Bei Vorhandensein von Verstellschrauben ist beim Steigflug wie beim Start die Luftschraube auf kleinste Steigung zu bringen, d. h. der Motor muß mit hoher Drehzahl laufen.

4. Horizontalflug

Beim Übergang vom Steigflug zum Horizontalflug wird der Motor im allgemeinen gedrosselt. Verstellschrauben sind auf große Steigung zu bringen, da z. B. bei Vollgashorizontalflug und Einstellung kleiner Luftschraubensteigung die höchstzulässige Motordrehzahl überschritten würde. Wenn nicht besondere Umstände eine kurzzeitige höhere Motorbelastung erforderlich machen, wird bei längerem Horizontalflug die vorgeschriebene Dauerleistung eingehalten. Soll eine möglichst große Reichweite im Horizontalflug erzielt werden, so sind die hierfür auf Grund von Flugversuchen besonders festgelegten Drehzahlen und Ladedrücke einzuhalten.

5. Sparflug unter Benutzung des Höhengashebels

Beim **Horizontalflug** in großer Höhe (bei Ladermotoren über Nennleistungshöhe) ist bei Vergasermotoren zwecks Herabsetzung des Kraftstoffverbrauchs und Erhöhung der Reichweite die Kraftstoffsparvorrichtung, der sog. Höhengashebel, zu betätigen, falls kein selbsttätiger Gemischregler vorhanden ist. Durch Betätigung des Höhengashebels wird das Gemisch, das infolge der geringeren Luftdichte mit wachsender Flughöhe fetter wird, wieder auf das normale Mischungsverhältnis Kraftstoff : Luft gebracht. Durch besondere am Vergaser angebrachte Vorrichtungen kann z. B. eine Verringerung der zugeführten Brennstoffmenge erreicht werden:

1. durch Zusatz von Bremsluft an den Düsen,
2. durch mechanisches Absperren von Kraftstoff oder
3. durch ein Absaugen von Luft aus den Schwimmergehäusen,

um den in diesen befindlichen Druck zu erniedrigen und hierdurch die Ausflußmenge aus den Hauptkraftstoffdüsen zu verringern.

Die **Flughöhe,** in der ein Höhengashebel erstmalig zu betätigen ist, sowie die Beeinflussung des Motorlaufes durch die Betätigung dieses Hebels ist bei den verschiedenen Motorenmustern entsprechend den Vergaserbauarten unterschiedlich. Hierüber sind die Angaben der Motor- und Vergaserherstellerfirmen in den Handbüchern und Vorschriften nachzulesen.

Die **Bedienung des Höhengashebels** soll bei der Mehrzahl der Motoren in folgender Weise vorgenommen werden: Wenn man das Flugzeug nach dem Steigflug in die horizontale Lage gebracht hat, fliegt man bei der gewählten Reisedrehzahl und bei dem entsprechenden Ladedruck (bei Ladermotoren) einige Zeit mit gleichbleibender Geschwindigkeit, so daß die Drehzahl des Motors ungefähr konstant bleibt. Dann schiebt man den Höhengashebel langsam nach vorn, wobei zunächst ein leichtes Ansteigen und sodann ein Abfallen der Drehzahl zu beobachten ist. Sobald ein merklicher Drehzahlabfall und ein leichtes unruhiges Laufen des Motors eintritt, wird der Höhengashebel wieder etwas zurückgenommen. Damit ist der günstigste Brennstoffverbrauch für die gewählte Motorbelastung und Flughöhe eingestellt. Wird später zum Gleitflug übergegangen, so darf das Zurücknehmen des Höhengashebels, soweit es nicht zwangsläufig durch ein Schleppgestänge mit dem Gashebel zusammen erfolgt, nicht vergessen werden.

Ohne Höhengasbetätigung wird das Gemisch bei zunehmender Höhe immer fetter, der spez. Brennstoffverbrauch wächst unnötig, die Reichweite wird herabgesetzt, und der Motor rußt im Auspuff. In der Hauptsache kommt die Betätigung des Höhengashebels für längere Reiseflüge (Luftverkehr) in Frage. Bei **falscher Betätigung des Höhengashebels** (z. B. in Bodennähe) besteht die Gefahr, daß der Motor ein zu

armes Gemisch erhält, so daß hierdurch bei längerer Dauer eines solchen Zustandes eine Überhitzung der Zylinder und Ventile sowie Verbrennen und Fressen der Kolben eintreten kann.

6. Gleitflug

Beim Übergang vom Horizontalflug in den Gleitflug wird der Gashebel in die Leerlaufstellung gebracht. Um den Motor nicht zu sehr auskühlen zu lassen, sind im allgemeinen die Kühlstoffkühlerklappen zu schließen und der Ölkühler abzuschalten. Ist ein Schaltgetriebe für einen Zweiganglader am Motor vorhanden (Jumo 210, 211 A) und wurde mit Höhenlader geflogen, so schalte man beim Erreichen der Umschalthöhe rechtzeitig auf Bodenlader zurück. Man gibt bei ausgedehnteren Gleitflügen aus größeren Höhen in Abständen kurzzeitig Gas, um ein Verölen der Zündkerzen und zu starkes Auskühlen des Motors durch zu langen Leerlauf zu verhindern.

Bei Flugzeugen mit Verstellschraube kann man die Luftschraube schon bei Leerlauf während des Gleitfluges auf kleine Steigung schalten. Dies ist von Vorteil, wenn durchgestartet werden muß, weil dann eine bessere Start- und Steigleistung zu erreichen ist.

7. Sturzflug

Vor dem Ansetzen zum Sturzflug ist der **Gashebel nicht ganz auf Leerlauf zurückzunehmen.** Stürzen mit Vollgas ist nach Möglichkeit zu vermeiden. Muß trotzdem aus besonderen Gründen mit Vollgas gestürzt werden, so ist darauf zu achten, daß der höchstzulässige Ladedruck und die Sturzflugdrehzahl, die auf Grund von Flugversuchen, ohne den Motor zu gefährden, noch zugelassen werden kann, nicht überschritten wird. Die Kühlerklappen sind vor dem Sturzflug zu schließen; nach Beendigung des Sturzfluges darf nicht vergessen werden, die Kühlerklappen wieder zu öffnen, da sonst ein Kochen des Kühlwassers eintritt und Überhitzungsgefahr für den Motor besteht.

Verstellschrauben sind beim Sturzflug immer auf große Steigung, **Stellung „Sturz und Reise"**, zu schalten; bei Motoren mit von Hand zu schaltenden Zweigangladern ist für den Sturzflug unbedingt auf Bodenlader zu schalten, um die Drehzahl des hochtourigen Laderlaufrades möglichst gering zu halten. Durch Stürzen mit kleiner Steigung der Luftschraube oder mit eingeschaltetem Höhenlader sind schon häufig Zerstörungen der Laderlaufradlagerung, des Laderlaufrades (s. Abb. 137) oder des Ladergehäuses sowie Überhitzungserscheinungen am Ladergehäuse verursacht worden.

8. Kunst- und längerer Rückenflug

Kunstflug darf mit den Flugzeugen nur dann ausgeführt werden, wenn sie hierfür nach der Verwendungsgruppe vorgesehen sind. Bei Durchführung längerer Rückenflüge müssen die Kraft- und

Schmierstoffanlage, die Entlüftung, Ölversorgung und Ölrückführung hierfür besonders eingerichtet sein; die Vergaser müssen für längere Rückenflüge mit Sondereinrichtungen versehen sein, oder sie sind eigentliche Kunstflugvergaser (z. B. Kunstflugvergaser für Sh 14 a).

Abb. 137. Laderlaufrad wurde zerstört, da Luftschraube im Sturzflug nicht auf große Steigung geschaltet war.

H. Abstellen des Motors

Nach der Landung des Flugzeuges und dem Zurückrollen zur Halle oder dem Abstellplatz (auch nach dem Abbremsen, wenn kein Start erfolgt) läßt man den Motor noch einige Zeit mit Leerlaufdrehzahl laufen. Dabei sind die Kühlstoffkühlerklappen zu öffnen, der Schmierstoffkühler einzuschalten und die Zündung, soweit noch eine Handbetätigung vorhanden ist, auf „Spät" umzustellen.

Die Dauer dieses kurzen Leerlaufes vor dem Abstellen soll unter normalen Verhältnissen 2—3 Minuten betragen und richtet sich sonst nach den vorhandenen Außentemperaturen und dem jeweiligen Flugzeug- und Motorenmuster.

Durch diese Maßnahme soll eine allmähliche Abkühlung des Motors erreicht und Beschädigungen, wie Verziehen der Zylinder und Ventile, die durch ein zu plötzliches Abkühlen der oft noch glühenden oder sehr heißen Teile entstehen können, vermieden werden.

Vor dem Abstellen schaltet man nacheinander etwa je 1 Minute auf die Zündmagnete einzeln (M 1 und M 2), um die Kerzen abkühlen zu lassen und Glühzündungen, die häufig zum Zurückschlagen und zu Beschädigungen des Motors führen, zu verhindern. Bei den älteren Motormustern BMW VI und L 5 G ist beim Abstellen der Verdichtungsminderer zu betätigen.

Nachdem die Zündung ausgeschaltet ist, wird für Vergasermotoren empfohlen, den Gashebel vor dem Stehenbleiben des Motors kurz in die Vollgasstellung zu bringen, damit der Motor durch die angesaugte Frischluft schnell ausgekühlt wird und kein zündfähiges Gas-Luftgemisch mehr bekommt, das bei niedrigen Drehzahlen im allgemeinen nur in Leerlaufstellung des Gashebels geliefert wird. Bei Einspritzmotoren ist während des Auslaufens der Bowdenzug für die Stoppeinstellung der Einspritzpumpe bis zum Stillstand des Motors zu ziehen, soweit schon die Schnellstoppvorrichtungen eingebaut und angeschlossen sind. Kommt es vor, daß der Motor zurückschlägt oder zurückläuft, so ist bei Vorhandensein einer Verstellschraube diese auf Segelstellung zu bringen. Bemerkt man beim Ausschalten, daß der Motor infolge Glühzündungen noch weiter vorwärts laufen will, so ist sofort die Zündung wieder einzuschalten, um die Kerzen durch Schaltung auf die einzelnen Magnete weiter abkühlen zu lassen.

Wurde der **Motor zum Stillstand gebracht**, so sind Brand- und Ölhahn sowie die Kühler zu schließen, der Zündschlüssel abzuziehen und, falls vorhanden, der Ferntrennschalter auszuschalten. Man vergesse nicht, sich davon zu überzeugen, daß die Sum-Verneblerpumpe oder gegebenenfalls der Fallbehälter ordnungsgemäß geschlossen ist.

J. Betrieb der Motoren bei kaltem Wetter und im Winter

Soweit es möglich ist, sind die für den Flugbetrieb bei kaltem Wetter und im Winter eingesetzten Flugzeuge **in geheizten Hallen** unterzubringen. Die vorschriftsmäßige Hallentemperatur soll besonders bei Nacht und strenger Kälte 8—10° C nicht unterschreiten. Beim Öffnen der Hallentore für das Herausschieben der Flugzeuge sind die Tore nicht über das erforderliche Maß zu öffnen und sofort wieder zu schließen. Nach dem Herausschieben sollen die Flugzeuge nicht längere Zeit im Freien stehen, sondern müssen sofort angelassen werden. Auch ein längeres Abbremsen ist tunlichst zu vermeiden.

Bei Flugzeugen, **die im Freien abgestellt werden müssen**, ist bei kaltem Wetter vor längerem Abstellen der Schmierstoff aus der Schmierstoffanlage, soweit er noch warm und dünnflüssig ist, abzulassen, um später vor dem Anlassen in warmem Zustande wieder aufgefüllt zu werden. Beim Ablassen sind die Entlüftungshähne und Einfüllverschraubungen zu öffnen. Um beim Abstellen des Flugzeuges über Nacht im Winter die Zeit für das Warmlaufenlassen am folgenden Morgen abzukürzen, kann man das Kühlmittel ablassen und heiß wieder auffüllen.

Als **Frostschutzmittel** ist für sämtliche wassergekühlten Motoren Glykol zu benutzen. Eine Mischung von 50 Raumteilen Glykol und

50 Raumteilen Wasser genügt bis zu Temperaturen von — 38° C. Beim Ergänzen des Kühlstoffes soll niemals reines Wasser, sondern eine Glykol-Wassermischung einschließlich des vorgeschriebenen Schutzölgehaltes (s. S. 213 ff.) nachgefüllt werden. Bei im Freien abgestellten Flugzeugen sind Kühlstoff- und Schmierstoffkühler bzw. der Motor selbst wärmehaltend **durch Plane oder mit Filz gefütterte Motorhauben abzudecken.** Vor dem Anlassen ist der im Schmierstoffwärmewagen bis auf ungefähr 40—50° vorgewärmte Schmierstoff in die Schmierstoffanlage und in den Motor aufzufüllen, weil bei kaltem Schmierstoff die Gefahr besteht, daß dieser stockt und die Schmierstoffpumpe nicht ansaugen kann. Wurde das Kühlmittel abgelassen, so ist es vor dem Auffüllen auf etwa 50—60° im **Kühlmittelwärmewagen** zu erwärmen. Falls besondere Heißluftaggregate (z. B. Heißluftbläser, System Kärcher) oder Heizöfen (Katalytöfen) (s. Abb. 138 und 139) zum Vorwärmen der Motoren nicht vorhanden sind, ist der Motor bei ausgeschalteter Zündung von Hand oder mit der Propellerpeitsche an der Luftschraube einige Male rückwärts durchzudrehen, damit der infolge der Kälte an den Gleit- und Laufflächen

Abb. 138. Warmhalten eines Motors mittels Katalytofen und Wärmehaube.

haftende zähe Ölfilm etwas gelöst wird und der Schwungkraftanlasser zum Durchziehen des Motors ausreicht. Bei einer Reihe von Flugzeugen ist für den Winterbetrieb vorgesehen, den Schmierstoff nach dem Fluge in einen **Schmierstoffwärmewagen** abzusaugen und vor dem Start wieder aufzupumpen. Die **Anschlüsse zum Füllen und Entleeren** sind unmittelbar vor der Vor- und Rücklaufpumpe angeordnet, um auch die Schmierstoffkanäle und Leitungen des Motors mit warmem Schmierstoff auffüllen zu können.

Bei Temperaturen unter — 5° C ist es zweckmäßig, zum Einspritzen in die Ansaugleitungen **Anlaßkraftstoff** (eine Mischung, bestehend aus Leichtbenzin und Schmierstoff) zu verwenden. Hierbei ist jedoch vorsichtig vorzugehen, da übermäßiges Einspritzen von Anlaßkraftstoff schon während

Abb. 139. Kärcher-Gerät am Flugzeug angeschlossen.

Abb. 140. Infolge zu hohen Schmierstoffdruckes geplatztes Schmierstoffiltergehäuse der Schmierstoffpumpe (BMW 6).

des Aufziehens des Anlassers zu einem Niederschlagen des Kraftstoffes in den Saugleitungen und Zylindern führt, den Schmierstoff von den Zylinderwandungen abwäscht und ein Fressen der Kolben einleiten kann. Zur Vermeidung von Anlasserschäden ist **bei Temperaturen unter — 10° C** beim Anlassen von Hand die Schwungmasse nur solange aufzuziehen, bis an der Handkurbel etwa 1 Umdrehung in der Sekunde erzielt wird; beim elektrischen Anlassen darf der Anlaßschalter höchstens 10 Sekunden lang zum Hochdrehen der Schwungmasse gedrückt werden. Sodann ist in beiden Fällen bei ausgeschalteter Zündung zu kuppeln. Erst nach etwa dreimaliger Wiederholung des Anlaßvorganges nach dieser Vorschrift soll der Anlasser bei eingeschalteter Zündung voll aufgezogen werden.

Beim Anspringen hilft man dem Motor durch weiteres Einspritzen von Anlaßkraftstoff über die ersten Umdrehungen hinweg.

Beim **Anlassen und Warmfahren** ist **im Winter** besonders vorsichtig vorzugehen. Ist der Schmierstoff kälter, so kommt der Schmierstoffdruck nach dem Anspringen im allgemeinen etwas später als nach 10 bis 15 Sekunden. Meist liegt er dann auch an der oberen Grenze (s. Tab. 1). Wird mit zu kaltem Schmierstoff angelassen und liegt der Schmierstoffdruck zu hoch, so ist es schon vorgekommen, daß das Schmierstoffiltergehäuse infolge des hohen Druckes platzt (s. Abb. 140).

Über Schmierstoffverdünnung durch Kraftstoff im Winter zur Verbesserung der Startbereitschaft siehe Seite 208 ff.

Tabelle 1

Noten zur Tabelle 1. Betriebsdaten einzelner Motormuster

1) Gilt für normale Außentemperaturen; beim Anlassen bei kaltem Wetter kann der Höchstdruck höher liegen.

2) Stand: 1,23 ata 2200 Uml/min Luftschraubenst. 12°°.

3) Mit Anschlag bis 900 m Höhe bei fester Luftschraube;
über 900 m Höhe bei fester Luftschraube:

5 min	zul.	2050	Uml/min
30 min	„	1975	„ „
dauernd	„	1930	„ „
Reise	„	1860	„ „

4) Drehzahlbereich von 1570—1670 wegen kritischer Drehzahl vermeiden.

5) Obere Kurbelwelle 1—2 atü
untere Kurbelwelle 1—2 atü
Schwingungsdämpfer 4,2—4,6 atü bei Verstellschraube
3,0—4,0 atü bei fester Schraube.

6) Gemessen mit Differenzdruckmanometer.

7) 85° bei offenem Kühlkreislauf, 95° bei geschlossenem Kühlkreislauf.

8) s. hierzu Tabelle 2.

9) Werte für Drehzahl gelten nur für Höhen von 0—5 km, oberhalb 5 km darf Vollgas und 2700 Uml/min dauernd geflogen werden.

10) Oberhalb 5,5 km kann mit Kurbelwellendrehzahl 2200 Uml/min dauernd geflogen werden.

11) Werte gelten bis 4 km; über 4 km:

5-min-Leistung	2400 Uml/min	1,17 ata Ladedruck
30-min-Leistung	2300 Uml/min	1,10 ata Ladedruck
Dauerleistung	2200 Uml/min	1,05 ata Ladedruck.

12) Ab 4,4 km 2200 Uml/min Sparsamer Dauerflug, Ladedruck 1,15 ata
in 4,0 km 2400 Uml/min = 5-min-Leistung, zul. Ladedruck 1,30 ata
in 4,5 km 2400 Uml/min = 30-min-Leistung, zul. Ladedruck 1,23 ata
in 5,0 km 2400 Uml/min = Dauerleistung, zul. Ladedruck 1,15 ata

Tabelle 2

Beispiele höchstzulässiger Wassertemperaturen in größeren Höhen für verschiedene Kühlsysteme und Flugzeugmuster

Motorenmuster	Flugzeugmuster	km Höhe							Kühlsystem
		0	2	4	6	7	8	10	
Jumo 205 C B. R. 3 u. 4	Ju 86 A	85°	79°	73°	67°	64°	61°		offen
DB 600 G	He 111 J	94°	87°	80°	75°	70°	67°		offen
Jumo 210 D	Ju 87 A	95°	90°	85°	80°	78°	75°	70°	geschlossen
Jumo 210 D	Me 109 D	95°	95°	90°	85°	84°	80°	75°	geschlossen
Jumo 211 A	He 111 E. u. F.	95°	95°	90°	85°	84°	80°	75°	geschlossen

Motormuster und Baureihe		As 8 B	As 10 C 3	HM 60 R	HM 504 A 2	HM
Schmier-stoffdruck atü	mindest normal höchst[1])	2 5 8	3,0 bis 6,0 bis 10 atü beim Anlassen zuläss.	- -	—	1, 2, 3, bis 10 Anlass
Kraftstoff druck atü	mindest normal höchst	0,15 0,2 0,25	0,15 0,2 0,35	0,15 bis 0,35	0,15 bis 0,35	0, 0,2 0,5
Schmierstoff-temperatur Eintritt °C	mindest normal höchst	40° 60—70° 85° 95° kurzzeitig	40° bis 85° 95° kurzzeitig	— — —	— — —	
Schmierstoff-temperatur Austritt °C	mindest normal höchst	— — —	— — —	— — —	— — —	1
Drehzahl n/min	1 min. zul. 5 „ „ 30 „ „ Dauer Sturzflug	2200 2150 2100 2200	2000 1940 1880 2600 1 min. gedrosselt	2400 2300 2400	2530 2450 2360 3350	3100 2990 2870 3900 30 zu
Ladedruck ata	1 min. zul. 5 „ „ 30 „ „ Dauer					
Kühlstoff-temperatur °C [2])	mindest normal höchst					
Zylinder-temperatur °C an der wärmsten Stelle des Kopfes gem	dauernd	285° max.	260° 285° max.	240°	270°	2
	kurzzeitig	300°	300°	270°	280°	2

Tabelle 2. Betriebsdaten

	Sh 14a/4	Bramo 322 H 1 SAM 22 B 3	Bramo 322 H 2	Bramo 323 A/1	BMW 132 A/3	BMW 132 Dc Baur. 1
	2,0 bis 4,0	3,5 bis 4,5	3,5 bis 4,5	6,0 bis 8,0	5,8 bis 7,0	6,0 bis 7,5
	0,1 bis 0,3	0,2 bis 0,3	0,2 bis 0,3	1,2 bis 1,5	0,14 bis 0,25	0,15 bis 0,32
0 0 0	30°—40° **bis** **65°** max.	25° vorübergehend max. 65° 70°	25° vorübergehend max. 65° 70°	30° max. 80° 90° kurzzeitig	30° 60° 80°	30—40° 60° 70—80°
0	höchstzulässig 100°	40° 100° max. 115° vorübergehend	40° 115° max. 125° vorübergehend	40° <130° 145° vorübergehend	40° 100°	40° 100°
0 0 0 0	 2200 2140 2050 kurzzeitig bis 2800 zulässig	— 2100 2030 1950 2100	— 2150 2080 2000 2750	2450[2] 2350 2200 2100 2800	— 1965[3] 1890 1850 2600	2450 2260 2250 2100 2600
		— 1,24 1,14 1,08	— 1,26 1,18 1,11	1,36 1,23 1,15 1,10	— 1,13 1,06 1,02	1,42 1,33 1,24 1,08
75° 0 ...itig						
	250°	Ko. 230°	Ko. 250° Fu. 150°	Ko. 220° Fu 155°	Ko. 220—240° Fu 125—140°	
	—		Ko. 260° Fu. 160°	Ko. 240° Fu. 170°	Ko. 260° Fu. 150°	Ko 250° —

einzelner Motormuster

BMW 132 F	BMW 132 N	BMW 132 K	Panther VII	BMW VI 6 und 8 ε = 7,3	BMW VI/7 und 9 ε = 7,3	Jun… C…
6,0 bis 7,5	6,0 bis 7,5	6,0 bis 7,5	3,5 { 4,5—5,0	2,0 bis 4,5	3,0 bis 5,5	} s…
1,2 bis 1,5	1,2 bis 1,5	1,2 bis 1,5	— — 0,21	0,25 bis 0,4	0,25 bis 0,4	
30° 60° 70—85°	30° 60° 70—85°	30° 60° 70—85°	— — 70° —	35° bis 85°	35° 75° 90°	
45° …höchstzulässig! 100°	45° 100°	45° 100°	— — —	40° 80° 95°	40° 85° 100°	40… 60… 90…
2300 2250 2200 2100 2800	2400 2350 2250 2150 2800	2550 2250 2200 2100 2800	2400 2400 — 2100 2400	1700 [4]) 1650 1590 1500—1550 2000	1700 [4]) 1650 1590 1500—1550 2000	 2… 2… 2…
1,35 1,3 1,2 1,1	1,30 1,25 1,15 1,05	1,30 1,2 1,1 1,05	— 1,14 — 0,9	—	—	…
				50—55° 70° 80°	60° 120° 140°	40… 60… 85… vorüb…
Ko 180°—220° Fu. bis 160°						
Ko. 250° Fu. 170°	Ko. 250° Fu. 170°	Ko. 250° Fu. 170°	320° —			

210 D	Jumo 210 G	Jumo 211 A	DB 600 C	DB 600 G	DB 601 A
[illegible]	4,0 bis 6,0	4,0 bis 6,0	2,2 3,0 5,0	2,2 3,0 5,0	2,4 3,0 5,0
25[6]) s 3	1,0 bis 1,5	1,0 bis 1,5	0,25[6]) — 0,35	0,25[6]) — 0,35	1,3 bis 1,5
0 s 0	35° bis 85°	35° 60 70° 85°	40° 75° 80°	40° 75° 80°	40° 60 75° 80°
			vorübergehend zulässig		
0 s 0	45° bis 95°	45° 70 80° 95°	50° 90° 105°	50° 90° 105°	45° 90 · 100° 105 · 110°
			vorübergehend zulässig		
 00[9]) 0 0 00	— 2700[9]) 2600 2500 3200	2200[10]) 2200 2100 2200	2350[11]) 2200 2200 2200 3000	2300[11]) 2200 2200 2200 3000	2400[12]) 2400 2300 2200 3000 } 30 Sek. zul.
 3 2 1	— 1,3 1,2 1,1	1,20 1,10 1,05	1,24 1,15 1,10 1,05	1,38 1,17 1,10 1,05	1,4 1,30 1,23 1,15
70° 80° s. [7])	60 70° 70 80° 95° s. [7])	50 60° 70 · 80° 95° s. [7])	60° 75° 95°	60° 75° 95°	60° 75° 95°

II. Wartung und Pflege des Flugmotors

A. Allgemeines

Die für die **Wartung und Pflege der Motoren** notwendigen Arbeiten kann man unterteilen in:

1. Allgemeine Wartungsarbeiten.
2. Wartungsarbeiten nach jedem Flugtag.
3. Wartungsarbeiten nach Ablauf einer bestimmten Betriebsstundenzahl.
4. Wartungsarbeiten nach einer bestimmten Zeitspanne.
5. Wartungsarbeiten an fabrikneuen und grundüberholten Motoren bei erster Inbetriebnahme.
6. Konservierungs- und Wartungsarbeiten zur Verhütung von Korrosionsschäden an Flugmotoren.

Die Wartungsarbeiten sind in den *Motorhandbüchern* sowie auf den von einem großen Teil der Motorherstellerfirmen herausgegebenen kurzgefaßten *Wartungstafeln (Kurzbetriebsanweisungen)* zusammengestellt.

Um die zur Durchführung der Wartungsarbeiten nach Ablauf einer gewissen Betriebsstundenzahl oder einer bestimmten Zeitspanne notwendige Unterbrechung des Flugbetriebes auf ein Mindestmaß zu beschränken, sind ebenso wie für jedes Zellenmuster auch für sämtliche Motormuster bestimmte allgemeingültige Kontrollzeiten festgelegt, in die die einzelnen Prüfungen (Kontrollen) ihrer Dringlichkeit entsprechend eingeordnet werden.

Für die **Wartungsarbeiten nach Ablauf einer bestimmten Betriebsstundenzahl** erscheint es vorteilhaft, Prüfungen alle 12½, 25 und 50 Betriebsstunden vorzusehen, da für die Teilüberholungen der Flugzeuge und Motoren in den meisten Fällen die Betriebsstundenzahl 100 oder ein Vielfaches davon festgesetzt ist, so daß die Kontrollzeiten 8, 4 oder 2mal in Hundert enthalten sind. Dabei ist zu beachten, daß außer den für den jeweiligen Kontrollzeitpunkt besonders festgelegten Wartungsarbeiten sich alle 12½ Betriebsstunden sämtliche allgemeinen oder täglichen Wartungsarbeiten, alle 25 Betriebsstunden sämtliche Kontrollen der Kontrollreihe 12½ sowie die allgemeinen und täglichen Wartungsarbeiten, alle 50 Betriebsstunden die allgemeinen und täglichen Wartungsarbeiten sowie die Kontrollen der Kontrollreihen 12½ und 25 wiederholen müssen.

Für die **Prüfungen nach einer bestimmten Zeitspanne** kommen bei Flugmotoren Nachprüfungen nach Ablauf eines Zeitraumes von vier, sechs oder acht Wochen in Frage.

In den Handbüchern und Betriebsanweisungen für die Motoren sind die Prüfzeiten meistens nicht den obigen Ausführungen entsprechend angegeben. Aus den erwähnten Gründen bietet jedoch die Anwendung der genannten Prüfzeiten wesentliche Vorteile. Bei der Einordnung der Prüfungen, die nicht in den vorgeschlagenen Rahmen hineinpassen, lege man, soweit dies möglich ist, die Nachprüfungen grundsätzlich aus Sicherheitsgründen etwas früher als in den Handbüchern angegeben. Ist z. B. eine Prüfung nach 15 Betriebsstunden angesetzt, so wird sie schon nach 12½ Stunden durchgeführt usw. In den **Tabellen 3—4** ist nach den erwähnten Gesichtspunkten eine **Zusammenstellung der zur Zeit an den Motormustern Jumo 210 und DB 600 vorgesehenen Wartungsarbeiten** enthalten. Bei Prüfungen, die nach den Motorhandbüchern nicht in die festgesetzten Kontrollreihen hineinpassen, ist die entsprechende Einordnung vorgenommen. Mit den Wartungsarbeiten für die entsprechende Flugzeugzelle, das Triebwerk und die Geräte ergibt sich dann die Wartungstafel für das betr. Flugzeug (s. S. 1 ff.).

Tabelle 3
Zusammenstellung der Wartungsarbeiten am Motormuster Jumo 210 D

1. **Allgemeine Wartung** (nach Kurzbetriebsanweisung, weitere Arbeiten s. S. 146 ff.:
   a) Motor mit in Petroleum getauchten weichen Lappen reinigen.
   b) Schadhafte Stellen des Schutzanstriches sofort ausbessern, dabei Schutzfarbe aber nur dünn auftragen.
   c) Bleiben die Flugzeuge im Freien stehen, müssen u. a. Motor und Kühler sowie insbesondere die Lader-Ansaughutze durch Planen (Bezüge) abgedeckt werden.
   d) Falls bei fabrikneuen und grundüberholten Motoren Metallabrieb oder Bearbeitungsspäne im Schmierstoffilter festgestellt werden, muß ein sofortiger Schmierstoffwechsel vorgenommen werden.
2. **Wartung nach jedem Flugtag** (nach Kurzbetriebsanweisung, weitere Arbeiten s. S. 146 ff.:
   a) Sämtliche Leitungen und Anschlüsse auf Dichtheit prüfen.
   b) Kraftstoffvorrat und Schmierstoffmenge prüfen und ergänzen.
   c) Frostschutz im Winter: s. S. 138 ff.
3. **Wartung nach je 12½ Betriebsstunden:**
   a) Schmierstoffilter reinigen.
   b) Zündkerzen reinigen und prüfen.
   c) Doppelventil für Kühlkreislauf auf Korrosionsfreiheit am Ventilsitz prüfen.
   d) Luftschraube auf festen Sitz prüfen.
   e) Befestigungsmuttern der Wasserführungsleisten prüfen bzw. nachziehen.
   f) Muttern an den Flanschen der Kraftstoffdoppelpumpe nachziehen.
   g) Befestigungsmuttern der Motorhaube nachziehen. Vorsicht, dabei Stiftschraube nicht abdrehen!

h) Dichtring des Ölrückschlagventils der Junkers-Kraftstoffpumpe auf Sitz prüfen, soweit noch nicht Kugelventil eingebaut ist, sonst Kugelventil säubern.

4. **Wartung nach je 25 Betriebsstunden:**
Sämtliche Punkte unter Abschnitt 3.

5. **Wartung nach je 50 Betriebsstunden:**
a) Sämtliche Punkte unter Abschnitt 3.
b) Nachziehen der Geräte- und Motorbefestigungsschrauben sowie der Getriebemuttern.
c) Zündmagnetkontrolle.
d) Kupplungsgestänge des Bosch-Anlassers prüfen.
e) Kraftstoffsieb am Vergaser reinigen.
f) Reglerkolben mit Feder aus der Kraftstofförderung herausnehmen und alle Teile reinigen.
g) Kompressionsprobe für jeden Zylinder.

6. **Nach 100 Betriebsstunden:**
Teilüberholung nach Vorschrift.

Tabelle 4
Zusammenstellung der Wartungsarbeiten am Motormuster DB 600 A—D

1. **Allgemeine Wartung** (nach Kurzbetriebsanweisung, weitere Arbeiten s. S. 146 ff.):
a) Motor äußerlich mit in Petroleum getauchten weichen Lappen stets sauber halten, kein Benzol oder Waschbenzin verwenden, da dieses den Schutzanstrich der Leichtmetallteile angreift.
b) Auf guten Zustand des Schutzanstriches achten, schadhafte Stellen sofort ausbessern, dabei Schutzfarbe nur dünn auftragen.
c) Falls das Flugzeug im Freien abgestellt werden muß, sind u. a. Motor und Kühler abzudecken.
d) Falls bei fabrikneuen und grundüberholten Motoren Metallabrieb oder Bearbeitungsspäne im Schmierstoffilter festgestellt werden, muß ein sofortiger Schmierstoffwechsel vorgenommen werden.

2. **Wartung nach jedem Flugtag** (nach Kurzbetriebsanweisung, weitere Arbeiten s. S. 146 ff.):
a) Anschlüsse der Kraft- und Schmierstoffleitungen auf Dichtheit nachsehen.
b) Schmierstoffilter reinigen durch mehrmaliges Betätigen des Handhebels zur Ratsche.
c) Motor auf Öldichtheit nachsehen.
d) Kraftstoffvorrat und Schmierstoffmenge prüfen und ergänzen.
e) Frostschutz im Winter: s. S. 138 ff.

3. **Wartung nach je 12½ Betriebsstunden:**
   a) Kraftstoffilter reinigen.
   b) Schmierstoffilter ausbauen und reinigen.
   c) Zündkerzen reinigen und prüfen.
   d) Vergasergestänge und Drosselkappenwellen des Vergasers ölen.
   e) Luftschraube auf festen Sitz prüfen.
   f) Graetzin-Kraftstoffpumpe: Reglerkolben ausbauen und reinigen.
4. **Wartung nach je 25 Betriebsstunden:**
   Sämtliche Punkte unter Abschnitt 3.
5. **Wartung nach je 50 Betriebsstunden:**
   a) Sämtliche Punkte unter Abschnitt 4.
   b) Kompressionsprobe für jeden Zylinder.
   c) Zündmagnetkontrolle.
   d) Ladedruckregler auf Befestigung prüfen und Gelenke abschmieren.
   e) Entlüftungs- und Abflußleitungen auf freien Durchgang prüfen.
   f) Auf Dichtheit und Befestigung sind nachzusehen:
      Gerätegehäuse mit sämtlichen Anbauten,
      Untersetzungsgehäuse,
      Kurbelgehäusedeckel (oben),
      Zylinderdeckel,
      Ladedruckleitung.
   g) Kupplungsgestänge des Bosch-Anlassers kontrollieren.
6. **Nach 100 Betriebsstunden:**
   Teilüberholung nach Vorschrift.

B. Allgemeine Wartungsarbeiten und Wartungsarbeiten nach jedem Flugtag

Die allgemeinen Wartungsarbeiten und die Wartungsarbeiten nach jedem Flugtag umfassen hauptsächlich **Nachprüfungen an solchen Teilen, die nach Lösen der Motorverkleidungsbleche ohne weiteres zugänglich sind** und bei denen auf Grund von Erfahrungen eine laufende Überwachung notwendig erscheint.

Die allgemeinen und nach jedem Flugtag durchzuführenden Wartungsarbeiten bestehen:

1. in einer gründlichen äußeren Durchsicht und Überprüfung des gesamten Motors einschließlich der Triebwerkanlage des Flugzeuges,
2. in einer Durchsicht und Nachprüfung der gesamten Zündanlage,
3. in allen sonstigen besonders angeordneten Nachprüfungen.

1. Äußere Durchsicht und Überprüfung des gesamten Motors einschließlich der Triebwerkanlage des Flugzeuges

Nach dem **Öffnen der Motorverkleidungsbleche** ist ein Nachprüfen sämtlicher Motorgehäuseteile sowie der Zylinderkühlmäntel auf Risse vorzunehmen. **Gehäuse- oder Zylinderkühlmäntelrisse** sind meistens am

Schmierstoff- oder Kühlstoffaustritt leicht zu erkennen. Durch peinliches Sauberhalten des Motoräußeren kann man die schnelle und eindeutige Feststellung von Anrissen erleichtern.

Werden **Risse am Kurbelgehänge** des Motors festgestellt, so ist fast immer eine Rücksendung des Motors an ein Reparaturwerk erforderlich.

Schäden durch **Risse am Kühlmantel** oder an den Kühlstoffkrümmern von Einzelzylindern, wie auf Abb. 141 am BMW VI-Zylinder gezeigt, sollen im Flugbetrieb nicht durch Nachschweißen, sondern durch Aus-

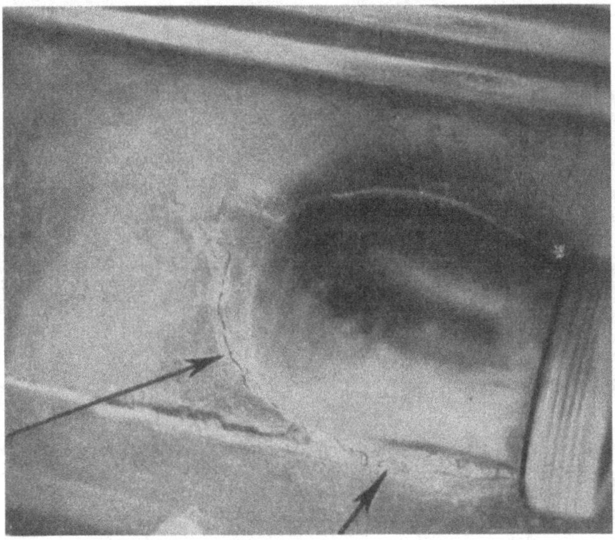

Abb. 141. Riß am Kühlstoffkrümmer eines Zylinders BMW 6.

wechseln der Zylinder behoben werden. Eine Instandsetzung solcher Zylinder findet zweckmäßig in einem Motorreparaturwerk statt.

Die **äußere Reinigung des Motors** nach der Durchsicht auf etwaige Schäden soll mit Waschpetroleum und nicht mit Benzin vorgenommen werden, da Benzin den Lack des Schutzanstriches und die am Motor verwendeten Gummimuffen angreift. Nach Beendigung der Reinigungsarbeiten sind Petroleumreste aus dem Motorvorbau sorgfältig zu entfernen. Werden schadhafte Stellen des Schutzanstriches wahrgenommen, so sind sie sofort auszubessern.

Sodann sind gelegentlich der äußeren Durchsicht und der Überprüfung des Motors **sämtliche Schraubverbindungen** mit den zugehörigen Schlüsseln auf Festsitz **nachzuprüfen**. Insbesondere ist eine Prüfung der Motorbefestigungsschrauben und ein häufigeres Nachziehen aller derjenigen Schraubverbindungen, die infolge allmählichen Setzens elastischer

Dichtungen in der Vorspannung nachlassen und sich lockern können, notwendig.,

Für Einzelzylindermotoren älterer Bauart (z. B. BMW VI) ist eine Prüfung und ein Nachziehen der Zylinderbefestigungsmuttern erforderlich, da ein Lockerwerden zusätzliche Beanspruchungen hervorruft und zum Abreißen der Stiftschrauben, Zylinderbefestigungsflansche und zum Brechen der Nockenwellen führt (s. Abb. 142).

Außerdem sind in der Hauptsache noch die Befestigungsschrauben für Vergaser, Einspritzpumpen, Saug- und Druckleitungen, Nockenwellenlagerhülsen (BMW VI und L 5 G), Schmierstoffpumpen,

Abb. 142. Abgerissene Stiftschrauben am BMW 6. Zylinderbefestigungsmuttern wurden nicht rechtzeitig nachgezogen.

Kraftstofförderpumpen, Schwungkraftanlasser, Auspuffstutzen, Sammler usw. auf einwandfreien Festsitz zu prüfen. Im allgemeinen sind Schrauben, die laufend auf Festsitz zu überprüfen und nachzuziehen sind, nicht gesichert; es ist aber auch bei Schraubverbindungen, die gesichert sind, von Zeit zu Zeit eine Nachprüfung der Sicherung und des einwandfreien Festsitzes notwendig.

Eine **Veränderung des äußeren Anstriches** durch Blasenbildung oder Schmorstellen läßt darauf schließen, daß während des Betriebes eine übermäßige Erhitzung eingetreten ist, die meistens nicht ohne nachteilige Folgen für den Zustand einzelner Motorenteile geblieben ist. Überhitzungen an den Motoren können z. B. durch Betrieb mit zu armem Gemisch, Kühlstoffmangel, Überbeanspruchung oder falsche Betätigung der Kühlerklappen eintreten. Bei luftgekühlten Motoren achte man besonders auf das Aussehen der Zylinder in der Nähe der Zündkerzen und Auslaßventile. Bei flüssigkeitsgekühlten Reihenmotoren in Blockzylinderbauart zeigen sich Überhitzungserscheinungen an dem äußeren Kühlmantel. Schon **bei** geringfügigen **örtlichen Schmorstellen** an den Zylindern oder Kühlmänteln ist ein **Abbau der Einzelzylinder oder des Zylinderblocks erforderlich**, um Kolben und Kolbenringe auf ihre Beschaffenheit zu untersuchen.

Bei Motoren mit Ladern kann man häufig Schäden an der Laderlagerung durch Abblättern des Anstrichlackes oder durch braune Verfärbung des Elektrongehäuses erkennen (s. Abb. 143). Ist die Lagerung

Abb. 143. Äußere Merkmale eines Spurlagerfressers beim SAM 22 B.

z. B. beim Jumo 210 beschädigt, so kann es leicht vorkommen, daß das Laderrad während des weiteren Betriebes am Gehäuse anläuft und, wie auf Abb. 144 gezeigt, eine derartig hohe Reibungswärme erzeugt, daß das gesamte Gehäuse verschmort. Die Ursache solcher Schäden liegt meistens in einem Überdrehen des Laders beim Sturzflug und in mangelhafter Ölversorgung der Lagerstellen.

Außer den geschilderten äußeren Kennzeichen von Überhitzungen zeigen die als Folgeerscheinung auftretenden Kolbenfresser und Lagerschäden meistens auch eine **Ansammlung von Metallspänen im Schmierstofffilter,** so daß auch auf diese Weise eine Beschädigung von Motorteilen leicht erkennbar ist.

Wird bei der allgemeinen und täglichen Wartung **Schmierstoff-, Kühlstoff- oder Kraftstoffverlust an Trennfugen oder Leitungsverbindungen,** die mit einer Dichtung versehen sind, festgestellt, so versuche man vorerst durch Einbau einer Ersatzdichtung eine Besserung zu erzielen. Wird auf Grund einer Prüfung des Behälterinhaltes ein abnorm hoher Kühlstoff- oder Schmierstoffverbrauch beobachtet, so untersuche man eben-

Abb. 144. Durch Überhitzung verschmortes Lader-Gehäuse (Jumo 210).

falls zunächst die Dichtungen und dann besonders die Anschlußteile der Schlauchleitungen, da gerade diese häufig zu Undichtheiten neigen.

Bei dem Motormuster Jumo 210 kann eine Überhitzung des Motors leicht ein Verschmoren der beiden Gummidichtringe der Zylinderlaufbüchse, die den Kühlstoffraum nach dem Kurbelraum abdichten, zur Folge haben und zum Wassereinbruch in das Kurbelgehäuse führen. Die Laufbüchse hat deshalb eine Ringnut zwischen den Gummiringen. Diese Ringnut füllt sich mit Kühlstoff an, sobald der erste Dichtring beschädigt ist. Vom Ringraum ist ein Prüfloch durch das Gehäuse nach außen geführt, so daß durch Kühlstoffaustritt am Prüfloch eine Beschädigung des Laufbüchsendichtringes leicht erkannt werden kann (s. Abb. 145). Müssen beschädigte Dichtringe ausgewechselt werden, so ist besonders darauf zu achten, daß die Prüflöcher oder die Ringnut weder durch Schmierseife, mit der gewöhnlich die Laufbüchsen eingesetzt werden, noch durch Teile alter verschmorter Dichtung verstopft werden, da sonst die erwähnte Prüfmöglichkeit entfällt.

Während Kühlstoffundichtheiten die Gefahr der Überhitzung mit sich bringen, können **Kraftstoffundichtheiten**, wenn Kraftstoff oder ein Kraftstoffgemisch mit den Auspufflammen, den Zündmagneten oder sonstigen

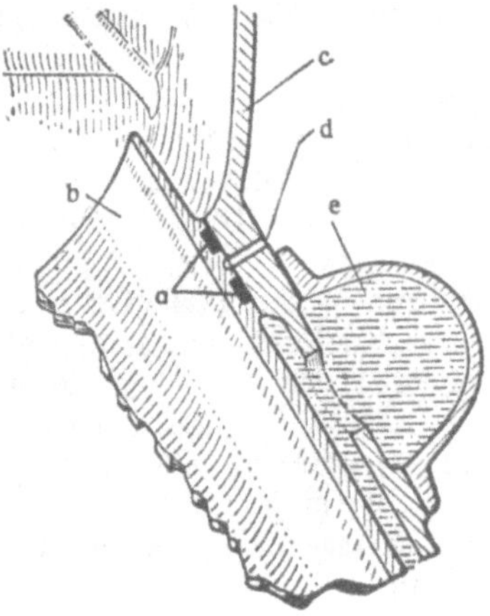

Abb. 145. Laufbüchsen-Abdichtung Jumo 211.
a) Gummidichtringe, b) Laufbüchse, c) Kurbelgehäuse, d) Prüflöcher, e) Wasserführung.

elektrischen Apparaten, an denen eine Funkenbildung vorkommen kann, in Berührung kommt, gefährliche **Motorbrände und Explosionen** mit weiteren schweren Folgen verursachen.

Besonders ist bei Einspritzmotoren auf Grund von Erfahrungen eine laufende Nachprüfung der Einspritz- und Kraftstoffleitungen hinter der Förderpumpe auf Undichtheiten an den Anschlüssen, Spannung, Anrisse oder Scheuerstellen vorzunehmen.

Bemerkt man am Motor gelegentlich der allgemeinen Wartungsarbeiten, daß während des Betriebes **am Auspuff** oder der Gehäuseentlüftung **größere Schmierstoffmengen** ausgeworfen wurden, oder wird vom Flugzeugführer blaugraue Rauchentwicklung während des Fluges gemeldet, so läßt dieser Zustand auf gebrochene oder festgebrannte Kolbenringe und verschmorte Kolben schließen. Bei einigen Motormustern kann es auch vorkommen, daß infolge starken Verschleißes der Abdichtung zwischen den Schmierstellen der Laderlager und dem Raum, in dem das Laderrad umläuft, Schmierstoff mit dem aufgeladenen Gemisch in die Zylinder gefördert und dort zusätzlich verbrannt wird. Mängel der letzteren Art lassen sich meistens nur in den Motorreparaturwerken beheben.

Ein weiterer wichtiger Punkt, dem bei der allgemeinen und täglichen Wartung Beachtung geschenkt werden muß, ist das **Scheuern von Gummimuffen, Schläuchen, Zündleitungen, Einspritzleitungen** und dergl. an Blechkanten, Motorvorbaustreben usw. infolge von Motorschwingungen während des Betriebes. Um solche Beschädigungen zu verhindern, prüft man zuerst die ordnungsgemäße Verlegung der Leitungen nach und versieht dann die gefährdeten Leitungsteile mit einer Umlederung, die, sobald sie zu stark angescheuert sein sollte, ausgewechselt werden muß. Gummimuffen kann man durch Umwickeln mit einem Drahtgewebe vor Beschädigungen schützen.

Nach jedem Flug ist vom Wartungspersonal mittels Peilstab der **Schmierstoff- und Kraftstoffbehälter auf seinen Inhalt hin zu prüfen.** Um die tatsächliche Benetzung des Peilstabes und damit den wahren Inhalt festzustellen, ist es notwendig, den Peilstab vor der Messung mit einem Lappen abzuwischen und erst dann die Messung vorzunehmen, da der Peilstab, wenn das Flugzeug kurz vorher bewegt oder der Motor abgebremst wurde, durch im Behälter hochspritzenden Kraft- oder Schmierstoff über die tatsächliche Spiegelhöhe benetzt wird, so daß auf diese Weise Fehlmessungen entstehen. Desgleichen ist der Inhalt des Kühlstoffbehälters nach jedem Flug zu überprüfen und notfalls zu ergänzen. Wird größerer Kühlstoffverlust festgestellt, so muß irgendeine Undichtheit im Kühlstoffsystem vorliegen, die ihrer Ursache nach unbedingt vor Antritt des nächsten Fluges geklärt werden muß.

Soweit besondere **von Hand zu schmierende Stellen** am Motor vorhanden sind, z. B. Steuerungsteile bei älteren Sternmotoren, Schwinghebel beim As 10 C, Kühlstoffpumpen usw., sind sie laufend mit den vorgeschriebenen Spezialfetten zu versorgen.

Bei sämtlichen Motoren ist die **Luftschraube** im Rahmen der allgemeinen und täglichen Wartung **auf Festsitz zu prüfen** und gegebenenfalls die Befestigungsmutter nachzuziehen und neu zu sichern. Über die tägliche Wartung der Motoren im Winterflugbetrieb s. S. 138 ff.

2. Durchsicht und Nachprüfung der gesamten Zündanlage

Die Zündanlage besteht in der Hauptsache aus

Zündkerzen,
Entstörkappen, Zündleitungen,
Zündmagneten, Kurzschlußschalter und -leitungen

und bedarf besonderer Pflege und Überwachung.

Prüfung der Zündkerzen. Da man nach dem Aussehen der Zündkerzenelektroden gewisse Rückschlüsse auf das betriebliche Verhalten des Motors und den Verbrennungsvorgang ziehen kann, sollen in folgendem die wichtigsten grundsätzlichen, äußerlich sichtbaren Merkmale für die Beurteilung und Prüfung der Zündkerzen näher besprochen werden. Werden die für jedes Motormuster vorgeschriebenen Zündkerzen (s. Tabelle 5) verwendet und ist der Motor ordnungsgemäß einreguliert, so haben **die Kerzenelektroden ein rötliches Aussehen, das in schwarz übergeht.** Eine falsch gewählte Zündkerze wird entweder zu warm oder bleibt zu kalt. Im ersteren Falle entstehen Glühzündungen, im letzteren verschmutzt die Kerze verhältnismäßig schnell.

Bei **Glühzündungen***) zeigt das Äußere der Kerzenelektroden ein hellgraues bis weißes Aussehen. Neben der Verwendung einer falschen Zündkerze kann eine allgemeine Überhitzung des Motors infolge zu armen Gemisches die Ursache für Glühzündungen sein. Vergaser und Einspritzpumpen sind vom Hersteller auf dem Prüfstand immer auf den vorgeschriebenen Verbrauch einreguliert und normalerweise eher auf „reich" als auf „arm" eingestellt. Wird an einem Vergaser oder einer Einspritzpumpe bei Vollgas ein zu armes Gemisch festgestellt, so daß Glühzündungen, Leistungsabfall und Rückschläge in den Vergaser auftreten, so kann in den meisten Fällen mit Sicherheit angenommen werden, daß in unzulässiger Weise an dem Vergaser oder an der Einspritzpumpe Veränderungen an der Düse (zu kleine Hauptdüse) oder an der Pumpeneinstellung vorgenommen sind. **Eine Umregulierung des Vergasers bei höheren Drehzahlen sowie eine Verstellung der Einspritzpumpenförderung** ist ohne besonders hierfür geschultes Personal (und ohne Verbrauchsmessung) nicht zulässig, da hierdurch die Einregulierung im Werk (Prüfstandsverbrauchsmessung) hinfällig wird. Erscheint eine derartige Umregulierung unumgänglich und sind die Voraussetzungen hierfür nicht vorhanden, so ist für diese Arbeit ein Spezialmonteur des Herstellerwerkes anzufordern. Eine Ausnahme hiervon bilden die Motormuster Jumo 210 B, D und As 10 C bei Umstellung der Motoren von Sommer- auf Winterbetrieb. Die Düsengrößen bei dieser Umregulierung sind im Handbuch vorgeschrieben bzw. bekannt, so daß beim Einhalten der vorgeschriebenen Düsengrößen Gewähr für den richtigen Verbrauch besteht. Im übrigen genügt beim Jumo 210 B und As 10 C die Beurteilung des Motorlaufes nach der Auspufflamme.

Außerdem können Glühzündungen entstehen, wenn die Kerzen nicht ordnungsgemäß festgezogen sind, die Dichtringe vergessen wurden oder die Zündkerzeneinsätze lose sind. Die heißen Verbrennungsgase streichen dann mit überaus großer Geschwindigkeit durch die undichten Spalte und erwärmen die Kerze unzulässig hoch.

Bei **Verschmutzung** der Kerze sind die Elektroden ihrem äußeren Aussehen nach verrußt und verölt. Durch einen trockenen, samtartigen und ölglänzenden Belag aus Ruß- und Ölkohleteilchen wird dann von der

*) Unter Glühzündungen versteht man die Entzündung des Kraftstoff-Luftgemisches vor dem eigentlichen Zündzeitpunkt durch zu heiß gewordene Teile des Verbrennungsraumes, Ölkohle usw.

Mittelelektrode zum Isolierkörper und zur Masse eine leitende Verbindung hergestellt, die ein Abschwächen des Zündfunkens bis zum völligen Aussetzen zur Folge hat. Der Motor läuft dann unregelmäßig, schüttelt oder „meckert".

Tabelle 5

Zusammenstellung der zur Zeit vorgeschriebenen Zündkerzenmuster für einige Flugmotoren

Motorenmuster:	Zündkerzenmuster:
1. As 8 A und B	X 190 T 3 M 175 S 38
2. As 10 C Baureihe 2 und 3	X 190 T 3 M 175 S 38
3. HM 60/HM 60 R	M 190 S 38
4. HM 504, Baureihe 1	M 190 S 38
5. HM 504, Baureihe 2	DW 175 ET 2
6. HM 508 H	DW 175 ET 2
7. L 5 G	M 145 T 39 DM 135 S 120
8. Sh 14 A Baureihe 1—4	10 F 18
9. SAM 22 B 322 H 1 322 H 2	30 F 18 DM 200 G 1 M 175 T 39
10. BMW 132 A Baureihe 2—3	30 F 18 M 175 T 39 DM 200 G 1
11. Panther VII	200 GS 168 V 1002
12. BMW VI/VI und Serie 6 und 8	M 145 T 39 DM 135 S 135
13. BMW VI/VI und Serie 7 und 9	M 175 T 39 30 F 18 DM 200 G 1
14. Jumo 210 B, D und G	Beru F 220/a 19 m
15. DB 600 A—H	W 225 T 39 (nur für C—D) 30 F 14 W 225 T 6 35 F 14

Die **Ursache der Verschmutzung** kann auch in einem **zu langen Leerlauf** des Motors begründet sein. Um einen guten Übergang beim Gasgeben zu erzielen, muß der Vergaser für den Leerlauf häufig nach „reich" hin einreguliert sein. Ist man im Flugbetrieb gezwungen, am Start längere Zeit zu warten, so lasse man ab und zu den Motor kurzzeitig mit höherer Drehzahl laufen, um die Kerzen wieder frei zu brennen. Allzu langen Leerlauf des Motors vermeide man dadurch, daß man ihn kurzzeitig abstellt. Weiterhin kann ein Verschmutzen der Kerzenelektroden noch dadurch verursacht werden, daß **zuviel Schmierstoff durch undichte Kolben- oder Ölabstreifringe** in den Verbrennungsraum gelangt, daß ein Kolbenring festgebrannt ist oder die Ventilführungsbüchsen zu stark ausgeschlagen sind. Andere Gründe für ein Verölen der Kerzen sind z. B. **Ölansammlung im Verbrennungsraum bei hängenden Zylindern von Stern- und Reihenmotoren,** wenn der Motor nach längerem Stillstand wieder angelassen wird, **zu niedrige Betriebs- und Außentemperatur, falsch gewählte Kerzen, Einbau neuer Kolbenringe,** die erst einlaufen müssen, **unsachgemäße Entkonservierung des Verbrennungsraumes** (s. S. 181) usw. Zu erwähnen ist noch, daß die Zündkerzen normalerweise einen leichten Rußansatz nach dem Herausschrauben zeigen, der beim Leerlauf vor dem Abstellen des Motors entstanden ist. Während des Motorbetriebes verschwindet jedoch dieser Rußansatz bei der Erwärmung des Motors von selbst wieder.

Verschleiß der Zündkerzen und seine Ursachen. Der Verschleiß tritt naturgemäß nach einer bestimmten Betriebsstundenzahl ein und hat mehrere Ursachen:

Mit **Elektrodenabbrand** bezeichnet man die **Abnutzung der Elektroden** durch das Überschlagen des Zündfunkens. Der Abbrand hängt von der Wahl des Werkstoffes der Elektroden, dem ursprünglichen Elektrodenabstand, der Elektrodenanordnung, der Zündkerzenkonstruktion, der durchschnittlichen Betriebstemperatur der Kerzen, der Überschlagspannung und den Motordaten, wie Verdichtung, Leistung, Brennstoffverbrauch und Vorzündung, ab. Der **Elektrodenabstand** soll bei neuen Zündkerzen 0,3 bis 0,4 mm betragen und 0,6 mm im Betrieb nicht überschreiten, da sonst der Widerstand der Luftstrecke zwischen den Elektroden so groß wird, daß ein einwandfreies Überschlagen des Zündfunkens in Frage gestellt ist.

Eine weitere Verschleißursache ist **Bleiniederschlag auf Isolierkörper und Elektroden.** Bei einem großen Teil der Flugmotoren wird heute bleihaltiger Kraftstoff zur Erhöhung der Klopffestigkeit benutzt. Beim Verbrennungsvorgang wird Blei ausgeschieden und setzt sich als Bleibromidniederschlag auf dem den Verbrennungsgasen ausgesetzten Teil der Zündkerze in Form eines blaugrauen Überzuges ab. Dieses **Bleibromid** besitzt die Eigenschaft, daß es in kaltem Zustande ein elektrischer Nichtleiter, in heißem Zustande jedoch ein sehr guter Leiter ist.

Bei sehr hohen Temperaturen, die an der Zündkerze während des Motorbetriebes auftreten, fließt daher je nach Stärke der vorhandenen Bleibromidschicht ein Teil des Zündstromes über den Isolator, so daß die

Stärke des Zündfunkens beträchtlich abgeschwächt wird. Die Kerze setzt dann beim Schalten auf einen Zündmagneten zwar nicht aus, aber der überspringende Funke ist so schwach, daß eine schleichende, unvollkommene Verbrennung ähnlich dem Zustand bei Spätzündung eintritt. Diese Erscheinung führt bei längerer Dauer zu hohen Auslaßventiltemperaturen mit den bekannten nachteiligen Erscheinungen. Je höher der Bleigehalt des Kraftstoffes und je größer der Kraftstoffüberschuß des Gemisches gegenüber normalen Verhältnissen ist, desto schneller bildet sich der Bleibromidbelag an den Zündkerzen.

Da die Prüfung der Kerzen bei Normaltemperatur und unter Druck sowie beim Schalten auf die einzelnen Zündmagnete nicht zur Feststellung der erwähnten Mängel führt, **muß die Zündkerze** auf Grund von Erfahrungen **nach einer bestimmten Betriebsstundenzeit** zur Reinigung **abgegeben werden.**

Auch Nachlässigkeiten beim Einbau und mechanische Beschädigungen der Zündkerze können zu Zündstörungen Anlaß geben. Vor allem darf es nicht vorkommen, daß die Kerze *ohne Dichtring* eingesetzt wird. Es muß sowohl eine gute Auflage des Kerzengehäuses auf dem Dichtring als auch eine gute Auflage des Dichtringes auf der Planfläche des Zylinders vorhanden sein. Um ein Festbrennen der Zündkerze zu verhüten, empfiehlt es sich, das Kerzengewinde mit einem Öl-Graphitgemisch zu bestreichen, da es sonst leicht vorkommen kann, daß sich beim Herausschrauben der Kerze der Zündkerzeneinsatz mit herausschraubt oder das Gewinde im Leichtmetallkopf beschädigt wird und auf diese Weise oft umfangreiche Reparaturarbeiten am Zylinderkopf entstehen (s. Abb. 146). Beim Bestreichen des Zündkerzengewindes mit einem Öl-Graphitgemisch muß eine Verschmutzung der Zündkerzenelektroden vermieden werden, da sonst Zündaussetzer die Folge sind.

Abb. 146. Zündkerzeneinsatz abgerissen.

Um ein Lösen des Kerzeneinsatzes möglichst zu verhindern, ist es zweckmäßig, die **Kerze mit einem kurzen Ruck herauszuschrauben.** Geht die Kerze schwer im Gewinde, so drehe man sie erst vorsichtig ein kurzes Stück heraus, lasse etwas Öl oder Petroleum auf das freigelegte Gewindestück tropfen und fahre dann erst mit dem Herausschrauben fort. Nach Möglichkeit soll man die Zündkerze *erst bei erkaltetem Motor* herausschrauben. Für das **Festziehen der Zündkerzen** befindet sich u. a. im Bordwerkzeug des Motors ein passender Steckschlüssel. Wenn auch oft das Ansetzen des Steckschlüssels bei eingebautem Motor wegen Platzmangel schwierig ist, so ist doch unbedingt darauf zu achten, daß der Steckschlüssel gerade angesetzt wird, da jegliche Schräglage des Schlüssels besonders bei Steinkerzen zu einem Zerdrücken des Isolierkörpers führen kann. Am geeignetsten ist ein Schlüssel, der oberhalb des

Abb. 147. Zündkerze war vermutlich nur lose eingeschraubt oder durch zu scharfes Anziehen am Stein gesprungen, so daß die Zündkerze, Kabel und Motorverkleidungsblech durchbrannten.

Sechskantes ausgebaucht ist, so daß eine geringe Schräglage des Schlüssels den Isolierkörper nicht beschädigen kann. Mit gutem Erfolg werden auch Kerzen-Gelenkschlüssel verwendet.

Das **Anziehen der Zündkerzen** soll mit den vorgesehenen Schlüsseln nach Gefühl erfolgen (nicht zu fest und nicht zu lose). Es sollen keine Kerzenschlüssel mit zu langem Hebelarm verwendet werden. Die Abb. 147 zeigt die Folgen eines unsachgemäßen Einsetzens einer Zündkerze. Vermutlich war in diesem Falle die Kerze zu lose eingeschraubt oder durch übertrieben starkes Anziehen am Stein gesprungen, so daß sie durch die an den undichten Stellen hindurchtretenden heißen Verbrennungsgase vollständig samt Leitungsanschluß verbrannt ist. Auch das Motorverkleidungsblech war in diesem Falle durchgebrannt. Oft kann eine solche Undichtheit der Kerze andere schwerwiegende Folgen, wie z. B. einen Brand, nach sich ziehen, wenn die beschädigte Kerze in der Nähe des Vergasers liegt. Grundsätzlich sorge man deshalb dafür, daß die Zündkerzen sorgfältig behandelt werden.

Die Anlieferung der Zündkerzen soll nicht lose in einem Karton oder dergl. erfolgen, sondern die Kerzen sind, übersichtlich auf ein Kerzenbrett gesteckt, gebrauchsfertig zum Einbau zu liefern.

Um **Störungen des Funkempfanges auszuschalten**, sind die Zündkerzen bei Flugzeugen mit Funkausrüstung entweder mit aufgesetzten **Entstörkappen** versehen, oder es werden **entstörte Kerzenmuster** verwendet.

Die aufgesetzten Entstörkappen sind besonders vor Nässe, Verölung und Verschmutzung sowie vor Druck und Schlag zu schützen. Nässe, Verölen und Verschmutzung führen zu Funkenüberschlag und Verschmoren der Entstörkappe, während durch Druck und Schlag der Isolierkörper zerstört wird.

Die Rändelmutter zum Anzug der Entstörkappe ist fest mit der Hand und nicht mit Werkzeugen anzuziehen und von Zeit zu Zeit auf festen Sitz zu prüfen. Für einen sorgfältigen und einwandfreien Anschluß der Zündleitung an die Zündkerze nach den Vorschriften der Zündkerzenherstellerfirmen ist Sorge zu tragen.

Bei entstörten Zündanlagen ist die Zündleitung durch einen **Abschirmschlauch**, der aus einem engen Drahtgewebe besteht, häufig auch durch ein Entstörrohr abgeschirmt. Der Abschirmschlauch ist zur Vermeidung von Funkempfangsstörungen vor Beschädigungen durch Anscheuern zu schützen und bei den Prüfungen des Motoräußeren entsprechend zu untersuchen.

Der **Unterbrecher des Zündmagneten** ist in regelmäßigen Zeitabständen auf Verschmutzen oder Verschmoren der Kontakte zu prüfen. Zu diesem Zweck ist der Unterbrecherdeckel abzunehmen und nachzusehen, ob Schmierstoff oder Kraftstoff in das Unterbrechergehäuse eingedrungen ist, da der **Kontaktabbrand** durch Öl- oder Benzindämpfe im Unterbrechergehäuse stark erhöht wird. Besonders ist zu prüfen, ob die Kontakte abnorm starken Abbrand oder starke Höckerbildung aufweisen. Schwache Höckerbildung ist unschädlich. Der **Kontaktabstand** soll bei **JF- und GE-Zündmagneten** bei geöffneten Kontakten auf 0,3 bis 0,4 mm eingestellt werden. Im Betrieb soll ein Kontaktabstand von 0,5 mm nicht überschritten werden. Die Unterbrecherfedern sind auf Rostbildung oder Bruch zu untersuchen. **Vor dem Auswechseln von Unterbrecherteilen und Glattfeilen der Kontaktflächen mit der von der Herstellerfirma gelieferten Kontaktfeile innerhalb des Flugbetriebes und der Wartung wird dringend gewarnt, da diese Arbeiten eine gewisse Übung und genaue Kenntnis der Vorschriften des Herstellerwerkes voraussetzen.**

Gleichzeitig mit dem Unterbrecher sind auch die Verteilerscheibe und das rotierende **Verteilerstück** auf Verschmutzen und etwaige Beschädigungen zu prüfen. **Bei JF- und GE-Zündmagneten** erfordert diese Prüfung ein **Abnehmen der Verteilerscheibe**. Bei dieser Gelegenheit ist das **Verteilerzahnrad** auf Verschleiß und Beschädigung der Zähne zu **untersuchen**. Müssen bei JF- und GE-Zündmagneten aus irgendeinem Grunde Verteilerscheibe oder Verteilerstück (oder beide) ausgewechselt werden, so überzeugt man sich nach dieser Arbeit sicherheitshalber (durch Ausmessen), ob der vorgeschriebene Luftspalt zwischen den Elektroden des

Verteilerstückes und der Verteilerscheibe eingehalten ist. Bei der Verteilerscheibe ist auf richtigen Anschluß der Zündleitungen entsprechend der Zündfolge des Motors zu achten. **Alle sonstigen Arbeiten an JF- und GE-Zündmagneten** (außer der Schmierung des Verteilerlagers, s. S. 172) **sind verboten.**

An **Zwillingszündmagneten** beschränken sich die Arbeiten lediglich auf Nachprüfungen. Sämtliche **Einstell- und Auswechselarbeiten dürfen nur im Herstellerwerk** durchgeführt werden.

Äußerst wichtig ist die dauernde Überwachung und **Prüfung des Kurzschluß- oder Massekabels,** da infolge Beschädigung dieser Leitung laufend eine große Anzahl zum Teil sehr schwerer Unfälle, die bei sorgfältiger Wartung vermieden werden könnten, vorkommen. Um den Zündmagneten auszuschalten, wird der im Zündmagnet erzeugte Primärstrom über einen Schalter durch das Kurzschluß- oder Massekabel an Masse gelegt, d. h. der Primärstrom (und somit naturgemäß auch der Sekundärstrom) ist wirkungslos. Bei Bruch oder Beschädigung des Kurzschlußkabels ist der betr. Zündmagnet **dauernd eingeschaltet,** so daß beim Durchdrehen des Motors ein zündfähiger Funke entsteht und der Motor anspringen kann. Auch eine durch Farbe und Rostbildung isolierte Kontaktstelle des Kurzschlußkabels stellt eine Gefahrenquelle dar, die ein **unbeabsichtigtes Anspringen** des Motors beim Durchdrehen hervorrufen kann.

Über die bei einigen Motormustern (z. B. Jumo 210 und DB 600, s. Tabelle 3 und 4) festgelegte Betriebsstundenzahl oder Zeit, nach deren Ablauf neben der allgemeinen Wartung eine besondere Kontrolle der Zündanlage durchgeführt werden soll s. S. 172.

3. Sonstige besonders vorgesehene Nachprüfungen

Außer der **äußeren Durchsicht des gesamten Motors** und einer **Nachprüfung der Zündanlage** sind bei der Mehrzahl der Motoren außer gegebenenfalls für das betr. Motormuster besonders angesetzten laufenden Nachprüfungen keine weiteren Arbeiten im Rahmen der allgemeinen und täglichen Wartung vorgesehen.

Die jeweils besonders vorgesehenen **laufenden Nachprüfungen** sind meistens auf Grund der an einer größeren Anzahl von Motoren nach längerer Betriebszeit gesammelten Erfahrungen notwendig und oft nur solange durchzuführen, bis durch eine durchgeführte Änderung Abhilfe für etwaige Störungen geschaffen ist. Da diese Art von Nachprüfungen von Fall zu Fall und für jedes Motormuster verschiedener Natur sind und ihre Durchführung meistens nur für einen kurzen Zeitraum in Frage kommt, wird hier auf eine nähere Beschreibung verzichtet.

C. Wartungsarbeiten nach einer bestimmten Betriebsstundenzahl oder einer gewissen Zeitspanne

1. Prüfung des Ventilspieles und der Steuerungsteile

Als Ventilspiel bezeichnet man den Zwischenraum zwischen Druckrolle oder Druckschraube des Schwinghebels und der Druckkappe des Ventiles. Das Ventilspiel ist in der Mustertafel des Handbuches und bei einem großen Teil der Motoren auch neben den Steuerzeiten auf dem außen am Motor deutlich sichtbar angebrachten Typenschild angegeben. Man unterscheidet zwischen Einstellventilspiel und Betriebsventilspiel. Während man das Einstellventilspiel nur zum Einstellen der Steuerzeiten benötigt, gebraucht man das Betriebsventilspiel für die eigentliche Ventilspielprüfung. Durch Festlegung des Betriebsventilspieles wird auf Grund von Erfahrungen und Messungen die Wärmeausdehnung des Ventiles in der Länge infolge der beim Motorbetrieb auftretenden Temperaturen berücksichtigt. (Bei luftgekühlten Motoren, insbesondere Sternmotoren, spielt auch die Wärmeausdehnung der Zylinder eine Rolle.) **Grundsätzlich ist daher die Einstellung des Ventilspieles bei kaltem Motor vorzunehmen.**

Das **Ventilspiel** kann je nach Motormuster von wenigen Zehnteln bis 1 mm betragen und ist bei den meisten Motoren wegen der stärkeren Erwärmung für die Auslaßventilseite größer als für die Einlaßventilseite. Würde man einen Motor betreiben, ohne vorher ein ausreichendes Ventilspiel bei kaltem Motor einzustellen, so würde die Ventilklappe bei wachsender Erwärmung des Motors und zunehmender Längung des Ventiles bereits vor Erreichen des vorgesehenen Schlußpunktes des Ventiles gegen die Schwinghebelrolle oder die Druckschraube stoßen und dadurch ein völliges Schließen verhindert werden. Da dann der Druck der Verbrennungsgase während des Arbeitshubes durch undichte Ventile schneller als gewünscht absinkt, stellt sich ein Abfall der Motorleistung ein.

Als weitere Auswirkungen zu geringen Ventilspieles können bei undichten Anlaßventilen Verbrennungserscheinungen an den Ventiltellern und bei undichten Einlaßventilen Vergaserbrände auftreten. Bei übermäßig groß eingestelltem Ventilspiel werden die festgelegten günstigsten Steuerzeiten nicht mehr eingehalten. Da außerdem in einem solchen Falle bei betriebswarmem Motor noch ein größerer Zwischenraum zwischen Druckschraube und Ventilkappe bleibt, kann durch plötzliches hartes Aufschlagen der Druckschraube die Ventilkappe eingeschlagen werden.

In dem Bordwerkzeug ist für die Arbeit des Ventilspieleinstellers eine **Ventilspiellehre** vorgesehen. Bei der Einstellung des Ventilspieles geht man gewöhnlich so vor, daß man aus allen Zylindern die Zündkerzen herausschraubt und den kalten Motor bei ausgeschalteter Zündung an der Luftschraube soweit durchdreht, bis sich an dem zu prüfenden Zylinder die

Ventilspiellehre zwischen Druckschraube und Ventilkappe einschieben läßt. Der Kolben soll sich dann etwa im oberen Totpunkt des Verdichtungshubes befinden. Die Ventilspiellehre soll sich bei dieser Stellung des Kolbens gerade noch leicht bewegen lassen. Stimmt das Ventilspiel nicht, so ist es mit Hilfe eines Schraubenziehers und von Spezialschlüsseln nachzustellen (s. Abb. 148).

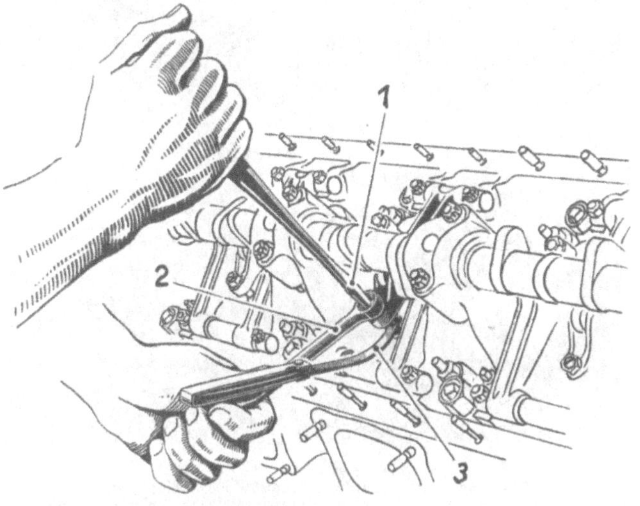

Abb. 148. Einstellen des Ventilspiels am Jumo 211.
1 = Schraubenzieher, 2 = Ringschlüssel, 3 = Ventilspiellehre.

Da die **Reihenfolge der Arbeitsgänge für die Ventilspieleinstellung** an sämtlichen Zylindern eines Motors für die verschiedenen Motortypen (Reihenmotoren mit oben oder unten liegender Steuerwelle und Sternmotoren, bei denen die Ventile über Stoßstangen betätigt werden) unterschiedlich ist, wird für die Einzelheiten der Arbeitsdurchführung auf die näheren **Angaben in den Motorhandbüchern** verwiesen.

Gleichzeitig mit der Ventilspielprüfung sind die **Ventilfedern, Schwinghebel, Ventile** und übrigen Steuerungsteile auf Bruch, Risse und Gängigkeit, soweit es ohne Ausbau möglich ist, zu **überprüfen. Ventilfederbrüche** kann man durch äußere Untersuchung der Federn (am besten mit einer Prüflampe), Drehen der äußeren Feder von Hand (eine gebrochene Feder läßt sich nicht mehr gleichmäßig drehen) oder durch Niederdrücken der Ventile feststellen. Ist bei einem Ventilfederpaar *eine* Feder gebrochen, so ist möglichst immer das betr. Ventilfeder*paar* auszuwechseln. Abb. 149 zeigt die Folgen nicht rechtzeitig bemerkter Ventilbrüche. Um gebrochene Ventilfedern auszuwechseln, ist es bei der Mehrzahl der Motoren nicht notwendig, sämtliche Steuerungsteile abzubauen; man kann vielmehr mit besonderen Spezialwerkzeugen die Federn ohne große Schwierigkeit ausbauen (s. Abb. 150).

Bei nicht selbsttätig geschmierten Steuerungsteilen ist **nach Beendigung der geschilderten Prüfarbeiten** dafür Sorge zu tragen, daß **alle Teile wieder mit genügend Fett versehen** werden. Bei sämtlichen Motor-

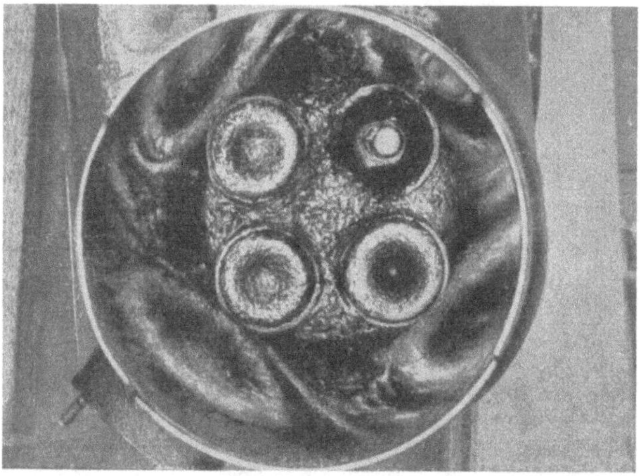

Abb. 149. Auswirkung eines Ventilfederbruches: Das Einlaßventil fiel in den Verbrennungsraum, zerstörte und zerhämmerte Kolbenboden und Zylinderkopf.

mustern ist darauf zu achten, daß außerdem die Ölkammern und sonstigen Schmierstellen mit genügend Schmierstoff für den Anlaßvorgang und die ersten Umdrehungen bei Wiederinbetriebnahme versehen sind. Soweit sich Sicherungen gegen selbsttätiges Verdrehen an den Druckschrauben zum Einstellen des Ventilspieles befinden (z. B. Jumo 210), sind diese Sicherungen nach dem Lösen nicht wieder zu verwenden, sondern zu erneuern. Während für ältere Motoren (z. B. As 10 C, Bramo 322 und BMW 132 A) und neuere Sternmotoren eine Prüfung des Ventilspieles bereits nach 12½ oder 25 Betriebsstunden vorgesehen

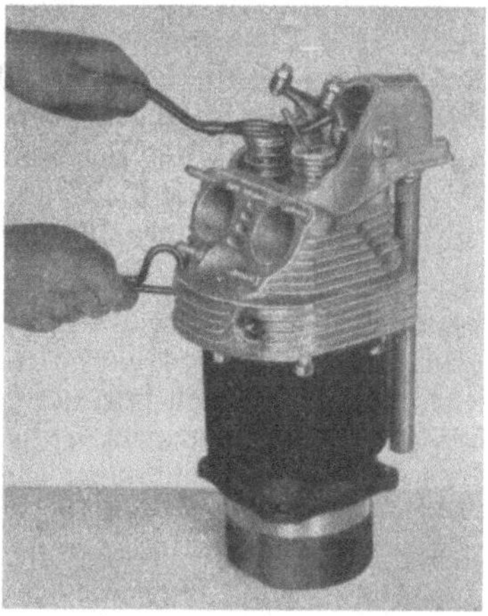

Abb. 150. Ausbau der Ventilfedern bzw. der Ventile aus einem Zylinder As 10 C.

ist, ist eine Ventilspielprüfung für die neueren Reihenmotoren (Jumo 210 und DB 600) erst nach 100 Betriebsstunden notwendig. Darüber hinaus ist aber eine Ventilspielprüfung bei neuen und grundüberholten oder in Flugzeugen angelieferten Motoren sowie nach dem Einschleifen oder dem Auswechseln von Ventilen (wegen Setzens der Ventile) schon nach Ablauf einer kürzeren Betriebszeit zu empfehlen.

Um bei Einspritzmotoren das Einspritzen größerer Mengen von Kraftstoff in die Zylinder zu vermeiden, soll das **Durchdrehen des Motors** gelegentlich der Ventilprüfung **unter Ziehen der Stoppvorrichtung** und, soweit eine solche noch nicht angebracht oder bei Stillstand des Motors nicht zu betätigen ist, nach Ablassen des Kraftstoffes aus der Einspritzpumpe oder bei geschlossenem Brandhahn erfolgen (s. hierzu Motorhandbücher).

2. Verdichtungsprüfung (Kompressionsprobe)

Zur Feststellung undichter Ventile, undichter Zündkerzensitze, beschädigter Preßluft-Anlaßventile, festgebrannter und gebrochener Kolbenringe oder durchgebrannter Kolben (s. Abb. 151) führt man möglichst bei

Abb. 151. Nach einer Motorstörung und bei einer Verdichtungsprüfung festgestellter Kolbenschaden am BMW 6 (Kolben durchgebrannt).

warmem Motor die Verdichtungsprüfung durch, die im allgemeinen **nach dem Gefühl** vorgenommen wird.

Vor der Prüfung überzeuge man sich, daß alle Ventile Ventilspiel haben und somit einwandfrei auf ihre Sitze zurückgehen können. Dann schraubt man bei sämtlichen Zylindern, mit Ausnahme des zu prüfenden, je eine Kerze heraus und dreht den Motor bei ausgeschalteter Zündung und voll geöffneter Drosselklappe an der Luftschraube langsam und gleichmäßig durch. Zeigt sich vor Erreichen des Verdichtungstotpunktes ein merklicher, langsam steigernder Widerstand und will die Luftschraube infolge der Verdichtung wieder zurückpendeln, so ist der untersuchte Zylinder in Ordnung. Man schraubt dann eine Kerze in den nächsten Zylinder ein, dessen Verdichtung man prüfen will usw. Ist beim Durchdrehen nur ein geringer Widerstand fühlbar oder macht sich infolge entweichender Luft ein zischendes Geräusch (Abblasen) bemerkbar, so ist der betreffende Zylinder einer genaueren Untersuchung zu unterziehen. Man achte darauf, daß auch für die Verdichtungsprüfung die Zündkerze mit einer Dichtung eingesetzt und wie für den normalen Betrieb des Motors angezogen werden muß. Will man die einzelnen Zylinder bezüglich der Verdichtung gefühlsmäßig untereinander vergleichen, so ist es nötig, daß man bei allen Zylindern am Blatt der Luftschraube immer an demselben Hebelarm mit der gleichen Kraft (Drehmoment) durchdreht.

Je nach den Erfahrungen, die bei dem betr. Motormuster bezüglich Undichtheit der Ventile (z. B. Risse in der Stellitschicht), Brechen oder Festsitzen der Kolbenringe sowie Undichtheit an den Kerzensitzen usw. vorliegen, ist die Verdichtungsprüfung früher oder später vorgesehen. Bei einem Teil der flüssigkeitsgekühlten Motormuster ist in den Handbüchern eine Verdichtungsprobe erst nach Ablauf von 50 Betriebsstunden vorgesehen (DB 600, 601, Jumo 210), während bei luftgekühlten Motoren (Bramo 323 und BMW 132 F—N) diese Prüfung alle 12½ Betriebsstunden oder nach jedem längeren Flug durchgeführt werden soll.

In den Fällen, in denen ohne ersichtlichen Grund ein Nachlassen der Leistung beobachtet wird, versucht man, der Ursache u. a. durch Vornahme einer Verdichtungsprüfung auf den Grund zu gehen. **Je höher die Betriebsstunden** eines Motors liegen, desto größer ist naturgemäß auch der Verschleiß der Kolbenringe und Ventile und **desto schlechter auch die Verdichtung**, so daß sich dann zwangsläufig ein Zustand einstellt, bei dem die Verdichtung zu gering ist und ein Auswechseln der Teile bzw. Einschleifen der Ventile erforderlich wird. Bei Motoren mit höheren Betriebsstunden ist daher die häufigere Durchführung von Verdichtungsprüfungen zu empfehlen.

Für die Handhabung des **Durchdrehens von Einspritzmotoren** gelegentlich der Verdichtungsprüfung gelten ebenfalls die Ausführungen auf Seite 163 am Schluß des vorigen Abschnittes.

3. Reinigung der Schmierstoffilter und Schmierstoffwechsel

Bereits **bei der ersten Prüfung** nach 12½ oder spätestens nach 25 Betriebsstunden (siehe hierzu Motorhandbücher) sind die Schmierstoffilter oder -siebe am Motor zu untersuchen und zu reinigen.

Bei älteren Motoren (z. B. L 5 G oder BMW VI) befindet sich unmittelbar vor der Schmierstoffpumpe ein Sieb (s. Abb. 152) oder ist in der Frischölleitung vor oder hinter der Schmierstoffpumpe ein Sieb oder Filter (z. B. BMW 132 A) eingebaut. Bei den Sternmotoren ist außerdem am Ölsumpf ein Sieb angebracht, in dem sich alle Rückstände

Nach Entfernung dieses Deckels Schmierstoffsieb zugänglich.

Abb. 152. Schmierstoffpumpe mit Sieb BMW 6 B. R. 7. u. 9.

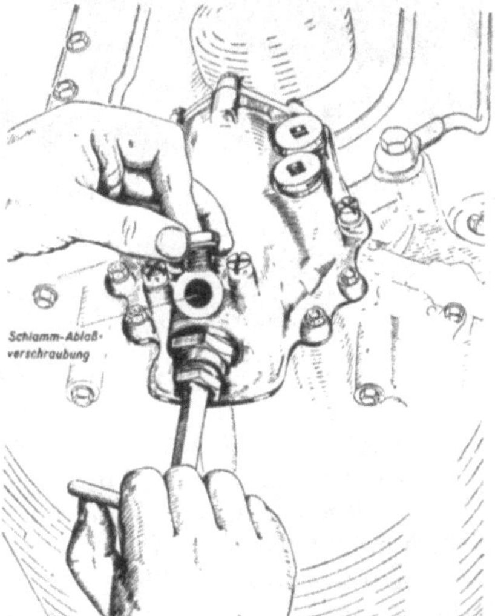

Abb. 153. Reinigen des vorn unten am Jumo 205 befindlichen Spaltfilters durch mehrmaliges Rechtsdrehen des Schlüssels.

sammeln. Das Motormuster HM 504 und ein großer Teil der Motoren Jumo 210 ist mit Schlauchfiltern ausgerüstet. Die Filzschläuche dieser Filter sind nach der festgelegten Betriebsstundenzahl auszuwechseln (nicht zu reinigen und wieder zu verwenden). Beim Jumo 210 ist besonders zu beachten, daß die 4 Filzschläuche genau nach der Vorschrift im Motorhandbuch eingesetzt werden müssen.

Die meisten neueren Motoren sind mit **Spaltfiltern** ausgerüstet, die in kurzen Zeitabständen (nach jedem längeren Flug) zwecks Reinigung entweder am Handgriff (Ratsche) oder mittels Schlüssels am Vierkant zu drehen sind (s. Abb. 153). Außerdem muß zu bestimmten Zeiten der Schlamm aus dem Spaltfiltersumpf bei betriebswarmem Motor abge-

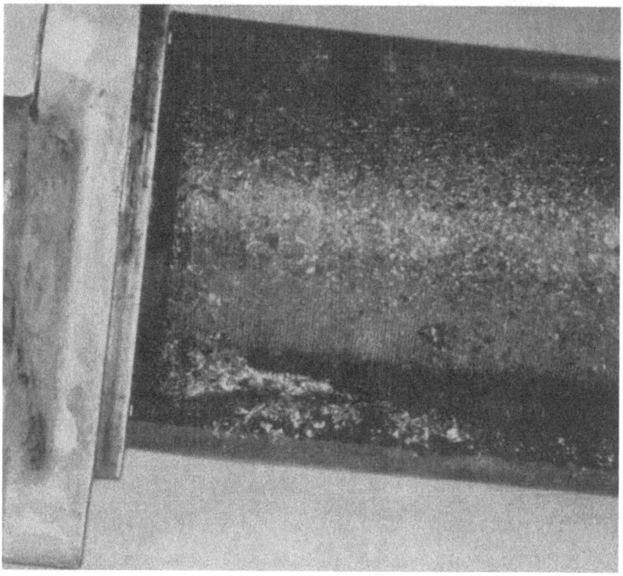

Abb. 154. Bronzespäne im Schmierstoff-Spaltfilter.

lassen werden. Bei dem Herausnehmen der Siebe oder Spaltfilter **zwecks Reinigung** sind der von diesen Teilen ablaufende sowie der aus dem Filtersumpf herausfließende **Schmierstoff auf einem** über einen Eimer gespannten **weißen Tuch aufzufangen** und sodann etwa vorhandene Rückstände mit Hilfe von Benzin herauszuspülen und zu untersuchen. In gleicher Weise soll das Auswaschen der Rückstände aus den Sieben und Filtern selbst vorgenommen werden. Schlammige und kohleartige Rückstände sind unbedenklich. Die weitere Reinigung der Filter und Siebe kann dann durch Ausblasen mit Preßluft von innen nach außen her erfolgen.

Die nach dem Auswaschen mit Kraftstoff etwa vorgefundenen Späne sind eingehend und sorgfältig auf ihre Zusammensetzung und Herkunft mit einer Lupe zu **untersuchen**, da aus Art und Menge gewisse Rückschlüsse auf den Zustand der gleitenden Teile im Innern des Motors gezogen werden können und geringere Beschädigungen an den Triebwerkteilen und Lagern schon so frühzeitig erkannt werden, daß größeren Schäden vorgebeugt werden kann. So können z. B. Bleibronze- oder Weißmetallspäne als Rückstände auf eine Beschädigung der Pleuel- oder Grundlager, Stahlspäne auf Getriebe-, Zahnräder- oder Triebwerkschäden usw. hindeuten (s. Abb. 154). Nach gründlicher Säuberung der Siebe und Filter ist für ihren sorgfältigen **Wiedereinbau** (s. Abb. 155) zu sorgen. Besonders ist darauf zu achten, daß die Dichtungen an den Sieb- und Filterverschlüssen erneuert werden.

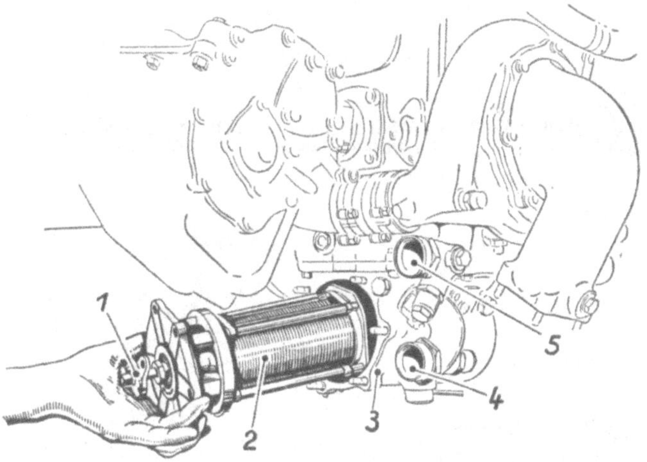

1 = Ratsche für Filterbetätigung 3 = Filtergehäuse
2 = Spaltfiltereinsatz 4 = Schmierstoff-Eintritt
5 = Schmierstoff-Austritt

Abb. 155. Einbau des Spaltfilters beim Motor Jumo 211.

Außer normalen im letzten Abschnitt beschriebenen Sieb- oder Filterprüfungen sind noch je nach der Vorschrift der Motorhandbücher bei den einzelnen Motoren **die besonderen im Schmierstoffkreislauf eingebauten kleineren Siebe** auszubauen und zu überprüfen, z. B. am Jumo 205: Reinigen der beiden Schmierstoffsiebe im oberen Schmierstoffrücklaufkanal hinten, links und rechts am Motorgehäuse (s. Abb. 156) und Reinigen der 4 Schmierstoffdüsen im Getriebekasten (s. Abb. 157); am Bramo 322: Reinigen der Siebe in der Frischölpumpe, in den Entlüftern, auf den Getriebe-Zwischendeckeln usw. Beim Motormuster L 5 G wird häufig vergessen, das Sieb am Öleintritt der Steuerwelle zu reinigen.

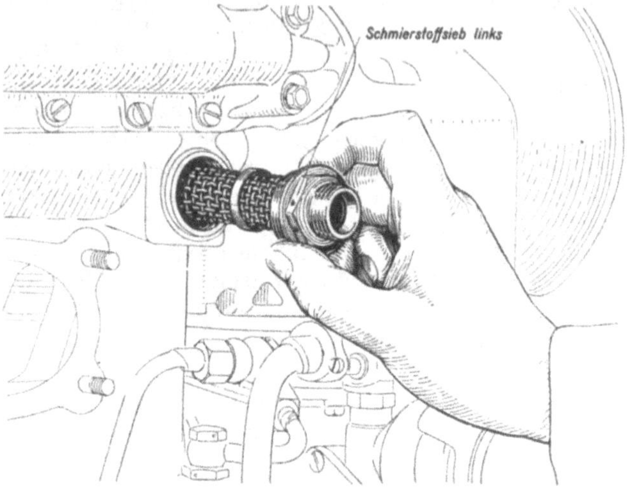

Abb. 156. Ausbau der beiden Schmierstoffsiebe im Rücklaufkanal links und rechts am Motorgehäuse des Jumo 205.

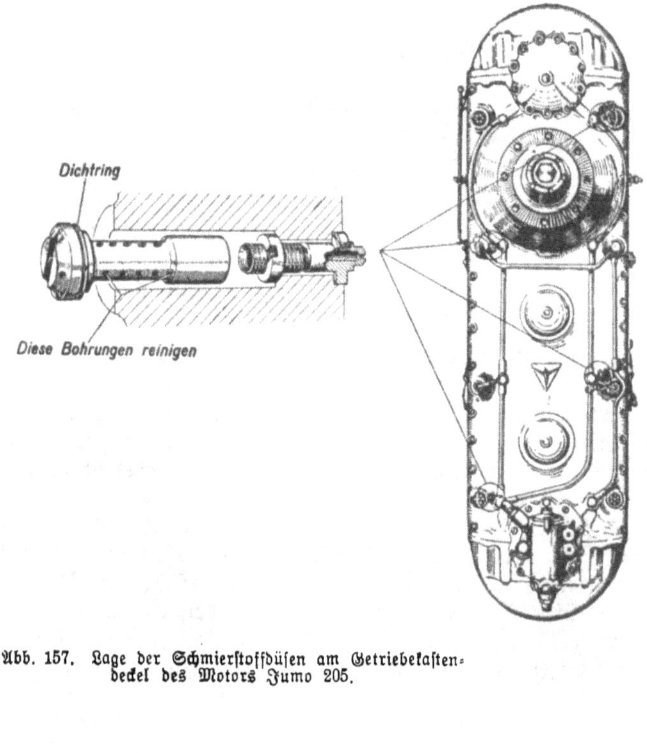

Abb. 157. Lage der Schmierstoffdüsen am Getriebekastendeckel des Motors Jumo 205.

Da der Schmierstoff nach einer gewissen Betriebsstundenzahl durch Rückstandsbildungen (Ölkohle, Metallabrieb und dergl.), die infolge der Verbrennungs- und Verschleißvorgänge eintreten, verunreinigt wird und im Laufe der Zeit an Schmierfähigkeit infolge Alterung verliert, muß er nach einer gewissen Betriebszeit ersetzt werden. Bei einem großen Teil der älteren Motoren wurde bisher nach den Handbüchern bereits ein Schmierstoffwechsel nach 20—25 Betriebsstunden verlangt (z. B. BMW VI, BMW 132 A), bei einigen Motoren ging man bis 50 (Sh 14 a und Bramo 322) oder 100 Betriebsstunden (Jumo 210). Da jedoch die Verschmutzung und Alterung der Schmierstoffe *in den ersten Betriebsstunden* erfahrungsgemäß *schnell* vor sich geht, dann aber nur noch wenig zunimmt und außerdem der verbrauchte Schmierstoff im Betrieb laufend ergänzt wird, ist, wie in den Handbüchern der neueren Motoren bereits vorgesehen, ein Schmierstoffwechsel sowohl bei Verwendung *eines Schmierstoffes* als auch beim *Durcheinandertanken mehrerer* für das betr. Motormuster *zugelassenen Schmierstoffe* bei normalem Verhalten des Motors nicht vor Ablauf von 100 Betriebsstunden erforderlich. Bei fabrikneuen und grundüberholten Motoren ist aber in allen denjenigen Fällen ein Schmierstoffwechsel vorzunehmen, in denen nach den ersten Betriebsstunden übermäßiger Metallabrieb oder Bearbeitungsspäne bei der Sieb- oder Filterkontrolle festgestellt werden. Bei **Motorbeschädigungen,** die einen Ausbau des Motors oder einzelner Motorteile, wie Zylinder, Kolben usw., erfordern, ist sämtlicher **Schmierstoff abzulassen** und der gesamte **Schmierstoffkreislauf einer gründlichen Reinigung zu unterziehen.**

Ein Schmierstoffwechsel *findet* gewöhnlich wie folgt *statt:*

Der gesamte Schmierstoff ist in warmem Zustand (z. B. kurze Zeit nach dem Stillsetzen des Motors) abzulassen, der Schmierstoffkreislauf mit einer genügenden Menge frischen Schmierstoffes aufzufüllen und durch Inbetriebnahme des Motors bei niedriger Drehzahl durchzuspülen. Sodann ist dieser Schmierstoff nochmals abzulassen (kann nach Reinigung später wieder benutzt werden!) und frischer Schmierstoff aufzufüllen. Damit ist der Vorgang des Schmierstoffwechsels beendet.

Vor der Wiederinbetriebsetzung des Motors soll man sich jedoch immer entsprechend der Bauart des betr. Musters davon überzeugen, daß alle Schmierstoffleitungen mit **luft-(blasen-)freiem Schmierstoff** angefüllt sind, da nur dann eine einwandfreie Schmierung sichergestellt ist. Für Nachprüfungen dieser Art ist die **genaue Kenntnis des Schmierstoffkreislaufes,** der in jedem neueren Motor- und Flugzeughandbuch schematisch dargestellt ist, von Wichtigkeit.

4. Reinigung der Kraftstoffilter und Prüfung des gesamten Kraftstoffsystems einschließlich der Pumpen

Um ein Verstopfen der Vergaser- und Einspritzdüsen zu verhindern, ist meistens gleichzeitig mit der Reinigung der Schmierstoffilter und -siebe auch eine **Reinigung der Kraftstoffilter und -siebe**, die in dem Kraftstoffsystem eingebaut sind, vorzunehmen. Bei sämtlichen Flugzeugen befinden sich Kraftstoffilter meistens am Brandschott in der **Filterbrandhahnarmatur**, die zur Kraftstoffanlage des Flugzeugs gehören und von deren

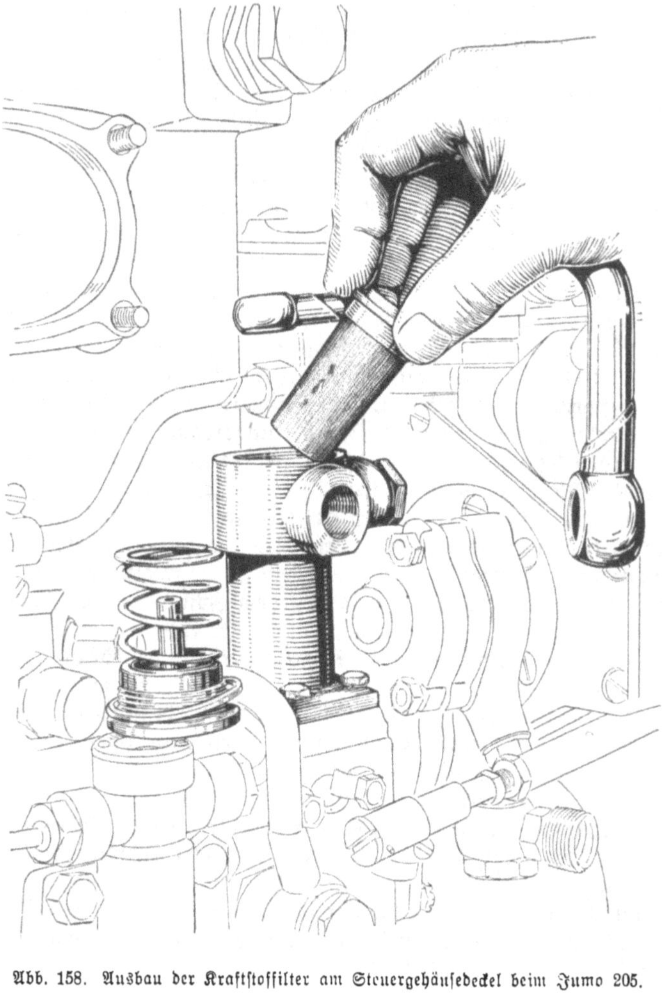

Abb. 158. Ausbau der Kraftstoffilter am Steuergehäusedeckel beim Jumo 205.

einwandfreiem und sauberem Zustand der ordnungsgemäße Betrieb des Motors abhängig ist. Durch die Hähne an den Filtern der Filterbrandhahnarmatur kann man außerdem aus dem Brennstoff ausgeschiedene kleinere Wassermengen ablassen.

Bei Vergasermotoren ist bei einem Teil der Motorenmuster ein Kraftstoffsieb am Vergaser, bei Einspritzmotoren meistens ein Sieb vor der Einspritzpumpe oder an dem Entlüfter angeordnet. Bei den mit älteren Jumo-Kraftstoffpumpen (Dreikolbenpumpe) ausgerüsteten Motoren oder Flugzeugen befindet sich ein Filter in dem Saugleitungsanschluß der Pumpen (z. B. bei älteren Ju 52), dessen Reinigung leicht vergessen wird. Beim Jumo 205 sind zwei Kraftstoffilter hinten links und rechts an den Steuerungsgehäusedeckeln eingebaut (s. Abb. 158). Die Reinigung dieser Filter soll nach je 50 Betriebsstunden vorgenommen werden.

Zeigen sich bei der Reinigung der Siebe oder Filter starke Schmutzablagerungen, so sind neben einer Untersuchung des Kraftstoffes vor allem die Kraftstoffbehälter sowie das **Leitungssystem** und die **Armaturen** eingehend **zu prüfen**.

Außer der bereits unter „Allgemeine Wartung“ besprochenen **Nachprüfung des gesamten Kraftstoffsystems** auf Undichtheiten sind nach Ablauf einer bestimmten Betriebsstundenzahl besondere **Prüfungen für Leitungen** des Kraftstoffsystems angesetzt.

Besondere Beachtung ist der **Dichtheit der Kraftstofförderpumpen** selbst zu widmen. Bei allen Jumo-Kraftstofförderpumpen ist nach Ablauf einer bestimmten Betriebsstundenzahl (meistens 12½—25) der feste Sitz der Senkmuttern und Schrauben an den Abdichtflanschen mittels Spezialschlüssels nachzuprüfen. Erweist sich ein Nachziehen der Leitungsanschlüsse als notwendig, so soll es vorsichtig und mit Gefühl erfolgen (Verwendung eines zweiten Schraubenschlüssels), um durch einseitiges Anziehen ein Verziehen des Leichtmetallpumpengehäuses (Gefahr von Pumpenkolbenfressern!) zu vermeiden. Sowohl bei der Jumo- als auch bei der Maihak- und Graetzin-Kraftstofförderpumpe ist **nach einer bestimmten Betriebszeit ein Ausbau und eine Reinigung der Reglerkolben** nach besonderer Vorschrift der Herstellerwerke **notwendig**.

Soweit bei den Kraftstoffdoppelpumpen die für die Schmierung vorgesehenen Ölrückschlagventile noch nicht durch die neueingeführten Kugelventile ersetzt sind, ist alle 12½ Betriebsstunden eine Prüfung des Dichtringes auf ordnungsgemäßen Sitz vorgeschrieben. Vorhandene Kugelventile sind alle 12½ Betriebsstunden zu säubern und nachzuprüfen.

5. Prüfungen (Kontrollen) an der Zündanlage

Neben der allgemeinen Überwachung der Zündkerzen ist außerdem bei sämtlichen Motoren nach je 12½, 25 oder 50 Betriebsstunden ein Ausbau, eine Reinigung und Prüfung der Zündkerzen angeordnet. Ist nach Ablauf der festgesetzten Betriebszeit oder bei Störungen ein schneller Kerzenwechsel notwendig, so kann man den im Motor befindlichen Satz gegen einen neuen austauschen. Man versäume jedoch nicht, eine genaue Untersuchung des „Kerzengesichtes“ der gebrauchten Kerzen vorzunehmen, da hieraus wichtige Rückschlüsse auf den Zustand des

Motors und den Ablauf des Verbrennungsvorganges gezogen werden können.

Bis zur Durchführung der bereits oben behandelten **Zündmagnetprüfung** ist bei einer Reihe von Motorenmustern eine Betriebszeit von 50 Stunden vorgesehen. Es sind hierbei die auf Seite 158 und 159 beschriebenen Arbeiten zu erledigen. Nach je 100 Betriebsstunden ist das Gleitlager des Verteilerrades durch den am Zündmagneten angebrachten Klappöler mit einem Spezialöl (Spindelöl grün) zu schmieren. Es soll soviel Öl eingefüllt werden, wie der Docht im Innern des Lagers aufsaugen kann. Alle übrigen Lagerstellen des Zündmagneten brauchen bis zur Grundüberholung im Werk nicht abgeschmiert zu werden, da sie vom Herstellerwerk aus mit genügend Fett versehen sind. Bei einigen Motoren sind auf den Wartungstafeln noch besondere Termine für die **Prüfung der Zündleitungen und Anschlüsse** angegeben. Diese Wartungsarbeiten, die auch bei anderen Motorenmustern, bei denen eine solche Prüfung nach einer bestimmten Betriebsstundenzahl nicht vorgeschrieben ist, in regelmäßigen Zeitabständen, mindestens alle vier Wochen einmal, durch elektrotechnisches Fachpersonal durchzuführen sind, sollen sich im wesentlichen auf folgende Punkte erstrecken:

Äußere Untersuchung aller Leitungen, ihrer Halterungen (Schellen) und ihrer Abschirmung auf Scheuerstellen, Masseschluß, Kurzschluß, Leitungsbruch, einwandfreien Zustand der Abbindelitzen und ihrer Anschlußstellen, gute elektrisch leitende Verbindung des Abschirmschlauches an den Leitungsenden, insbesondere an den Zündkerzen; Prüfung der federnden Kontaktstifte und der Isolierkörper an den Entstörkappen.

Genaue Untersuchung aller Leitungsanschlüsse auf Festsitz sämtlicher Klemmschrauben (mit einem Schraubenzieher), Vorhandensein von Fremdkörpern, z. B. Metallspänen, kleineren Metallschrauben, Schmutz und dergl., Korrosion der Metallteile einschl. des Leitungsmetalls, Vorhandensein von Kondens- und Spritzwasser.

6. Sonstige allgemeine Prüfungen (Kontrollen)

Für sämtliche wichtigen Gehäuseverbindungsschrauben und -muttern, die sich erfahrungsgemäß nach einer bestimmten Stundenzahl infolge Setzens elastischer Dichtungen oder Ausgleichs von Montagespannungen durch abwechselnde längere Erwärmung und Abkühlung des Motors während des Betriebes nachziehen lassen, sind außer der „Allgemeinen und täglichen Wartung" nach gewissen Betriebsstunden besondere Prüfungen angeordnet, die im wesentlichen in einer **Nachprüfung des Festsitzes dieser Schraubverbindungen und**, falls notwendig, in dem erforderlichen **Nachziehen bestehen.**

So sind z. B. beim

Jumo 210 und 211 alle 12½ Betriebsstunden die Befestigungsmuttern der Wasserführungen und der Haube des Kurbelgehäuses auf festen Sitz nachzuprüfen, nach je 50 Stunden zusätzlich die

Geräte- und Motorbefestigungsschrauben sowie die Getriebemuttern nachzuziehen;

Bramo 323 nach je 25 Betriebsstunden die Motorbefestigungsbolzen und Vorbauanschlüsse zu prüfen usw.

Ferner sind neben der täglichen Wartung nach einer bestimmten Betriebszeit (z. B. beim Jumo 210 und 211, DB 600 und 601 nach je 12½ Betriebsstunden) die **Luftschrauben auf festen Sitz**, ordnungsgemäße Sicherung sowie sonstige Beschädigungen zu **prüfen**. Wurde beim Aufsetzen der Schraube zu viel Fett verwendet, so kann es bei nicht genügend festem Anzug vorkommen, daß durch Schmelzen dieses Fettes bei Betriebswärme ein Lockern der Luftschraube eintritt.

Nach je 12½, 25 oder 50 Betriebsstunden sind entsprechend dem Motormuster die verschiedenen **Betätigungsgestänge** auf Gängigkeit zu **prüfen** und abzuschmieren. So z. B. bei Vergasermotoren: Abschmieren der Drosselklappenlagerung am Vergaser und Prüfen des Gestänges zur Betätigung des Vergasers. Ist ein Ladedruckregler, ein Schaltgetriebe oder eine Einspritzpumpe vorhanden, so ist in bestimmten Zeitabständen eine Prüfung der entsprechenden Betätigungsgestänge auf Gängigkeit und Verschleiß, besonders an den Umlenkstellen, erforderlich. Wichtig ist auch die Prüfung der Verlegung des Betätigungsgestänges oder Seilzuges zum Einkuppeln des Schwungkraftanlassers. Ist das Gestänge oder der Seilzug für die Handeinrückung der Anlasserklaue zu kurz, eckt oder klemmt das Gestänge, so kann das Ein- und Auskuppeln nicht ordnungsgemäß vor sich gehen.

Bei den älteren Anlasserausführungen ohne Simmeringdichtung ist dann außerdem die Abdichtung des Anlassers durch die konische Dichtungsfläche unwirksam, so daß zwischen Anwerfklaue und Dichtfläche das Öl des Motors in den Anlasser eindringt und diesen sowie den Anlaßmotor unbrauchbar macht. Das Einrückgestänge oder der Seilzug soll daher in Ruhelage Längsspiel haben, damit die Anwerfklaue vollständig auf ihren Sitz zurückgehen kann. Ist kein oder nur ungenügendes Spiel vorhanden, kann durch die Bewegungen, die der laufende elastisch gelagerte Motor relativ zum Triebwerkgerüst ausführt, ständig ein teilweises Ein- und Ausrücken der Anlaßkupplung um den Betrag des Schwingungsausschlages eintreten. Ein solcher Zustand hat dann zur Folge:

1. Die Anwerfklaue geht nicht auf ihren Sitz zurück und dichtet gegen den Motor nicht mehr ab.
2. Innerhalb des Anlassers wird die Klaue mit dem Kuppelstück in Schwingungen versetzt, und hierdurch kommen dauernde Schläge auf die Mutter am Ende der Einrückstange, die ein Brechen der Einrückstange am Sitz der Mutter zur Folge haben können (Motorschäden durch die in den Apparateteil fallenden Bruchstücke! s. Abb. 159).
3. Ist das Einrückgestänge unmittelbar mit dem Anlaßschalter gekuppelt nur bei Handanlassern), so tritt je nach Größe der auftretenden Ausschläge eine Betätigung der Summeranlage ein. Ein Ver-

schmoren der Summer und unregelmäßiges Arbeiten der Zündung während des Fluges sind die Folge.

Über die sonst noch bei den verschiedenen Motoren nach Ablauf einer bestimmten Betriebszeit erforderlichen allgemeinen Wartungsarbeiten von geringerer Bedeutung sind, falls bei einem bestimmten Motormuster

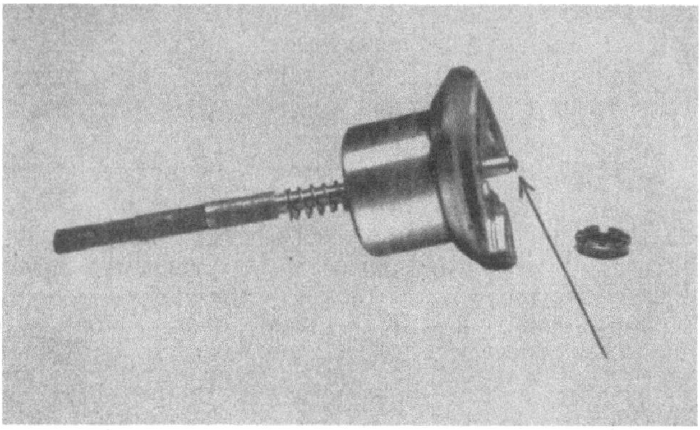

Abb. 159. Bruch der Einrückstange am Sitz der Mutter für die Befestigung der Kuppelklaue des Schwungkraftanlassers.

auf eine vollständige Zusammenstellung sämtlicher Wartungsarbeiten Wert gelegt wird, die Wartungstafeln und Vorschriften in den einzelnen Motorhandbüchern nachzulesen.

D. Wartungsarbeiten an fabrikneuen oder grundüberholten Motoren bei erster Inbetriebnahme

Der Vollständigkeit halber erscheint es bei der Aufzählung dieser Arbeiten notwendig, auch einen Teil von Wartungsarbeiten zu erwähnen, die nicht nur allein vor der ersten Inbetriebnahme sondern auch vor jeder täglich oder nach längerem Stillstand des Motors folgenden Inbetriebsetzung erforderlich sind.

Vor dem Einbau des Motors in das Flugzeug ist eine Entkonservierung vorzunehmen (s. S. 181 ff.).

Nach dem Einbau des Motors in den Motorvorbau und dem Anschließen und Absichern sämtlicher Leitungen und Bediengestänge werden **die Kraftstoff-, Kühlstoff- und Schmierstoffbehälter aufgefüllt.** Das Auffüllen der Betriebsstoffe soll nach Öffnung sämtlicher vorhandenen Entlüftungshähne nicht zu schnell vor sich gehen, damit dabei entstehende Luftblasen entweichen und sich nirgends Luftsäcke bilden können. Beim Einfüllen der Betriebsstoffe ist mit **größter Sauberkeit** vorzugehen. Einfüllvorrichtungen, Schlauchanschlüsse usw. sind peinlichst vor Verschmutzung zu schützen.

Nach dem Einfüllen des Kraftstoffes öffne man den Brandhahn. Um ein vollständiges Auffüllen des Kraftstoffsystems zu erreichen, ist vor der ersten Inbetriebnahme ein Aufpumpen mit der Handpumpe solange vorzunehmen, bis aus den am Vergaser oder der Einspritzpumpe gelösten Kraftstoffleitungen luftfreier Kraftstoff austritt. Die Maßnahme ist bei der ersten Inbetriebnahme wichtig, um ein einwandfreies Anspringen zu erzielen. Bei dem Auffüllen von Kraftstoff sind im übrigen die Verhaltungsvorschriften für den Umgang mit Bleibenzin (s. S. 114) zu beachten. Man vergesse nicht, auch den Behälter für die Sum-Vernebler-pumpe mit Einspritzbenzin zu füllen.

Das Einfüllen des Kühlstoffs einschließlich des vorgeschriebenen Anteiles an **Korrosionsschutzöl** soll unter Durchdrehen des Motors bei abgeschalteter Zündung über ein **feines Sieb** erfolgen. Man fülle solange Kühlstoff nach, bis aus den geöffneten Entlüftungshähnen ein stetiger Kühlstoffstrahl austritt.

Der Schmierstoff ist bei hochliegendem Schmierstoffbehälter (mit Schmierstoffentnahme am Boden) bei geöffnetem Schmierstoffhahn einzufüllen. Der Behälter darf nie ganz voll gefüllt werden, sondern über dem höchsten Schmierstoffspiegel soll sich immer noch ein Luftraum von 10 bis 15% Luft befinden, damit auch eine Volumenzunahme des Schmierstoffes (Temperatur und Schaumbildung) oder durch die Förderung der Schmierstoff-Rückförderpumpen, die etwa die doppelte Förderleistung der absaugenden Förderpumpe haben, beim Laufen des Motors ein Austritt von Schmierstoff aus der Entlüftung oder u. A. eine Beschädigung des Schmierstoffbehälters durch Überdruck vermieden wird.

Nach dem Einfüllen des Schmierstoffes prüfe man bei hochliegendem Schmierstoffbehälter (mit Schmierstoffentnahme am Boden) durch Lösen des Sauganschlusses am Motor, ob die Schmierstoffpumpe mit luftfreiem Schmierstoff versorgt wird. Bei Schmierstoffbehältern mit oben liegenden Tankköpfen müssen die Schmierstoffsaugleitungen je nach Lage der Behälter entweder vom motor- oder behälterseitigen Anschluß her mit Schmierstoff aufgefüllt werden. Im letzteren Falle ist der Sauganschluß am Motor zu lösen, damit die Luft entweichen kann. Grundsätzlich sind beim Einbau eines neuen Motors auch alle sonstigen schmierstofführenden Leitungen aufzufüllen. Um sämtliche Schmierstoffkanäle mit Schmierstoff anzufüllen, ist der Motor nach dem Auffüllen mit abgeschalteter Zündung einige Male durchzudrehen. Schmierstoffauffüllen bei der ersten Inbetriebnahme eines Motors im Winter und bei kaltem Wetter s. S. 138 ff.

Bei allen neuen und grundüberholten sowie solchen Motoren, die längere Zeit außer Betrieb gesetzt waren, muß unbedingt dafür gesorgt werden, daß **alle sich drehenden und gleitenden Teile bereits bei den ersten Umdrehungen mit genügend Schmierstoff versorgt sind,** um ein Fressen oder die Einleitung zu einem solchen Vorgang an den Lager- und Gleitstellen zu verhindern. Viele Schäden, die sich oft im unerwünschten Zeitpunkt, dem Start, mit verhängnisvollen Folgen auswirken, sind ihrem Ursprung nach auf ungenügende Schmierstoffversorgung dieser Stellen während der ersten Umläufe beim Anlassen des Motors zurückzuführen. Aus diesem Grunde sind für besonders gefährdete Lagerstellen, die erfahrungsgemäß sehr schnell schon bei kurzzeitig mangelhafter Schmierung zum Fressen neigen, für die verschiedenen Motorenmuster bestimmte Wartungsvorschriften erlassen, die je nach Notwendigkeit nur bei der ersten, der nach längerem Stillstand erfolgenden, oder jeder Inbetriebsetzung durchzuführen sind.

An den **Zündmagneten** ist vor jeder ersten Inbetriebnahme der Klappöler für das Verteilerlager mit Spindelöl (grün) aufzufüllen! Über sonstige Maßnahmen, die die Schmierstoffversorgung bei der ersten Inbetriebsetzung oder nach längerem Stillstand sicherstellen, sind bei den einzelnen Motorenmustern jeweils die entsprechenden Handbücher einzusehen.

Die Drehzahl des Motors soll bei der ersten Inbetriebnahme aus Gründen der Schonung **nur allmählich gesteigert werden;** ebenso ist beim Gaswegnehmen mit der Drehzahl nur langsam herunterzugehen und der Motor vor dem Abstellen zwecks Abkühlung noch einige Zeit im Leerlauf laufen zu lassen.

Während der ersten Stunden nach der Inbetriebnahme sollen neue und grundüberholte Motoren, abgesehen vom Start, möglichst nur mit Dauerleistung betrieben werden. Für die Erhöhung der Lebensdauer ist es von Vorteil, wenn der Motor auch noch weitere Betriebsstunden in der Hauptsache gedrosselt geflogen wird. **Auf besonders sorgfältige Wartung und Behandlung des Motors während der ersten 10 bis 20 Betriebsstunden ist größter Wert zu legen.**

Nach der ersten Inbetriebnahme sowie nach den ersten Flügen sind Schmierstoffsiebe oder Filter genauestens zu prüfen. Bei dieser Untersuchung ist, abgesehen von Verschmutzungen durch Ölkohle oder dergl., zwischen **Bearbeitungsspänen,** die bei fabrikneuen und grundüberholten Motoren als Folge mangelhafter Säuberung oder Überholung auftreten können, und zwischen **Metallspänen, die offensichtlich von beschädigten oder stark verschlissenen Motorteilen stammen,** zu unterscheiden (s. auch S. 166 ff.). In den meisten Fällen kann man eine derartige Unterscheidung auf Grund der Späne mit einer Lupe ohne große Schwierigkeiten treffen. Während der Motor beim Vorfinden von Bearbeitungsspänen nach einem Schmierstoffwechsel, einer Durchspülung und Reinigung des Schmierstoffsystems und gegebenenfalls auch der Behälter sowie bei weiterer Beobachtung der Siebe und Filter im Betrieb bleiben kann, muß beim Vorfinden von Metallspänen, die von beschädigten Triebwerkteilen herrühren, wenn möglich, eine genaue Feststellung der Schadensursache erfolgen.

Werden in den Filtern keine nennenswerten Bearbeitungs- oder Metallspäne gelegentlich der ersten Prüfungen vorgefunden, ist **bei neuen und grundüberholten Motoren ein Schmierstoffwechsel erst nach Ablauf von 100 Betriebsstunden notwendig.**

E. Konservierungs- und Wartungsarbeiten zur Verhütung von Korrosionsschäden an Flugmotoren

An Lagermotoren oder aus irgendwelchen Gründen länger **aus dem Betrieb gezogenen Motoren** treten im Laufe der Zeit **Korrosionserscheinungen** (Rostbildung und Anfressungen) auf. Die **Korrosionsgefahr** ist am Motor besonders groß an allen Stellen des Verbrennungsraumes (Ventilen), an den Wänden der Kühlstoffräume sowie an allen äußeren blanken und galvanisierten Teilen. Um sich vor Schäden durch Korrosion an diesen Stellen zu schützen, ist eine genaue Beachtung der im folgenden kurz geschilderten Konservierungsmaßnahmen erforderlich.

1. Durchführung der Flugmotorenkonservierung

Konservierungsarbeiten an Motoren in verschiedenen Betriebszuständen. Am Schluß der Abnahme auf dem Prüfstand sind **zu versendende und einzulagernde neue oder überholte Motoren** solange mit abgesperrter Kraftstoffzufuhr zu betreiben, bis das Kraftstoffsystem vollständig entleert ist. Danach ist der Motor 15 Minuten mit **„Auslaufkraftstoff"**, d. i. ein bleifreies Benzin-Alkoholgemisch mit ungefähr 20% Alkohol und 5% Schmierstoff, solange stark gedrosselt zu fahren (Drehzahl s. Angaben in den Motorhandbüchern; **Abbremsen verboten**, da dieser Kraftstoff nicht genügend klopffest ist), bis das Kraftstoffsystem nach Abschalten des Auslaufkraftstoffes entleert ist und der Motor ebenfalls von selbst stehen bleibt. Durch das Fahren mit Auslaufkraftstoff wird eine **restlose Entfernung der bleihaltigen Zusätze und Säurereste** aus dem Motor erreicht. Zum Umschalten von Bleibenzin auf Auslaufkraftstoff wird empfohlen, auf dem Prüfstand einen Hilfsbehälter mit einer Hahnbatterie erstellen. Bei Dieselmotoren fällt bei neuen oder überholten Motoren der Betrieb mit Auslaufkraftstoff fort.

Motoren, die in betriebsklaren Flugzeugen eingebaut und voraussichtlich längere Zeit außer Betrieb sind, sind nach dem Stillsetzen zur Vermeidung von Korrosionsbildung **allwöchentlich über 6 Kurbelwellenumdrehungen durchzudrehen.** Dabei überzeuge man sich vor dem Durchdrehen davon, daß die Zündung ausgeschaltet ist, damit Unfälle durch Propellerschlag vermieden werden. (Bei Einspritzmotoren Stoppvorrichtung betätigen oder, falls diese noch nicht angebaut oder bei Stillstand des Motors nicht zu betätigen ist, Brandhahn schließen.) Bleibt der Motor unvorhergesehen **länger als zwei Wochen außer Betrieb**, so ist er **warm zu fahren und im handwarmen Zustand** (etwa 30—40° C am Zylinderkopf) **zu konservieren.** Läßt sich eine solche Konservierung im Flugbetrieb nicht durchführen, so muß dafür gesorgt werden, daß die Motoren **allwöchentlich kurzzeitig in Betrieb** genommen werden.

Motoren in betriebsunklaren Flugzeugen sind sofort nach Stillsetzen des Motors im handwarmen Zustand zu konservieren.

Reparaturmotoren, die zur Überholung oder Instandsetzung ausgebaut und an ein Instandsetzungswerk zum Versand gebracht werden, sind **spätestens zwei Tage nach der Außerbetriebsetzung** ohne Vorbehandlung **zu konservieren,** um Beschädigungen durch Korrosionsbildung während der Versand- und Lagerzeit zu verhindern. Wird bei flüssigkeitsgekühlten Motoren infolge Undichtheiten im Kühlstoffkreislauf ein Kühlstoffeinbruch in das Motorinnere festgestellt, so muß eine sofortige Konservierung vorgenommen werden.

Konservierung der Verbrennungsräume. Durch die Verwendung von bleihaltigen Kraftstoffen für den Betrieb von Flugmotoren treten durch die bei dem Verbrennungsvorgang anfallenden Rückstände die bereits erwähnten Korrosionserscheinungen an sämtlichen Stellen des Verbrennungsraumes auf. Diese Erscheinungen führen zum allmählichen Zerfressen und zur Zerstörung sämtlicher davon betroffenen Teile. Soweit sich diese Korrosionserscheinungen während der eigentlichen Betriebszeit des Motors zeigen, spricht man von Heißkorrosion. (Abhilfe: Stellitieren der Ventilkegel!) Treten sie nach dem Stillsetzen des Motors im kalten Zustand auf, nennt man sie Kaltkorrosion. Die Kaltkorrosion ist bei längerer Lagerzeit in feuchter Luft besonders stark, so daß man zu ihrer Bekämpfung unbedingt eine Konservierung vornehmen muß.

Das **Konservieren** soll bei Einbau- und Reservemotoren **möglichst unmittelbar nach dem Stillstand des Motors** in handwarmem Zustand (30 bis 40° C am Zylinderkopf) im Anschluß an den Nachlauf erfolgen, um einen möglichst wirkungsvollen Korrosionsschutz zu erzielen. Konservieren bei zu warmem oder zu kaltem Motor vermindert die Güte der Konservierung und führt zu Schäden bei der Inbetriebnahme. Besonders ist zu beachten, daß der Motor nach dem Stillsetzen vor dem Eindringen feuchter Luft in die Innenräume der Zylinder geschützt wird. Die Konservierungsarbeiten sind daher möglichst in einem trockenen und gut gelüfteten Raum vorzunehmen. Bei Reparaturmotoren ist die Konservierungsbehandlung in kaltem Zustand vorzunehmen.

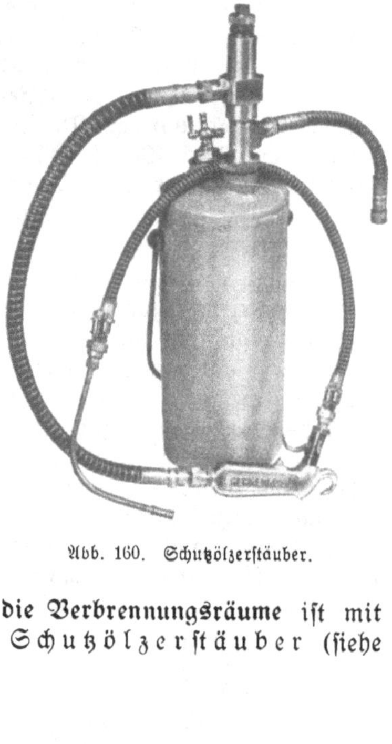
Abb. 160. Schutzölzerstäuber.

Als **Zylinderkonservierungsmittel** ist das auch für Kühlstoffräume und Außenkonservierung vorgesehene **Schutzöl** zu verwenden.

Das Einspritzen des Schutzöles in die Verbrennungsräume ist mit einem besonderen **Einspritzgerät,** dem Schutzölzerstäuber (siehe

Abb. 160), der an Preßluft von 4—8 atü angeschlossen wird, vorzunehmen. Nachdem die jeweils am leichtesten zugängliche Zündkerze jedes Zylinders herausgeschraubt ist, ist das Schutzöl bei Stellung der Kolben im unteren (kurbelwellenseitigen) Totpunkt nacheinander in die einzelnen Zylinder mit dem Einspritzgerät durch die Zündkerzenöffnung einzuspritzen.

Die **Einspritzdauer** soll bei kleinen Motoren (z. B. As 10 C) je 10 Sekunden, bei größeren Motoren (z. B. Jumo 211) je 15 Sekunden pro Zylinder nicht überschreiten. Längeres Einspritzen ist zu vermeiden, weil dadurch zu große Schutzölmengen in die Verbrennungsräume gelangen.

Um eine möglichst **gleichmäßige Verteilung des Schutzölnebels** zu erreichen, ist das Spritzgerät während des Einspritzens hin und her zu bewegen. Dabei ist darauf zu achten, daß das Zündkerzengewinde nicht beschädigt wird. Danach ist der Motor, um auch eine Benetzung der von Kolben überdeckten Stellen zu erreichen, dreimal durchzudrehen. Sodann werden sämtliche zugänglichen Ventilkammern, insbesondere die Auslaßventilkammern bei geöffneten Auslaßventilen, ausgespritzt sowie der Ansaugschacht bei Ladermotoren eingestäubt. Hiernach sind die Zündkerzen wieder einzuschrauben.

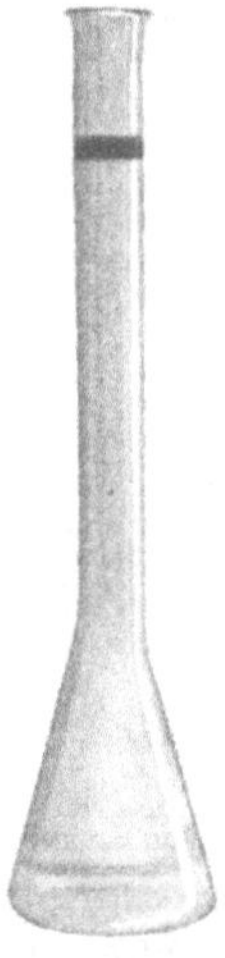

Abb. 161. Prüfflasche zur Bestimmung des Schutzölgehaltes von Schutzöl-Kühlstoffmischungen.

Bei Dieselmotoren (Jumo 205) kann das Vernebeln von Schutzöl durch die Brennstoffdüsenbohrungen vorgenommen werden. Behelfsmäßig kann das Vernebeln auch durch die freigelegten Auspuffschlitze erfolgen. Um das Einspritzen von Kraftstoff beim Durchdrehen der Dieselmotoren zu verhindern, ist die Brennstoffpumpe auf Nullförderung zu stellen.

Konservierung der Kühlstoffräume (nur für flüssigkeitsgekühlte Einbau- und Reservemotoren). Nachdem der Kühlstoff abgelaufen ist, sind die Kühlstoffräume mit einer Emulsion von **Schutzöl mit Wasser vollständig** (bis zum Überlaufen) **anzufüllen** (10—15% Schutzöl und 90—85% Wasser). Für restlose Entlüftung der Kühlstoffräume ist Sorge zu tragen. Die Emulsion ist dann etwa 2 Stunden in den Kühlstoffräumen zu belassen und dann über ein feinmaschiges Sieb zur Ausscheidung von Verunreinigungen wieder abzulassen. Die Emulsion kann dann auch weiterhin Verwendung finden. Von Zeit zu Zeit ist der **Schutzölgehalt der Emulsion** mit einer Schüttelflasche (s. Abb. 161) zu prüfen. Unter 8% Schutzöl soll der Gehalt nicht absinken (s. hierzu auch S. 213).

Nach der Konservierung der Verbrennungs- und Kühlstoffräume sind bei den für den Versand oder für die Einlagerung bestimmten Motoren **sämtliche offenen Ansaug- oder Auspufföffnungen sowie alle Leitungen** gegen Außenluft durch geeignete Verschlußmittel, wie Blindflanschen, Kappen aus Leder oder Gummi, Blindstopfen, Schutzkappen aus Kunstharz oder Blech, **abzudichten**. Auch gegen Eindringen von Fremdkörpern wird hierdurch ein wirksamer Schutz erreicht (s. Abb. 162 und 163). **Das Verschließen ungeschützter Öffnungen durch Hineinstopfen von Lappen, Putzwolle oder ähnlichem ist unzulässig und gefährlich.**

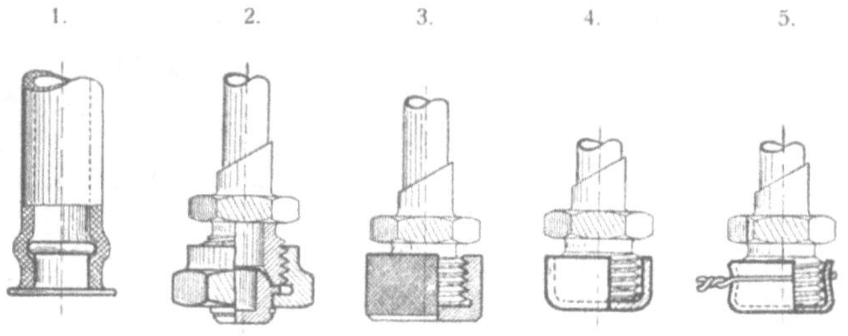

1. Kappe aus Leder 3. Kappenmutter aus Metall oder Kunstharz
2. Kappe aus Gummi 4. Überwurfmutter mit Blinddichtkegel
5. Blechschutzkappe für Gummimuffen

Abb. 162. Klappen und Überwurfmuttern zum Verschließen von Motoranschlußöffnungen, um das Eindringen von Schmutz und Fremdkörpern zu verhindern.

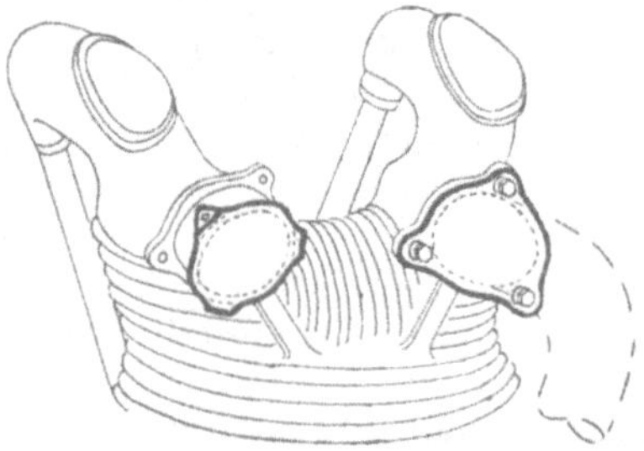

Abb. 163. Auspuff- und Ansaugöffnungen am Zylinderkopf eines Sternmotors gegen Eindringen von Schmutz und Fremdkörpern durch Flansche blind geschlossen.

Äußere Konservierung. Alle blanken Teile des Motors außer der Störschutzummantelung der elektrischen Leitungen sind mit **heißem** (100 bis 120° C) **flüssigen Schutzfett** einzupinseln. Desgleichen sind auch Luftschraubennaben, Andrehkurbeln und freiliegende Steuerungsantriebe bei Sternmotoren und dergl. mit einem Überzug von Schutzfett zu versehen. Der gesamte Motor ist danach äußerlich leicht mit Schutzöl zu bespritzen. Die elektrischen Leitungen dürfen, da die Isolation durch Schutzöl leiden würde, nicht überspritzt werden, sondern sind vorher durch Umwickeln mit Ölpapier oder dergl. zu schützen. Ebenso sind die Entstörkappen und Störschutzummantelungen gegen das Eindringen von Schutzöl zweckentsprechend abzudecken.

Es ist zweckmäßig, **für jeden konservierten Motor ein Anhängeschild** nach Abb. 164 auszufertigen, auf dem die Durchführung der Konservierung sowie die regelmäßigen Wartungsarbeiten zu vermerken sind.

2. Laufende Wartungsarbeiten an konservierten Motoren

Sämtliche konservierten Motoren sind in Abständen von einem Monat *äußerlich und in den Verbrennungsräumen* auf den ordnungsgemäßen Zustand der Konservierung *zu überprüfen.* Sind die Verbrennungsräume im Laufe der Standzeit trocken geworden, so sind sie **mit Schutzöl nachzukonservieren. Eine Nachkonservierung soll** grundsätzlich **an jedem Lagermotor** erfolgen, **wenn er 6 Monate nicht im Betrieb gewesen ist.** Das Nachkonservieren erfolgt nach S. 178 ff. am kalten Motor. Bei dieser Arbeit ist das Motoräußere sowie das Innere, soweit es ohne Demontage zugänglich ist (Zylinder innen mit Zylinder-Ausleuchtlampe), sorgfältig auf Korrosionsbildung zu prüfen. Werden an den äußeren Teilen Rostansätze festgestellt, so sind die Stellen mittels in Waschpetroleum eingetauchter Lappen zu reinigen und sodann neu zu konservieren.

Motor ist konserviert		
Triebwerk mit:		
Verbrennungsräume mit:		
Kühlstoffräume mit:		
außen mit:		
Motor-Muster:	Werk-Nr.	
Eingang:	Betr.-Std.	
Abl. d. Prüf-Scheins:		
Zustand:		
Konservierungs-Arbeit:	erledigt am:	durch:
z. B.: Grundkons.		(Name)

Abb. 164. Kontrollanhängeschild für konservierte Flugmotoren.

Bildung von *Schwitzwasser* an den inneren oder äußeren Teilen des Motors während der Lagerzeit muß unbedingt vermieden werden. Als Lagerraum kommt daher nur ein trockener, vor Witterungseinflüssen und direkter Sonnenbestrahlung geschützter Raum in Frage.

3. Entkonservierung vor Inbetriebnahme von Motoren

Vor der Wiederinbetriebnahme bzw. ersten Inbetriebnahme von Ersatzmotoren ist die Konservierung zu entfernen. Vorerst sind die Rückstände der Außenkonservierung *abzuwaschen.* Dann ist bei Ersatzmotoren das im Gehäuse und im Getriebe befindliche Öl *abzulassen* und Frischöl der für den Motor vorgeschriebenen Art aufzufüllen. **Die Zündkerzen** sind herauszuschrauben und **von dem Konservierungsöl durch Abwaschen mit Benzin zu reinigen. Hierbei ist zu beachten, daß die Glimmerisolation von Glimmerkerzen möglichst nicht mit Benzin in Berührung kommt,** da Benzin die mit Schellack zusammengeklebten Glimmerschichten löst und dadurch den Isolationswert der Kerze in starkem Maße herabsetzt. Dann wird das **Konservierungsöl** unter Durchdrehen und Veränderung der Lage des Motors **aus den Zündkerzenlöchern oder durch Absaugen** mit einer Spritze **entfernt**.

Bei Reihenmotoren mit tiefliegendem Vergaser und Ladeleitungen (z. B. Jumo 210, 211; DB 600 und 601) kann es vorkommen, daß sich verdicktes Konservierungsöl in den Ladeleitungen bzw. im Vergaser ansammelt. Wird der Motor dann bei der Inbetriebnahme warm und das Konservierungsöl wieder dünnflüssig, so gelangt es bei geöffneten Ventilen in den Verbrennungsraum, so daß es zu Pleuelschäden infolge Flüssigkeitsschlag kommen kann. Es ist daher bei diesen Motormustern zu empfehlen, Vergaser und Ladeleitungen bei der Entkonservierung abzunehmen und von Konservierungsöl zu reinigen. Für **die Entfernung der Reste der Schutzölemulsion aus den Kühlstoffräumen** ist ein **Ausspülen mit Wasser** vorzunehmen. Sodann ist die vorgeschriebene Kühlstoffmischung einschließlich des Korrosionsschutzölanteiles aufzufüllen.

Die Wiederinbetriebnahme bzw. erste Inbetriebnahme eines vorher konservierten Motors soll nach Möglichkeit mit älteren **Zündkerzen** erfolgen, da sich trotz des Entkonservierens noch Reste von Korrosionsschutzöl in den Zylindern befinden, die beim ersten Motorlauf mit verbrennen und zum Verölen und Verschmutzen der Kerzen führen. Erst wenn diese Schutzölreste verschwunden sind, sollen die für den Betrieb vorgesehenen oder neue Zündkerzen verwendet werden.

III. Die Wartung der Triebwerkseinbauten

A. Triebwerksgerüst und Verkleidung

Das Triebwerksgerüst ist regelmäßig zu überprüfen, insbesondere auf etwa vorhandene **Rißbildungen, Stauchungen** und **Streckungen** und auf **lose Nieten** an den Beschlägen.

Die **Schrauben** und **Verschraubungen** sind auf festen Sitz und ordnungsgemäße Sicherungen zu prüfen. Nachziehen von Schrauben und Verschraubungen darf nicht mit verlängertem Schlüssel, z. B. durch Einstecken eines Rohres in normale Gabelschlüssel erfolgen, da hierbei die Gefahr besteht, daß die Schraube bzw. Verschraubung abgewürgt wird.

Nachprüfen der **Gummipakete** auf Lagerung des Gummis, auf feste Haftung des Gummis auf dem Metall.

Schadhafte Anstrichstellen sind zu erneuern, wobei vorher die auszubessernde Stelle fettfrei zu machen ist.

Werden Risse, Stauchungen oder sonstige Beschädigungen festgestellt, oder hat ein Flugzeug einen Kopfstand oder Bauchlandung gemacht, so ist das Triebwerksgerüst auszubauen und mit entsprechendem Vermerk zur Instandsetzung abzugeben.

Die Verkleidung ist stets auf festen Sitz zu prüfen. Verschlüsse müssen nachgeprüft werden, Klappen und Verschlüsse vor dem Flug geschlossen sein.

Rißbildungen in den Verkleidungsblechen sind zu überwachen. Kleine Risse abzubohren und durch Unternieten von Blechstücken zu unterbinden.

Verkleidungsteile sind immer gut zu konservieren.

B. Kraftstoffanlage

1. Kraftstoffbehälter

Die im Betrieb der Luftwaffe verwendeten **Kraftstoffbehälter** sind für Schulflugzeuge aus Leichtmetall, für Frontflugzeuge aus Leichtmetall mit Leckschutz oder als vollgeschützte Behälter ausgeführt. In Sonderfällen werden auch sogen. Sackbehälter benutzt.

Die Behälter werden vom Herstellerwerk einer Druckprüfung unterzogen. Der Prüfdruck ist 0,25 atü. Im Anlieferungszustand sind sämtliche **Öffnungen der Behälter** mittels Holzdeckel oder Tücher dicht **verschlossen.** Werden Behälter aus einem Flugzeug ausgebaut, sind die Öffnungen ebenfalls zu verschließen, damit kein Schmutz in den Behälter gelangen kann.

Beim Transport der Behälter ist darauf zu achten, daß sie nicht durch Fall oder Stoß beschädigt werden. Auch dürfen Behälter nie auf einer Kante oder sonst irgendwie hart aufgesetzt werden.

Werden **Arbeiten an einem geöffneten Behälter** vorgenommen, so ist peinlichst darauf zu achten, daß keine Fremdkörper in den Behälter gelangen können. Solche Unachtsamkeit kann durch Verstopfung der Kraftstoffzuführung zum Motor einen Absturz des Flugzeuges herbeiführen. Vor dem Aufsetzen der Armaturen ist unbedingt der Behälter nochmals innen auszuleuchten und auf Vorhandensein von Fremdkörpern nachzuprüfen. Es sind hierzu nur absolut funkenfreie Taschenlampen zu verwenden.

Die aus Leichtmetall hergestellten Kraftstoffbehälter sind heute fast immer **aus einzelnen Blechteilen zusammengeschweißt,** teilweise noch genietet.

Bei leckgeschützten Behältern ist der eigentliche Behälter ebenfalls aus einzelnen Blechteilen zusammengesetzt. Um bei Undichtheiten, z. B. Reißen von Schweißnähten, einen Kraftstoffverlust zu vermeiden, sind diese Behälter mit einem **Gummiüberzug** versehen. Diese Behälter bedürfen einer besonderen Wartung.

Während der normalen Wartungsarbeiten sind die Behälter **immer wieder auf Rißbildungen an den Schweißnähten** (s. Abb. 165) bzw. auf Zerstörung durch Unter- oder Überdruck **nachzuprüfen** (s. Abb. 166).

Beim normalen Blechbehälter wird sich eine Undichtheit immer sofort durch Kraftstoffverlust, im Anfangsstadium durch tropfenweises Durchsickern von Kraftstoff am Stand, bemerkbar machen.

Bei leckgeschützten Behältern machen sich die Undichtheiten dadurch bemerkbar, daß sich die äußere Gummihaut vom Behälter

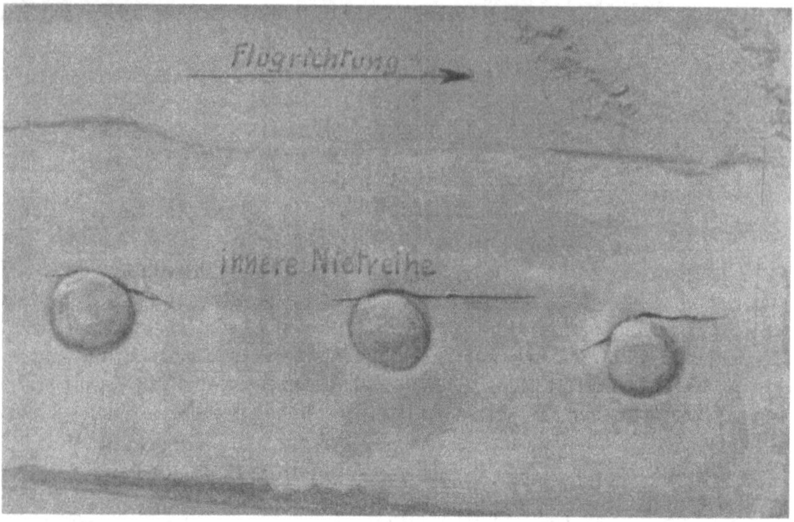

Abb. 165. Rißbildung an der Nietreihe eines Kraftstoffbehälters.

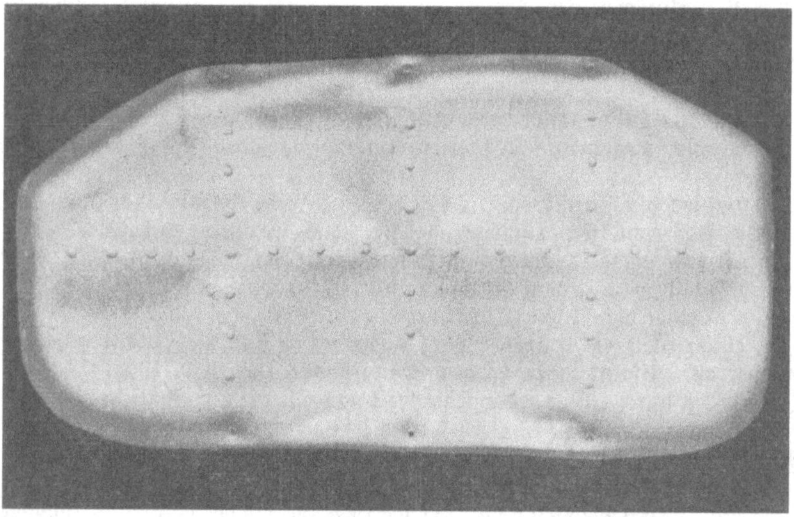

Abb. 166. Durch Unterdruck zerstörter genieteter Behälter.

loslöst und der Kraftstoff in der Schutzhaut beutelartige Ausbuchtungen verursacht. Wird ein derartiger Zustand festgestellt, so ist der Behälter auszubauen, da bei Vergrößerung der Beule die Gefahr besteht, daß in der Nähe des Kraftstoffbehälters lagernde Steuerungsteile blockiert werden. Die Gummihaut kann in diesem Fall abgelöst und die Ursache näher verfolgt werden.

In den meisten Fällen wird dabei festgestellt werden können, daß die **Undichtheit an einer Ankerschraube** aufgetreten ist. Die Undichtheit ist durch Unterlegen einer neuen Dichtung und Wiederanziehen der Ankerverschraubung zu beheben. Der Behälter kann ohne Leckschutz weitergeflogen werden.

Sind beim normalen oder leckgeschützten Behälter Rißbildungen oder Undichtheiten durch äußere Einwirkungen, z. B. durch **Beschuß** (siehe Abb. 167), festgestellt worden, so können die Behälter durch Zuschweißen bzw. Aufschweißen von Blechflicken wieder instandgesetzt werden.

Beschossene geschützte Behälter sind spätestens nach 24 Stunden auszubauen und auf dem Nachschubweg zur Instandsetzung einzusenden. (Versandvorschriften beachten!)

Abb. 167. Austritt des Schusses aus einem leckgeschützten Kraftstoffbehälter.

Es ist ferner erforderlich, die Blechbehälter von Zeit zu Zeit, spätestens bei Teilüberholung des Flugzeuges, auch innen abzuleuchten, um **Korrosionsschäden oder Zerstörung der Innenkonstruktion** (s. Abb. 168), die durch Überbeanspruchung des Behälters im Flugzeug oder bei harten Landungen auftreten können, festzustellen.

Ferner ist es wichtig, von Zeit zu Zeit die **richtige Lage des Behälters** zu überprüfen und insbesondere daraufhin, ob in der Nähe des Behälters lagernde Bauteile den Behälter nicht angescheuert haben (s. Abb. 169).

Abb. 168. Durch Überbeanspruchung zerstörte Innenkonstruktion eines Kraftstoffbehälters

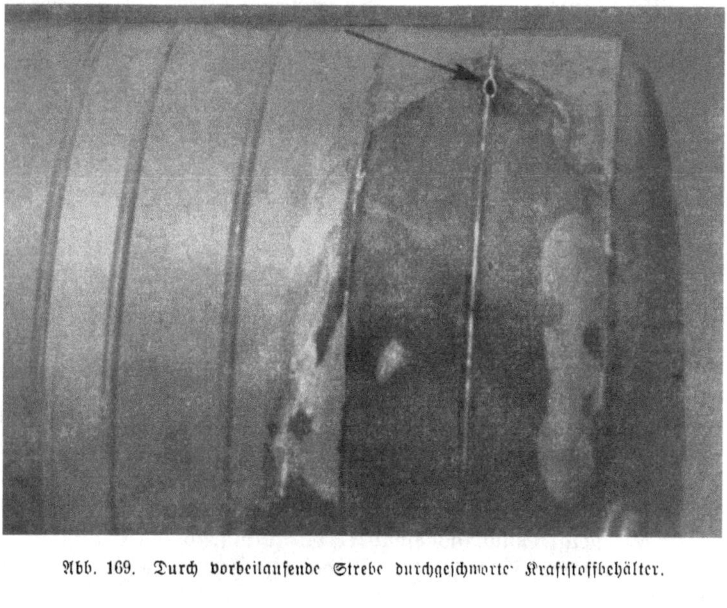

Abb. 169. Durch vorbeilaufende Strebe durchgeschmorte Kraftstoffbehälter.

Die **Korrosionsbildung** geschieht dadurch, **daß** das im Kraftstoff in geringen Mengen fast immer vorhandene Wasser sich am Stand an der tiefsten Stelle des Behälters absetzt und mit Schmutzteilen aus Kraftstoff oder Schweißpulverresten sogenannten L o ch f r a ß hervorruft. Durch Ausschneiden der gefährdeten Stelle und Einschweißen eines entsprechenden Blechstückes kann der Schaden behoben werden.

Das Betanken der Kraftstoffbehälter im Flugzeug

Beim Betanken ist **darauf zu achten, daß nicht mit zu hohem Druck aufgefüllt wird.** Um Zerstörungen der Behälter zu vermeiden, ist es zweckmäßig, beim Betanken den Peilstab herauszunehmen, um dadurch ein müheloses Entweichen der Luft zu fördern.

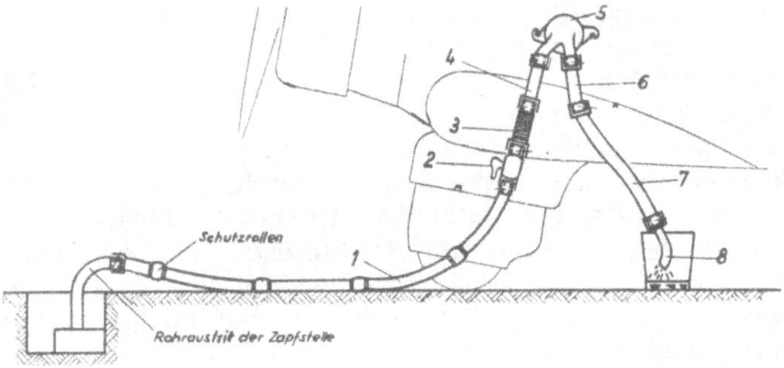

Abb. 170. Auftankanlage (schematisch) für Flugzeug mit Außenbordanschluß.
1 = Zapfschlauchleitung, 2 = Zapfventil, 3 = Filter, 4 = Übergangsschlauchleitung, 5 = Kraftstoff-Füllanschluß, 6 = Überlaufschlauchleitung, 7 = Zapfschlauchleitung, 8 = Auslauftülle.

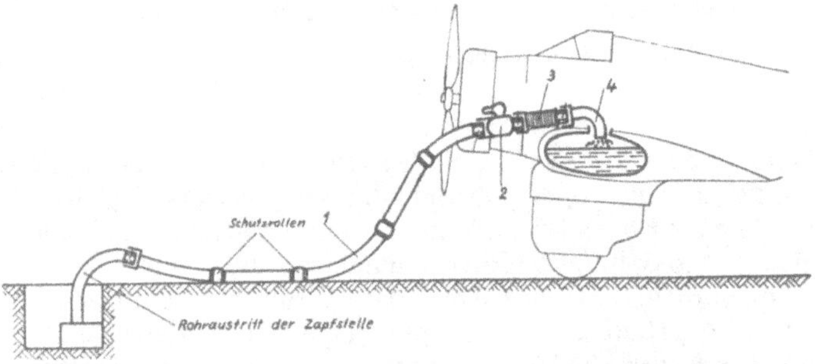

Abb. 171. Auftankanlage (schematisch) für Flugzeug mit durch Verschraubung verschlossenen Kraftstoffbehältern.
1 = Zapfschlauchleitung, 2 = Zapfventil, 3 = Filter, 4 = Auslauftülle.

Hat das Flugzeug einen Außenbordanschluß und wird aus einer Zapfstelle der **Flugfeldtankanlage** getankt, so wird die Zapfschlauchleitung aus der Zapfstelle der Flugfeldtankanlage mittels Kraftstoffüllanschluß am **Außenbordanschluß** des Flugzeuges angeschlossen. Ist der Behälter gefüllt, so wird der zuviel geförderte Kraftstoff über die Überlaufleitung ins Freie geführt. Der überlaufende Kraftstoff wird in einem Eimer aufgefangen (s. Abb. 170).

Im gleichen Augenblick, wo Kraftstoff aus der Überlaufleitung austritt, wird die Zapfgrubenpumpe abgestellt. Wird nun, um den in der Zapfleitung vorhandenen Kraftstoff abfließen zu lassen, nicht gleichzeitig auch der Füllanschluß am Außenbordanschluß abgenommen, so wird durch Heberwirkung der Eimer mit entleert. Es kann dabei der Fall eintreten, daß durch entstehenden Unterdruck der Behälter zerstört wird. Das Auffüllen der Kraftstoffbehälter mit Auffülltankkopf am Behälter geschieht auf dieselbe Weise.

Hat das Flugzeug einen **Behälter mit einem Verschlußdeckel** (Bajonettverschluß oder Gewindeverschraubung), so geschieht das Auftanken aus der Zapfgrube ebenfalls über eine Zapfschlauchleitung, wobei am Ende ein Zapfventil und, daran angesetzt, die Auslauftülle in den Behälter geführt wird (s. Abb. 171).

Ist der Behälter voll, so wird das Zapfventil verschlossen. Geschieht das nicht, so läuft der in der Zapfschlauchleitung vorhandene Kraftstoff in die Flugfeldtankanlage zurück und nimmt je nach Eintauchtiefe der Auslauftülle in den Behältern wieder Kraftstoff heraus. Die Folge davon ist, daß Notlandungen infolge Kraftstoffmangel auftreten können.

Beim Tanken mit Auslauftülle werden leicht durch die Auslauftülle die an einem Behälter-Auffülltankkopf angebrachten Steigrohre oder sonstige Armaturen wie z. B. Umpumpbegrenzer, beschädigt. Um dies zu vermeiden, ist an der Auslauftülle eine Begrenzung für die Einstecktiefe vorzusehen. **Beschädigte Tauchrohre oder Umpumpbegrenzer gefährden in höchstem Maße die Flugsicherheit.**

Das Enttanken der Kraftstoffbehälter im Flugzeug

Beim Enttanken ist ganz besondere Vorsicht notwendig, da die Behälter mehr unterdruck- als überdruckempfindlich sind. Wenn keine Ablaßverschraubung vorhanden, ist das Enttanken von Behältern mit Fülltankkopf am zweckmäßigsten durch Einführen eines Schlauches in den Behälter und durch Heberwirkung vorzunehmen. Bei Behältern mit Außenbordanschluß wird dadurch enttankt, daß am Außenbordanschluß das Heinkel-Hosenrohr aufgesetzt wird, wobei ein Schlauch am Füllanschluß in den Aufnahmebehälter für den Kraftstoff und ein Schlauch am Überlauf an eine Preßluftflasche angeschlossen wird. Durch geringes Druckgeben (höchstens 0,2 atü) wird ein Auslaufen des Kraftstoffes erzielt. Sobald Kraftstoff ausfließt, ist der an der Preßluftflasche angeschlossene Schlauch am Überlaufstutzen des Heinkel-Hosenrohres abzunehmen. Das Leerlaufen des Behälters geschieht selbständig durch Heberwirkung.

Wird das Leerpumpen eines Behälters so vorgenommen, daß ein **Schlauch auf den Auffüllstutzen des Außenbordanschlusses aufgeschoben** wird, so ist darauf zu achten, daß der Schlauch nicht zu dick ist und dabei den Ringquerschnitt des Überlaufes bzw. der Entlüftung ganz oder teilweise zudeckt. Es kann dann kein Druckausgleich stattfinden, und eine Zerstörung des Behälters durch Unterdruck ist unvermeidlich. Es ist daher zweckmäßig, auf alle Fälle den Peilstab herauszuschrauben, um einen zusätzlichen Luftzutritt zum Behälter zu schaffen.

Das Schweißen von metallenen Kraftstoffbehältern

Sind an einem Kraftstoffbehälter auch nur die geringsten Schweißarbeiten vorzunehmen, so ist der Kraftstoff abzulassen und der **Behälter in jedem Fall aus dem Flugzeug auszubauen.**

Es ist verboten, Schweißarbeiten an Kraftstoffbehältern **im Flugzeug** vorzunehmen.

Die noch im Behälter verbliebene Restmenge Kraftstoff wird entleert und der Behälter danach mit **Tetrachlorkohlenstoff** ausgespült. Die zum Spülen verwendete Menge ist je nach der Größe des Behälters mit 1 bis 6 Liter zu bemessen und darf nicht öfter als einmal verwendet werden. **Nach dem Spülen** ist der **Behälter mit Preßluft oder** einem **Staubsauger** etwa 3/4 Stunden lang **auszublasen,** um ihn innen vollständig zu trocknen und von Benzingasen zu befreien. Nach dem Ausblasen ist der Behälter mit **Kohlensäure** zu füllen. Erst nachdem diese Vorsichtsmaßnahmen gewissenhaft durchgeführt sind, kann mit dem Schweißen begonnen werden.

Das Schweißen geschieht am besten im Freien. Ist dies nicht möglich, so sind in dem Raum, in welchem Behälter geschweißt werden, Türen und Fenster offen zu halten.

Die instandzusetzende Stelle ist von außen und innen zu reinigen und besonders vom Anstrich zu befreien. Nach erfolgter Instandsetzung muß die überholte Stelle vorschriftsmäßig haltbar gemacht werden. Risse dürfen nicht einfach verschweißt werden, sondern müssen zu einem runden oder rechteckigen Loch erweitert und durch Einschweißen eines Flickens beseitigt werden. Sämtliche Schweißrückstände sind restlos zu entfernen. Abbürsten oder Abspülen mit Wasser genügt nicht. Es ist unbedingt nötig, daß die Schweißstellen mit einer 2- bis 4-prozentigen Salpetersäurelösung abgewaschen und dann mit reinem Wasser nachgespült werden. Statt Salpetersäurelösung kann auch heißes Wasser und Kaliumbichromat verwendet werden. Es werden auf 1 Liter heißes Wasser 50 Gramm Kaliumbichromat zugesetzt. Zurückgebliebene Wassertropfen werden mit einem weichen Leinenlappen, welcher an einem Draht befestigt ist, sorgfältig aus dem Innern des Behälters entfernt.

Die zu überholende Stelle ist nach dem Schweißen unbedingt vorschriftsmäßig haltbar zu machen.

Fremdkörper-Kontrolle nicht vergessen, nachdem der Behälter der vorgeschriebenen Druckprobe unterzogen wurde.

Der vollgeschützte Behälter

Der eigentliche Behälter besteht aus nichtmetallischen Werkstoffen und ist mit Gummi überzogen. Von dieser Behälterart ist ganz besonders jede wässerige Flüssigkeit, sei es Schwitzwasser oder Regenwasser, fernzuhalten. **Wasser im Innern des Behälters weicht den nichtmetallischen Werkstoff auf.** Es ist daher z. B. das Auslitern mit Wasser streng verboten. Gelangen beim Einfüllen von Kraftstoff Leckstoffe über das Behälteräußere, so sind diese sofort zu entfernen.

Da die Behälter bedeutend schwerer als Metallbehälter sind, ist beim Transport oder Ein- bzw. Ausbau im Flugzeug besondere Vorsicht notwendig. **Behälter nicht fallen lassen, nicht stoßen und unvorsichtig kanten!** Undichtheiten an vollgeschützten Behältern treten meistens dadurch auf, daß z. B. Wasser von innen den Behälter aufweicht. Durch Undichtheiten an den Anschlüssen von Armaturen fließt Kraftstoff, wenn solcher hierbei austritt, über das Behälteräußere. Die äußere Gummischicht saugt allmählich diesen Kraftstoff auf, wobei dann die inneren Werkstoffe zerstört werden und sich als flüssige Masse beulenartig meist an der Unterseite des Behälters festsetzen. Ferner wird durch Kraftstoffeinwirkung von außen der Gummi leicht brüchig. Wird an einem vollgeschützten Behälter Kraftstoffeinwirkung in geringem Maße von außen festgestellt, so sind die Kraftstoffspuren zu beseitigen und der im Gummi

Abb. 172. Zerstörter geschützter Behälter.

aufgenommene Kraftstoff in frischer Luft auszutrocknen (s. Abb. 172). **Durch Abtasten des Behälteräußeren** mindestens alle 8 Wochen ist ein vollgeschützter Behälter regelmäßig zu kontrollieren.

Um **Beschädigungen** der Behälter **durch Unter- oder Überdruck** zu verhüten, ist beim Auftanken bzw. Enttanken mit derselben Vorsicht vorzugehen wie bei Metallbehältern (s. S. 188).

Ein vollgeschützter Behälter, der vor dem Einbringen in das Flugzeug auf Lager lag oder der möglicherweise durch unachtsames Behandeln innen beschädigt sein könnte, muß vor Einbau nochmals einer Druckprüfung unterzogen werden (Prüfdruck 0,2 atü).

Auf Grund der besonderen Herstellungsweise dieser Behälter ist vor dem Einbau nochmals eine **Innenprüfung** der Behälter **durch Ausleuchten** und gegebenenfalls auch durch Aussaugen von Verunreinigungen, wie z. B. Werkstoffsplittern und Fasern, mittels Staubsauger erforderlich.

Der Sackbehälter

Der Sackbehälter besteht aus einer gummiartigen Haut. Er wird dann im Flugzeug eingebaut sein, wenn z. B. durch eine kleine Öffnung ein größerer Raum zur Betriebsstoffaufnahme ausgenutzt werden soll, oder zur behelfsmäßigen Beförderung von Reservemengen.

Eine Zerstörung des Behälters durch Unterdruck tritt nicht ein, jedoch kann durch Alterung bzw. Herstellungsunterschiede, z. B. beim Vulkanisieren, allmählich ein Ablösen der inneren Behälterschicht auftreten (s. Abb. 173).

Abb. 173. Innenschicht des Sackbehälters abgelöst.

Der Versand von Kraftstoffbehältern

Müssen Kraftstoffbehälter versandt werden (gleichgültig, ob als Einzelteil oder im Flugzeug eingebaut), so sind sie vor dem Transport wegen Feuergefährlichkeit zu entleeren. Beim Versand von Behältern als Einzelstücken ist darauf zu achten, daß alle **Öffnungen** am Behälter dicht verschlossen sind. Geschützte Behälter dürfen nur in verschlossenen Kisten (keine Lattenverschläge!) verschickt werden.

Lagerung von Kraftstoffbehältern

Metallbehälter werden meist mit Metallbändern in ihrer Lagerung festgezogen, leckgeschützte und vollgeschützte Behälter mit Hanfgurten. Die Befestigungsbänder bzw. Hanfgurte sind bei neu eingebauten Behältern bzw. bei neuen Flugzeugen nach den ersten Flügen regelmäßig, dann mindestens alle 8 Wochen auf genügende Spannung nachzuprüfen. Die Gurte für geschützte Behälter sind vom Herstellerwerk stets vorgereckt. Da sie aber immer wieder, insbesondere durch Witterungseinfluß, schrumpfen können, ist es notwendig, sie durch Nachrecken auf die richtige Länge zu bringen. Dies kann z. B. dadurch geschehen, daß das eine Ende des Gurtes fest aufgehängt und am anderen Ende ein entsprechendes Gewicht befestigt wird.

2. Kraftstoffleitungen

Wickelschlauch, Montageanweisung

Zur Montage von DBU.-Anschlüssen auf DBU.-Schlauch werden benötigt:

Messer,	verstellbarer Schlüssel,
Beißzange,	Aufweitedorn,
Dreikantfeile,	Gewindedorn,
Schraubenzieher,	Isolierband,
Schraubenschlüssel SW 8,	Aviotub-Glättmittel.

Um das Aufwickeln oder Lockern der äußeren Spirale zu verhindern, muß beidseitig von der Trennstelle Isolierband um den Schlauch gewickelt werden. Dann erst ist das benötigte Schlauchstück abzutrennen. Die Montage des Schlauchanschlusses wird wie folgt vorgenommen:

Die äußere Drahtspirale wird abgekniffen, und zwar auf folgende Längen:

Nennweite	2	4	6	8	10	13	16	20	25	32	40	50	56	65
Länge			20			22	24	24	24	33	33	33	45	45

Dann wird die federnde Zwinge auf den Schlauch geschoben, und zwar unter Drehung gegen den Uhrzeigersinn bis zur Anlage. Dann ist die Innenspirale zu entfernen, und zwar entsprechend der Nennweite auf die gleiche Länge wie die Außenspirale. Der Draht muß vorsichtig herausgezogen werden, und zwar nur soweit, daß sich die Stelle des Drahtes, an der dieser abgetrennt werden soll, nur knapp aus der Schlauchrille heraushebt. An dieser Stelle wird der Draht mit der Dreikantfeile eingefeilt und abgebrochen. Die Innenspirale muß nach dem Kürzen auf jeden Fall glatt in der Schlauchrille liegen. Falls nötig, muß sie durch das Einführen des Aufweitedorns in ihre ursprüngliche Lage zurückgebracht werden. Dann wird mit dem zur entsprechenden Nennweite des Schlauches gehörenden Aufweitedorn der Schlauch aufgeweitet. Der gut polierte und mit Rhizinusöl eingefettete Dorn wird in den Schraubstock oder noch besser in ein Drehbankfutter eingespannt. Dabei wird der Schlauch auf dem Dorn so oft hin und her gedreht, bis er gegen den schrägen Absatz des Dornes stößt.

Das Kernstück wird mit **Aviotub-Glättmittel** bestrichen. Dann dreht man den Schlauch im Uhrzeigersinn bis zur Mitte der Kordelung auf das Kernstück. Es ist dabei darauf zu achten, daß die Innenspirale das Gewinde des Kernstückes mit faßt. Dieses ist möglichst mit Spiegellampe nachzuprüfen.

Bei normalen Kernstücken muß vor dem Aufdrehen des Kernstückes auf den Schlauch die Überwurfmutter übergeschoben werden. Zur Montage wird dabei das Kernstück auf ein Gewindekernstück geschraubt, das man im Schraubstock einschraubt. Das Spannband wird jetzt um die Zwinge gelegt, und zwar wird es an einem Ende flach umgebogen und im Spannschloß eingehakt. Das andere Bandende wird einmal über das umgebogene Stück unter den beiden Stiften des Spannschlosses hindurchgeführt.

Nachdem das Spannband soweit montiert ist, legt man es um die Zwinge, steckt das freie Bandende in den Schlitz der Spannschraube und zieht das Band durch Drehen der Schraube nach rechts einigermaßen fest an. Um das Spannband vollkommen fest anzuziehen, spannt man den Schlauch im Schraubstock ein, drückt mit einem Schraubenzieher gegen die Sperrklinke des Spannschlosses, zieht die Schraube mit einem Mutterschlüssel (SW 8) an und sichert das Spannschloß nach dem Anziehen durch einen leichten Schlag gegen die Sperrklinke. Der Schlauch hat jetzt Vorspannung erhalten und wird mit Hilfe eines verstellbaren Schlüssels so weit auf das Kernstück gedreht, bis die Zwinge ungefähr 2—3 mm von der Überwurfmutter absteht. Dann wird das Spannschloß noch einmal in der oben angegebenen Weise nachgezogen.

Wartung von flexiblen Schläuchen

Es ist erforderlich, in regelmäßigen Zeitabständen während der normalen Wartungsarbeiten die Schlauchleitungen auf **Scheuerstellen** und Undichtheiten an den Anschlußstellen nachzuprüfen. Undichte Leitungen bedeuten Brandgefahr! Scheuerstellen sind meist durch eine zusätzliche Halterung, Undichtheiten durch Nachziehen des Schlauchbindebandes beim DBU.-Anschluß und durch Nachrollen der Zwinge beim Maximall-Anschluß zu beheben.

Bei im Freien abgestellten Flugzeugen kommt es häufig vor, daß die Schläuche auch durch Mäuse angefressen werden.

Durch verstellbare Flugzeugteile, wie z. B. Führersitz, einziehbares Fahrwerk, einziehbare Kühler und ähnliches, werden Schläuche öfters zusammengedrückt. Derartige Schläuche verengen den Querschnitt und können zum Ausfall des Flugzeuges führen. Sofortiges Auswechseln ist notwendig. Durch längere äußere Einwirkung von Glykol oder Bremsflüssigkeit und ähnliches, z. B. als Leckstoffe, kann der Schlauch aufgeweicht werden. Solche mangelhaften Schläuche sind auszuwechseln.

Bei Saugbetrieb kann durch Lufteinbruch z. B. bei einer Kraftstoff-Leitung der ordnungsmäßige Betrieb des Flugmotors gestört werden oder der Motor ganz aussetzen.

Bei Druckbetrieb, d. h. bei Kraftstoffanlagen mit Behälterpumpen, ist das unter Druck stehende Leitungssystem bei abgestelltem Flugmotor und laufender Pumpe bei jeder Gelegenheit nachzuprüfen. Umfülleitungen sind entsprechend zu überprüfen. Die Leitungen am Motor zwischen Saugpumpe und Vergaser oder Einspritzpumpe sind bei laufendem Motor auf Dichtheit nachzusehen.

Wickelschlauch mit Maximall-Anschluß

Zum Schlauchanschluß gehören das **Kernstück** und eine **Zwinge**. Als Kernstück wird beim Normalanschluß das normale Kernstück mit Überwurfmutter, bei Ringanschluß das Schraubkernstück verwendet. Dieses sind die gebräuchlichsten Anschlußarten.

Montageanweisung. Der von der Firma Maximall gelieferte Werkzeugkasten enthält für die Befestigung der Anschlüsse an die Schläuche der N.W. 2—25:

Handaufweitezange mit Aufweitewerkzeug Nennweite 10—25
Handaufweitedorn Nennweite 2
Handaufweitedorn Nennweite 4
Handaufweitedorn Nennweite 6
Handaufweitedorn Nennweite 8
Montageholzkluppe für Nennweite 2, 4, 25
Montageholzkluppe für Nennweite 6 und 8
Montageholzkluppe für Nennweite 10 und 13
Montageholzkluppe für Nennweite 16 und 20
Prüfnippel für Nennweite 2—25
Endverschlüsse für Nennweite 2—25
Zuschneidemesser
Dreikantnadelfeile 100 mm lang
Dreikantnadelfeile 140 mm lang
Dreikantnadelfeile 170 mm lang
Gummiband

Vor dem Abtrennen eines Schlauchstückes wird beiderseitig der Trennstelle der Schlauch mit Isolierband umwickelt, damit die Drahtspirale nicht aufspringt. Dann wird die Außenspirale auf die entsprechend der Nennweite vorgeschriebene Länge abgekniffen.

Länge 22 mm bei Nennweite 2—25
Länge 32 mm bei Nennweite 32—60 (Skizze).

Unter gleichzeitiger Linksdrehung wird die Zwinge bis zum Anschlag auf das Schlauchende aufgeschoben. Maßdifferenzen des Schlauches werden durch Entfernen von der Umlage bzw. durch Verstärken des Schlauches mit imprägnierten Stoffstreifen ausgeglichen. Auf dieselbe Länge, wie oben angegeben, wird die Innenspirale entfernt. Dabei zieht man die Innenspirale vorsichtig bis zu dem Trennpunkt heraus, feilt sie mittels Dreikantfeile ein und bricht sie ab. Die im Schlauch verbleibende Spirale muß in ihrer ursprünglichen Lage verbleiben. Das Schlauchende wird dann zur bequemen Einführung des Kernstückes aufgeweitet. Dies geschieht entweder mit Aufweitedorn oder mit der Dornpresse (s. Abb. 174). Dann wird das Kernstück in einen Schraubstock eingespannt. Beim normalen Kernstück ist vorher die Überwurfmutter aufzubringen und mittels Hilfsnippel in den Schraubstock einzuspannen (s. Abb. 175). Der

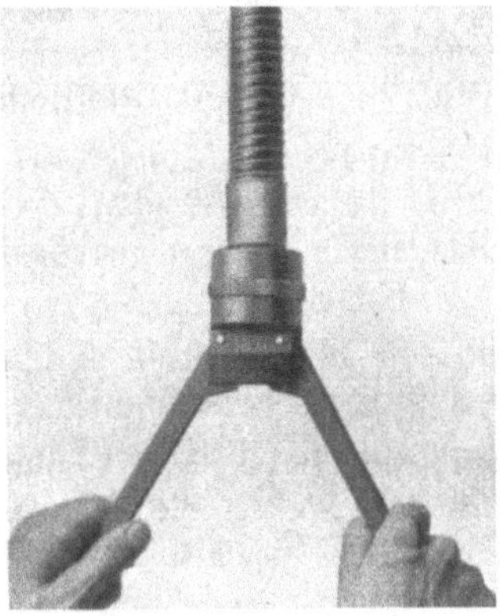

Abb. 174. Schlauchaufweitezange (Maximall).

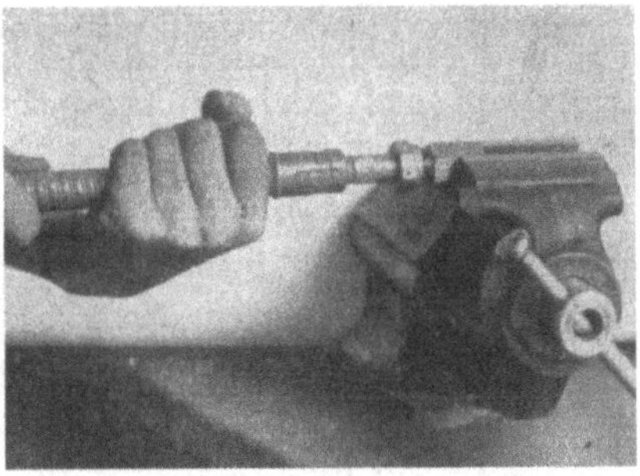

Abb. 175. Einsetzen des Kernstückes.

aufgeweitete Schlauch wird unter leichter Rechtsdrehung so weit auf das Kernstück aufgeschoben, bis die Zwinge einen Abstand von 5,5 mm vom Rüken der Überwurfmutter hat. In den meisten Fällen hat das Kernstück einen Bund, so daß der Schlauch bis zu diesem Anschlag aufgeschoben wird. Andernfalls dient eine entsprechende Lehre als Anschlag.

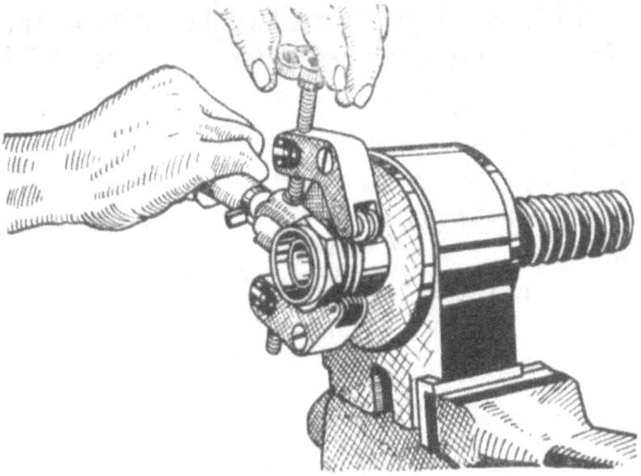

Abb. 176. Das Einrollen des Maximall-Anschlusses.

Zum Einrollen der Zwinge auf den Schlauch spannt man den Schlauch mittels Holzkluppe in den Schraubstock (s. Abb. 176).

Conti-Schlauch mit Argus-Anschluß

Die Lagerung des Schlauches muß kühl und trocken sein, am besten in dunklen Kellerräumen; Sonnenlicht unbedingt vermeiden!

Die Schläuche dürfen nicht geknickt, d. h. nicht über den zulässigen Biegeradius gebogen werden. Schläuche nicht zum Abfüllen von reinem Benzol, Toluol oder Tetrachlorkohlenstoffen benutzen!

Bei der Verwendung als Feuerlöschleitung sind keine Bedenken, da Tetrachlorkohlenstoff nur kurzzeitig den Schlauch durchfließt.

Werden Schläuche stellenweise breitgedrückt, so ist diese Stelle nicht durch Zusammendrücken wieder zu runden, sondern als nicht mehr verwendbar aus dem Schlauchstück auszuschneiden. Bei abgepaßten Längen ist der Schlauch nicht einzubauen.

Naß gewordene Schläuche sind vor dem Einbau gut zu trocknen, am besten im luftigen Raum (keine künstliche Erwärmung!).

Das Abschneiden der Schläuche geschieht mit einem in Wasser angefeuchteten Messer; nach jedem Schnitt ist das Messer wieder anzufeuchten. Es ist dabei die Drahteinlage zu beachten, die mittels Kneifzange abzukneifen ist.

Der Schlauch ist ganz besonders beim Einbau vor Scheuerstellen zu schützen, Halterungen sind mit weichen Unterlagen, z. B. Kunstleder oder ähnlichem, niemals aber mit Leder, zu füttern. Die Unterlage muß über die Halterungsschelle beiderseitig mindestens 3 mm überstehen.

Zum **Argus-Anschluß** gehören Schlauchfassungen, Schraubnippel, Überwurfmutter.

Montageanweisung. Der Werkzeugkasten für die Montage von Argus-Anschlüssen auf Conti-Schläuche der N.W. 3—32 enthält:

eine Spannvorrichtung,
Spannbuchsenhälften für die N.W. 3—32,
Abstandslehre für N.W. 3—10 und 13—32,
Montagedorn für N.W. 3—32,
Schraubenzieher,
Plombenschnur (Heftzwirn),
Plomben,
eine Dose Kennbänder,
eine Montageanweisung,
Ersatzteilliste,
Inhaltsverzeichnis.

Der Schlauch wird entsprechend der gewünschten Nennlänge nach den Angaben der Tabelle abgeschnitten (s. Abb. 177).

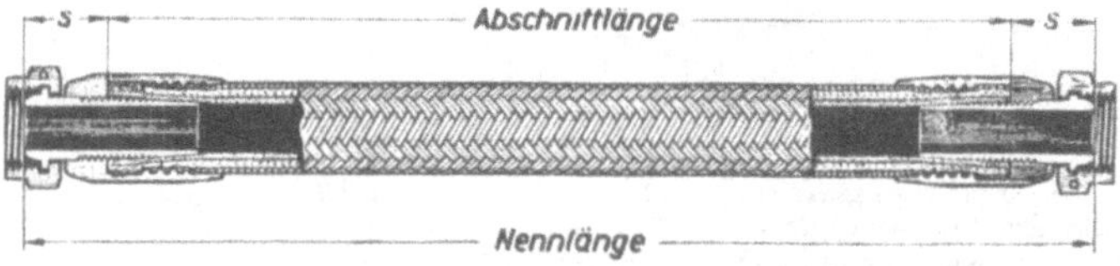

Abb. 177.

Nennwert abzuziehen von Nennlänge

Nennlänge	42	39	40	40	42	42	46	42
Nennwert abzuziehen	3	4	6	8	10	13	16	20
Nennlänge	45	47	49	56	62	65	76	
Nennwert abzuziehen	25	32	40	50	60	70	80	

Nun wird der Heftzwirn durch das Plombierloch in der Schlauchfassung (s. Abb. 178, 179), so eingezogen, daß beide Enden gleich lang sind. Alsdann Doppelknoten machen. Die Längen der Plombierschnüre sind

für Nennwerte 3—8 = 300 mm
für Nennwerte 10—20 = 450 mm
für Nennwerte 25—60 = 600 mm
für Nennwerte 70—80 = 800 mm.

Jetzt ist der Schlauch in die Schlauchfassung durch Linksdrehen bis zum Anschlag einzuschrauben. Wenn bei größeren Nennwerten Schwierigkeiten entstehen, die Schlauchfassung leicht mit Schmiermittel bestreichen! Dann zwecks Aufweitung des Schlauches Montagedorn der entsprechenden N.W. mit Schmiermittel bestreichen und zwei- bis dreimal in das Schlauchende hinein- und herausdrehen. Schraubnippel mit Überwurfmutter auf Montagedorn aufsetzen, das herausragende Stück des Schraubnippels mit Schmiermittel bestreichen und unter Rechtsdrehen mit gleichzeitigem kräftigen Drücken in die Schlauchfassung so weit hineinschrauben, bis der Abstand zwischen Rücken der Überwurfmutter und Schlauchfassung

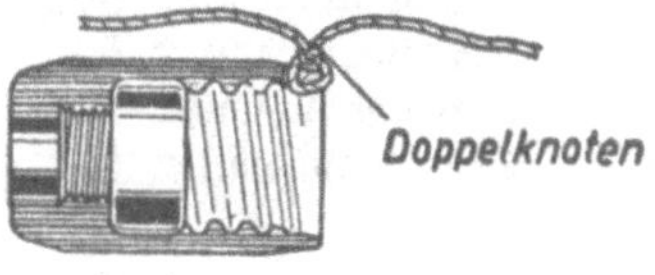

Abb. 178.

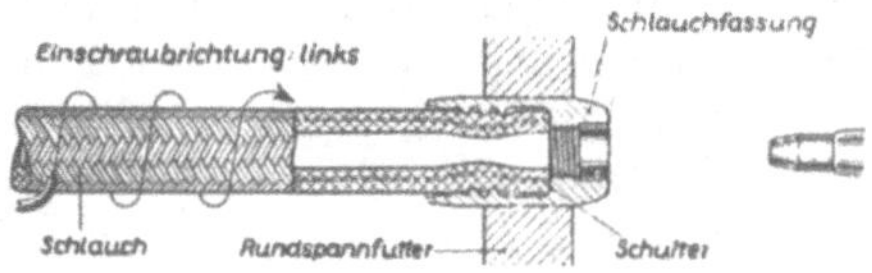

Abb. 179.

1—15 mm beträgt. Dann durch Gegenhalten der Überwurfmutter Montagedorn lösen und herausziehen. Die noch freien Enden der Plombierschnüre werden um den Schlauch gelegt und gegenseitig verschlungen, wieder nach oben genommen und mit einem Doppelknoten vor dem Plombierloch der Schlauchfassung verknüpft (s. Abb. 180 und 181).

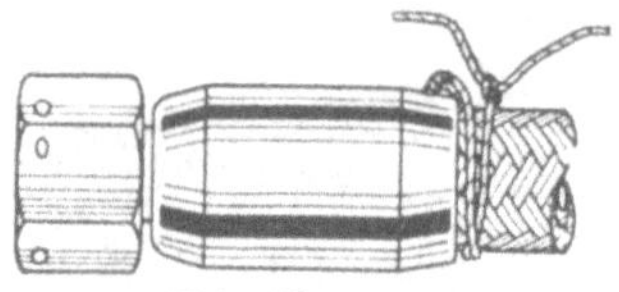
Abb. 180.

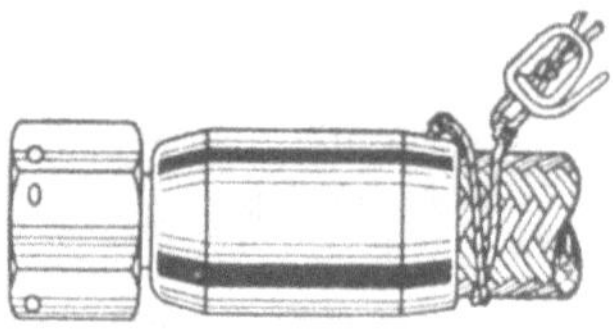
Abb. 181.

Die freien Heftzwirnenden durch Plombe stecken, in derselben zweimal verknoten und Schnurenden abschneiden. Dann Schlauchleitung auf den vorgeschriebenen Druck prüfen und plombieren.

Im Gegensatz zu den DBU.- und Maximall-Anschlüssen sind bei den Argus-Anschlüssen keine Schraubstutzen und Ringstutzen vorgesehen. Werden derartige Anschlüsse benötigt, so sind sie als Anschlußhilfsteile anzuschließen.

Wartung von Conti-Schläuchen

Wie bei den andern flexiblen Leitungen erstreckt sich die Wartung auf Nachprüfen der Dichtheit am Anschluß und der Verschraubung. Der Schlauch ist besonders empfindlich gegen Scheuern. Er ist daher besonders daraufhin zu überwachen.

Das Prüfen von Schläuchen

Das Prüfen der Schläuche geschieht auf dem Schlauchprüfstand. Die Schläuche werden geprüft auf Druck, Zug und allgemeine Beschaffenheit.

a) Flexible Leitungen

Druckprüfung:

Verwendungszweck	Prüfdruck kg/cm²	Prüfmittel
Kraftstoffleitung	5	Schmierstoff, Petroleumgemisch 50 : 50
Schmierstoffleitung NW 4—20	= 15	Schmierstoff, Petroleumgemisch 50 : 50
Schmierstoffleitung NW 25	= 8	Schmierstoff, Petroleumgemisch 50 : 50
Schmierstoffleitung NW 32	= 5	Schmierstoff, Petroleumgemisch 50 : 50
Anlaß-Einspritzleitung	20	Schmierstoff, Petroleumgemisch 50 : 50
Feuerlöschleitung	15	Schmierstoff, Petroleumgemisch 50 : 50
Kühlstoffleitung	3	Wasser

Zugprüfung: Die Schläuche werden an den Anschlüssen eingespannt und mit 50 kg/cm² l. W., jedoch mit nicht mehr als 75 kg belastet; z. B. ein Schlauch mit 13 l. W. wird belastet mit $1{,}3 \times 50 = 65$ kg.

Allgemeine Beschaffenheit: Der fertige Schlauch muß rund, innen einwandfrei glatt und sauber und außen ohne Fehlstellen sein. Schläuche mit Knickstellen sind auszuschneiden, Drahtspiralen müssen einwandfrei sein und dürfen nicht geflickt werden und sonstige Beschädigungen aufweisen.

Schlauchprüfstand: Um vor dem Einbau einer Schlauchleitung den Schlauch auf Dichtheit zu überprüfen, nimmt man ihn auf den Schlauchprüfstand. Es gibt einen kleinen und einen großen Prüfstand. Der kleine ist für die Prüfung von Kraft- und Schmierstoffschläuchen, auf dem großen Prüfstand können gleichzeitig auch Wasser- und Luftschläuche geprüft werden.

b) Conti-Schläuche

Prüfdruck für Conti H-Schlauch 150 kg/cm², 3 min lang,
Prüfdruck für Conti B-Schlauch
NW 3 bis 32 20 kg/cm², 3 min lang,
ab NW 40 5 kg/cm², 3 min lang,

als Prüfmittel wird Wasser genommen, es kann jedoch jede andere Flüssigkeit, gegen die die Schlauchleitung beständig ist, genommen werden. Preßluft ist zum Prüfen verboten!

Lötlose Rohrverschraubung MAF

Die dazu gehörenden Einzelteile sind:

Schraubstutzen, Doppeldichtkegel, Rohrstutzen und Überwurfmutter.

Die Teile sind aus Leichtmetall-Legierungen hergestellt und außen lackiert.

Besonderes Augenmerk ist dem Aufdornen der Rohrenden zu widmen. Man bedient sich dabei des Aufweitewerkzeugs, das zur normalen Werkzeugausrüstung gehört. Es ist streng verboten, das Aufweiten der Rohrenden durch selbstgefertigte Schlagwerkzeuge oder mit Hammer und Körner vorzunehmen. Bei nicht ordnungsmäßig aufgeweitetem Rohrende (Kelch) ist damit zu rechnen, daß der Kelch abbricht und dadurch Undichtheiten und Unfälle hervorgerufen werden.

Abb. 182.

Die Verbindung eignet sich sehr zweckmäßig als Kupplung zwischen Rohrleitung und Schlauch (s. Abb. 182). Im zusammengebauten Zustand ist Kupplung in Abb. 183 zu sehen.

Der Zusammenbau der Kupplung und das Anziehen der Überwurfmutter hat mit Gefühl zu erfolgen. Es ist zumindest mit der Hand gegenzuhalten, und wo es geht mit einem Gegenschlüssel, damit die Leitung nicht verwürgt wird.

Die Prüfung der Kupplung erstreckt sich auf Dichtigkeit, Beachtung, daß nicht umliegende Teile angescheuert werden und darauf, daß die Überwurfmutter in angezogenem Zustand gesichert ist.

Abb. 183.

3. Armaturen

Kraftstoffilter

Die Wartung erstreckt sich auf das Reinigen und die Überprüfung der Filter, und zwar nach jeweils 15 Betriebsstunden. Bei neuen, teil- oder grundüberholten Flugzeugen hat das Reinigen nach jedem Flug während der ersten 15 Betriebsstunden zu erfolgen. Es ist zuerst der Brandhahn zu schließen. Nach dem Lösen der Spannschraube kann die Filterglocke und somit der Filterkörper herausgenommen werden. Der Inhalt der Filterglocke ist dann nachzuprüfen und festzustellen, ob sich Schmutz oder **Wasser im Kraftstoff** angesammelt hat. Geringere Wasserspuren werden des öfteren vorgefunden. Ist der Wassergehalt umfangreich, so ist Meldung zu machen, damit gegebenenfalls die Ursache untersucht werden kann (Wassereinbruch in Flugfeldtankanlage, Sabotage). Durch Schütteln in Waschbenzin werden die einzelnen Filterscheiben gereinigt. Der Zusammenbau geschieht in umgekehrter Richtung. Wird festgestellt, daß eines der Pumpenventile verschmutzt ist, so ist dasselbe aus dem Filterbrandhahngehäuse herauszunehmen und zu reinigen.

Äußerlich ist bei dem Filter zu beachten, daß die Glocke immer fest gegen die Dichtungsscheibe anliegt und daß die Dichtungsscheibe selbst von Zeit zu Zeit auf Rißbildung bzw. Alterungserscheinung überprüft wird.

Da es bei einem im Motorvorbau ausgebrochenen Brand vorkommen kann, daß sich Spuren des Feuerlöschmittels mit dem entstandenen Schwitzwasser chemisch zersetzen, ist darauf zu achten, daß derartige Eindringungen durch die Aussparung im Gehäusedeckel rechtzeitig entfernt werden, da sonst der Stößel und die Feder durch Rost zerstört werden.

Tankköpfe

Nach dem Tanken ist durch Herausziehen des Peilstabes nachzuprüfen, ob der Kraftstoffbehälter gefüllt ist. Vor jedem Start muß der feste Sitz des Außenbordanschlußdeckels bzw. des Deckels am Haupttankkopf nachgeprüft werden. Während der normalen Wartungsarbeit ist nachzuprüfen, ob sich irgendwelche Undichtheiten an den Anschlußverschraubungen oder am Flansch zeigen. Nach spätestens 200 Betriebsstunden sind Flanschdichtungen am Tankkopf auf Rißbildung bzw. Alterung nachzuprüfen, weil nach dieser Zeit ein Nachziehen der Flanschbefestigungsschraube keine wirksame Abdichtung mehr bringt. Beim Nachziehen der Flanschschraube achte man darauf, daß der Flansch sich nicht verbiegt.

Leckstellen an den Verschraubungen werden dadurch behoben, daß die Verschraubungen nachgezogen und wieder gesichert werden. Beim Abnehmen von Schlauchleitungen an den Tankköpfen dürfen die Anschlüsse nicht vertauscht werden. Nach Wiederzusammenbau ist die Funktionsprüfung durchzuführen.

Handpumpe (K.H. 2 und K.H. 2 a)

Die Wartung der Pumpe erstreckt sich auf stetiges Nachprüfen auf Dichtsein der Anschlüsse und festen Sitz der Membrane im Pumpengehäuse. Bei größerer Kontrolle muß die Pumpe auseinandergenommen und innen von dem sich ablagernden Schmutz befreit werden.

Elektrische Pumpe (U.P. 1)

Die Anschlüsse sind auf Undichtheit nachzuprüfen und gegebenenfalls nachzuziehen und neu zu sichern. Von Zeit zu Zeit prüfe man die Membran auf Dichtsein nach. Bei der ersten Inbetriebnahme ist darauf zu achten, daß die Stromaufnahme bei 27 Volt nach Einlauf des Motors nicht über 3,5 Ampere hinausgeht. Die Temperatur am Gehäuse des Elektromotors soll maximal 30° C nicht überschreiten. Diese Werte sind gegebenenfalls nachzuprüfen. Sind die Werte wesentlich überschritten, so ist die Förderleistung des Aggregats nachzumessen und bei zu großer Leistung auf der Gegenseite entsprechend herunterzusetzen. Ist keine Besserung zu schaffen, so ist die Pumpe zur Instandsetzung einzusenden.

Im laufenden Betrieb ist ein **Schmieren der Pumpe** nicht nötig, da die gekapselten Schmierstellen mit einer kälte- und wärmebeständigen Fettfüllung versehen sind. Nach etwa 300 bis 400 Betriebsstunden ist die Pumpe zwecks Überprüfung und Überölung zur Instandsetzung einzusenden. In den meisten Fällen wird die Pumpe aber bis zur Grundüberholung des Flugzeuges eingebaut bleiben können.

Tritt durch die am Fuße angebrachten kleinen Bohrungen Kraftstoff aus, so liegen Undichtheiten der Membran vor. Das Aggregat ist dann auszubauen und zur Instandsetzung einzusenden.

Behälterpumpe (K.B.P. 16 C)

Zur Vermeidung von Beschädigungen am Kraftstoffbehälter ist darauf zu achten, daß die Pumpe nach außen vollkommen dicht ist. Es darf am

Pumpenkopf oder an den Anschlüssen kein Kraftstoff oder Schmierstoff austreten.

Die Kraftstoffbehälterpumpe darf nur gedreht werden, wenn die vier Schrauben, mit denen der Druckring angezogen wird, im Behälterkopf gelöst sind.

Ein übermäßig festes Anziehen dieser Schrauben ist zu vermeiden, da sonst eine Verbeulung des oberen Mantelrohres eintreten kann. Zur Erleichterung der Befestigung der Pumpe am Behälterkopf sind bei neueren Behälterköpfen acht Gewindelöcher vorgesehen, während früher nur vier Gewindelöcher vorhanden waren. Hierdurch können die Schrauben im Druckring so gesetzt werden, daß sie gut zugänglich sind.

Beim Anschließen oder Lösen der Verschraubungen für die Kraftstoffleitung am Pumpenkopf mit einem Schraubenschlüssel muß mit einem zweiten Schraubenschlüssel gegengehalten werden, damit durch die Drehmomente der Pumpenkopf im Behälterkopf nicht verwürgt wird, wodurch Beschädigungen und Undichtigkeiten auftreten können.

Die Pumpen werden vom Herstellerwerk mit Schutzöl gefüllt geliefert. Es genügt, wenn die Pumpen in größeren Zeitabständen, z. B. bei der großen Kontrolle, auf den Stand der Schutzölfüllung überprüft werden und wenn hierbei gegebenenfalls Schutzöl nachgefüllt wird. Zu diesem Zweck ist die am Kopf der Pumpe befindliche Verschlußschraube zu entfernen. Für das Nachfüllen kann vorläufig das jeweils im Motor verwendete Schmieröl verwendet werden. Es ist darauf zu achten, daß der Dichtring in der Verschlußschraube gut dichtet; er ist gegebenenfalls durch einen neuen Dichtring zu ersetzen. Pumpen, bei denen sich zeigt, daß Schutzöl verlorengeht, sind trotzdem voll betriebsfähig, wenn sie nach außen dicht sind und eine normale Förderleistung bei normaler Stromaufnahme aufweisen.

Der Anschluß der Pumpe ist auf Dichtsein nachzuprüfen und festzustellen, ob Kraftstoff über die Dichtungshülse am Druckring austritt. Überfließender Kraftstoff zerstört bei geschützten Behältern die Gummischicht.

Man prüfe die Stromaufnahme des Aggregats. Wenn dauernd Stromstärken über 4,5 Ampere nach dem Einlaufen auftreten, ist die Pumpe zur Überprüfung und Instandsetzung einzusenden. Tritt Schmierstoff oder Kraftstoff am Pumpenkopf aus, ist die Pumpe ebenfalls zur Instandsetzung zu geben.

Erhöhte Stromaufnahme ist in den meisten Fällen darauf zurückzuführen, daß Öl oder Kraftstoff durch die Lippendichtung in den Motorraum eindringt. Es ist besser, solche Pumpen gegen einwandfreie auszuwechseln, da dann eine Reparatur der Pumpe immer noch möglich ist.

Erhöhte Stromaufnahme beim Anlassen der Pumpe bei kalter Witterung braucht nicht auf einen Fehler in der Pumpe zurückzuführen sein. Wenn in diesem Fall der Selbstschalter ausfällt, ist zu versuchen, durch mehrmaliges Einschalten und dadurch bedingter Erwärmung der Pumpe die Pumpe zum Laufen zu bringen. Der Grund der erhöhten Stromaufnahme wird auf Erstarrung des Öles oder in seltenen Fällen auf Eisansatz zurückzuführen sein.

Umschaltbatterien

Es ist darauf zu achten, daß die Anschlüsse dicht sind. Gegebenenfalls ist die Anschlußverschraubung nachzuziehen und neu zu sichern. Von Zeit zu Zeit ist Funktionsprüfung an den Armaturen durchzuführen. Zu diesem Zweck ist an einer geeigneten Stelle die Kraftstoffleitung abzuschrauben und nachzuprüfen, ob bei der jeweils gewünschten Schaltstellung der Kraftstoff auch aus dem geschalteten Kraftstoffbehälter fließt. Man achte darauf, daß nicht gleichzeitig durch Undichtheit oder nicht vollkommenes Schließen des Ventils aus einer weiteren Leitung Kraftstoff mitgefördert wird. Bei älteren Armaturen kommt es vor, daß die Abdichtung des Ventils nicht mehr vollkommen ist. Derartige Armaturen sind zur Instandsetzung einzusenden.

Bei der Ar 66, wo z. B. ein Kraftstoffventil zwischen Fallbehälter und Hauptbehälter eingebaut ist, tritt immer wieder folgende Störung auf:

Der Kraftstoff aus dem Fallbehälter wird trotz Schaltung oder vertrockneter „Hauptbehälter" entnommen, weil das Ventil infolge ausgelaugter Dichtung und Abnützung der Ventilbetätigung den Kraftstoff aus dem Fallbehälter mit ansaugt. Die Folge davon ist, daß der Flugzeugführer beim Aussetzen des Motors (dies tritt immer nach etwa 15 bis 20 Minuten auf) den Kraftstoff aus dem Fallbehälter durch Schaltung auf „Fallbehälter" entnehmen will, und da dieser bereits leer ist, setzt der Motor vollkommen aus. Beim Zurückschalten auf „Hauptbehälter" nimmt der Motor dann kein Gas mehr an. Der Flugzeugführer hat durch die rasche Folge keine Zeit, ein günstiges Notlandungsgelände auszusuchen. Eine Bruchlandung ist die Folge.

C. Schmierstoffanlage

1. Schmierstoffbehälter

Die Schmierstoffbehälter sind des öfteren auf **Undichtheiten** an den Anschlüssen und Verschlüssen und auf feste Lagerung nachzuprüfen. Ein Nachprüfen der **Behälterlagerung** nach dem Flug ist täglich während der ersten acht Wochen notwendig, da sich die Gurte in dieser Zeit immer noch längen. Die z. Z. eingebauten Hanfgurte unterliegen Witterungseinflüssen. Es ist daher bei Witterungsumschwung ebenfalls notwendig, die Behälterlagerung nachzuprüfen.

Die Metallbehälter sind auf **Rißbildung** in den Schweißnähten und auf Korrosionsbildung im Innern nachzuprüfen. Man prüfe auch nach, ob Schlingerwände ausgerissen sind.

Bei Schmierstoffbehältern werden die Zerstörungen in den meisten Fällen durch Überdruck erfolgen, und zwar immer dann, wenn die Entlüftungsleitung verstopft ist. Eine Verstopfung der Entlüftungsleitung tritt besonders im Winter dann ein, wenn die aus dem Schmierstoff kommenden Kondensate entweder in einem Sack der Entlüftungsleitung oder am Austritt der Entlüftungsleitung aus dem Rumpf einfrieren. Eine Zerstörung des Behälters ist die unausbleibliche Folge.

Um das immer wieder vorkommende Einfrieren der Entlüftungsleitung im Winter und im Sommer bei Höhenflügen zu umgehen, ist in den Deckel des Behälterkopfes bzw. den Deckel des Außenbordanschlusses ein Atmungsventil eingebaut, das jedesmal die Luft nach außen entweichen läßt, wenn Überdruck auftritt. Bei im Freien abgestellten Flugzeugen besteht die Möglichkeit, daß die Kondensate bei Kälte auch das Atmungsventil festfrieren lassen (s. Abb. 184).

Es ist daher erforderlich, vor dem Anlassen des Motors den Deckel des Tankkopfes bzw. des Außenbordanschlusses abzunehmen und das Ventil auf Gängigkeit zu prüfen.

Man prüfe nach, ob die Tankkopfmanschette dicht ist; diese kann durch Alterung rissig werden. Beim Auftanken des Schmierstoffes tritt dann der Schmierstoff aus der Tankkopfmanschette aus und benetzt den geschützten Behälter. Ein Aufquellen der äußeren Behälterschicht und damit Zerstörung des Behälters ist die Folge (s. Abb. 185).

Das Schweißen der metallenen Schmierstoffbehälter. Sind an einem Schmierstoffbehälter auch nur die geringsten Schweißarbeiten vorzunehmen, so ist der Schmierstoff abzulassen und der Behälter **in jedem Fall aus dem Flugzeug auszubauen.** Es ist verboten, Schweißarbeiten an Schmierstoffbehältern im Flugzeug vorzunehmen. Die noch im Behälter verbliebene Menge Schmierstoff wird entleert und der Behälter danach mit Waschbenzin gereinigt. Der gereinigte Behälter wird mit Tetrachlorkohlenstoff ausgespült. Die zum Spülen verwendete Menge ist je nach der Größe des Behälters mit 1 bis 6 Liter zu bemessen und darf nicht öfter als einmal verwendet werden. Nach dem Spülen ist der Behälter mit Preßluft oder einem Staubsauger etwa ¾ Stunden lang auszublasen, um ihn innen vollständig zu trocknen und von Benzingasen vollständig zu befreien. Nach dem Ausblasen ist der Behälter mit Kohlensäure zu füllen. Erst nachdem diese Vorsichtsmaßnahmen gewissenhaft durchgeführt sind, kann mit dem Schweißen begonnen werden.

Das Schweißen geschieht am besten im Freien. Ist dies nicht möglich, so sind in dem Raum, in welchem geschweißt wird, Türen und Fenster offen zu halten.

2. Schmierstoffleitungen

In regelmäßigen Zeitabständen sind die Leitungen auf **Scheuerstellen** und Undichtheiten an den Anschlußstellen nachzuprüfen. Angescheuerte Schläuche sind auszuwechseln. Undichtheiten an den Anschlüssen sind durch Nachziehen des Schlauchbindebandes beim DBU.-Anschluß und durch Nachrollen der Zwinge beim Maximall-Anschluß zu beheben.

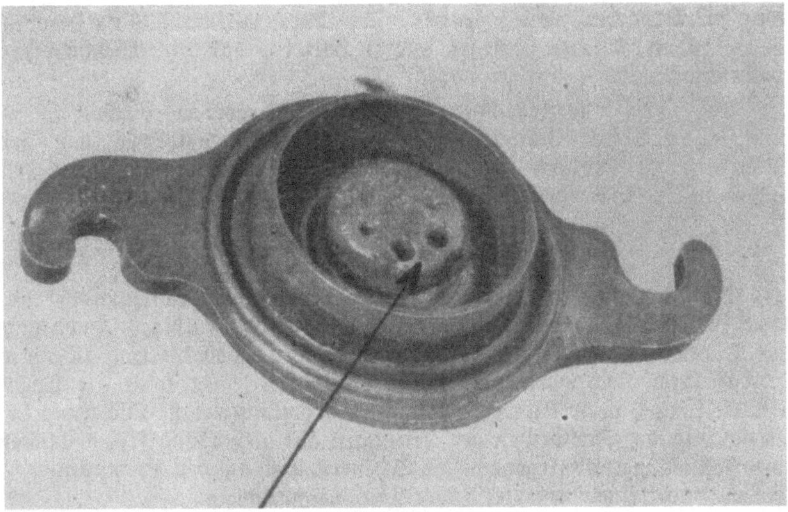

Abb. 184

Abb. 185

Beschädigungen an Schläuchen, die durch bewegliche Teile am Flugzeug hervorgerufen werden können, sind durch Auswechseln zu beheben. Der Schlauch ist so zu verlegen und zu haltern, daß eine Beschädigung ausgeschlossen ist.

Bei Schmierstoffleitungen, die im Motorvorbau liegen, ist zu beachten, daß der Schlauch nicht durch Strahlungswärme von den Zylindern des Motors frühzeitig brüchig wird. Derartig gefährdete Schläuche sind öfter zu wechseln.

3. Starre Leitungen

Die Wartung der Leitungen mit Kolumbus-Verschraubung oder lötloser Maximall-Verschraubung erstreckt sich auf regelmäßiges Nachprüfen auf Dichtsein, Nachziehen der Überwurfmuttern, wobei darauf zu achten ist, daß beim Nachziehen auch gegengehalten wird, da sonst die Leichtmetalleitungen verwirkt werden können, ordnungsgemäße Sicherung der Verschraubung, Nachprüfen der Leitungen auf schwingungsfreien Einbau und Feststellung, ob irgendwelche Scheuerstellen an den Leitungen vorhanden sind. Angescheuerte Rohre sind auszuwechseln.

4. Tankköpfe

Nach dem Tanken ist durch Herausziehen des Peilstabes nachzuprüfen, ob die vorgeschriebene Schmierstoffmenge tatsächlich vorhanden ist. Das früher in den Außenbordanschluß bzw. Haupttankkopf eingebaute Ventil wurde beim Aufsetzen des Schmierstoffüllanschlusses eingedrückt und dadurch die Entlüftung abgesperrt, wodurch ein Überfüllen des Behälters infolge des in den Behälter hineinragenden Rohres für die Fülleitung nicht möglich war. Neuerdings sind diese Ventile wegen häufigen Hängenbleibens nicht mehr eingebaut, da der Behälter beim Hängenbleiben durch Überdruck zerstört wird. Das Auftanken darf daher nur noch durch Nachmessen mittels Peilstab erfolgen.

Vor jedem Start ist der feste Sitz des Außenbordanschlußdeckels bzw. des Deckels am Haupttankkopf nachzuprüfen. Man prüfe während der normalen Wartungsarbeiten nach, ob sich irgendwelche Undichtheiten an den Anschlußverschraubungen oder am Flansch zeigen. Nach spätestens 200 Betriebsstunden sind Flanschdichtungen am Tankkopf auf Rißbildung bzw. Alterung nachzuprüfen. Das Anziehen bzw. auch Nachziehen der Flanschschrauben am Tankkopf ist mit Gefühl vorzunehmen, da sich der Flansch sonst verbiegt. Eine starke Undichtheit würde sich dann im Betrieb ergeben.

Leckstellen an den Verschraubungen werden dadurch behoben, daß Verschraubungen nachgezogen und wieder gesichert werden. Beim Abnehmen von Schlauchleitungen an den Tankköpfen dürfen die Anschlüsse nicht vertauscht werden. Nach Wiederzusammenbau ist Funktionsprüfung durchzuführen.

Nach Abnehmen eines Tankkopfes ist der Behälter auf Vorhandensein von Fremdkörpern nachzuprüfen, da sonst die Frischölzufuhr verstopft wird und der Motor frißt.

Besonders im Winter besteht die Gefahr, daß durch die aus dem Kraftstoff ausscheidenden Dämpfe die Entlüftungsleitung am aus dem Flugzeug herausragenden Ende oder an einer Sackstelle gefriert und die Entlüftungsleitung verstopft wird. Die Entlüftungsleitung ist daher immer wieder auf sachgemäße Verlegung zu prüfen. Sackbildung ist durch zusätzliche Halterung zu beheben. Die Leitungsverlegung muß mit stetigem Gefälle nach Außenbord führen.

Werden **Verstopfungen der Entlüftungsleitung** am Boden bemerkt, so ist die Entlüftungsleitung zu entfernen.

Da aber die Eisbildung besonders auch im Fluge auftritt, soll das im Deckel des Außenbordanschlusses bzw. Tankkopfes eingebaute Schmierstoffüberdruckventil den auftretenden Überdruck ausgleichen. Bei großer Kälte schlagen sich die Dämpfe auch an diesem Ventil nieder und bilden Eis, so daß ein ordnungsgemäßes Arbeiten dieses Ventils am Stand nicht gewährleistet ist.

Vor dem Anlassen des Motors ist daher der Tankkopfdeckel bzw. der Deckel im Außenbordanschluß abzunehmen und das darin eingebaute Überdruckventil auf Gängigkeit nachzuprüfen. Sind Entlüftungsleitung und Ventil verstopft, so zerplatzt der Schmierstoffbehälter infolge des im Behälter entstehenden Überdruckes nach kurzer Zeit (s. Abb. 186).

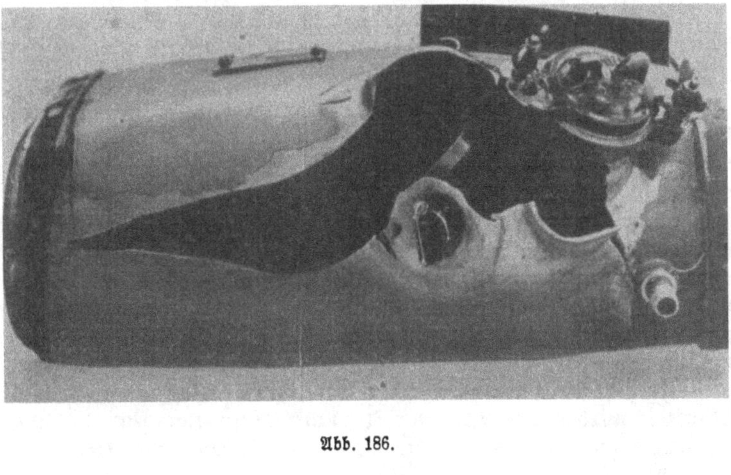

Abb. 186.

5. Schmierstoff-Vorbereitung

Die ordnungsgemäße Schmierstoffversorgung eines Motors ist abhängig von der bestehenden Außenlufttemperatur. Ganz besonders im Winter treten beim Anlassen eines Motors Schwierigkeiten auf, da der

Schmierstoff durch die Kälte dickflüssig und zäh wird. Um diese Schwierigkeiten zu beseitigen, hat man den Schmierstoffbehälter früher mit warmem Öl aufgefüllt und, wenn möglich, den Motor mit Heißluft angeblasen, oder man mußte das Flugzeug in geheizten Hallen unterstellen, um dadurch zu erreichen, daß sich der Motor besser durchdrehen und damit besser anlassen läßt. Dazu wurden sehr viel Bodengeräte wie Katalytöfen, Warmluftbläser, abgefütterte Triebwerksbezüge, geheizte Halle und das notwendige Bedienpersonal benötigt.

Um die Verdickung des Schmierstoffes herabzusetzen, mengt man deshalb dem Schmierstoff eine vorgeschriebene Menge Kraftstoff bei. Der verdünnte Schmierstoff wird daher auch bei kalter Witterung gleich im ersten Augenblick des Anspringens allen, auch den engsten Schmierstellen des Motors zugeführt. Die Kraftstoffzumischung zum Schmierstoff wird im Flugzeug nach der Landung des Flugzeuges und nachdem in den Schmierstoffbehälter die vorgeschriebene Menge Schmierstoff aufgefüllt ist, vorgenommen. Die Schmierstofftemperatur soll bei Mischlauf zwischen 20 und 40° C betragen, die Drehzahl des Motors 800 bis 1000 U/min. Am Flugzeug ist hierzu eine besondere Mischeinrichtung eingebaut.

In der Frischölleitung ist eine **Mischdüse** eingebaut. Diese Mischdüse ist an die Kraftstoffdruckmesserleitung unter Zwischenschaltung eines Mischhahnes angeschlossen. Während der für jedes Flugzeug vorgeschriebenen Mischzeit wird der Mischhahn offen gehalten. Dadurch wird der Kraftstoff durch die Mischdüse fein zerstäubt dem in den Motor fließenden Schmierstoff beigemengt, und schon beim Mischlauf werden alle Schmierkanäle im Motor mit verdünntem Schmierstoff versorgt (Mischtabelle).

Es ist zweckmäßig, von Zeit zu Zeit den **Kraftstoffgehalt im Schmierstoff nachzuprüfen.** Hierzu dient eine Kurventabelle (s. Abb. 187). Auf der waagerechten Achse ist die Temperatur der Schmierstoffprobe und auf der senkrechten die Auslaufzeit in Minuten angegeben. Im Schnittpunkt dieser beiden Werte liegt der Prozentgehalt an vorhandenem Kraftstoff. Die Kurve gilt für normalen Schmierstoff wie Rotring, Aeroshell mittel, Stanavo 100 und Schmierstoffe ähnlicher Viskosität. Handelt es sich bei dem zu untersuchenden Schmierstoff um Grünring, Aeroshell schwer, Stanavo 120 oder Schmierstoff ähnlicher Viskosität, so ist dem gefundenen Wert für den Kraftstoffgehalt 1,5% hinzuzuzählen. Die Genauigkeit der Kraftstoffgehaltsbestimmungen liegt bei ± 1%. Zur Bestimmung der Auslaufzeit wird ein sogenannter Auslaufviskosimeter benutzt. Dies ist ein Gefäß von 100 cm³ Inhalt, das im Boden eine Öffnung von 4 mm Ø hat.

Die **Nachprüfung des Kraftstoffgehalts** geschieht wie folgt: Aus dem Schmierstoffbehälter wird eine Schmierstoffprobe von etwa 100 cm³ entnommen und die Temperatur des Schmierstoffes festgestellt. Diese muß zwischen 12 und 30° liegen. Der Viskosimeter sollte im Interesse einer

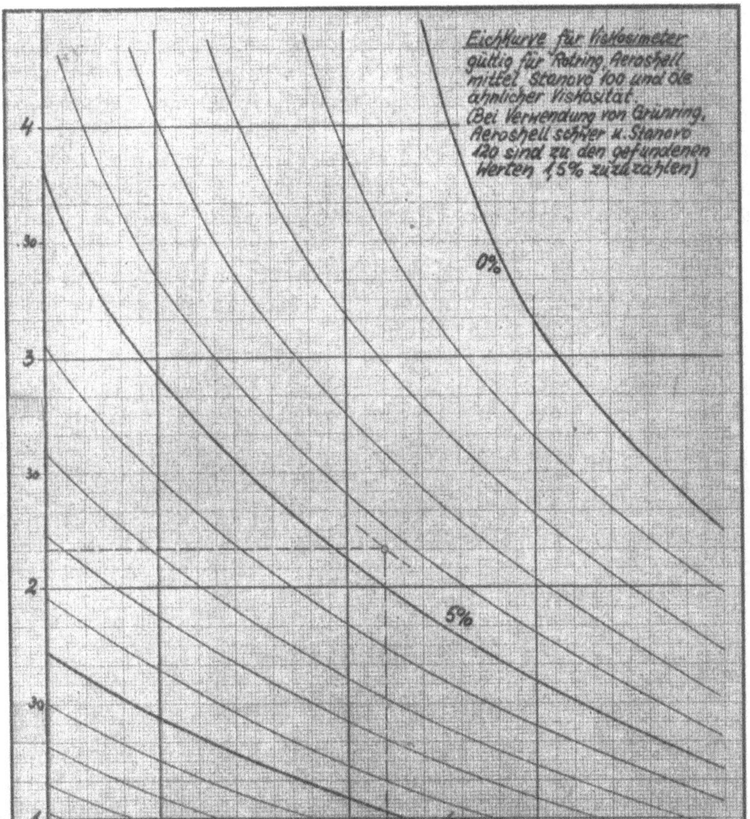

Abb. 187. Eichkurve für Viskosimeter.

genauen Messung dieselbe Temperatur aufweisen. Nun wird der Auslaufviskosimeter mit dem Schmierstoff so gefüllt, daß die Oberfläche des Schmierstoffes leicht gewölbt über dem Rand des Viskosimeters steht. Ein Überlaufen ist zu vermeiden. Während des Füllens ist die 4 mm-Öffnung am Boden mit dem Finger zu verschließen. Nun ist die Öffnung am Boden freizugeben und mit der Stoppuhr die Auslaufzeit des Schmierstoffs festzustellen. Als Ende der Auslaufzeit gilt der Augenblick, in dem der Flüssigkeitsfaden abreißt. Jetzt wird auf der waagerechten Achse des Kurvenblattes die gemessene Temperatur und auf der senkrechten die Durchflußzeit eingetragen. Die Senkrechte auf der Temperaturachse und die waagerechte auf der Zeitachse bilden einen Schnittpunkt, der den Kraftstoffgehalt in Prozent darstellt. Fällt dieser Punkt auf eine der angegebenen Kurven, so ist der Kraftstoffgehalt direkt abzulesen, fällt er zwischen zwei Kurven, so liegt der Wert des Kraftstoffgehalts zwischen dem der beiden benachbarten Kurven.

Z. B. eine Schmierstoffprobe hat eine Temperatur von + 21° C. Es ergibt sich eine Auslaufzeit von 2 Min. 10 Sekunden. Der Kraftstoffgehalt im Schmierstoff liegt dann zwischen 4 und 5 % und beträgt 4,3 %. Wird weiterhin angenommen, daß ein Schmierstoffbehälter normal mit 29,5 Liter gefüllt ist (23 Liter Schmierstoff + 6,5 Liter Kraftstoff) und nach einer Landung nur noch 20 Liter enthält, so ist nach obiger Berechnung bei einem Kraftstoffgehalt von 4,3 % in 20 Liter Schmierstoff 0,86 Liter Kraftstoff enthalten. Um also wieder die richtige Mischung (23 Liter Schmierstoff + 6,5 Liter Kraftstoff) zu erhalten, sind also nur noch 6,5 — 0,86 = rund 5,5 Liter Kraftstoff zuzusetzen und weitere 4 Liter reiner Schmierstoff.

D. Kühlstoffanlage

1. Verformen von Leitungen

Das **Sicken von Leichtmetallrohren** wird mit einer Sickenmaschine vorgenommen. Nach dem Sicken sind die Rohrenden von Grat zu befreien und das Rohr entsprechend der jedem Flugzeugbaumuster zugehörenden Anstrichtabelle grün zu lackieren.

Das **Biegen von Leichtmetallrohren** hat mit Vorsicht zu erfolgen, da sonst in der Krümmung des Rohres eine Einengung auftritt. Um ein Rohr gut biegen zu können, wird es über eine Biegeschablone gebogen. In die Biegeschablone ist zwecks guter Auflage des Rohres eine dem Rohr entsprechende Kehl einzuarbeiten. Die Befestigung des Rohres geschieht durch einen Blechbügel.

Bei starken Krümmungen muß das Rohr zunächst leicht vorgebogen werden. Die auf der Innenseite des Rohres sich bildenden Stauchungen sind mit einem Kugelhammer vorsichtig zurückzutreiben. Um Einengungen zu vermeiden, **füllt man das Rohr mit feinem Sand oder Kolophonium** und verschließt die Enden mit Holzpfropfen. Treten trotzdem Einengungen auf, so kann mittels einer Kugel, die dem Innendurchmesser des Rohres entspricht, und einer etwas kleineren Kugel das Rohr ausgerundet werden, nachdem zuvor die Füllung entleert ist. Man schwingt hierbei das Rohr in Leitungsrichtung hin und her und klopft dadurch die Kugel durch die Einengung. Nach dem Biegen ist das Rohr sorgfältig zu reinigen.

Hat man zum Biegen Kolophonium verwendet, so wärmt man das Rohr von außen her an und läßt das Kolophonium ablaufen. Die restlichen im Rohr verbleibenden Kolophoniumteilchen werden durch Nachglühen verbrannt. Danach sind die Rohre mit Petroleum oder Benzin auszuspülen.

Kleinste Biegehalbmesser für Rohre, für Wandstärken 0,75—2,0 mm

Außen-Ø d. Rohres	3115 3125 Dural	3000 Aluminium	1452 Stahl	2000 Kupfer	2160 Messing
3				5	10
5		10	5	5	10
6		10	5	5	10
8		15	10	10	15
10	15	15	10	10	15
12		20	15	10	20
14		25	15	15	20
15	35	25	15	15	20
16		30	15	15	
18		35	15	15	25
20	60	40	20	15	
22		45	20	20	30
25	80	55	25	25	35
28		65	30	25	40
30	110	75	35	30	40
35	135	90	45		
40	160	110	60		

Beim Biegen von Leichtmetallrohren ist folgendes zu beachten: **Duralrohre** werden vor dem Biegen veredelt, wenn das Veredeln wegen des damit verbundenen Festigkeitsrückganges zulässig ist. Nach dem Veredeln sind die Rohre sofort zu biegen, da sie nach etwa 4 Stunden schwerer verformbar sind. **Aluminiumrohre** können vor dem Biegen ausgeglüht und dann kalt gebogen werden. **Stahlrohre** werden nur warm gebogen. **Kupfer- und Messingrohre** können nach vorherigem Ausglühen kalt gebogen werden.

Als Verbindung zwischen den Rohren werden Konti-Schläuche (M-Schläuche nach Co.N 18110. 20) verwendet. Der Werkstoff ist synthetischer Gummi und die Umflechtung Zellwollgarn. Der Muffenschlauch ist außen grün gummiert, er hält Temperaturen von —50° bis +160° C aus.

Behandlung des Conti-Muffenschlauches. Die Lagerung des Schlauches muß kühl und trocken sein, am besten in dunklen Kellerräumen.

Sonnenlicht ist unbedingt zu vermeiden. Die Schläuche dürfen nicht geknickt, d. h. über die zulässigen Biegeradien gebogen werden. Werden Schläuche stellenweise breitgedrückt, so ist diese Stelle nicht durch Zusammendrücken wieder zu runden, sondern als nicht mehr verwendbar auszuscheiden.

Das Abschneiden der Schläuche erfolgt mit einem in Wasser angefeuchteten Messer. Nach jedem Schnitt ist das Messer wieder anzufeuchten.

Besteht die Möglichkeit, daß der Muffenschlauch angescheuert wird, so ist die gefährdete Stelle mittels Kunstleder zu schützen. Dabei ist nicht der ganze Schlauch zu umwickeln, sondern nur mit ausreichender Überlappung die gefährdete Stelle.

2. Temperaturregelung

Die für den Motorbetrieb erforderliche Kühlstofftemperatur wird wie folgt geregelt:

Regulierung durch Klappen

Vor dem Kühler, in manchen Fällen auch hinter dem Kühler, sind verstellbare Klappen angebracht, die den Luftdurchlaß durch den Kühler mittels entsprechender Einstellung vom Führersitz aus verringern oder auch ganz abstellen.

Regulieren durch Ein- bzw. durch Ausfahren des Kühlers

Hierbei durchströmt die Kühlluft bei entsprechender Betätigung des Kühlers den Kühler gar nicht, teilweise oder ganz, je nachdem, ob die Temperatur des Kühlstoffes ansteigen oder niedriger werden soll.

Regulierung durch Veränderung des Umlaufs für den Kühlstoff

Wenn der Kühlstoff gekühlt werden soll, wird er durch Betätigen eines Mehrwegehahns durch den Kühler geschickt. Wenn keine Kühlung notwendig ist, wird der Kühlstoff unter Umgehung des Kühlers direkt dem Motor zugeführt. Wenn nur eine teilweise Kühlung notwendig ist, wird der Kühlstoff teils durch den Kühler und mit dem andern Kühlstoff, der den Kühler umgeht, zusammen wieder durch den Motor geleitet.

3. Kühlstoffe

Wasser

Der gesamten erforderlichen Wassermenge wird der abgemessene Schutzölanteil in dünnen Strahlen unter stetem Durchrühren bzw. bei Anwendung des Kühlmittelwagens unter Umpumpen zugegeben.

Glykol-Wasser-Mischung

Schutzöl 39 wird mit der doppelten Menge Wasser gut verrührt. Dann wird diese Mischung der Glykol-Wassermischung unter Rühren bzw. bei Anwendung des Kühlmittelwagens unter Umpumpen zugefüllt. Beispiel:

1,5 Liter Schutzöl mit 3 Liter Wasser verrühren. Diese Lösung einer fertigen Mischung von 47 Liter Wasser und 50 Liter Glykol zufügen. Glykol-Wassermischungen sind mit Neucoccin rot gefärbt, um Verwechselungen mit reinem Glykol zu verhindern. Neucoccin ist in allen Fotogeschäften (Drogerien) zu erhalten.

Rein-Glykol

Herstellung sinngemäß wie bei Wasser.

Beim Mischvorgang soll die Raumtemperatur und die Temperatur der verwendeten Flüssigkeit möglichst zwischen + 10 und + 30° C betragen.

Es ist verboten, bei der Herstellung einer Mischung das Kühlmittel in das Schutzmittel zu gießen. Kühlstoff mit Schutzöl 39 ergibt eine milchige Emulsion.

4. Prüfung auf Schutzölgehalt

Die Prüfung auf Schutzölgehalt geschieht unter Anwendung einer **Schüttelflasche** mit graduiertem Hals (Fl.-Nr. 44580).

Die Prüfung darf nur von einem Prüfer vorgenommen werden. Es wird hierbei der Meßzylinder bis zur Marke 30 mit der zu untersuchenden Emulsion gefüllt. Sodann gibt man verdünnte (etwa 10%) Schwefelsäure bis zur oberen Marke im Kolbenhals zu. Nun wird die Schüttelflasche verschlossen und der Inhalt kräftig durchgeschüttelt, wobei die Schwefelsäure die Emulsion unter Abscheidung des Öles zersetzt. Zur schnelleren Abscheidung ist die Flasche in heißes Wasser zu stellen. Der Glasstopfen ist dabei leicht zu lüften, da entstehender Dampf die Flasche sonst zersprengen könnte. Wenn die untere Flüssigkeit möglichst klar geworden ist, ist der Inhalt der Flasche auf Zimmertemperatur abzukühlen. Die Menge des abgeschiedenen Schutzöls in Raumteilen kann an der Skala des Flaschenhalses abgelesen werden.

Als **untere Grenze des Schutzölgehalts** ist ein Raumteil, als **obere Grenze** sind zwei Raumteile auf 100 Teile Kühlstoff zulässig. Bei höherem Gehalt als zwei Teilen Schutzöl muß entsprechend viel frischer Kühlstoff zugesetzt werden. Eine Kontrolle ist vierteljährlich durchzuführen und in der Zeitkarte zu vermerken.

10-prozentige Schwefelsäure wird durch Verdünnen von Akkumulatorensäure mit der gleichen Menge Wasser hergestellt. **Es ist stets die Säure in dünnen Strahlen unter Umrühren in das Wasser zu gießen und nicht umgekehrt.** Die Säure wirkt auf Metalle, Kleidung und Haut stark ätzend, daher vorsichtige Handhabung! Bei eventuellem Verschütten ist sofort mit schwacher Seifenlösung zu waschen und mit klarem Wasser gründlich nachzuspülen.

5. Ersatz der im Betrieb entstehenden Kühlstoffverluste

Normale Verluste in der Kühlstoffanlage an Kühlstoffen durch Undichtheiten, Überschäumen oder Teilverdampfung werden sofort nach

Erkennen durch das entsprechende neu angesetzte oder auf Vorrat gehaltene Kühlstoffschutzöl gemischt. Sind z. B. bei Außenlandungen Kühlstoffverluste nur durch Wasser bzw. Glysantin, das an Tankstellen erhältlich ist und für Notfälle an Stelle von Glykol verwendet werden kann, ausgeglichen, so ist der Kühlstoff nach Rückkehr zum Heimathafen durch neues Kühlstoffgemisch zu ersetzen. Sind bei Seemaschinen Seewasserzusätze nötig geworden, so ist der gesamte Kühlstoff nach Rückkehr sofort abzulassen und nicht mehr zu verwenden. Vor Neuauffüllung ist das Kühlsystem gründlich zu durchspülen.

6. Wechsel bzw. Wiederverwendung gebrauchter Kühlstoffgemische

Sind nach längerem Gebrauch durch ausgeschiedene Härtebildner Schutzöl-Wassergemische stark verschlammt oder zeigen sich starke Ölabscheidungen, so ist das ganze Gemisch abzulassen und nicht wieder zu verwenden.

Schutzöl-Wasser-Glykolgemische sind normalerweise nur bei Teilüberholungen und in Ausnahmefällen dann, wenn eine stärkere Verschlammung oder Verunreinigung festgestellt wird, abzulassen und in Eisenfässern zu sammeln. Wenn sich die Verunreinigungen am Boden des Behälters abgesetzt haben und das Gemisch auf Glykolgehalt (Kontrolle des spez. Gewichts) und Schutzölgehalt überprüft, entsprechend ergänzt und gut durchgemischt worden ist, sind die Gemische wieder verwendbar. Schutzöl-Glykolgemische sind sinngemäß wie Schutzöl-Wasser-Glykolgemische zu behandeln.

7. Aufbereitung des Kühlstoffes für den Winterbetrieb

Als **Frostschutzmischung** für wassergekühlte Flugmotoren ist eine Mischung von 50 Raumteilen Glykol und 50 Raumteilen Wasser zu verwenden. Diese Mischung ist für Außentemperaturen bis — 38° C ausreichend. Die Glykol-Wassermischung verbleibt das ganze Jahr in der Kühlstoffanlage. Vom 1. November eines jeden Jahres bis zum 30. April des darauffolgenden Jahres muß die Mischung 50 : 50 betragen. In der übrigen Zeit können geringe Verluste durch Zugießen von Wasser ausgeglichen werden.

Abgelassene Frostschutzmischungen sind aufzubewahren und wieder zu verwenden. Vor Gebrauch ist das richtige Gemisch durch **Kontrolle des spezifischen Gewichts** nachzuprüfen. Vor dem Einfüllen in die Kühlstoffanlage ist das Gemisch gut durchzumischen.

Als Zusatz zum Kühlstoff ist nur 1,5% Schutzöl 39 zulässig. Andere Zusätze, wie z. B. Soda, Kühlerschutztabletten, Kaliumfluorid usw., sind verboten.

8. Wartung der Kühlstoffanlage

Neben der Kraftstoff- und Schmierstoffanlage ist die Kühlstoffanlage die Anlage im Flugzeug, die zu Störungen am meisten Veranlassung gibt. Sie bedarf daher einer ganz besonders gründlichen Wartung.

Der **Kühlstoffausgleichbehälter** und die **Kühlstoffleitungen** sind täglich auf Rißbildungen, insbesondere an den Schweißnähten, nachzuprüfen. Ebenso ist auf Scheuerstellen am Kühlstoffbehälter und an den Kühlstoffleitungen zu achten.

Beschädigungen, die bei Montagearbeiten auftreten, sind sofort zu beheben, da sie sonst schwere Schäden hervorrufen können.

Bei Vorhandensein von Korrosionsschutzöl im Kühlstoff dürften Korrosionsschäden in der Anlage nicht mehr auftreten. Da aber immer wieder die Beimischung von Korrosionsschutzöl vergessen wird, ist der **Kühlstoff auf Korrosionsschutzölgehalt nachzuprüfen.** Sollte einmal kein Korrosionsschutzöl in der Anlage gewesen sein, so sind die vom Kühlstoff durchflossenen Teile der Anlage auf Korrosionsbildung zu untersuchen.

Durch die dauernden Erschütterungen, denen ein Kühler während des Fluges ausgesetzt ist, kommt es öfter vor, daß der Kühler leck springt. Bei festgestellter **Leckage** ist der Kühlstoff abzulassen. Bei geringer Beschädigung kann er in der Werft instandgesetzt werden, bei schweren Beschädigungen muß er zur Instandsetzung an die Herstellerfirma eingesandt werden.

Sind an der Stirnseite eines Kühlers **Lamellen eingedrückt,** wie es durch unvorsichtige Handhabung bei der Montage oder auch im eingebauten Zustand vorkommen kann, so sind diese eingedrückten Lamellen wieder auszurichten, da sonst die wirksame Kühlfläche des Kühlers vermindert wird. Das Ausrichten eingedrückter Lamellen kann mittels eines aus Leichtmetall angefertigten Blechstreifens erfolgen. Die Kanten und Ecken des Blechstreifens sind gut abzurunden. Sind die Lamellen an der vorderen Stirnseite eingedrückt, so wird der Blechstreifen von hinten in die Luftkanäle eingeführt und durch diese hindurchgeschoben.

Nach der Instandsetzung ist der Kühler entsprechend dem auf dem Firmenschild angegebenen **Druck nachzuprüfen.** Zu diesem Zweck werden sämtliche Anschlüsse am Kühler abgedichtet. Eine Öffnung am Kühler wird mit einer Preßluftflasche verbunden und der Kühler dann im Wasser untergetaucht. Dann wird der Druck aus der Preßluftflasche auf den Kühler gegeben, wobei ganz besonders darauf zu achten ist, daß der angegebene Druck nicht überschritten wird. An den im Wasser aufsteigenden Luftblasen erkennt man die undichten Stellen des Kühlers. Undichte Stellen sind anzuzeichnen und nachzulöten. Dann wird der Kühler wieder ins Flugzeug eingebaut und die Kühlstoffanlage mit dem vorgeschriebenen Kühlstoff gefüllt.

Beim Füllen der Kühlanlage ist darauf zu achten, daß vorhandene Entlüftungshähne geöffnet sind. Auch ist zunächst der Ablaßhahn am Kühler offen zu halten, und zwar so lange, bis blasenfreier Kühlstoff austritt. Dann erst wird der Ablaßhahn geschlossen. Sobald auch aus den Entlüftungshähnen Kühlwasser austritt, sind auch diese zu verschließen. Es ist zweckmäßig, jetzt einigemale die Luftschraube von Hand bei ausgeschalteter Zündung durchzudrehen, um evtl. Lufteinschlüsse in der Kühlstoffanlage zu beseitigen. Dann ist entsprechend Kühlstoff nachzufüllen.

Den Aufhängepunkten und deren Anschlüssen am Kühler ist besondere Beachtung zu schenken, da dort leicht Rißbildungen auftreten.

Beim Löten von Kühlern läßt es sich nicht vermeiden, daß auch Lötzinn durchfließt, das sich im Innern des Kühlers festsetzt. Nicht immer ist es möglich, bei der Neuherstellung diese Zinnreste im Kühler vollkommen zu entfernen, da ein Teil zu fest sitzt, der sich aber dann während des Betriebes loslöst und in den Kühlstoffkreislauf gelangt. Bei einem ausgebauten Kühler ist daher immer wieder daran zu denken, daß derartige Fremdkörper entfernt werden.

Rißbildungen in den Leitungen und Zerstörungen der Halterungen sind möglichst frühzeitig durch tägliche Überprüfung zu erkennen. Gerissene Halterungen sind umgehend durch neue zu ersetzen, da sonst ein Rohrbruch unvermeidlich ist.

Gerissene Rohre oder Rohrkrümmer führen zum Verlust des Kühlstoffs und dadurch zum Fressen des Motors. Rißstellen sind daher beim Erkennen sofort zu schweißen, oder am besten wird das beschädigte Rohr ausgewechselt.

Undichte Stellen an Verbindungen sind stets zu beheben. Dies hat aber immer mit Gefühl zu erfolgen. Zu starkes Anspannen der Binder eines Muffenschlauches kann unter Umständen auch zu größeren Undichtheiten führen, da hierbei das Rohr zusammengequetscht werden kann.

Korrodierte Rohre oder Verschraubungen sind sofort gegen einwandfreie auszutauschen. Da die Korrosion immer von innen nach außen geht, ist ein Erkennen sehr schwierig. Es ist aber bei Kühlstoffwechsel oder sonstigen größeren Arbeiten am Flugzeug stets die Kühlstoffanlage auf Korrosionsbildung zu prüfen.

Die **Muffenschläuche** sind Alterungserscheinungen unterworfen. Sie werden dann von außen rissig. Bei starker Rißbildung sind sie auszuwechseln. Es kommt auch immer wieder vor, daß die Gummimuffen von innen quellen und dann den Querschnitt verengen. Eine einwandfreie Kühlung ist dann nicht mehr vorhanden. Auch derartige Gummimuffen sind auszutauschen.

Bei **Montage von Gummimuffen** kommen immer wieder Zerstörungen vor, die durch Abrutschen eines Schraubenziehers oder durch falsches Anziehen eines Spannschlosses auftreten. Derartig beschädigte Gummimuffen können zu Kühlstoffverlust und dadurch zum Ausfall des Motors führen. Sie sind auszuwechseln.

Normalerweise ist im Winter in die Kühlstoffanlage ein froſtbeständiger Kühlstoff eingefüllt, so daß eine Gefahr des Einfrierens von Kühlstoff nicht zu erwarten ist. Ist aber einmal aus besonderen Umständen im Winter reines Wasser als Kühlstoff aufgefüllt, so ist unbedingt nach der Landung sofort der gesamte Kühlstoff abzulassen. Es genügt hierbei nicht, daß z. B. nur der Ablaßhahn am Kühler geöffnet wird und, um das Nachströmen des Kühlstoffs zu ermöglichen, auch die Einfüllverschraubung, sondern es muß darauf geachtet werden, daß sonst irgendwelche Stellen in der Leitung, in denen Wasser sitzen bleiben könnte, abgelassen werden, da das Wasser sonst an diesen Stellen gefriert. Beim Auffüllen von Kühlstoff am nächsten Tag und Anlassen des Motors ist ein Kühlkreislauf dann nicht möglich. Durch Überhitzung erleidet der Motor Schaden.

Das in der Entlüftungsleitung eingebaute **Doppelventil** ist immer wieder auf Undichtheit zu überprüfen. Die Undichtheiten können durch Verschmutzen oder durch Korrosion auftreten. Undichte Ventile ergeben Fehlanzeige in der Kühlstofftemperatur, da der Siedepunkt bei offenem Kühlkreislauf absinkt. Die Folge davon ist, daß der Flugzeugführer im guten Glauben höhere Temperaturen zuläßt und der Kühlstoff während des Fluges aus der Entlüftungsleitung auskocht. Die Folge ist Motorschaden und Ausfall des Flugzeugs. Ebenso können irgendwelche Teile, wie z. B. die Druckfederhalterung, abbrechen und dadurch den gleichmäßigen Federdruck auf den Ventilteller verhindern. Undichte Ventile sind gegen einwandfreie auszuwechseln.

Das **Prüfen des Überdruckventils** geschieht mittels Preßluft, wobei das Ventil unter Wasser gehalten wird. Aufsteigende Luftbläschen zeigen bei dem angegebenen Prüfdruck die Undichtheiten.

E. Triebwerksgestänge

Zur Betätigung der Motorregulierung, von Schalt-Armaturen, Pumpen, Hähnen, Klappen usw. werden als Zwischenglied, Gestänge, Seilzüge, Duz-Gestänge und ähnliches verwendet. Zur Umlenkung sind im Flugzeug Hebel und Wellen und deren Lagerungen eingebaut. Im Führerraum sind gut zugänglich die Betätigungshebel der Knöpfe angeordnet und je nach Zweck mit besonderer Farbe gekennzeichnet. Es ist die Farbe z. B. für

Gashebel	gelb
Brandhahnhebel	rot
Kühlerbetätigung	grün

Durch die vielen im Flugzeug baulich begründeten Umlenkungen der Betätigung kommt eine gewisse Weichheit in das ganze Gestänge, diese muß so gering wie möglich gehalten werden, um z. B. zu verhüten, daß, wenn der Gashebel auf Vollgas steht, der Motor noch nicht seine Volleistung hergibt, was beim Start Schwierigkeiten machen würde. Oder bei Stellung des Gashebels auf Leerlauf kann es dann vorkommen, daß der Motor mit zu viel Umdrehungen läuft, was zu Schwierigkeiten bei der Landung führt, z. B. nicht Auskommen mit dem Platz.

Wartung: Zu große Durchbiegungen der Stangen sind mit einem Gleitlager auszugleichen, Umlenkungen sind nachzuprüfen, ob z. B. konischer Stift lose oder deren Bohrungen angeschlagen sind. Die Einstellung des Gestänges ist zu überprüfen, es muß die Stellung des Hebels im Führerraum der entsprechenden Stellung an dem zu bedienenden Teil entsprechen. Betätigungen von Umschaltbatterien sind genauestens zu überprüfen, da es häufig vorkommt, daß Öffnungen von Ventilen nicht mit der entsprechenden Einrastung im Führerraum übereinstimmen, die Folge sind Kraftstoffverlust, falsche Leitung des Kraftstoffflusses. Funktionsprüfung ist dringend erforderlich.

IV. Die Wartung der Luftschraube

Die Wartung der Luftschraube ist erforderlich zur Aufrechterhaltung der **Betriebssicherheit**, der **Leistung** und zur Ersparnis von **Reparaturkosten**. Infolge der hohen Beanspruchungen und der unabsehbaren Folgen einer Vernachlässigung ist der Betriebssicherheit einer Luftschraube besondere Bedeutung zuzumessen. Naturgemäß erfordern die modernen Verstellschrauben (VDM., Junkers-Hamilton, Argus), von welchen eine bestimmte, maschinenähnliche Funktion während des Fluges verlangt wird, bezügl. Wartung mehr Aufwand als die festen Holzpropeller. Aber auch diese dürfen nicht vernachlässigt werden, zumal weil heute in steigendem Maße in Verstellschrauben Holzflügel verwendet werden und Holz, das

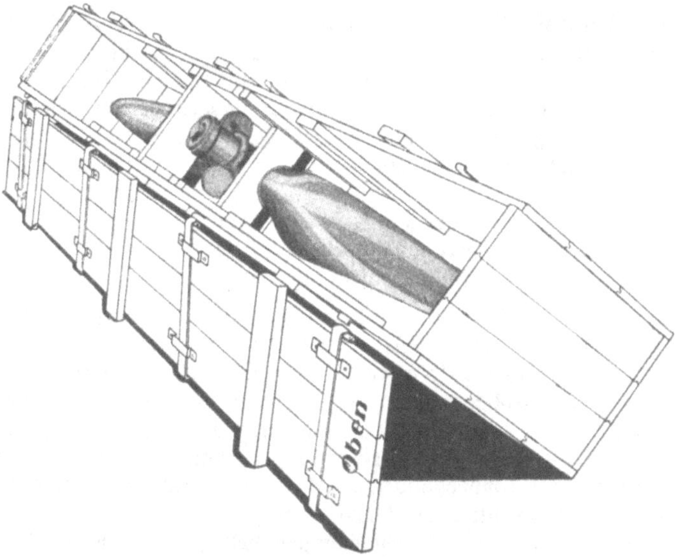

Abb. 188. Spezialkiste für Luftschraubenversand.

sonst im Flugzeugbau mehr und mehr verschwunden ist, als organischer Werkstoff in vieler Beziehung andere Anforderungen an die Wartung stellt, als Metall.

A. Eingang, Lagerung und Versand

Zweiflügelige Schrauben werden meist zusammengebaut versandt. Bei 3- und 4-flügeligen Schrauben werden die Flügel herausgeschraubt oder abgenommen. Grundsätzlich erfolgt der Versand in **Spezialkisten** (s. Abb. 188). Hierbei ist besonders zu beachten, daß die Teile in den Kisten sorgfältig festgezogen werden und insbesondere die empfindlichen Flügelspitzen gegen Stoß geschützt sind. Auch bei der Rücksendung von Reparaturschrauben sind die Spezialkisten zu verwenden, da oft zusätzliche Beschädigungen beim Transport eintreten. Verbogene Metallschrauben sind so zu versenden, daß das Gewinde sicher geschützt ist.

Die **Lagerung** der Verstellschrauben kann in den Kisten erfolgen, in welchen sie vom Hersteller- oder Reparaturwerk eingesandt werden. Sie sind meist gut konserviert verpackt. Holzpropeller und Holzpropellerflügel sind jedoch auszupacken und frei zu lagern (s. Abb. 189).

Bei Mangel an Spezialkisten sind die Teile sorgfältig auf **Regale** zu legen. Dies gilt besonders für die Flügel, für welche eine Lagerung nach Abb. 190 vorteilhaft ist, da sie so nicht umfallen können und man die Geräte-Nummer auf der Stirnfläche des Schaftes sofort ablesen kann. Die Einschnitte des Regals sind mit Filzstreifen auszulegen. Die Gewinde der Flügel sind durch Kappen zu schützen.

Die **Lagerräume** sollen keinen zu großen und plötzlichen Temperaturschwankungen ausgesetzt sein. Wichtig ist jedoch, besonders bei Holzschrauben, die Erhaltung einer normalen Luftfeuchtigkeit. Die Lagerung in direkter Nähe der Heizung oder in Sonnenbestrahlung ist für Holzpropeller wegen der Gefahr des Verziehens oder der Rißbildung gefährlich. Außerdem können die Schmiermittel bei Verstellnaben und Getriebeteilen auslaufen.

Die **Lagerungsteile** sind mit gutem Konservierungsmittel (Schutzfett 40 oder Vaseline) leicht einzufetten zum Schutze gegen Korrosion, die beispielsweise auch durch Schwitzwasser entstehen kann (auch Holzflügel sind leicht einzufetten).

Der **Zusammenbau** der einzelnen Schrauben erfolgt am besten durch Spezialmonteure, zumindest nach genauen Vorschriften der Herstellerfirmen. Auch die festen Schrauben erfordern Montagearbeit, da sie mit der Ruppnabe oder Hirthnabe zusammenzusetzen sind. Metallflächen, Konen, Lager und Gewinde sind sorgfältig zu reinigen, jedoch müssen die Reinigungsmittel, besonders Benzin, vor dem Einfetten gründlich entfernt werden. Man achte darauf, daß das vorgeschriebene Schmiermittel in richtiger Menge verwendet wird, ferner auf Sauberkeit der Anschlußflächen, des Hirthflansches, des Wellenstummels und der Konen sowie auf genaue Einstellung der Flügel an den Einstellmarken. Im allgemeinen sind zueinander gekennzeichnete Teile bereits in der Grenze der vorgeschriebenen Unwucht ausgewuchtet.

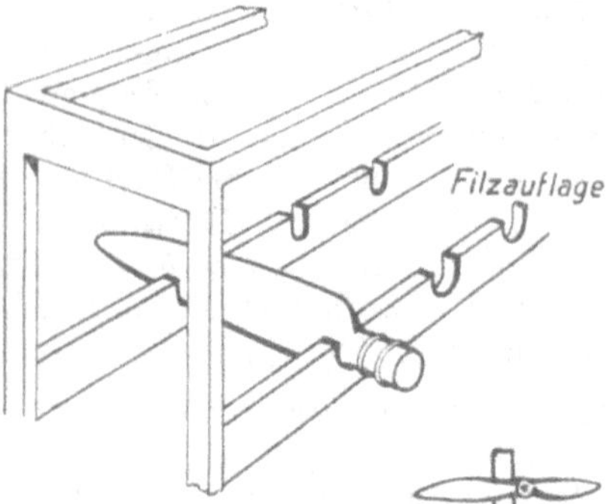

Lagerung in Regalen.

Lagerung von Holzpropellern.

Schutzhülle für Holzflügel.

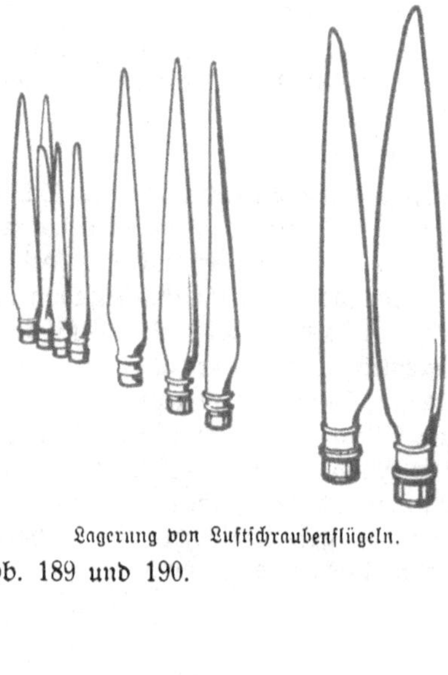

Lagerung von Luftschraubenflügeln.

Abb. 189 und 190.

B. Der Transport von Luftschrauben

Beim Transport der Luftschrauben zur Montage ist besonders darauf zu achten, daß die an der Spitze sehr dünnen Flügel keinesfalls

auf die Spitze gestellt,
an der Spitze getragen werden und daß
die scharfen Kanten nicht an Türpfosten u. a. anstoßen.

Ebenso darf das Flugzeug nie an den Flügeln der Schraube gezogen, geschoben oder der Motor an der Schraube durchgedreht werden.

C. Die Montage der Luftschrauben

Die Montage erfolgt nach **Einbauvorschriften** der Herstellerwerke. Auch die motorseitigen Anschlußflächen müssen sauber und ohne Grat sein (Achtung bei staubigem Wetter!). Die evtl. **Ölanschlüsse**, z. B. bei der Hamilton-Schraube, müssen geöffnet sein. Die G e w i n d e der Schraubverbindungen werden zweckmäßigerweise mit Kremserweiß, das mit Shell AB 11 im Verhältnis 2 : 1 verdünnt ist, geschmiert.

Nach dem Festziehen sind alle **Sicherungen** zu prüfen, ebenso auch der Sitz der Haube, am Haubenverschluß zu erkennen. Gegebenenfalls empfiehlt es sich, an der Maschine zu prüfen, ob die Schraube spurt.

Ferner ist bei Schrauben mit gesteuerter Waffe darauf zu achten, daß der Nullschuß an der richtigen Stelle liegt. Bei neuen Motoren befinden sich dazu Kennzeichen am Flansch des Motors und am Luftschraubenflansch.

V o r d e m e r s t e n F l u g, nach dem Anlassen, ist zu beobachten, ob die Schraube in allen Drehzahlbereichen ruhig läuft (s. unten). Die Verstellvorrichtung ist zu betätigen und zu prüfen, ob evtl. vorhandene Steigungsanzeiger richtig anzeigen und Endausschalter funktionieren. Zum Start ist die vorgeschriebene Startstellung einzustellen (bei VDM. grundsätzlich 12^h, bei Hamilton Zylinder außen).

Nach dem ersten Flug bzw. nach längerer Standlaufzeit sind die Befestigungsbolzen, besonders die zentrale Wellenmutter nochmals kräftig nachzuziehen (etwa 75 kg am Hebelarm 1,5 m) und neu zu sichern. Desgleichen ist nochmals festzustellen, ob die Flügeleinstellung noch stimmt, da sich die Flügel in ihrer Lage verstellen können, wenn sie nicht vorschriftsmäßig angezogen sind.

D. Die laufende Wartung der Schraube am Flugzeug

Beim **Abstellen im Freien** soll die Schraube bzw. bei dreiflügeligen Schrauben ein Flügel senkrecht nach oben stehen, um das Eindringen von Regenwasser zu verhindern. Bei Kälte ist darauf zu achten, daß nicht in der Haube Spritz- oder Regenwasser steht und einfriert, da hierdurch eine Unwucht entsteht (s. Abb. 191). Die **Motordeckplane** wird zweckmäßig auf die Luftschraube verlängert und mit einem Loch für den Flügel versehen. Überzüge sind zu vermeiden, da sie sich, besonders bei Holzschrauben, nachteilig erwiesen haben. Eine Ausnahme können Seeflugzeuge bilden, bei denen die salzhaltige, feuchte Atmosphäre sowie Spritzwasser zu starker Korrosion führen können. Deswegen sind die Flügel grundsätzlich abzuwischen. Hierzu darf kein Reinigungsmittel oder Benzin verwendet werden, da sonst der Anstrich leidet. Dann leicht einfetten und laufend prüfen, besonders bei längerem Abstellen in der Sonne!

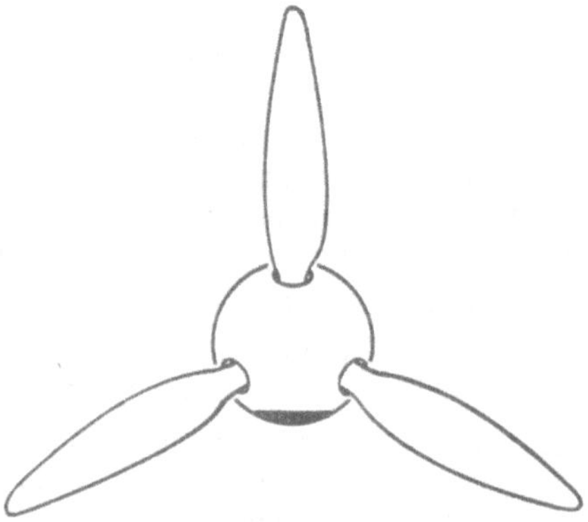

Abb. 191. Unwucht der Luftschraube durch Eisbildung infolge Ansammlung von Wasser in der Haube.

Die Hamilton-Schraube ist vor dem Abstellen des Motors auf große Steigung (Zylinder innen) zu bringen, damit die Kolbenfläche nicht verunreinigt wird oder korrodiert.

Die laufende Prüfung nach jedem Flug. Die Propellerflügel aus Holz sind auf Risse durchzusehen. Unbedenklich sind leichte Risse am Übergang des Kantenschutzes, solange sie nicht sperren und der Feuchtigkeit Zugang zum Holz verschaffen. Bedenklich sind Querrisse, die an einer Stelle bei mehreren Blättern gleichzeitig auftreten. Diese deuten auf Neigung zu Schwingungen (s. Abb. 192). Schlagverletzungen oder Kerben bei Metallpropellern sind sorgfältig zu beobachten, da hier die Risse viel feiner und viel gefährlicher sind. (Nach örtlicher Entfernung des Lackes Lupe verwenden!)

Aus der Nabe oder dem Verstellgetriebe ausgetretenes Fett ist mit trockenen sauberen Lappen abzuwischen. Keinesfalls Benzin verwenden! Dies gilt besonders für das VDM.-Getriebe. Der hintere Zahnkranz soll frei von Fett sein. Auch achte man darauf, ob in der Haube Fett auftritt. Das Getriebe ist dann zu wechseln.

Das **Abschmieren** muß nach den jeweils gültigen Vorschriften erfolgen. Die vorgeschriebenen Zeiten sind gewissen durch die Erfahrung bedingten Schwankungen unterworfen. Wesentlich ist, daß die **richtigen Schmiermittel** Verwendung finden, insbesondere

für Holz- und Metallflügel zum Einfetten: Vaseline,
für Muttern und Bolzen zum Anziehen: Kremserweiß × Shell AB 11 (2 : 1),
für VDM.-Getriebe: VDM 42 blau,
für VDM. Sperrstift, biegsame Welle: VDM 43-Graphitpaste,
für elektr. Geräte VDM: Diese sind mit Shell AB 11 kältebeständigem Öl geschmiert. Nicht nachschmieren!
für Hamilton-Luftschraube: Mobil Compound Nr. 2,
für Argus-Luftschrauben: Calypsol W 11.

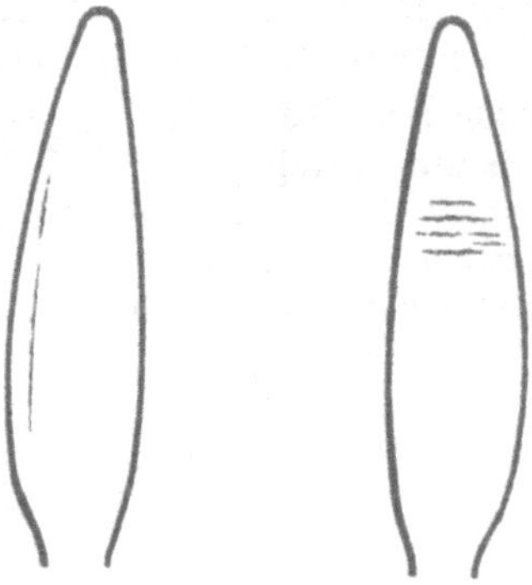

Abb. 192. Rißbildung an Luftschrauben.

E. Die „falsche" Drehzahl und der „unruhige Lauf"

Neben den einzelnen Fehlern an der Verstellschraube, die zum Versagen der Verstellung oder von Teilen derselben führen und zu deren Behebung spezielle Vorschriften bzw. Monteure erforderlich sind, sollen auch die zwei häufigsten Beanstandungen erwähnt werden: „Falsche Drehzahl" und „unruhiger Lauf".

Beide Erscheinungen werden ebenso häufig grundlos der Luftschraube zugeschoben, wie sie im Motor ihre Ursache haben. Die „Latte" ist ja ein so leicht auswechselbares Gerät, und ehe man etwas am Motor unternimmt, wird erst einmal die Latte ausgewechselt. Das ist falsch.

Die **falsche Drehzahl** wird vielfach von Motorenmonteuren beanstandet, die eine bestimmte Drehzahl ihres Motors fordern zu müssen glauben. Der Motor selbst wurde im Werk mit einer Toleranz von 3% der Leistung abgenommen. Die Schrauben sollen mit ± 3% die geforderte Drehzahl bei Konstruktionsbedingung, d. i. meist Vollgas, Horizontalflug einhalten. Da jedoch auch die Schraube gewissen Herstellungstoleranzen unterworfen ist, ferner Drehzähler, Instrumente und sonstige Gestänge Toleranzen haben, kann die Drehzahldifferenz ± 3% leicht „erreicht" werden, auch wenn die Schraube in Ordnung ist. Daher sind vorher alle diese Faktoren, insbesondere der Motor, genauestens zu prüfen, bevor die Schuld auf die Schraube geworfen wird.

Natürlich kann eine Schraube gelegentlich Maßabweichungen aufweisen, sie kann sich verzogen haben oder in der Oberfläche durch Witterungsverhältnisse „rauh" geworden sein. Auf Grund dieser Erscheinungen konnten Drehzahlunterschiede bisher jedoch nur selten nachgewiesen werden.

Unruhiger Lauf oder Schütteln der Schrauben. Bei Schüttelerscheinungen ist die Schraube nicht sofort auszubauen, sondern es sind nachfolgende Richtlinien zu beachten:

Erschütterungen sind **nach Möglichkeit im Lichtbild festzuhalten** oder aber zu messen und zwar an Stellen, wo sie bemerkt werden, also gegebenenfalls am Instrumentenbrett, am Knüppel, an Pedalen usw. Als Meßgeräte kommen in Frage:

Askania-Tastschwingungsschreiber,
DVL-Dehnungsmesser mit Ritzregistrierung, anklemmbar,
abgestimmte Federkämme, anklemmbar,
DVL-Amplitudenschreiber, anklemmbar,
Geiger-Vibrograph,
DVL-Ritzvibrograph.

Zu messen ist die Frequenz und die Amplitude im gesamten Drehzahlbereich. Nach Möglichkeit Diagramm-Amplitude über der Kurbelwellendrehzahl bzw. Luftschraubendrehzahl!

Die Festlegung der zulässigen Amplituden geschieht

a) nach Maßgabe der Dauerfestigkeit der betreffenden Bauteile unter Berücksichtigung der Forderungen der Bauvorschrift für Luftfahrzeuge,
b) nach Maßgabe physiologischer Grenzen wie die Ablesbarkeit von Instrumenten, das Vermögen, längere Zeit kleinere Erschütterungen auszuhalten, Lärm usw.

Die Frequenzermittlung ist wichtig, da sie einen Anhaltspunkt für die Entstehung von Schüttelerscheinungen gibt. Z. B. Frequenzen von 3,5- oder 4,5-facher Kurbelwellendrehzahl deuten meist auf motorseitige Erregung. Diese ist durch Luftschraubenwechsel nicht zu beseitigen; es kann die zugehörige kritische Drehzahl auch nicht nennenswert durch Luftschraubenwechsel verlagert werden. Treten dagegen Erschütterungen im Takt der Schraubendrehzahl auf, so können diese Unwuchten am Propeller hervorgerufen werden. Erweist sich jedoch dabei die Schraube innerhalb der Toleranz, so ist die Ursache der Erschütterung darin zu suchen, daß schwingende Teile in Resonanz geraten auf Grund entsprechender Eigenfrequenzen dieser Teile. In diesen Fällen müssen diese

Eigenfrequenzen geändert oder die beobachteten Schwingungen durch geeignete Maßnahmen gedämpft werden.

Im folgenden wird eine Anweisung gegeben, wie bei der **Beanstandung von Schüttelerscheinungen** vorgegangen werden muß:

1. Die Beobachtung ohne Schraubenwechsel genau festlegen, insbesondere Drehzahl, Flugzustand (Schieben), Höhe, Temperatur, Luftfeuchtigkeit, Schwebungen je Sekunde (nach Gehör), Gashebelstellung (Magnetprobe) usw., bei verschiedener Einstellung (Verstellschrauben), wenn möglich, gleich fotografieren, messen o. ä.

2. Weitere Prüfungen, ohne die Schraube abzuziehen
   an der Schraube: Festsitz, Spur, gleiche Einstellung der Blätter,
   am Motor: Magnetprobe, Kerzenprüfung, Düsen- bzw. Reglereinstellung, Ventilspiel usw.,
   am Flugwerk (Zelle): vorschriftsmäßiger Sitz des schwingenden Teiles, Verspannungen messen und evtl. nachziehen, Nachfliegen bei verschiedener Belastung.

3. Jetzt erst die Schraube wechseln und folgende Prüfungen vornehmen:
   wenn möglich, Versetzung auf Zapfen oder Flansch,
   Schlag des Motoranschlusses messen,
   Schraube statisch nachwuchten, hierzu Wuchtvorrichtung prüfen, auf Wuchtvorrichtung versetzen, Spur messen, mit verschiedenen Einstellwinkeln wuchten,
   eine andere Schraube gleicher Bauart unter gleichen Bedingungen nachprüfen.

Der **Nachweis**, daß die Schüttelerscheinungen mit einer anderen Schraube gleicher Bauart nach erfolgtem Schraubenwechsel beseitigt waren, ist unter allen Umständen durch Messung der Erschütterungen beider Schrauben zu erbringen.

Dritter Abschnitt

Die Wartung der Bordgeräte

I. Einleitung

Die Bordgeräte sollen den Betriebszustand des Motors sowie die Lage des Flugzeuges im Raum überwachen und die Erreichung eines Zieles auf festgesetztem Wege ermöglichen.

Die Wartung der Bordgeräte umfaßt die Maßnahmen, die zur Erhaltung ihrer Betriebssicherheit und ihrer Lebensdauer erforderlich sind. Hierzu gehört die Pflege und Überprüfung der einzelnen Geräteanlagen. Die Wartung muß sinnvoll unter Beachtung der Arbeitsweise des Gerätes erfolgen und wird allgemein, wenn nicht besondere Vorschriften es anders bestimmen, vom Geräte- oder Bordwart durchgeführt. Es sollen Beanstandungen rechtzeitig erkannt werden, ehe sie zur Störung führen. Je nach Aufbau und Meßgrundsatz ist eine regelmäßige Wartung in bestimmten Zeitabschnitten vorgesehen. Zur Auffindung von Störungen ist es notwendig, auch die Einbauvorschriften zu kennen.

II. Allgemeine Wartung

Die Wartung der Geräte beginnt im allgemeinen erst mit dem Einbau in das Flugzeug. Ein Teil der Wartungsarbeiten gilt für alle Geräte.

Einbau. Zur Befestigung der Geräte im Gerätebrett werden Linsenkopfschrauben M 4 zur Vermeidung von Kompaßstörungen aus unmagnetischem Werkstoff benutzt.

Die spannungsfreie Halterung der Geräte setzt ein ebenes Gerätebrett und maßhaltige Befestigungslöcher voraus. Sind keine selbstsichernden Annietmuttern vorhanden, so sind Sechskantmuttern zu verwenden, unter die als Drehsicherung Federscheiben gelegt werden.

Die Anschlüsse von Schläuchen, biegsamen Wellen, elektrischen Leitungen usw. sind spannungsfrei und nachgiebig auszuführen, um Gerätebrettfederungen nicht unwirksam zu machen und die Übertragung von Erschütterungen zu vermeiden.

Flugüberwachungs- und Navigationsgeräte sollen wegen ihrer Empfindlichkeit im besonders abgefederten Teil des Gerätebrettes eingebaut sein.

Wartung. Bei der allgemeinen Wartung ist darauf zu achten,
daß die Anschlüsse und Befestigungsschrauben festsitzen,
daß Anschlüsse und Befestigungsschrauben gesichert sind,
daß die Schraubringe im Gehäuse fest sind (Gehäusedichte),
daß auch hinter dem Gerätebrett Sauberkeit herrscht (Schmutzecke des Flugzeuges). Durch den Sog der Kreiselgeräte wird Schmutz von dort in die Kreiselgehäuse gesaugt und führt hier zu Störungen. Schläuche und elektrische Leitungen werden durch Schmierstoff und Kraftstoff, die am Staub niederschlagen, zerstört.

Es ist ferner darauf zu achten daß das Gerätebrett seine federnde Eigenschaft behält. Federungskörper und Gummi dürfen nicht gefettet, geölt oder mit Farbe gestrichen werden. Hartgewordene Gummi sind durch neue zu ersetzen.

Störungen.

Risse und Sprünge am Gehäuse oder am Befestigungsauge. Abhilfe: Ersatzeinbau.

Leuchtfarbe teilweise wirkungslos. Abhilfe: Ausbessern durch Neubelegen der beanstandeten Leuchtstellen.

Verboten ist das Ausbessern bei elektrischen Geräten und Nahkompassen. Bei diesen Geräten ist Ersatzeinbau vorzunehmen.

Leuchtfarbe vollständig wirkungslos. Abhilfe: Ersatzeinbau.

Glasscheibe beschädigt. Abhilfe: Auswechseln der Glasscheibe. Beim Auswechseln der Glasscheibe ist darauf zu achten, daß die Betriebsbereichsmarken in der richtigen Lage verbleiben. Ist anzunehmen, daß Splitter in das Gehäuse eingedrungen sind, so ist das Gerät durch ein neues zu ersetzen.

Gerätebefestigung hat sich gelockert. Abhilfe: Befestigungsschrauben anziehen.

Gerätebrettabfederung beschädigt. Abhilfe: Ersatzeinbau.

III. Flugwerküberwachungsgeräte

Die Stellungen der beweglichen Flugwerksteile, wie Fahrwerk, Sporn, Landeklappe und verstellbare Luftschraube, werden mittels besonderer Geräte am Gerätebrett sichtbar gemacht. Man verwendet entweder **Schauzeichen** zur Erkennung von Endstellungen oder **Zeigergeräte**, die stetig die Lage des Flugwerksteiles anzeigen (Vierlampengeräte). Zu den genannten Anzeigegeräten gehören Geber, die an dem beweglichen Triebwerksteil befestigt sind. Die Anzeigen werden elektrisch auf das Anzeigegerät übertragen. Nur beim Stellungszeiger für Luftschrauben ist u. U. eine unmittelbare Übertragung mit biegsamer Welle möglich.

Einbau. Für den Einbau der Anzeigegeräte in das Gerätebrett gelten die allgemeinen Richtlinien (s. oben), für den Einbau der Leitungen siehe Abschnitt IX. Der Geber wird nach den Vorschriften der Herstellerfirma eingebaut.

Wartung. Die Wartung erfolgt nach den allgemeinen Richtlinien.

Störungen am Vierlampengerät.

Einzelne Lampen leuchten nicht auf. Ursache: Leitungsfehler, Lampen zerstört oder Geber gibt keinen Kontakt.

Alle Lampen leuchten nicht auf. Ursache: Bordnetz ist nicht angeschaltet, Sicherung durchgebrannt oder Leitungsfehler liegt vor.

Es leuchten die falschen Lampen auf, da falsch angeschlossen.

Störungen am Vierfachgerät.

Einzelne Zeiger geben keinen Ausschlag. Ursache: Leitungsfehler, Geber oder Anzeigegerät beschädigt oder Kurzschluß im Geberstromkreis.

Alle Zeiger geben keinen Ausschlag. Ursache: Bordnetz ist nicht eingeschaltet, Sicherung durchgebrannt, Leitungsfehler oder Bordnetz falsch angeschlossen.

Zeiger gehen auf falschen Endausschlag (Ausschlag entspricht nicht der wirklichen Stellung des Flugwerkteiles). Ursache: Bordnetz ist falsch angeschlossen oder Unterbrechung im Geberstromkreis.

Geräte zeigen falsch an. Ursache: Gerät- oder Leitungsfehler.

Störungen an der Stellungsanzeige für die Luftschraube.

Anzeigegerät bleibt stehen oder setzt aus. Ursache: Leitungsfehler, Kontaktgabe des Gebers setzt aus oder Anzeigegerät beschädigt.

IV. Triebwerküberwachungsgeräte

1. Drehzahlmesser

Der Drehzahlmesser gibt die Umdrehungen des Motors in der Zeiteinheit (Minute) an. Nach der Art der Übertragung des Meßwertes auf das Anzeigegerät werden Nah- und Ferndrehzahlmesser unterschieden.

Der Nahdrehzahlmesser kommt überall da zur Anwendung, wo zur Übertragung der Drehbewegung zwischen Motorabtrieb und Anzeigegerät weniger als drei Meter biegsame Welle notwendig sind und deren Verlegung keine starken Krümmungen erfordert.

Der Ferndrehzahlmesser wird bei der Überbrückung von größeren Entfernungen (mehrmotorigen Flugzeugen) angewandt. Es wird die von einem Geber erzeugte Spannung von dem Anzeigegerät gemessen.

Nahdrehzahlmesser

Einbau. Das Gerät ist nach den allgemeinen Richtlinien (s. oben) einzubauen. Bei Geräten mit schwenkbarem Anschluß ist dieser so zu drehen, daß die biegsame Welle mit den geringsten Biegungen angeschlossen werden kann. Die Haltemutter des Schwenkanschlusses ist nach dem Anziehen zu sichern. Verlegung der Antriebswelle s. S. 258.

Die **Wartung** erfolgt nach den allgemeinen Richtlinien.

Störungen.

Drehzahlmesser zeigt falsch an (Schwankungen). Ursache: Störungen an der biegsamen Welle und am Anschluß oder Gerät ist beschädigt.

Drehzahlmesser zeigt nicht an. Ursache: Zwischengetriebe (Brandschottdurchführungen) ist festgelaufen, Gerät ist beschädigt oder Störungen an der biegsamen Welle oder am Anschluß.

Ferndrehzahlmesser

Einbau. Das Anzeigegerät ist den allgemeinen Richtlinien entsprechend einzubauen. Der Geber wird möglichst nicht an den Motor angeflanscht, um ihn nicht den Motorerschütterungen und außerdem nicht der Motorwärme auszusetzen.

Der **Antrieb** erfolgt über eine möglichst kurze biegsame Drehzahlmesserwelle. Zur Befestigung des Gebers wird ein besonderer Halter geliefert.

Für den Anschluß an einen Antrieb mit SAE-Anschluß ist ein besonderes Übergangsstück vorzusehen.

Die **Wartung** erfolgt nach den allgemeinen Richtlinien.

Störungen.

Drehzahlmesseranzeige schwankt bei gleichmäßigem Lauf des Motors oder Drehzahlmesser zeigt nicht an. Ursache: Fehler in der Leitung, unsicherer Kontakt im Geber oder Anzeigegerät oder Störungen am biegsamen Antrieb des Gebers; verschmutzter Kollektor, nur bei alten Gleichstromgebern vorhanden.

Drehzahlmesser zeigt zu hoch an. Ursache: Die Abgleicheinrichtung des Gebers oder des Anzeigegerätes hat sich verstellt.

Drehzahlmesser zeigt zu niedrig an. Ursache: Die Abgleicheinrichtung des Gebers oder des Anzeigegerätes hat sich verstellt oder die Feldstärke des permanenten Magneten im Geber hat durch Alterung, starke Stöße oder Erschütterungen nachgelassen.

2. Druckmesser

Der einfache Druckmesser mißt den Druck gegenüber der Atmosphäre (Kraftstoff-, Schmierstoff-, Preßluftdruck und Luftsog).

Der Differenzdruckmesser hat als Vergleichsdruck den Gebläsedruck (Kraftstoffdifferenzdruck).

Der Ladedruckmesser bezieht den Druck auf das absolute Vakuum (Ladedruck).

Der einfache und Differenzdruckmesser

Einbau. Vor dem Einbau des Anzeigegerätes sind die Betriebsbereichsmarken einzustellen. Die Einstellung erfolgt nach dem Lösen der Deckscheiben. Der Einbau in das Gerätebrett erfolgt nach den allgemeinen Richtlinien.

Die Meßleitung des Schmierstoffdruckmessers unter 4 mm l. W. ist mit Glyzerin zu füllen und erst dann an den Motor und an das Gerät anzuschließen. Die Füllung soll auch bei Kälte die Anzeige sicherstellen, wenn der Schmierstoff in der Leitung zu zähe wird. Die Füllung wird mit der Füllpumpe vorgenommen (s. Abb. 193), und zwar wie folgt: Bei

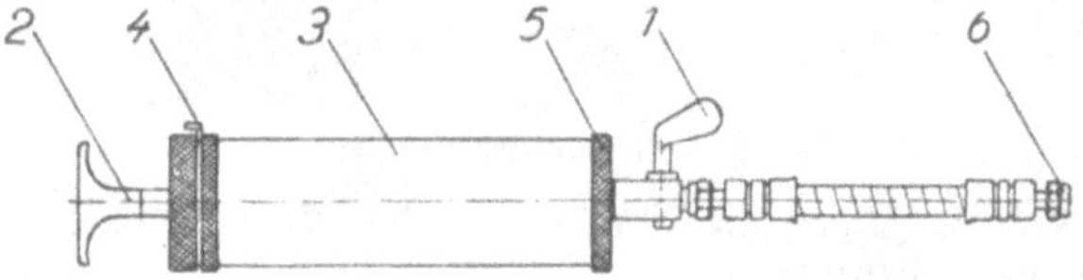

Abb. 193. Füllpumpe (MAF).

offenem Hahn (1) wird die Kolbenstange (2) gegen die Kraft einer Feder aus dem Pumpengehäuse (3) herausgezogen, bis die Rastung (4) die Kolbenstange festhält. Der Schraubboden (5) wird nach Schließung des Hahnes (1) abgeschraubt und das Gehäuse (3) mit Glyzerin gefüllt. Die Pumpe wird an die Leitung auf der Motorseite angeschlossen. Durch Druck auf die Rastung (4) wird die Pumpenstange gelöst, und der Kolben drückt das Glyzerin durch die Kraft der Feder in die Leitung. Tritt das Glyzerin aus dem anderen Ende der Leitung aus, so wird der Hahn (1) geschlossen und die Leitung mit dem Meßgerät verbunden. Die Pumpe wird abgeschraubt und die Leitung an den Motor angeschlossen.

Die **Wartung** erfolgt nach den allgemeinen Richtlinien. Die Glyzerinfüllung in der Schmierstoff-Druckmesserleitung ist nach **je sechs Monaten** zu erneuern.

Störungen.

Anzeigegerät zeigt falsch an. Ursache: Meßfedern überdrückt, Gerät verschmutzt oder Niederschlag in der Leitung bei Luftdruckmessern.

Anzeigegerät zeigt nicht an. Ursache: Störungen in der Leitung oder Gerät zerstört.

Flüssigkeit im Gerät.

Zeiger im Anzeigegerät schwingt, u. U. nur bei bestimmten Drehzahlen des Motors.

Der Ladedruckmesser

Einbau. Vor dem Einbau des Anzeigegerätes sind die Betriebsbereichsmarken einzustellen. Nach dem Lösen der Deckscheiben erfolgt die Einstellung. Ist beim Ladedruckmesser nur eine Marke vorhanden, so ist diese auf den Ein-Minutenwert einzustellen.

Der Einbau in das Gerätebrett erfolgt nach den allgemeinen Richtlinien (s. oben).

Die **Wartung** erfolgt nach den allgemeinen Richtlinien.

Störungen.

Anzeigegerät zeigt falsch an. Ursache: Meßfedern überdrückt, Gerät verschmutzt oder Niederschlag in der Leitung.

Anzeigegerät zeigt nicht an. Ursache: Störungen in der Leitung oder Gerät zerstört.

Flüssigkeit im Gerät.

Zeiger im Anzeigegerät schwingt, u. U. nur bei bestimmten Drehzahlen des Motors.

3. Temperaturmesser

Diese Geräte zeigen die Erwärmung des Schmierstoffes, des Kühlstoffes und der Außenluft an.

Einbau. Vor dem Einbau der Geräte sind die Betriebsbereichsmarken einzustellen. Die Einstellung erfolgt nach dem Lösen der Deckscheibe. Der Einbau des Anzeigegerätes erfolgt nach den allgemeinen Richtlinien (s. II).

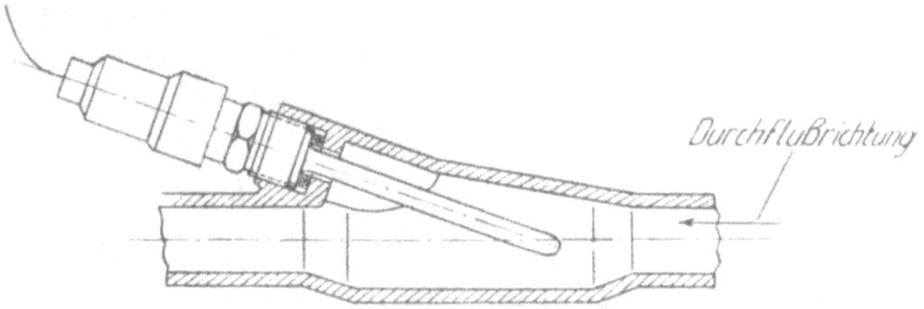

Abb. 194. Meßtasche in geraden Leitungen.

Beim Geber-Einbau ist zu beachten, daß möglichst die am Motor vorgesehenen Meßanschlüsse verwendet werden. Stehen dem andere Bedingungen entgegen, so sind besondere Zwischenstücke mit Meßtaschen (s. **Abb.** 194 und 195) nach den folgenden Gesichtspunkten auszubilden:

1. Der Temperaturgeber muß so eingebaut sein, daß er der Strömung entgegensteht. Anzustreben ist der Einbau in Krümmern.

2. Der Geber muß mit der ganzen Länge in den Meßraum hineinragen.

3. Die dadurch bedingte Querschnittsverringerung muß durch Erweiterung an dieser Stelle wieder ausgeglichen werden. Dieser Erweiterung ist der Querschnitt des Dampfdruckthermometer-Gebers zugrundezulegen (10 mm ø).

Der Einbau der Meßtasche für den Schmierstoffvorlauf soll im Brandschott erfolgen, da hier für jeden Fall eine Trennstelle vorzusehen ist. Für den Schmierstoffrücklauf ist die Meßtasche zwischen Motor und Kühler möglichst dicht an den Motor zu setzen. Zur Vermeidung von Schwingungsbrüchen ist sie nicht unmittelbar auf den Motor zu setzen, sondern durch ein kurzes Schlauchstück von ihm zu trennen. Wird sie an der vorgesehenen Einbaustelle vom Luftkühlstrom getroffen und dadurch einer die Messung fälschenden Abkühlung unterworfen, so ich sie abzuledern.

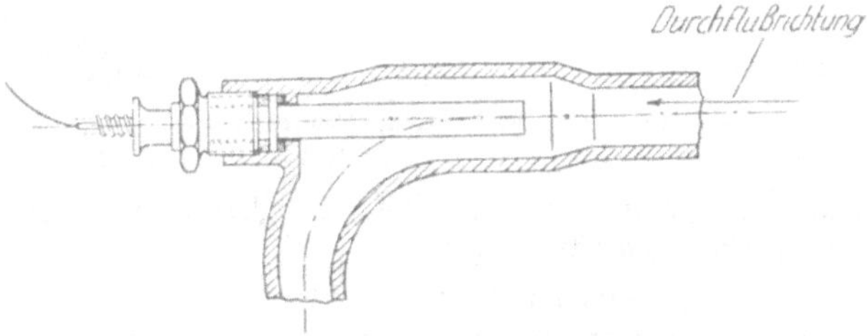

Abb. 195. Meßtasche in Rohrkrümmern.

Der Geber für Außenluftthermometer muß an der Unterseite des Tragdecks (bei Mehrdeckern unter dem oberen Flügel) außerhalb des Propellerstrahls, die Schneide in Flugrichtung, befestigt werden.

Die Verlegung der Verbindungsleitung zwischen Geber und Anzeigegerät des Ausdehn- und Dampfdruckthermometers hat so zu erfolgen, daß der Ausbau der Geräte ohne Trennung der Leitung möglich ist. Dicht hinter dem Gerätebrett und dicht an der Einbaustelle des Gebers (u. U. am Brandschott) muß zu diesem Zweck in die Leitung eine Schleife gelegt werden. Der Biegeradius darf 6 cm nicht unterschreiten. Auf keinen Fall dürfen Leitungen in scharfen Knicken oder mit Drall verlegt werden. Alle Leitungsteile sind festzulegen, da sie nicht schwingen dürfen. Für die Leitungsbefestigung sind Schnellverschlußschellen zu verwenden.

Beim Leitungseinbau für elektrische Widerstandsthermometer darf der für den zusätzlichen Leitungswiderstand eingeeichte Wert von 0,3 Ω nicht überschritten werden. Es ist auf den richtigen Anschluß der Geräte nach dem Schaltbild zu achten (s. Abb. 196).

Die **Wartung** erfolgt nach den allgemeinen Richtlinien. Bei Grund- und Teilüberholungen sind Meßtaschen und Geber zu reinigen.

Störungen am Ausdehnungs- und Dampfdruckthermometer.

Gerät zeigt falsch oder zu träge an. Ursache: Leitung verstopft oder Anzeigegerät zerstört.

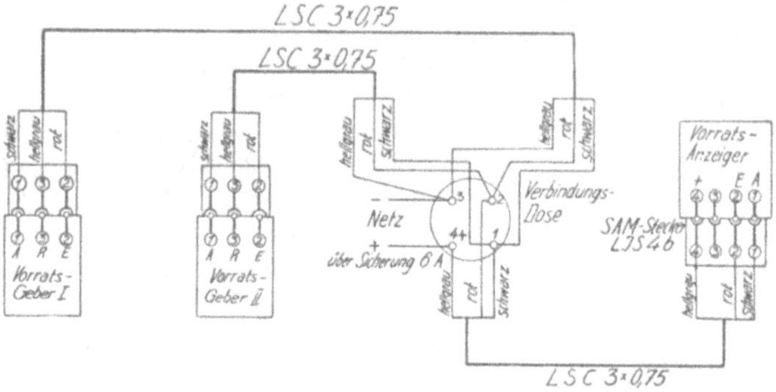

Abb. 196. Schaltbild des elektr. Temperaturanzeigers.

Gerät zeigt nicht an. Ursache: Leitung verstopft, Leitung gebrochen oder Anzeigegerät zerstört.

Schutzschlauch oder die Umflechtung der Leitung gebrochen, das Gerät zeigt noch richtig an. Ursache: Leitung angescheuert (Abb. 197).

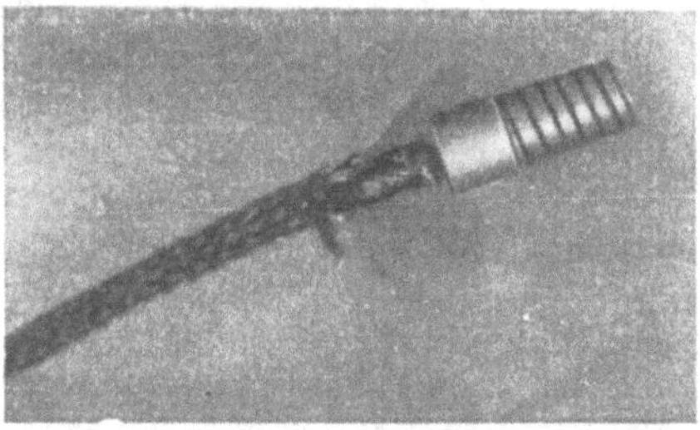

Abb. 197. Angescheuerte Dampfdruckthermometerleitung.

Störungen am elektrischen Widerstandsthermometer.

Gerät zeigt nicht an. Ursache: Bordnetz nicht eingeschaltet, Sicherung zerstört, Leitung unterbrochen, elektrische Leitung falsch angeschlossen oder Kurzschluß im Thermometerstromkreis.

Gerät steht auf Endausschlag. Ursache: Elektrische Leitung falsch angeschlossen oder Unterbrechung im Thermometerstromkreis (Leitung oder Gerät).

Gerät zeigt falsch an. Ursache: Leitungs- oder Gerätefehler.

4. Vorratsmesser

Die Messung des Kraftstoffvorrats gibt dem Flugzeugführer die Möglichkeit, Flugdauer und Reichweite abzuschätzen. In großen Flugzeugen werden aus Gründen der Sicherheit auch Schmier- und Kühlstoffvorrat gemessen.

Einbau. Für den **Einbau des Anzeigegerätes** in das Gerätebrett gelten die allgemeinen Vorschriften (s. Seite 227). Vor dem Einbau ist jedoch zu prüfen, ob der angegebene Meßbereich des Gerätes mit dem Gesamtinhalt des zu messenden Behälters übereinstimmt. Die Länge des Gebergerätes muß unter Berücksichtigung einer Toleranz, die durch Fabrikationsunterschiede gegeben ist, der Behältertiefe entsprechen.

Die Geber sind vollkommen dicht auf dem Behälterflansch zu befestigen, so daß die Flüssigkeit bei Schräglagen oder Kunstflug nicht ausfließen kann. Der Einbauort soll möglichst so gewählt sein, daß Schräglagen des Flugzeuges keine oder nur geringe Falschanzeigen bewirken. Schutzrohre müssen an der höchsten Stelle Verbindung mit dem Hauptbehälter haben, um die Bildung von Luftpolstern zu vermeiden (Schlingerwände!)

Für die einzelnen Gerätearten sind noch die nachgenannten besonderen Vorschriften zu beachten:

Fadenschwimmer-Vorratsmesser.

Das Schutzrohr für den Faden, der die Schwimmerbewegung auf das Anzeigegerät überträgt, ist dicht zu verlegen, da bei Schräglagen des Flugzeuges die Flüssigkeit in dieses hineinfließen kann. Die Befestigung des Fadens am Schwimmer muß so erfolgen, daß beim tiefsten Stand des Schwimmers das Anzeigegerät auf 0 steht.

Ist ein gerissener Faden zu erneuern, so muß das eine Ende des Fadens im Anzeigegerät befestigt werden. Nach dem Öffnen des Gerätes ist die Seiltrommel vorsichtig auszubauen. Es ist darauf zu achten, daß die Aufzugsfeder nicht herausspringt. Der Faden wird so oft um die Seilrolle gelegt, daß beim Herausziehen der ganze Meßbereich vom Zeiger überstrichen wird.

Nach jeder am Gerät vorgenommenen Arbeit ist zu prüfen, ob der Faden noch in den Rillen der Seilrollen liegt. Nach dem Aufschrauben der Rollenwinkelverschlußschrauben sind diese mit Draht zu sichern.

Pneumatischer Vorratsmesser.

Der Einbau der Leitungen erfolgt nach den allgemeinen Vorschriften (s. Seite 256).

Für die Steuerdruckleitung ist zur Vermeidung eines großen schädlichen Raumes, der bei langen Leitungen und auch bei größerer Höhe über die Leistung der kleinen Luftpumpe hinausgehen kann, ein Rohr mit 2 mm l. W. zu verlegen (u. U. Zwillingspumpe vorsehen). Die übrigen Leitungen sind mit 3 mm l. W. zu verlegen.

Die Schaltung der Geräte erfolgt für zwei Behälter umschaltbar auf ein Anzeigegerät nach Abb. 198 (Doppeldreiwegehahn verwenden!). Beim Anschluß sind die Aufschriften an den Geräten zu beachten.

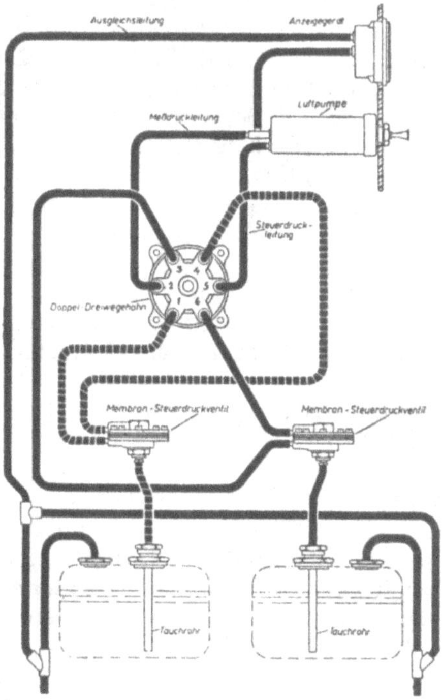

Abb. 198. Pneumatische Vorratsmeßanlage für zwei Behälter, umschaltbar

Der Anschluß der Ausgleichsleitung am Anzeigegerät ist unbedingt mit der Behälterentlüfung zu verbinden, da im Flugzeugrumpf andere statische Drücke herrschen als im Behälter.

Die Verbindung der Ausgleichsleitung mit der Entlüftungsleitung muß unterhalb des Behälterbodens erfolgen, um bei Rückenlage des Flugzeuges ein Überfließen des Kraftstoffes in das Anzeigegerät zu vermeiden. Das Tauchrohrende muß, um das einwandfreie Abperlen der Meßluft sicherzustellen, mindestens 5 mm vom Behälterboden entferntsein.

Die Luftpumpe ist im Gerätebrett dicht am Anzeigegerät einzubauen.

Elektrischer Schwimmer-Vorratsmesser.

Die Verlegung der Leitung erfolgt nach den allgemeinen Vorschriften (s. Seite 256).

In tiefen Behältern ohne Schlingerwände ist zur Vermeidung von Zerstörungen des Gebers durch Flüssigkeitsstöße ein Schutzrohr vorzusehen. Die Inhalte zweier Behälter sind unter Verwendung eines Umschalters auf einem Gerät zur Anzeige zu bringen.

Wartung. Bei allen Teil- und Grundüberholungen sind Schwimmer- und Rollenführungen auf Leichtgängigkeit zu untersuchen und zu reinigen. Alle Geräte sind beim Füllen der Behälter auf einwandfreies Arbeiten zu untersuchen. Kühlstoffvorratsmesser sind alle 25 Betriebsstunden von Rostschlamm und Korrosionsteilen zu reinigen.

Störungen am Stabschwimmer-Vorratsmesser.

Gerät zeigt nicht an, es bleibt trotz Änderung des Vorrates auf demselben Wert stehen. Ursache: Schwimmerführung verschmutzt oder Schwimmer-Stabführung verbeult.

Gerät zeigt zu wenig an. Ursache: Gerät verschmutzt, zu starke Reibung, Schwimmer- bzw. Stabführung verbeult, Entlastungsfeder gerissen oder Schwimmer ist undicht.

Störungen am Fadenschwimmer-Vorratsmesser.

Gerät zeigt nicht oder falsch an. Ursache: Schwimmer- oder Rollenführung verschmutzt, Schwimmer oder Rollen stehen fest, Faden gerissen oder Fadenschutzrohr beschädigt; Anzeigegerät beschädigt und hat zu starke Reibung, Schwimmer oder Rollenführung beschädigt; Faden von einer Rolle abgesprungen und klemmt.

Gerät undicht. Ursache: Fadenschutzrohr undicht, Scheibe im Anzeigegerät oder Dichtung zerstört oder Gerät beschädigt.

Störungen am Drallschwimmer-Vorratsmesser.

Gerät zeigt nicht oder falsch an. Ursache: Gerät verschmutzt oder Gerät beschädigt.

Gerät undicht. Ursache: Scheibe oder Dichtung zerstört oder Gerät beschädigt.

Störungen am pneumatischen Vorratsmesser.

Gerät zeigt nicht oder falsch an. Ursache: Leitungsfehler, Luftpumpe undicht, Manschette schließt nicht ab oder Anzeigegerät beschädigt.

Gerät zeigt zuviel an, geht auf Endausschlag. Ursache: Leitungsfehler, Leitung zum Tauchrohr verstopft, Ventil der Luftpumpe verschmutzt, öffnet nicht, oder Steuerdruckventil öffnet nicht. Die Anzeigegeräte sind in diesen Fällen meist überdrückt.

Gerät zeigt bei Fahrt an, wenn Pumpe nicht gezogen ist (u. U. nur in besonderen Fluglagen). Ursache: Im Behälter entsteht ein Unterdruck gegenüber dem Raum im Rumpf. Über die Ausgleichsleitung wird der Unterdruck dem Anzeigegerät zugeleitet. Der Meßanschluß steht über die Pumpe mit dem Rumpf in Verbindung. Der Druckunterschied zwischen Behälter und Rumpf kommt zur Anzeige. Bei

Ziehen der Pumpe ist die Anzeige wieder richtig. Vorrat darf nur nach Ziehen der Pumpe während der Ablaufzeit gemessen werden!

Kraftstoff im Anzeigegerät.

Gerät zeigt unruhig an (schwankende Anzeige). Ursache: Kraftstoff in der Leitung.

Störungen am elektrischen Schwimmer-Vorratsmesser.

Gerät zeigt nicht oder falsch an. Ursache: Leitungsfehler, Schwimmerführung verschmutzt oder beschädigt, Kuppelmagnete unwirksam, Widerstandsgeber oder Anzeigegerät beschädigt, Bordnetz nicht angeschaltet, Sicherung zerstört, Bordnetz falsch angeschlossen, Kurzschluß im Meßstromkreis oder Geber korrodiert (s. Abb. 199 und 200).

Abb. 199. Elektrische Vorratsmeßanlage für zwei Behälter.

Abb. 200. Korrodierter Vorratsmesser.

Anzeigegerät steht auf Endausschlag, über den Endmeßwert hinaus. Ursache: Bordnetz falsch angeschlossen oder Unterbrechung im Meßstromkreis.

V. Flugüberwachungsgeräte

1. Geschwindigkeitsmesser

Der Fahrtmesser zeigt die relative Geschwindigkeit an, die das Luftfahrzeug gegenüber der es umgebenden Luft hat.

Die Meßanlage besteht aus einem Geber (Staurohr bzw. Meßdüse) und dem Anzeigegerät (Fahrtmesser für Staudruck bzw. Sog).

Einbau. Das Anzeigegerät ist entsprechend den allgemeinen Richtlinien einzubauen (s. Seite 227). Die Verlegung der Leitungen für den statischen und Meßdruck und die Schlauchverbindungen zum Anzeigegerät sind entsprechend den allgemeinen Richtlinien durchzuführen (siehe Seite 256).

Bei dem Einbau ist darauf zu achten, daß das Anzeigegerät zu dem eingebauten Geber (Staurohr bzw. Meßdüse) paßt und bei heizbaren Gebern die angegebene Spannung mit der des Bordnetzes übereinstimmt.

Das **Staurohr, Bauart Bruhn,** ist für beide Spannungen (12 und 24 Volt) eingerichtet. Bei Einbau ist darauf zu achten, daß die Marke an der hinteren Abschlußklappe (s. Abb. 201) auf der richtigen Spannungsmarke steht. Soll das Staurohr für die andere Spannung eingestellt werden, so ist die Kappe (1) mit einem Schraubenzieher zu lösen. Der Stecker (2) wird herausgezogen und so wieder eingesetzt, daß die Strichmarke des Staurohres der einzustellenden Spannungsmarke des Steckers gegenübersteht. Der Stellstift (3) in der Kappe (1) läßt beim Aufsetzen derselben auf das Staurohr nur eine Stellung zu und die Marke auf der Kappe zeigt ebenfalls die eingestellte Spannung an.

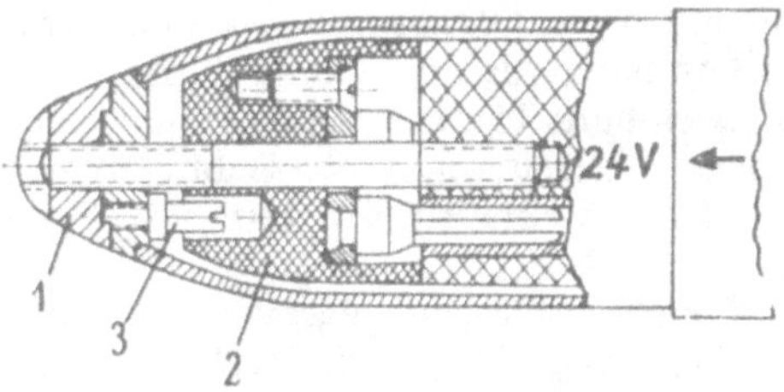

Abb. 201. Umschaltstecker für 12- bzw. 24-V-Schnitt.

Die Befestigung des Staurohres bzw. der Meßdüse erfolgt durch die hierfür vorgesehenen Klemmvorrichtungen. Es ist darauf zu achten, daß die Längsachse des Gebers parallel zur Anblasrichtung liegt.

Die heizbaren Staurohre bzw. Meßdüsen müssen an die metallische Masse des Flugzeuges angeschlossen sein.

Zur Gewährleistung der Regensicherheit ist beim Einbau der Staurohre und Meßdüsen darauf zu achten, daß die Bezeichnung „oben" auch oben liegt.

Das Staurohr, Bauart Bruhn, kann stehend und hängend eingebaut werden. Es ist nur darauf zu achten, daß der am Stausack befindliche Strich oben liegt. Die Einstellung des Stausackes (1) erfolgt mit einem

Schraubenzieher (s. Abb. 202). Dieser wird in den Schlitz (2) am Boden des Stausackes eingesetzt und gedreht. Die Druckentnahmeöffnungen (3) liegen dann oben.

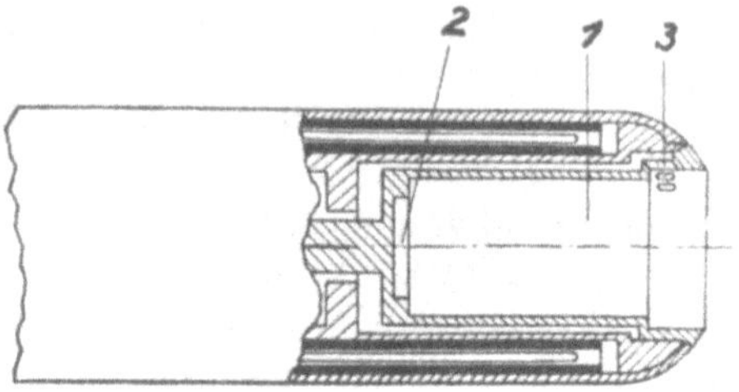

Abb. 202. Stausack. Schnitt.

Das Staurohr ohne Stiel besitzt an seinem hinteren Ende drei Stecker. Der mit — bezeichnete wird immer angeschlossen, von den beiden anderen nur der mit der entsprechenden Spannungsbezeichnung 12 oder 24 Volt, an die das Staurohr angeschlossen werden soll. Der übrigbleibende Stecker wird durch die mitgelieferte Isolierkappe abgedeckt.

Wartung. Alle 2 Monate muß die Dichtigkeitsprüfung der Fahrtmesseranlage (einschl. des Staurohres) mit dem Feldprüfgerät durchgeführt werden.

Vor jedem Flug mit Vereisungsgefahr muß die Heizwirkung des Staurohres bzw. der Meßdüse geprüft werden. Nach Einschalten des Heizschalters muß das Schauzeichen ansprechen und nach 1 Minute eine merkliche Erwärmung des Gebers eingetreten sein. Nach der Prüfung Heizschalter wieder ausschalten!

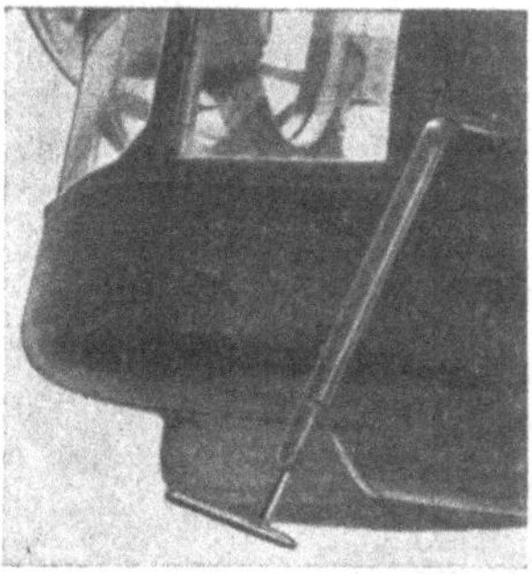

Abb. 203.
Staurohrmast verbogen.

Störungen.

Fahrtmesser zeigt falsch an. Ursache: Meßleitungen, Gehäuse des Anzeigegerätes, Meßdüse oder Staurohr sind undicht, das Anzeigegerät ist beschädigt, in den Meßleitungen ist Wasser niedergeschlagen oder Staurohr wird während des Fluges schräg angeblasen (Staurohrmast ist verbogen) (s. Abb. 203).

Fahrtmesser zeigt nicht an. Ursache: wie oben, ferner: die Anschlüsse am Fahrtmesser sind vertauscht (ist mit falschen Anschlüssen geflogen worden, so kann die Meßdüse überdrückt sein.

Fahrtmesser zeigt zu träge an. Ursache: Die Leitungen sind verstopft, zusammengedrückt oder gebrochen, Geber verstopft oder die Meßdose bzw. das Übertragungsgerät sind beschädigt.

Staurohr oder Meßdüse werden bei eingeschalteter Heizung nicht warm. Ursache: Fehler im Bordnetz, Wicklung im Schauzeichen oder die Heizwicklung im Geber ist unterbrochen.

Schauzeichen spricht nicht an. Ursache: Fehler im Bordnetz, Heizwicklung des Gebers unterbrochen oder Schauzeichen ist beschädigt.

2. Barometrischer Höhenmesser

Bei dem barometrischen Höhenmesser wird der mit der Höhe abnehmende Druck der Atmosphäre zur Anzeige gebracht. Der jeweilige Luftdruck (statische Druck) wirkt auf die luftleere Membrandose und erzeugt einen entsprechenden Dosenhub, der auf einen Zeiger übertragen wird. Alle barometrischen Höhenmesser sind Absoluthöhenmesser. Sie sind abhängig vom Barometerstand. Es erfolgt im Flugbetrieb die Einstellung der Millibarskala beim Grobhöhenmesser auf den Druck der Meereshöhe (qff), beim Feinhöhenmesser als Behelfslandungshöhenmesser auf den Druck des Flugplatzes (qfe).

Einbau. Das Gerät ist entsprechend den allgemeinen Richtlinien einzubauen (s. Seite 227).

Die Leitungsverlegung der statischen Druckmeßleitung und die Schlauchverbindungen zum Anzeigegerät sind entsprechend den allgemeinen Richtlinien durchzuführen (s. Seite 256).

Wartung. Alle 14 Tage muß der Bordwart die Übereinstimmung von Zeigerstellung und Millibarskala überwachen.

Alle zwei Monate muß die Dichtigkeitsprüfung der gesamten Höhenmeßlage (einschl. statischer Druckmeßleitung und Staurohr bzw. Düse) durchgeführt werden.

Störungen.

Höhenmesser zeigt falsch an. Ursache: Millibarskala stimmt nicht mit Zeigereinstellung überein, statische Druckleitung, Gehäuse des Anzeigegerätes oder das Staurohr ist undicht, Einbauort des Staurohres an einer Stelle mit gestörtem statischen Druck, Gerät ist beschädigt oder in der statischen Druckmeßleitung hat sich Wasser niedergeschlagen.

Höhenmesser zeigt sprungweise an. Ursache: Gerät beschädigt oder in der statischen Druckmeßleitung Kondenswasser.

Höhenmesser zeigt nicht an. Ursache: Gerät beschädigt, Leitung ist verstopft oder zusammengequetscht, statische Druckentnahmestelle am

Staurohr bzw. nidergeschlagenes Wasser in der Leitung vereist oder Meßleitung ist undicht.

Höhenmesser zeigt zu träge an. Ursache: Leitung ist verstopft oder Gerät ist beschädigt.

3. Höhenschreiber

Der Höhenschreiber wird bei Schul-, Abnahme- und Leistungsflügen benötigt. Er schreibt die jeweilige Flughöhe über der Zeit auf. Die Aufzeichnung des Dosenhubes erfolgt über ein Übersetzungswerk auf eine Schreibtrommel mit Tinte (Rußschreibeverfahren wird bei Leistungsflügen verwendet). Die Drehung der Schreibtrommel erfolgt durch ein Uhrwerk mit einer Ablaufzeit von 2, 4 und 10 Stunden.

Einbau. Der Einbau des Höhenschreibers im Flugzeug erfolgt im allgemeinen durch Aufhängen an Gummischnüren.

Wartung.

Auflegen des Papierstreifens. Nach dem Herausnehmen des Höhenschreibers aus dem Gehäuse (Schalter muß vorher auf „Aus" sein), wird nach dem Losschrauben der Rändelmutter die Schreibtrommel vom Uhrwerk abgehoben.

Der Spannbügel wird abgeklappt und neues Papier aufgelegt, wobei auf glattes Anliegen zu achten ist. Bedruckte Papiere müssen mit ihrer unteren Kante genau auf den Trommelrand aufstehen. Ungedruckte Papiere werden nach dem Auflegen auf die Trommel durch Drehen derselben über einer rußenden Flamme geschwärzt. Beim Wiederaufsetzen der Trommel ist darauf zu achten, daß die beiden auf verschiedenen Durchmessern angeordneten Paßstifte oberhalb des Uhrwerks wieder richtig in die Löcher des Trommeldeckels eingreifen. Beim Einschieben in das Gehäuse ist darauf zu achten, daß die Schreibfedern nicht im Gehäuse streifen. Einschalten des Uhrwerkes und Anlage der Schreibarme an die Trommel erfolgt gleichzeitig durch Rücken des mit „Ein" und „Aus" bezeichneten Hebels nach „Ein". Sollte das Uhrwerk nicht anspringen, so kann es durch eine rasche Drehung des Gerätes um die vertikale Mittelachse leicht zum Anlaufen gebracht werden.

Einstellen des Schreibdruckes. Um einwandfreie Aufzeichnungen zu erhalten, darf sowohl bei Rußaufzeichnung wie auch bei Tintenaufzeichnung die Schreibspitze das Papier nur leicht berühren. Die richtige Anlage der Feder prüft man dadurch, daß man das Gerät um etwa 45° über eine Längsseite der Grundplatte nach vorn kippt. Dann muß infolge des Eigengewichtes des Schreibarmes die Feder um etwa 1 mm vom Papier abstehen. Die rechts nahe dem Drehpunkt von Schreibarm und Basisfeder befindliche Rändelschraube dient zur etwa erforderlichen Regulierung des Schreibdruckes.

Reinigen und Auswechseln der Schreibfeder. Bei Tintenaufzeichnung ist es von Zeit zu Zeit nötig, die Feder vom Schreibarm abzunehmen und mit einem in Wasser und Spiritus getauchten Tuschpinsel zu reinigen, nötigenfalls das beigegebene Metallplättchen oder ein Stück dünnes Briefpapier durch den Spalt der Feder zu ziehen. Beim Wiederaufsetzen von neuen Tintenschreibfedern ist bei Geräten, die eine Grundlinie zeichnen, darauf zu achten, daß beide Federn auf der gleichen Zeitlinie des bedruckten Papieres schreiben (zu erreichen durch mehr oder weniger festes Aufschieben auf den Schreibarm). Jede Ölung des Gerätes einschl. Uhrwerk ist verboten.

Störungen.

Schreibtrommel dreht nicht. Ursache: Uhrwerk oder Schreibtrommel beschädigt, Klemmung.

Höhenschreiber zeichnet nicht auf. Ursache: Tintenfeder verschmutzt, beschädigt oder Gerät beschädigt.

Höhenschreiber zeigt falsch an. Ursache: Gerät beschädigt.

4. Variometer

Das Variometer zeigt die Steig- und Sinkgeschwindigkeit des Flugzeuges an.

Beim Steigen und Sinken des Flugzeuges gleicht sich im Dosen-Variometer der Luftdruck zwischen dem Äußern und dem Innern der Dose und des Ausgleichgefäßes über ein Haarröhrchen langsam aus. Der vorhandene Druckunterschied ist ein Maß für die Steig- und Sinkgeschwindigkeit des Flugzeuges und wird durch den Dosenhub mit Hilfe eines Anzeigewerkes kenntlich gemacht.

Beim Stauscheibenvariometer bewegt sich in einer ringförmigen Kammer eine Stauscheibe. Der Druckausgleich bei Höhendruckänderungen findet über den Luftspalt zwischen den Wänden der Kammer und der Stauscheibe statt.

Einbau. Das Gerät ist entsprechend den allgemeinen Richtlinien einzubauen (s. Seite 227).

Die Leitungsverlegungen und die Schlauchverbindungen zum Anzeigegerät sind entsprechend den allgemeinen Richtlinien durchzuführen (s. Seite 256).

Das Ausgleichsgefäß wird möglichst in Nähe des Anzeigegerätes, am besten durch Blechschellen mit darunter gelegtem Schwammgummi, befestigt. Die Verbindungsleitung zwischen Ausgleichsgefäß und Anzeigegerät ist Aluminiumrohr von 4 mm l. W. Die Gesamtlänge der Verbindungsleitung einschließlich der Schlauchverbindungen soll 1 m ± 20 cm betragen.

Wartung. Alle zwei Monate muß die Dichtigkeitsprüfung gemeinsam mit der der Höhenmesser- und Fahrtmesseranlage mit dem Feldprüfgerät durchgeführt werden.

Die Halterung des Ausgleichsgefäßes ist zu prüfen.

Störungen.

Das Variometer zeigt falsch an. Ursache: Meßleitungen sind undicht, in den Meßleitungen sind Fremdkörper, die Verbindungsleitung zum Ausgleichsgefäß ist unterbrochen oder stark undicht, Ausgleichsgefäß ist beschädigt oder das Gerät ist beschädigt.

Das Variometer zeigt entgegengesetzt an. Ursache: Die Anschlüsse sind vertauscht.

Das Variometer zeigt nicht an. Ursache: Die Verbindungsleitung zum Ausgleichsgefäß ist unterbrochen oder stark undicht, das Ausgleichsgefäß ist beschädigt, die statische Druckleitung ist verstopft oder das Anzeigegerät ist beschädigt.

Das Variometer zeigt zu träge an. Ursache: In der statischen Druckleitung sind Femdkörper, Verbindungsleitung zum Ausgleichsgefäß bzw. das Ausgleichsgefäß ist undicht, Gerät ist beschädigt oder Haarröhrchen ist verstopft.

5. Wendezeiger (luftangetrieben)

Der Wendezeiger ist ein Kreiselgerät. Er zeigt die Drehungen des Flugzeuges um die Hochachse an und besitzt zusätzlich einen Querneigungsmesser (Kugellibelle). Der Antrieb des Kreisels erfolgt durch Sog.

Einbau. Das Gerät ist entsprechend den allgemeinen Richtlinien einzubauen (s. Seite 227). Außerdem ist zu beachten, daß der Wendezeiger bei in Fluglage aufgebockter Maschine nicht mehr als 10° zur Längsachse geneigt steht. Bei geneigten Gerätebrettern ist durch Hinterlegen von keilförmigen unmagnetischen Klötzchen die Schräglage auszugleichen. Die Kugel des Querneigungsmessers muß genau in Mittellage stehen. Bedingung hierfür ist, daß das Flugzeug waagerecht steht.

Vor dem Festschrauben des Wendezeigers im Gerätebrett muß durch Rechtsdrehen des Gerätes die Luftblase der Libelle nach der Ausdehnungskammer hin entfernt sein.

Die Verlegung der Sogleitung und die Schlauchverbindung zum Anzeigegerät sind entsprechend den allgemeinen Richtlinien durchzuführen (s. Seite 256). Die Sogleitung muß mindestens 8 mm l. W. besitzen. Die Schlauchverbindung zwischen Rohrleitung und Gerät muß mindestens 20 cm betragen, damit die Erschütterungen der Zelle auf das Gerätebrett nicht übertragen werden. Bei Sogerzeugung auch durch eine Förderdüse oder durch Motorsoganschluß muß in Bodennähe ein Unterdruck von mindestens 400 mm WS vorhanden sein.

Wartung. Das Einströmsieb an der Unterseite des Wendezeigers muß sauber gehalten werden, damit die Luftzufuhr ungehindert erfolgen kann.

Störungen.

Das Gerät zeigt nicht an. Ursache: Das Gerät ist nicht an die Sogleitung angeschlossen, die Sogleitung ist stark undicht oder gebrochen, die Sogerzeugungsanlage ist ausgefallen oder Gerät ist beschädigt.

Das Gerät zeigt zu wenig an. Ursache: Die Sogleitung ist undicht, die Sogleitung ist verstopft bzw. besitzt eine Querschnittsverengung, die Sogerzeugungsanlage arbeitet nicht einwandfrei, das

Wendezeigergehäuse ist nicht genügend dicht (Schraubring undicht, Verschlußschraube für die Dämpfungseinstellung ist lose), das Einströmsieb ist verschmutzt oder Gerät ist beschädigt.

Das Gerät zeigt zu viel an. Ursache: Der Unterdruck ist zu groß. Sogregler arbeitet nicht.

Das Gerät zeigt zu träge an. Ursache: Am Wendezeiger ist zu starke Dämpfung eingestellt. Abhilfe: Im ausgebauten Zustand die Verschlußschraube entfernen, die unter dieser befindliche Dämpfungsschraube mit Schraubszieher in Richtung des gravierten Pfeiles drehen, bis der gewünschte Dämpfungsgrad erreicht ist. Nach der Verstellung der Dämpfung ist die Verschlußschraube wieder dicht einzuschrauben (Wendezeiger saugt sonst Nebenluft an). Ursache: Gerät ist beschädigt.

Das Gerät zeigt ungedämpft an. Ursache: Die Dämpfungseinstellung ist zu schwach; Gerät ist beschädigt.

6. Wendezeiger (elektrisch angetrieben)

Der elektrisch angetriebene Wendezeiger ist ein Kreiselgerät. Er zeigt die Drehungen des Flugzeuges um die Hochachse an und besitzt zusätzlich einen Querneigungsmesser (Kugellibelle). Der Antrieb des Kreisels erfolgt durch das 24-V-Bordnetz.

Einbau. Allgemeine Einbauvorschriften für den Wendezeiger siehe Seite 244. Die Leitungsverlegung erfolgt nach den allgemeinen Richtlinien für elektrische Leitungen (s. Seite 280).

Wartung. Die Wartung erfolgt nach den allgemeinen Richtlinien gemäß Seite 227.

Störungen.

Der Wendezeiger zeigt nicht an. Ursache: Fehler in der Leitung, unsicherer Kontakt im Anzeigegerät oder Gerät ist beschädigt.

Der Wendezeiger zeigt zu träge an. Ursache: Am Wendezeiger ist eine zu starke Dämpfung eingestellt oder das Gerät ist beschädigt (Reibung).

Der Wendezeiger zeigt zu wenig an. Ursache: Das Gerät ist beschädigt.

Der Wendezeiger zeigt ungedämpft an. Ursache: Die Dämpfungseinstellung ist zu schwach. Die Dämpfungsschraube ist in entgegengesetzter Richtung des gravierten Pfeiles zu drehen. Eine weitere Ursache: Das Gerät ist beschädigt.

7. Horizont

Der Horizont ist ein Kreiselgerät (Kreiselpendel), das die Lage des Flugzeuges (Quer- und Längsneigung) gegenüber dem natürlichen Horizont anzeigt.

Einbau. Das Gerät ist entsprechend den allgemeinen Richtlinien einzubauen (s. Seite 227).

Vor dem Einbau ist zu prüfen, auf welcher Seite sich die Soganschlußtülle am Horizont befinden muß (entsprechend der Leitungsführung). Nötigenfalls müssen Anschlußtülle und Blindverschraubung vertauscht werden. Der Einbau erfolgt bei in Fluglage waagerecht aufgebocktem Flugzeug. Bei geneigten Gerätebrettern ist durch Hinterlegen von keilförmigen unmagnetischen Klötzchen die Schräglage auszugleichen. Die Festmarken am Gerät müssen waagerecht liegen.

Die Verlegung der Sogleitung und die Schlauchverbindung zum Anzeigegerät ist entsprechend den allgemeinen Richtlinien durchzuführen.

Die Sogleitung muß mindestens 8 mm l. W. besitzen. Die Schlauchverbindung zwischen Rohrleitung und Gerät muß mindestens 20 cm betragen, damit die Erschütterungen der Zelle nicht auf das Gerätebrett übertragen werden.

Bei Sogerzeugung durch eine Förderdüse oder durch eine Sogpumpe muß ein Unterdruck von 1000 mm WS vorhanden sein.

Wartung. Das Einströmsieb an der Rückseite des Horizontes muß sauber gehalten werden, damit die Luftzufuhr ungehindert erfolgen kann. Der Verbindungsschlauch darf nicht brüchig (undicht) sein.

Störungen.

Das Gerät zeigt nicht an. Ursache: Die Sogleitung ist nicht angeschlossen, stark undicht oder unterbrochen (Schraubverbindung gelöst, Leitung verstopft), Sogerzeugungsanlage ist ausgefallen oder das Gerät ist beschädigt (Lagerschaden usw.).

Das Gerät zeigt ungenau an. Ursache: Die Sogleitung ist undicht, verstopft bzw. besitzt eine Querschnittsverengung, die Sogerzeugungsanlage arbeitet nicht einwandfrei, Gehäuse ist stark undicht, das Einströmsieb ist verschmutzt oder der Horizont ist beschädigt (zu große Reibung der Lager bzw. des Übertragungswerkes).

Das Gerät zeigt unruhig an. Ursache: Die Gerätebrettabfederung ist schadhaft oder das Gerät ist beschädigt.

VI. Navigationsgeräte

1. Nahkompaß

Bei Nahkompassen wird der anliegende Kurs an der sich mit dem Magnetsystem drehenden Rose abgelesen. Es werden unterschieden: Führerkompaß, Beobachterkompaß und Peilkompaß.

Einbau. Der Einbau erfolgt nach den allgemeinen Richtlinien (siehe Seite 227).

Alle Stahlseile (Rohre, Spannkabel usw.) müssen mindestens 40 cm vom Kompaß entfernt sein.

Bis zu einer Entfernung von 30 cm vom Kompaß dürfen keine Schrauben, Muttern, Schellen, Drahtverbindungen usw. aus Stahl verwendet werden. Veränderliche magnetische Bauteile, wie verstellbare

Sitze, Steuersäulen, Bedienungshebel usw., müssen möglichst so weit entfernt sein, daß sie auch in der nächsten Stellung keine zusätzlichen Störfelder erzeugen. Die Verlegung der elektrischen Leitungen erfolgt nach Seite 280. Die Hin- und Rückführungen der elektrischen Leitungen müssen in Kompaßnähe verdrillt verlegt werden. Die erforderliche Entfernung der Leitungen vom Kompaß ist abhängig von der Summe der Höchststromstärken. Die zulässigen Werte sind in nachfolgender Tabelle angeführt:

2 A	geringster Abstand vom Kompaß	11 cm (20 cm)
3 A	" " " "	15 cm (30 cm)
5 A	" " " "	20 cm (40 cm)
10 A	" " " "	27 cm (52 cm)
15 A	" " " "	30 cm (66 cm)
20 A	" " " "	33 cm (77 cm)
30 A	" " " "	37 cm (96 cm)
40 A	" " " "	41 cm (110 cm)
50 A	" " " "	50 cm (130 cm)
75 A	" " " "	65 cm (160 cm)

Die in Klammern gesetzten Werte geben die Mindestentfernungen vom Kompaß an, wenn die Hin- und Rückleitung nicht verdrillt verlegt ist und einen Abstand von 5 cm voneinander hat.

Der Kompaß muß erschütterungsfrei (gefedert) eingebaut sein, wobei die Hochachse des Kompasses parallel zur Hochachse des Flugzeuges liegen muß. Die gedachte Verbindungslinie zur Rosenmitte muß parallel zur Fluglängsachse sein.

Wartung. Die Dämpfungsflüssigkeit darf nicht so trübe sein, daß die Ablesung behindert ist. Die Leuchtfarbe der Rose muß ihre Leuchtkraft behalten haben. Nach Teil- und Grundüberholung spätestens nach 3 Monaten muß mit einem Kompensiermagneten die Prüfung der Lagerreibung durchgeführt werden.

Störungen.

Kompaß ausgefallen. Ursache: Rosenlager beschädigt, Kompaßflüssigkeit stark verfärbt oder Leuchtmasse braun (unwirksam) geworden.

Kompaß zeigt falschen Kurs (Kursunterschied). Ursache: Flugzeug nicht kompensiert, Kompaß beschädigt oder Störfeld neu vorhanden durch Einbau von Stahlteilen, Blitzschlag usw. (Störfeld kompensieren).

Anzeige zu träge. Ursache: Kompaß beschädigt (Federung der Einbaustelle prüfen).

Anzeige zu unruhig. Ursache: Federnde Aufhängung ungenügend oder Kompaß beschädigt.

Kompaß korrodiert.

2. Pneumatischer Fernkompaß

Die pneumatische Fernkompaßanlage besteht aus Mutterkompaß, Kurszeiger und Kursgeber.

Mit dem Kursgeber wird der zu fliegende Kurs eingestellt. Eine Kursabweichung vom eingestellten Kurs wird am Kurszeiger sichtbar gemacht.

Einbau des Mutterkompasses. Allgemeine Vorschriften s. Seite 227. Der Einbauort des Mutterkompasses ist an einer möglichst günstigen magnetischen Stelle gewählt worden (meist im hinteren Rumpfteil des Flugzeuges).

Die Befestigungsschrauben und -muttern und die biegsame Anschlußwelle müssen aus unmagnetischem Baustoff bestehen. Der Mutterkompaß muß mit der mitgelieferten federnden Aufhängung so eingebaut werden, daß das Kompaßgehäuse in Fluglage senkrecht hängt und daß der Kompaß bei den im Flugbetrieb auftretenden Beschleunigungen frei schwingen kann. Die Pendelfreiheit des Kompaßkessels muß nach allen Seiten wenigstens 25° betragen. Die biegsame Welle und die Schlauchverbindungen dürfen die Federung des Kompasses nicht beeinträchtigen. Sie sind möglichst gradlinig ohne Vorspannung zu verlegen und müssen mindestens 20 cm lang sein, bevor sie in starre Welle und Rohrleitungen übergehen.

Einbau des Kursgebers, Kurszeigers.

Die Geräte sind entsprechend den allgemeinen Richtlinien einzubauen (s. Seite 227). Die Verlegung der biegsamen Welle ist nach Seite 258, die der Sogleitung, der beiden Meßleitungen und der Schlauchverbindungen nach Seite 256 durchzuführen.

Wartung. Wartung der Luftleitungen s. Seite 257. Wartung der Kursgeberwelle s. Seite 258. Nach 50 Flugstunden, spätestens alle drei Monate, muß die Aufhängung des Mutterkompasses auf einwandfreien Zustand geprüft werden (Scheuerstellen der Gummizüge usw.). Prüfung der Lagerreibung alle 3 Monate.

Störungen.

Der Kurszeiger schlägt bei Kursabweichungen nach der verkehrten Seite aus. Ursache: Die Meßleitungen sind vertauscht, oder die biegsame Welle am Mutterkompaß ist gegenüber der Kursgeberanzeige um 180° versetzt angeschlossen.

Die Kursanzeige stimmt nicht mit anliegendem Kurs überein. Ursache: Die Meßleitung ist undicht, die Kursgeberwelle ist nicht richtig angeschlossen, federt oder hat toten Gang, Kursgeber oder Mutterkompaß schadhaft oder der Mutterkompaß hat sich in seiner Befestigungseinrichtung gedreht.

Der Kurszeiger zeigt nicht an. Ursache: Die Meßleitungen oder die Sogleitung sind stark undicht, die Sogerzeugungsanlage ist ausgefallen, der Kurszeiger ist beschädigt oder die Lager des

Magnetsystems im Mutterkompaß sind beschädigt (federnde Aufhängung beschädigt) (s. Abb. 204).

Der Kurszeiger zeigt zu wenig an. Ursache: Die Meßleitungen oder die Sogleitung sind undicht, die Sogerzeugungsanlage oder der Sogregler im Mutterkompaß arbeiten nicht einwandfrei.

Abb. 204. Zerstörte Aufhängung.

Der Kurszeiger zeigt zu träge an. Ursache: Der Kurszeiger ist zu stark gedämpft, der Kurszeiger ist beschädigt, das Magnetsystem im Mutterkompaß hat zu große Reibung oder der Mutterkompaß ist stark verschmutzt.

Der Kurszeiger zeigt zu unruhig an. Ursache: Der Kurszeiger ist zu wenig gedämpft.

Der Kurszeiger steht nicht auf Null. Ursache: Der Nullpunkt der Dose hat sich verstellt, eine Meßleitung ist stark undicht oder unterbrochen oder die Dose des Kurszeigers ist überdrückt (durch beschädigten Sogregler im Mutterkompaß, bei Motorsoganschluß durch Rückschlagen des Motors beim Anlassen, undichte Leitung usw.).

3. Kurskreisel (luftangetrieben)

Der Kurskreisel ermöglicht im Gegensatz zum Magnetkompaß eine beschleunigungsunabhängige und schwingungsfreie Kursanzeige für eine Zeitdauer von 10 bis 20 Minuten. Nach dieser Zeit muß eine Kursberichtigung am Einstellknopf vorgenommen werden. Beim Fernkurskreisel wird das langsame Auswandern der Kursrose dadurch verhindert, daß der Kurskreisel vom Fernkompaß elektromagnetisch gestützt wird.

Einbau. Das Gerät ist entsprechend den allgemeinen Richtlinien einzubauen (s. Seite 227).

Die Sogleitung muß mindestens 20 mm l. W. besitzen. Die Länge der Schlauchverbindung zwischen Rohrleitung und Gerät muß mindestens 20 cm betragen, damit die Erschütterungen der Zelle nicht auf das Gerätebrett übertragen werden.

Die Leitungsverlegung der Sogleitung und die Schlauchverbindung zum Anzeigegerät sind entsprechend den allgemeinen Richtlinien durchzuführen (s. Seite 256).

Wartung. Das Einströmsieb an der Unterseite des Fernkurskreisels muß sauber gehalten werden, damit die Luftzufuhr ungehindert erfolgen kann. Der Verbindungsschlauch für die Sogversorgung darf nicht brüchig (undicht) sein. Wartung der elektrischen Leitung s. Seite 280.

Störungen.

Der Einstellknopf läßt sich nicht betätigen. Ursache: Gerät ist beschädigt.

Schauzeichen oder Lampe sprechen nicht an. Ursache: Die Lampe ist durchgebrannt, das Schauzeichen beschädigt oder Fehler im Bordnetz.

Die Kursrose läuft aus. Ursache: Kreisellager oder Stützspule beschädigt, Umwandler beschädigt oder Fehler im Bordnetz.

4. Abtrift- und Grundgeschwindigkeitsmesser

Beim Gerät erfolgt die Abtriftmessung durch Bestimmung des Winkels zwischen Flugzeuglängsachse und der Geländebewegung. Die Grundgeschwindigkeitsbestimmung ist eine Winkelzeitmessung bei bekannter Flughöhe.

Einbau. Das Flugzeug ist in Fluglage aufzubocken. Die Hochachse des Peilrohres muß parallel zur Hochachse des Flugzeuges stehen (Prüfung durch Dosenlibelle). Verläuft die Rumpfwand nicht parallel zur Flugzeughochachse, so sind entsprechende Keile unter die Grundplatte zu legen. Das gleiche gilt, wenn die Rumpfachse nicht parallel zur Flugzeuglängsachse liegt (zulässige Abweichung ± 5°).

Wartung. Alle drehbaren Teile sind alle 3 Monate mit frostfreiem Öl (Vakuum 1417) zu schmieren, die Optik ist mit einem reinen, weichen Lederlappen sauber zu halten. Bei Nichtgebrauch des Gerätes wird es ausgebaut und der Windschutzschieber vor die Öffnung in der Rumpfwand geschoben.

Störungen.

Wenn die Stoppuhr nicht richtig schaltet, sind die beiden Justierschrauben an der Stoppuhr nachzustellen. Reicht diese Justierung nicht aus, so können die beiden Nocken nachgestellt werden.

Die drehbaren Teile gehen schwer (nachölen), Gerät ist verrostet, Optik ist verschmutzt.

VII. Kurssteuerung

Die Kurssteuerung dient zur selbsttätigen Steuerung der Flugzeugbewegung um die Hochachse, zum genaueren Einhalten des Kurses, als durch Fußsteuerung möglich, zur Entlastung des Flugzeugführers bei Langstreckenflügen, zum genaueren Zielanflug bei Bombenabwurf und zur Erleichterung beim ZZ-Anflug.

Die Steuerung erhält die Kursimpulse vom Fernkurskreisel und Wendezeigerkreisel. Der Fernkurskreisel schreibt die Kursrichtung vor, während der Wendezeigerkreisel die kleinsten Kursänderungen berichtigt. Der Fernkurskreisel wirkt über eine Differenzdruckdose (Kursdose), der Wendezeigerkreisel unmittelbar auf das Strahlrohr. Die aus dem Strahlrohr ausströmende Luft bläst in der Mittelstellung gleich stark gegen zwei Düsen des Druckverteilers. Bei Strahlrohrauslenkungen werden die Düsen ungleich angeblasen, und es entsteht ein Druckunterschied. Dieser lenkt den Arbeitskolben aus, an dem das Seitenrudergestänge angeschlossen ist. Die nachgiebige Rückführung soll bei auftretenden Ruderausschlägen ein Übersteuern des Kurses vermeiden. Der Fernkurskreisel wird über einen Umwandler vom Fernkompaß elektromagnetisch überwacht.

Bei Blockierung irgendeines Teiles der Kurssteuerung wird durch Ziehen der Notauslösung das Rudergestänge vom Arbeitskolben mechanisch entkuppelt.

Einbau.

(Luftversorgungsanlage s. Seite 254, Fernkompaß s. Seite 248, Fernkurskreisel s. Seite 249, Luftleitungen s. Seite 256, elektrische Leitungen s. Seite 280.)

Der Umwandler ist so einzubauen, daß die Vorderseite senkrecht steht und die Beschriftung auf dem Gehäuse nach oben zeigt. Das Gerät muß erschütterungsfrei aufgehängt sein.

Das Steuergerät. Alle Anschlußstellen müssen gegen Verschmutzung geschützt sein (auch die Leitungen), bis die Verbindungen der Luftleitungen hergestellt sind. Wenn das Flugzeug in Fluglage aufgebockt ist, muß das Steuergerät genau waagerecht stehen (bezogen auf die Querlage). Die Libelle ist bei abgenommenem Deckel des Steuergerätes zu beobachten.

Die Pfeilspitze des auf dem Deckel des Steuergerätes eingravierten Pfeiles muß in Flugrichtung zeigen. Das Steuergerät muß in den eingebauten Stoßdämpfern frei federnd aufgehängt sein. Das Gerät darf beim Durchfedern an keiner Stelle an benachbarte Bauteile stoßen oder an ihnen scheuern. Die Befestigung an den Böcken erfolgt durch Schrauben und Muttern. Die Muttern müssen durch Splinte gesichert sein. Die Stoßdämpfer dürfen in eingebautem Zustand nicht verspannt sein, da sonst die einwandfreie Abfederung verlorengeht. Bei Ersatz von Stoßdämpfern ist darauf zu achten, daß der längere Stutzen nach unten zeigt.

Die angeschlossenen Luftschläuche und Kabel dürfen die Federungsmöglichkeit nicht beeinflussen. Es ist deshalb erforderlich, daß alle Leitungen ohne Vorspannung angeschlossen werden.

Der Arbeitskolben. Die Schrauben zur Befestigung des Arbeitskolbens auf dem Fundament müssen fest angezogen und gesichert sein. Die Anschläge des Seitenruders dürfen nicht im Arbeitskolben liegen. Die Verbindungsstange zwischen Abtriebshebel und Seitenrudergestänge ist zur Einstellung der genauen Länge mit einem Spannschloß ausgeführt. Der Kolbenweg muß voll ausgenutzt werden, d. h. der Anschlag nach beiden Seiten muß im Seitenruder etwa 1 bis 3 mm vor dem des Kolbens im Zylinder erfolgen. Der Kolben muß von einer Endlage in die andere leicht laufen. Die Prüfung erfolgt bei Stellung „Aus" des Hauptschalters. Das Seitenruder wird einmal mit und einmal ohne eingekuppelten Arbeitskolben nach beiden Richtungen durchgetreten. Ein wesentlicher Unterschied in den Widerständen darf dabei nicht zu verspüren sein. (Bei allzu heftigem Durchtreten kann sich die im Arbeitszylinder eingeschlossene Luft nicht rasch genug über den Kurzschluß im Steuergerät ausgleichen; dadurch entsteht ein gewisser Gegendruck.) Bei zu großem Widerstand kann eine unzulässige Reibung oder ein Klemmen im Arbeitskolben oder aber ein Fehler in der Schaltung des Steuergerätes vorliegen.

Die Führung des Bombenzuges vom Hauptschalter zum Steuergerät soll möglichst geradlinig erfolgen, Krümmungen unter 0,5 m Halbmesser sind möglichst zu vermeiden.

Der Notzug. Die Verbindung zwischen Notauslösung am Arbeitskolben und Abzugsknopf erfolgt meistens durch ein Drahtseil von 2 mm Durchmesser. Das Seil darf nicht lose hängen und andererseits keine merkliche Vorspannung besitzen.

Wartung.

Luftversorgung s. Seite 254, Luftleitungen s. Seite 256, Übertragungswellen s. Seite 258, Elektrische Leitungen s. Seite 280.

Alle drei Monate ist die Nachgiebigkeit der Stoßdämpfer zu prüfen.

Das Steuergerät darf an keiner Stelle an benachbarte Bauteile stoßen oder an ihnen scheuern.

Am Abtriebshebel darf in Richtung der Kurbelachse des Arbeitskolbens kein wesentliches Spiel vorhanden sein.

Hat das Spiel zugenommen, so ist der Arbeitskolben auszuwechseln.

Die Kupplungsteile der Notzugeinrichtung, die Rollen und Umlenkhebel müssen gut gefettet sein, um eine Rostgefahr auszuschließen.

Beim Drehen des Hauptschalters von Stellung „Aus" in „Ein" tritt ungefähr in der Mittelstellung ein merklicher Widerstand auf. Ist dieser Widerstand zu groß, so ist der Schalter auszuwechseln.

Ungefähr von der Mittelstellung an muß beim Durchtreten des Seitenruders eine Zunahme des Gegendruckes zu bemerken sein, wobei gleichzeitig das zischende Geräusch im Steuergerät zunimmt (Kurzschluß am Arbeitskolben wird aufgehoben). Ist diese Erscheinung bereits nach oder in der Stellung „Aus“ des Schalters bemerkbar, so ist die Bowdenzugeinstellung fehlerhaft. Vor jedem Fluge (bei Kurssteuerungsflug) muß vor dem Start durch den Bordwart oder durch den Flugzeugführer festgestellt werden, daß:

a) der Notzughebel am Arbeitskolben eingeklinkt ist. (Beim Durchtreten des Seitenruders muß am Arbeitskolben ein Blasgeräusch zu vernehmen sein.)

b) die Steuerung ausgeschaltet ist. (Der Hauptschalter muß auf „Aus“ stehen, und das Seitenruder muß sich bei laufenden Motoren leicht durchtreten lassen.)

c) der Einstellknopf am Fernkurskreisel herausgezogen ist.

d) der Umschalthahn für die Luftversorgung auf Hauptversorgung steht.

Beim Start darf die Kurssteuerung nicht eingeschaltet sein.

Zur Feststellung von Beanstandungen oder zur Überprüfung des einwandfreien Arbeitens der Kurssteuerung ist es erforderlich, daß der Geräteprüfer etwa alle 50 Stunden eine Boden- und Flugprüfung durchführt. Nach jeder Teil- und Grundüberholung muß eine Boden- und Flugprüfung durchgeführt werden.

Störungen.

Kurssteuerung arbeitet nicht. Ursache: Presser ausgefallen, Notzughebel ist nicht eingeklinkt oder Meß- bzw. Druckluftleitung ist unterbrochen.

Kurssteuerung hält nicht Kurs. Ursache: Sogversorgung ausgefallen, Umwandler, elektrische Leitung, Kompaß, Fernkurskreisel, Steuergerät oder Arbeitskolben beschädigt, eine Meß- oder Steuerleitung undicht oder verstopft.

Kurssteuerung trampelt. Steuerung ausschalten.

Kurssteuerung geht in Steilkurve. Ursache: Steuergerät oder Arbeitskolben beschädigt.

Zielanflugeinrichtung arbeitet nicht einwandfrei. Ursache: Richtungsgeber, Kursmotor, elektrische Leitung oder Steuergerät beschädigt.

Außerbetriebsetzen der Kurssteuerung bei auftretenden Störungen.

Wird vom Flugzeugführer eine Störung rechtzeitig erkannt, ohne daß eine gefährliche Fluglage auftritt, so wird die Kurssteuerung durch den Hauptschalter ausgeschaltet. In dringenden Gefahrenfällen wird durch Betätigung der Notauslösung (Herausziehen des roten Notzugknopfes) die Kurssteuerung sofort abgekuppelt.

Die Notauslösung darf nur am Boden und nach eingehender Prüfung durch den Geräteprüfer wieder eingelegt werden.

Bei Druckabfall am Druckmesser unter 0,8 atü (Betriebsdruck in Bodennähe 1,5 bis 1,7 atü) Steuerung ausschalten. Hauptschalter auf „Aus“.

Beim Ausfall der Kreiselgeräte (Horizont, Wendezeiger, Fernkurskreisel) Umschalthahn auf Notversorgung (Stellung 2) schalten.

VIII. Luftversorgung

Für den Antrieb der Kreiselgeräte, für die pneumatische Fernübertragung des Fernkompasses und des Fernkurskreisels und für die Betätigung der pneumatischen Kurssteuerung ist Druck- und Sogluft erforderlich. Der Sog für Wendezeiger, Horizont und Kompaß und Fernkurskreisel wird von einer **Sogpumpe** erzeugt. Bei kleineren Flugzeugen, die nur mit Wendezeiger, Horizont und Fernkompaß ausgerüstet sind, kann die Sogversorgung durch eine **Förderdüse** und zum Teil durch Anschluß an die Ansaugseite des Motors erfolgen.

Für die Betätigung der pneumatischen Kurssteuerung wird die Druckluft durch einen **Presser** erzeugt, der gleichzeitig als Notversorgung (Sogluft) für die Kreiselgeräte Verwendung findet.

Der unterschiedliche Betriebssog der einzelnen Kreiselgeräte und der Fernübertragungen wird am **Sogverteiler** abgenommen, der durch unterschiedliche Drosselung der Abnahmestellen die erforderlichen Sogwerte erzeugt.

Zwischen Sogverteiler und Sogpumpe wird zur Gleichhaltung des Unterdruckes ein **Sogregler** geschaltet.

Zur Sicherung des leichten Laufes wird der Presser geölt. Hierdurch wird in der Preßluft Öl mitgerissen, das durch das **Luftfilter** abgeschieden werden soll.

Einbau des Luftpressers und der Sogpumpe.

Der Antrieb der Pumpen erfolgt durch unmittelbaren Anschluß an den Abtrieb des Motors mit dem SAE-Flansch oder mittelbar durch Zwischenschalten der biegsamen Welle. Die Drehrichtung des Luftpressers und der Sogpumpe wird mit mul (mit dem Uhrzeiger laufend, rechtslaufend) oder edul (entgegen dem Uhrzeiger laufend, linkslaufend) angegeben. Vor dem Anbau ist daher auf **richtige Drehrichtung zu achten.**

Die Zuleitung des Druckschmierstoffes muß unbedingt sicher gewährleistet sein. Es dürfen sich keine Luftblasen in der Leitung befinden, da sonst für längere Zeit die Schmierung aussetzt. Es ist erforderlich, daß der Schmierstoffanschluß an den Pumpen vor dem erstmaligen Anlassen des Motors gelockert und erst dann festgezogen wird, wenn der Schmierstoff ununterbrochen gefördert wird.

Die Sogpumpe, Baumuster MUG, benötigt die Schmierstoffzuleitung nicht. Diese Pumpe ist mit einem Schmierstoffvorrat für 50 Stunden ausgerüstet.

Zur Kühlung des Luftpressers (Verdichtungswärme) ist eine Kühlhaube vorgesehen. Die Luft wird so geführt, daß sie an den Rippen des Luftpressers vorbeistreicht.

Einbau des Sogreglers.

Der Regler ist möglichst dicht an der Sogpumpe und am Luftpresser (Ansaugseite) in aufrechter Stellung einzubauen. Befindet er sich in der Nähe von Vorratsbehältern, so ist er so zu schützen, daß überlaufende Flüssigkeit beim Tanken nicht den Regler benetzt.

Wartung.

Der Schmierstoffvorrat der Sogpumpe, Baumuster MUG, muß alle 50 Stunden aufgefüllt werden.

Das **Druckluftfilter** muß **alle 25 Stunden gereinigt** werden, und zwar wie folgt:

Sechskantmutter oben am Filter abschrauben,
äußeren Mantel und Deckel abziehen,
inneren Deckel abschrauben, Filzmantel und keramischen Filterkörper abziehen und mit Benzin auswaschen,
Gehäuse mit Benzin auswaschen.

Es ist zu beachten, daß kein Rost am Stahlkörper vorhanden ist (besonders bei Seeflugzeugen).

Beim Zusammenbau müssen die Dichtungsringe unter- und oberhalb des Gehäusemantels unbeschädigt wieder eingesetzt werden. Ist bei beschädigten Dichtringen kein Ersatz greifbar, so ist eine Dichtung aus Klingerit (hitzebeständig) herzustellen. Luftleitungen s. Seite 256.

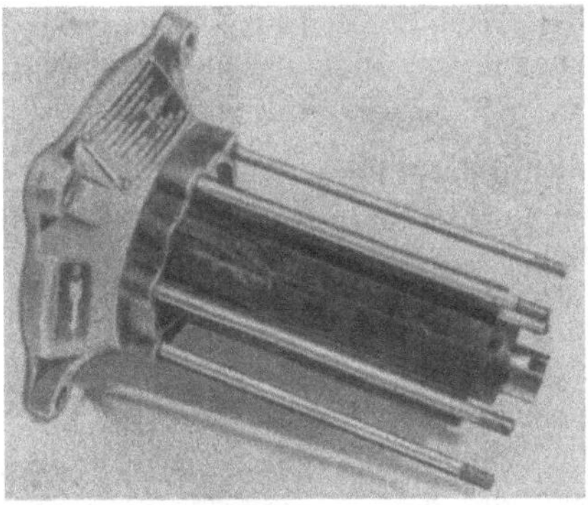

Abb. 205. Lamellen-Bruch an der Sogpumpe.

Störungen am Luftpresser und an der Sogpumpe.

Gerät wird zu heiß. Ursache: Kühlung ungenügend, Schmierung unterbrochen oder Schmierstoffpumpe im Gerät fördert nicht.

Gerät fördert nicht. Ursache: Leitungsfehler, Gerät beschädigt (s. Abb. 205), Schieber im Drehkolben kommen bei Kälte nicht aus den Schlitzen heraus oder biegsame Antriebswelle ist gebrochen.

Störungen am Druckluftfilter.

Ventil bläst bei Überdruck nicht ab. Ursache: Ventil verschmutzt oder Ventil zerstört.

Ventil bläst zu früh ab. Ursache: Regelfeder falsch eingestellt oder zerstört.

Filter korrodiert (s. Abb. 206).

Abb. 206. Luftfilter korrodiert.

Störungen am Sogregler.

Gerät regelt nicht. Ursache: Ventilfeder gealtert (Plombe entfernen. Regler nachstellen, anschließend neu sichern und plombieren); Gerät ist beschädigt.

Störungen an der Förderdüse.

Ursache: Leitungsfehler oder das Gerät ist verstopft, verschmutzt, undicht oder korrodiert.

IX. Rohrleitungen

Einbau. Die Verlegung von Rohren hat so zu erfolgen, daß:

1. die Leitungen nicht schwingen können (Gefahr des Schwingungsbruches). Sie sind genügend durch Schellen zu haltern;
2. keine scharfen Biegungen und Knicke entstehen. Mindestbiegeradien sind für

   Aluminumrohre 10fache lichte Weite,
   Gummischlauch 20fache lichte Weite;
3. alle Niederschläge so abfließen können, daß sie keine Störungen hervorrufen;

4. Trennstellen und Verbindungen leicht zugänglich sind und an allen Trennstellen der Zelle (Flügel, Motorbrandschott) vorgesehen werden;
5. unvermeidbare Scheuerstellen an Leitungen umledert sind;
6. beim Anschellen eine gute elektrische Verbindung zum Flugzeugkörper entsteht (Störschutz).

Die Trennung von Rohren wird durch Sägen mit einer feinen Laubsäge oder Einkerben mit einem Rohrschneider und darauffolgendem Abbrechen durchgeführt. Die Schnitt- oder Bruchstelle ist zu entgraten. Die Rohre sind durch Ausblasen mit Preßluft zu säubern.

Wartung. Neu verlegte Rohrleitungen, an denen irgendwelche Änderungen vorgenommen sind (Verlängerungen, Verkürzungen usw.), und nach dem Einbau bei Grund- und Teilüberholungen sind vor der Inbetriebnahme mit sauberer Preßluft auszublasen und auf Dichte zu prüfen. Die Preßluft ist über ein Reduzierventil einer Preßluftflasche zu entnehmen. Luftmeßleitungen sind alle zwei Monate auf Dichte zu prüfen.

Beim Lösen von Verbindungen sind die offenen Enden zum Schutz gegen Verschmutzung mit Lappen zu umwickeln. Verboten ist das Verschließen mit Pfropfen aus Isolierband, Papier, Lappen usw. Bei Gummischläuchen ist zu beachten, daß sie nicht mit Schmierstoff und Kraftstoff in Berührung kommen (Zersetzungsgefahr).

Störungen.

L e i t u n g e n u n d i c h t. Ursache: Rohrleitung gebrochen, Ziehrisse (s. Abb. 207) oder Schlauchverbindungen sind rissig, hart und undicht.

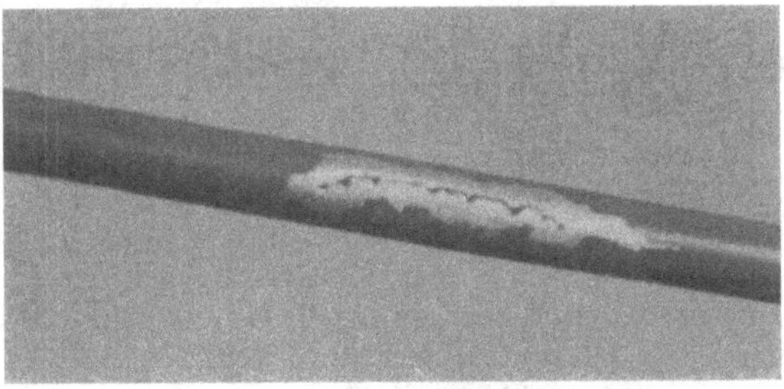

Abb. 207. Ziehriß in Rohrleitung.

L e i t u n g e n s i n d v e r s t o p f t. Ursache: Leitungen sind verschmutzt, Rohr zugeschweißt oder zusammengedrückt, Schlauchverbindungen geknickt (s. Abb. 208) oder durch Schmierstoff- oder Kraftstoffkondensat zugequollen.

Leitung angescheuert. Ursache: Leitung liegt zu dicht an anderen Bauteilen, Leitung schwingt stark und scheuert gegen andere Bauteile (s. Abb. 209).

Leitung gebrochen. Ursache: Schwingungsbruch.

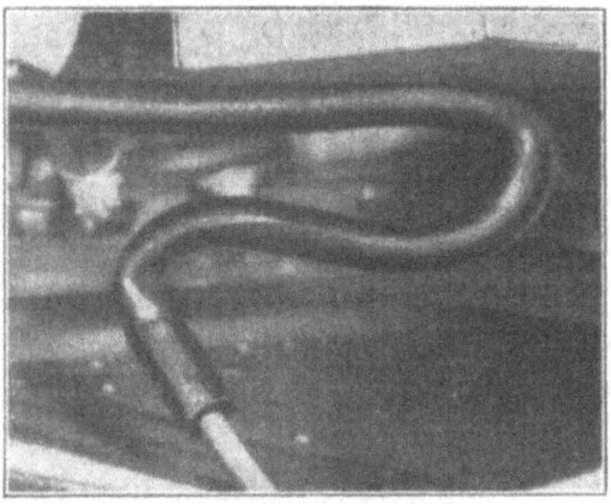

Abb. 208. Eingeknickter Schlauch.

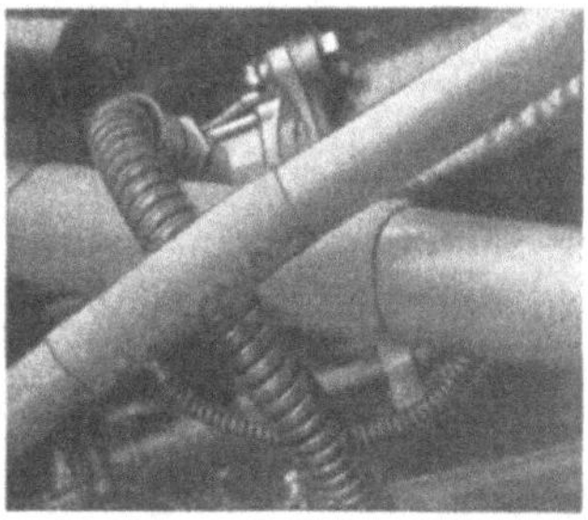

Abb. 209. Umlederter Bauteil.

X. Übertragungswellen

Einbau der Sogpumpenwelle und Drehzahlmesserwelle.

Der Einbau der biegsamen Verbindungswelle muß so erfolgen, daß sie sich mit der Hand leicht drehen läßt (bei der Drehzahlmesserwelle durch Einführen eines Schraubenziehers in das Gabelstück und Drehen desselben zu prüfen).

Die Welle ist nach Möglichkeit gerade zu verlegen. Die stärkste Krümmung darf den Radius von 250 mm bei der Drehzahlmesserwelle bzw. 500 mm bei der Sogpumpenwelle nicht unterschreiten. Durch Schellen ist die Welle so zu haltern, daß Schwingungen auf der freien Länge nicht auftreten können. Die Welle wird im gefetteten Zustand angeliefert. Lediglich die Anschlußstücke (Gabel, Zunge und Mitnehmer) sind beim Anschließen an den Motor oder an das Gerät leicht zu fetten. Die Überwurfmuttern sind nach der Befestigung mit Draht zu sichern. Der Entöler der Drehzahlmesserwelle ist bei einfachen Wellen an das Gerät zu setzen. Bei getrennten Wellen (s. Abb. 210, 211) ist der zweite Entöler an dem Motorenanschluß anzubringen. Der Schmierstoffabfluß ist nach unten zu legen. Ein Ableitungsrohr soll möglichst den abtropfenden Schmierstoff nach außen führen.

Am Brandschott ist nach Möglichkeit eine Trennstelle mit einer Brandschottdurchführung vorzusehen, bei Schulmaschinen mit zwei Drehzahlmessern ein Parallelgetriebe.

Die *Drehzahlmesserwellen* sind, wenn Einzelteile geliefert werden, wie folgt *zusammenzubauen*:

a) Den Schutzschlauch in der angegebenen Länge unter Berücksichtigung der Anschlußstücke abschneiden und Anschlußstücke auflöten, einen Anschluß mit Entöler verwenden (**Lötkolben verwenden**, um das Dichtungsmaterial in der Spirale nicht zu zerstören). **Lötsäure verboten!**

b) Gliederwelle einziehen und am freien Ende mit Anschlußgabel versehen.

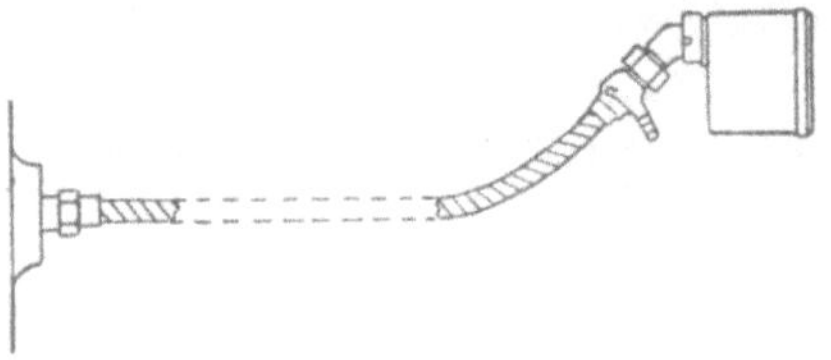

Abb. 210.
Drehzahlmesseranlage mit einer Welle.

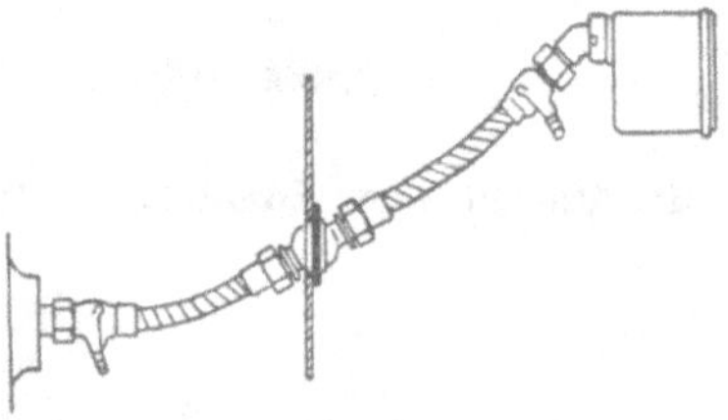

Abb. 211.
Drehzahlmesseranlage mit zwei Wellen.

c) Den fertigen Anschluß an den Abtrieb anbauen und Welle in die für den Einbau nötigen Krümmungen legen, Gliederkette unter Berücksichtigung der Anschlußlänge abtrennen.

d) Das zweite freie Ende mit dem Gabelstück versehen. Scharfe Kanten und Grat sind nach dem Zusammenbau durch Überfeilen zu beseitigen. Welle muß sich leicht drehen.

e) Welle auseinandernehmen, gut einfetten und wieder zusammensetzen.

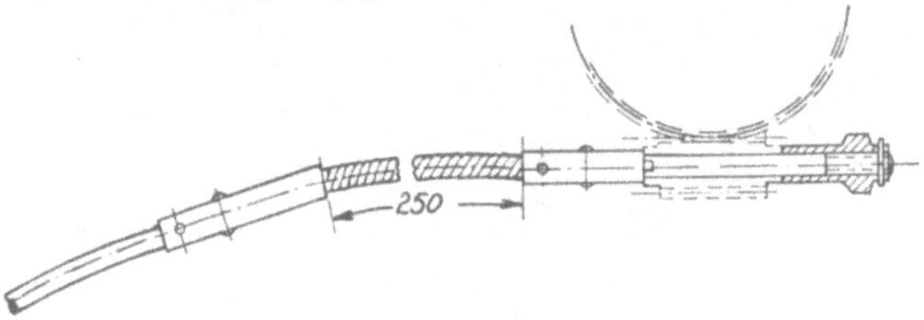

Abb. 212. Kursgeberwelle mit biegsamem Zwischenstück.

Einbau der Kursgeberwellen.

Zur Vermeidung von Nachdrehfehlern sind nach Möglichkeit feste Wellen zu verlegen. An Stellen mit Richtungsänderungen sind Winkelgetriebe oder kurze biegsame Wellenstücke zu verwenden (s. Abb. 212).

Die Wellen müssen leicht gehen. Die Länge der einzelnen Stücke soll deshalb 250 mm bis 300 mm nicht überschreiten. Die Länge aller biegsamen Wellen in einer Wellenführung soll höchstens 1 m betragen.

Alle Wellen sind in einem Schutzrohr zu verlegen. Zur Wahrung des leichten Laufes der Welle sind in Abständen von 1 m Laufringe aufzuziehen (s. Abb. 213). An den tiefsten Stellen der Verlegung sind in das Schutzrohr Bohrungen zum Abfluß des Kondenswassers einzubringen.

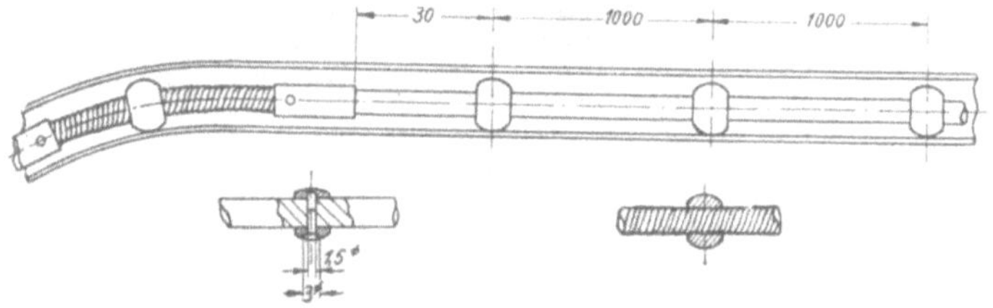

Abb. 213. Kursgeberwelle im Schutzrohr mit Laufringen.

Biegungen des Schutzrohres sind bei eingebogener Welle vorzunehmen.

Die Welle ist vor dem Einziehen mit kältebeständigem Fett einzufetten.

Das Schutzrohr ist mit aus Blechstreifen gebogenen Schellen zu befestigen (s. Abb. 214). 1 m vor dem Fernkompaß darf kein magnetischer Werkstoff verwandt werden. Die biegsamen Wellen müssen hier aus Bronze sein. Der Anschluß an die Geräte im Gerätebrett ist über Schiebekupplungen zu leiten, um die Federung des Gerätebrettes nicht zu beeinflussen.

Überwurfmuttern sind nach dem Festziehen mit Draht zu sichern.

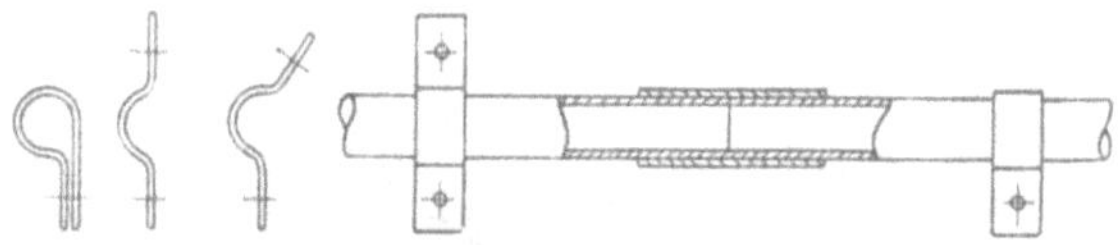

Abb. 214. Befestigungsschellen für Schutzrohr.

Wartung.

Alle Wellen sind bei Grund- und Teilüberholungen auf Gängigkeit zu prüfen und neu zu fetten.

Drehzahlmesserwellen, die an den Motor angeschlossen sind, müssen je nach der Wärmewirkung des Motors auf die Wellen in kürzeren Abständen ausgebaut und neu gefettet werden, um ein Trockenlaufen zu verhüten.

Getriebe und Schiebekupplungen sind bei Teil- und Grundüberholungen auf Leichtgängigkeit zu prüfen und zu fetten.

Störungen an der Sogpumpenwelle.

Die Welle wird im Betrieb über normal heiß. Ursache: Welle nicht gefettet, Lager haben zuviel Reibung (verschmutzt), Welle ist durch Rückschlag beim Anwerfen des Motors aufgedrillt und reibt im Schutzrohr, Schutzrohr eingedrückt oder zerstört oder Welle ist in zu scharfem Knick verlegt.

Die Welle überträgt nicht die Drehbewegung. Ursache: Schraubverbindung gelöst, Lager oder Sogpumpe festgelaufen (Welle gerissen), zu hohes Drehmoment infolge zu zähen Schmierstoffes bei großer Kälte (Welle gerissen), Welle schwingt (Schwingungsbruch) oder Welle ist durch Motorrückschlag zerstört (s. Abb. 215).

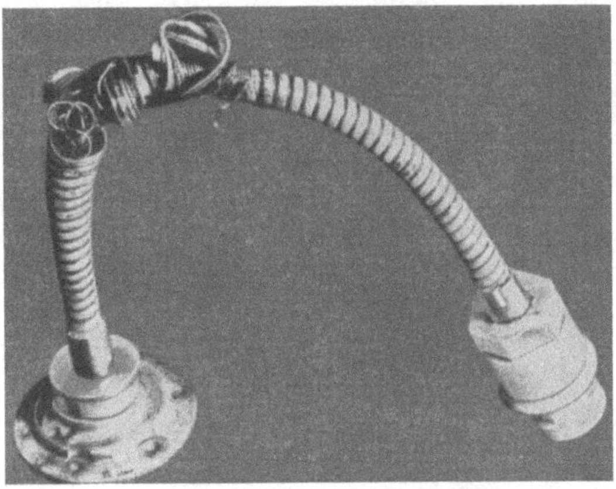

Abb. 215. Sogpumpenwelle durch Motorrückschlag zerstört.

Störungen an der Drehzahlmesserwelle.

Die Welle hat zu starke Reibung (läuft warm). Ursache: Welle nicht gefettet, Gliederwelle ist zu kurz oder zu lang und Welle reibt im Schutzschlauch, Schutzschlauch oder -rohr beschädigt (eingedrückt oder gerissen), Lager (Führungsbuchse) verschmutzt oder Welle ist in zu scharfem Knick verlegt.

Übertragung der Drehbewegung nicht gleichmäßig. Ursache: Welle schwingt, Anschlüsse, Überwurfmuttern haben sich gelockert oder Welle ist in zu scharfem Knick verlegt.

Welle überträgt nicht die Drehbewegung. Ursache: Anschlüsse, Überwurfmuttern haben sich gelockert, Lager oder Zwischengetriebe festgelaufen (Welle gerissen) oder zu hohes Drehmoment infolge zu zähen Schmierstoffes bei großer Kälte (Welle gerissen).

Störung an der Kursgeberwelle.

Die Welle überträgt Drehbewegung ungenau oder gar nicht. Ursache: Schutzrohr zerstört, Welle hat zu starke Reibung, Verbindung hat sich gelockert, zu starke Hemmung infolge zu zähen Schmierstoffes bei großer Kälte, Welle verrostet, nicht gefettet, Welle schwingt (Schwingungsbruch) oder Zwischengetriebe verschmutzt.

Vierter Abschnitt

Die Wartung des elektrischen Bordnetzes

I. Generator und Regler

A. Einbau und Einbringung

1. Generator

Die Reihe der zur Zeit verwendeten Generatoren ist in der Tabelle 5 zusammengestellt.

Die Drehrichtung muß der des Abtriebes am Flugmotor entsprechen. Kennzeichnung durch einen Pfeil am Generatorgehäuse. Zur Ermittlung sieht man auf den Wellenstumpf. „Rechtslaufend" (R) bedeutet Drehrichtung im Uhrzeigersinn, „linkslaufend" (L) bedeutet Drehrichtung entgegen dem Uhrzeigersinn.

Vor der Einbringung Steckachse und Gegenstück am Abtrieb des Flugmotors mit besonderem Fett (bei Bosch-Generatoren Ft 1 v 4) füllen, um vorzeitiges Ausschlagen zu verhüten. Flansche an Generator und Flugmotor gut säubern. Zwischen beiden Flanschen eine Duralmindichtung einlegen. Andere Dichtungen dürfen nicht verwendet werden. Befestigungsmuttern gleichmäßig und gut anziehen und sichern. Den Generator so drehen, daß die Leitungen von unten oder von schräg unten eingeführt werden, daß also das Hineinlaufen von Wasser, Öl usf. sicher vermieden wird.

Die Lüftungsrohre werden über Schlauchzwischenstücke mit dem Generator verbunden, um Erschütterungen am Generator zu vermindern. Die Lüftungsrohre werden so verlegt, daß beim parkenden Flugzeug Gefälle nach außen entsteht und damit Regenwasser, Kraft- und Schmierstoffe und Fremdkörper nicht eindringen können. Während des Fluges schadet eindringendes Regenwasser dem Generator nicht.

Der Kühlluftstrom wird durch den Fahrtwind erzeugt. Kühlluftrohre von Fremdkörpern freihalten. Bei ungenügender Zuführung von Kühlluft werden Stromwender und Bürsten zerstört und verbrennen die Wicklungen.

Tabelle 5

Lfd. Nr.	Generator: Baumuster Bosch	Generator: Anf. Zeich. Fl. Nr.	Generator: Gewicht kg	Generator: Leistung W	Generator: Nennspanng. V	Generator: Strom A	Generator: Drehzahl-Bereich U/min	Generator: Welle	Regler: Bauart	Regler: Baumuster Bosch	Regler: Anford. Zeichen Fl Nr.	Regler: Gewicht kg	Bemerkungen
1	LE 100/12 R 1	34 203	4,3	100	12	8	2250—4000	starr	L	SSM 45/2 Z	34 230	0,67	Links- oder Rechtslauf muß bei Anforderung stets besonders angegeben werden
2	LE 100/12 L 1	34 203	4,3	100	12	8	2250—4000	starr	L	SSM 45/2 Z	34 230	0,67	
3	LJ 250/12 R 2	34 206	8,2	250	12	20	2250—4000	starr	L	SSM 49/1 Z	34 233	1,7	
4	LJ 250/12 L 2	34 206	8,2	250	12	20	2250—4000	starr	L	SSM 49/1 Z	34 233	1,7	
5	LK 400/12 R 1	34 204	12,8	400	12	32	2250—4000	starr	L	SSM 49/2 Z	34 231	1,67	
6	LK 400/12 L 1	34 204	12,8	400	12	32	2250—4000	starr	L	SSM 49/2 Z	34 231	1,67	
7	LK 400/24 R 4	34 205	12,4	400	24	16	2250—4000	starr	L	SSM 49/3 Z	34 232	1,7	
8	LK 400/24 L 4	34 205	12,4	400	24	16	2250—4000	starr	L	SSM 49/3 Z	34 232	1,7	
9	LE 300/12 BR 10	34 216-1	4,7	375	12	25	4000—6000	federnd	L od. M	SSM 55/3 Z	34 236	0,98	Mit 3-Lochflansch
										SSM 72/3 Z	34 243	1,05	
10	LE 300/12 BL 10	34 216-2	4,7	375	12	25	4000—6000	federnd	L od. M	SSM 72/3 Z	34 243	1,05	
11	LE 300/12 BR 11	34 212-1	4,8	375	12	25	4000—6000	federnd	L od. M	SSM 72/3 Z	34 243	1,05	Mit 4-Lochflansch
12	LE 300/12 BL 11	34 312-2	4,8	375	12	25	4000—6000	federnd	L od. M	SSM 72/3 Z	34 243	1,05	
13	LJ 600/24 BR 11	34 214-1	7,1	750	12	25	4000—6000	federnd	M	SSM 72/2 Z	34 240	1,05	
14	LJ 600/24 BL 11	34 214-2	7,1	750	12	25	4000—6000	federnd	M	SSM 72/2 Z	34 240	1,05	
15	LK 1200/24 CR 10	34 215-1	11,3	1500	12	50	4000—6000	federnd	M	SSM 72/1 Z	34 241	1,05	
16	LK 1200/24 CL 10	34 215-2	11,3	1500	12	50	4000—6000	federnd	M	SSM 72/1 Z	34 241	1,05	

Zum *Anschluß der Leitungen* muß bei älteren Generatoren die Verschlußkappe entfernt werden. Alle neueren Generatoren haben ein Anschlußkästchen (s. Abb. 216). Unbenutzte Anschlußtüllen sind mit Schutzkapseln zu verschließen. Dem Leitungsanschluß und der Halterung der Leitungen muß wegen der hohen Beanspruchung durch Erschütterungen besondere Sorgfalt gewidmet werden.

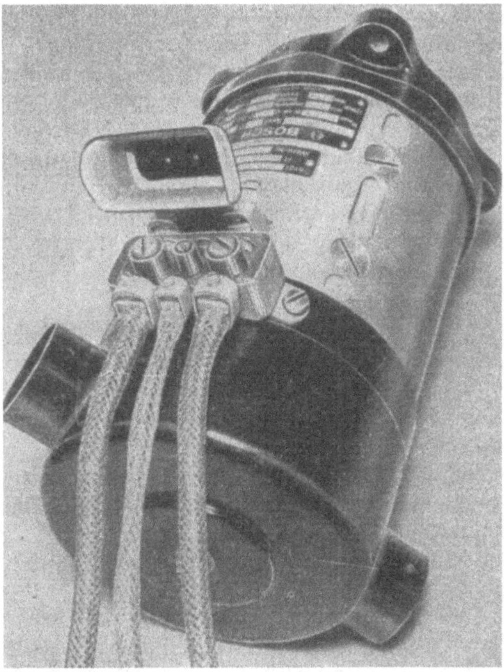

Abb. 216.
Leitungsanschluß am Generator über Anschlußkästchen.

2. Regler

Wahl des zugehörigen Reglers nach Tabelle 1. Bei Parallelarbeit von zwei oder mehr Generatoren stets gleiche Regler verwenden. Niemals einen L-Regler und einen M-Regler (Bosch) parallel schalten. Neuere Flugzeuge haben stets M-Regler (waagerechte Kennlinie). Der Ersatz eines M-Reglers durch einen L-Regler stört die Zusammenarbeit von Generatoren und Sammler und gefährdet die Flugsicherheit.

Der **Einbauort** wird so gewählt, daß der Regler in senkrechter Lage (Klemmen nach unten) angebracht werden kann. Übermäßige Erschütterungen und Aufheizung (z. B. vom Flugmotor her) stören das Arbeiten des Reglers.

Leitungsanschlüsse erst herstellen, nachdem der Regler befestigt ist! Leitungen werden in ausreichendem Abstand angeschellt, damit die stoßdämpfende Wirkung der Gummipuffer nicht gemindert wird. Auf beste Masseverbindung des Gehäuses achten. Ein Fuß des Reglers hat hierzu eine Feder zur Masse.

3. Leitungen

Besondere **Abschirmung** zwischen Generator und Regler und gute Abbindung dieser Abschirmung (auch im Leitungsschacht) ist erforderlich.

Anschlüsse an Generatoren und Regler im Flugzeug niemals herstellen oder lösen, solange der Ferntrennschalter eingeschaltet ist oder der Flugmotor läuft! Auch auf dem Prüfstand stets die Klemme 3 des Generators (Feldleitung) zuerst abklemmen und zuletzt wieder anschließen! Andernfalls kann die Spannung so stark ansteigen, daß angeschlossene Verbraucher und die Wicklungen von Generator und Regler gefährdet werden.

Bei **Parallelarbeit** muß der Widerstand der Zuleitungen von den Reglern zur Sammelschiene völlig gleich sein. Ein infolge schlechter Wartung oder falscher Behandlung entstandener hoher Übergangswiderstand, z. B. in einem Sicherungshalter oder an einer Anschlußklemme, kann die Parallelarbeit empfindlich stören.

B. Prüfungen und Fehlerquellen

1. Im Flugzeug

Eine kurze **Funktionsprüfung** von Generator und Regler ist vor jedem Fluge durchzuführen.

Hierzu ist beim Warmlaufen und Abbremsen des Flugmotors am Stromspannungsmesser das Einsetzen der Sammlerladung und damit die ordnungsgemäße Einschaltung des Schalters im Regler zu beobachten. Nach Einschaltung am Stromspannungsmesser Generatorspannung nachprüfen! Sie soll zwischen 28,5 und 29,5 Volt betragen.

Bei Vorhandensein mehrerer parallelgeschalteter Generatoren muß dieser Vorgang für jeden Generator einzeln durchgeführt werden.

Der Verschleiß an Bürsten und Stromwender ist monatlich zu überprüfen.

Hierzu sind insbesondere die Bürsten auf Abbrand und glatte Lauffläche und der Stromwender auf Bildung von Riffeln nachzusehen (siehe Abb. 217). Ferner auf Kondenswasserbildung und Korrosion der inneren Teile achten!

Das bisweilen unbequeme Abnehmen der Kappe mit den Kühlluftleitungen muß in Kauf genommen werden. Vom Generator hängen Funktion und Sicherheit des Flugzeuges in hohem Maße ab.

Besonders sorgfältige Prüfung von Stromwender und Bürsten ist bei den Flugzeugen erforderlich, die längere Flüge in größerer Höhe durchführen.

Niedriger Luftdruck verbunden mit großer Kälte und geringem absoluten Feuchtigkeitsgehalt können einen ungewöhnlich hohen Bürstenverschleiß zur Folge haben.

Fehlerquellen, ihre Auswirkung und Beseitigung.

Störung: Ausbleiben der Generatorspannung an der Sammelschiene.

Prüfung: Sicherung bzw. Selbstschalter nachprüfen (durch Augenschein), Anschlüsse und Leitungen nachprüfen (durch Augenschein), mit Spannungsmesser bei laufendem Flugmotor nachmessen:

Ausgang Regler Klemmen 4 und 5,
Eingang Regler Klemmen 1 und 2,
Generator Klemmen 1 und 2.

Bei stehendem Flugmotor Isolationszustand von Generator, Regler und Leitungen nachprüfen!

Abb. 217. Unzulässige Riffeln im Stromwender infolge harter Stellen an einer Bürste.

Mögliche Ursachen:	**Abhilfe:**
Leitungsunterbrechung zwischen Generator und Regler.	Gestörte Sicherung bzw. Leitung ersetzen, oder Leitungsanschluß wiederherstellen.
Kohlebürsten liegen nicht auf dem Stromwender auf oder sind abgenutzt.	Kohlebürsten und Bürstenhalter säubern (Kohlebürste muß im Halter frei beweglich sein), Bürstenfeder und Bürstenanschluß prüfen, oder Bürste auswechseln.
Doppelter Masseschluß im Minusnetz und in der Feldleitung zwischen Generator und Regler.	Masseschlüsse beseitigen.

Stromwender und Wicklungen sind infolge Überbelastung oder Wicklungsschluß oder ungenügender Kühlung verschmort.	Generator austauschen und in der Werkstatt untersuchen, Kühlluftrohre von Fremdkörpern (Putzwolle, Lappen) befreien.
Generator erregt sich nicht, weil sich während des Warmlaufens des Flugmotors eine isolierende Schicht auf dem Stromwender gebildet hat and der remanente Magnetismus zu gering ist (bekannter Fehler bei LJ 600/24).	Generator ausbauen, Stromwender und Kohlebürsten mit einem in Äther oder Spiritus getränkten weichen Lappen reinigen.
Generator erregt sich nicht durch falsche Drehrichtung infolge Entmagnetisierung oder falscher Polung des Sammlers oder Außenbordanschlusses.	Generator ausbauen und in der Werkstatt einen Sammler entsprechender Zellenzahl an die Feldwicklung anschließen, Klemme 2 an Minus und Klemme 3 an Plus. Anschließend auf dem Prüfstand Probelauf mit Regler.
Regler arbeitet nicht richtig.	Regler austauschen.
Federnde Welle des Generators oder Welle im Abtrieb des Flugmotors gebrochen.	Generator austauschen, Störung am Flugmotor melden.
Bei Stillstand fließt Rückstrom zum Generator infolge Zusammenschweißens der Schalterkontakte im Regler.	Regler austauschen.

Störung: Spannung schwankt oder liegt zu hoch.

Prüfung: Stromwender und Bürsten des Generators prüfen (durch Augenschein),
Leitungen auf Wackelkontakte nachsehen,
Isolation der Feldleitung prüfen.

Mögliche Ursachen:	**Abhilfe:**
Stromwender und Bürstenapparat gestört.	Wie oben.
Feldleitung zwischen Generator und Regler und Plusleitungen haben doppelten Masseschluß (hohe Spannung).	Masseschlüsse in den Leitungen bzw. den Geräten beseitigen.
Regler regelt unruhig infolge Verschmutzung oder Abbrand der Kontakte.	Regler austauschen.

Regler regelt falsch, u. U. fließt Rückstrom zum Generator.	Regler austauschen.
Wackelkontakt in den Leitungen.	Anschlüsse ordnungsmäßig wiederherstellen.

Störung: Generator und Regler erzeugen Störspannungen.

Prüfung: Durch Kopfhöhrer und Outputmeter am Ausgang des Nachrichtengerätes nachprüfen.

Mögliche Ursachen:	**Abhilfe:**
Verschmutzung oder Abbrand der Regelkontakte im Regler.	Regler austauschen.
Stromwender und Bürsten des Generators gestört.	Wie oben.
Stromwenderzuleitungen durch Erschütterungen oder Erwärmung (Auslöten der Fahnen) unterbrochen.	Generator austauschen.
Wackelkontakte.	Wie oben.
Fehler an Abschirmung und Abbindung der Leitungen.	Abhilfe s. Seite 294.

2. Auf dem Prüfstand

Spannungsregelung und Wicklungen werden auf dem Prüfstand geprüft. Generator vorher unter Belastung auf 60° C Gehäusetemperatur bringen. Bei niedrigster Betriebsdrehzahl, d. h. 4000 U/min bei schnellaufenden und 2250 U/min bei langsamlaufenden Generatoren, müssen zwischen Leerlauf und Nennleistung des Generators folgende Spannungswerte an den Ausgangsklemmen des Reglers vorhanden sein:

		Spannung bei Leerlauf	Spannung bei Nennleistung
L-Regler	12 V Nennspannung:	14,1—15,2	12,0—13,0
	24 V Nennspannung:	28,2—29,8	24,0—26,0
M-Regler	12 V Nennspannung:	14,0—15,0	14,0—15,0
	24 V Nennspannung:	28,5—29,5	28,5—29,5

Stromwender und Bürsten müssen anschließend geprüft werden, indem bei höchster Betriebsdrehzahl (4000 U/min bei schnellaufenden Generatoren) ein 15 Minuten langer Dauerlauf mit Nennleistung betrieben wird. Gleichzeitig ist die Spannung am Ausgang aus dem Regler zu messen und die Spannungsregelung zu überprüfen.

Schalter im Regler prüfen, indem ein Sammler entsprechender Nennspannung zu dem Generator parallelgeschaltet und die Drehzahl des

Generators langsam gesteigert und wieder gesenkt wird. Generator und Regler müssen bei dieser Prüfung warm sein. Die Ein- und Ausschalt-drehzahlen liegen etwa bei folgenden Werten:

Generator	Zugehöriger Regler	Einschalt-Drehzahl	Ausschalt-Drehzahl
LE 100/12	SSM 45/2 Z	1650	1500
LE 300/12	SSM 72/3 Z	3200	3000
LK 400/12	SSM 49/2 Z	1900	1700
LK 400/24	SSM 49/3 Z	1700	1600
LJ 600/24	SSM 72/2 Z	3450	3250
LK 1000/24	SSM 72/6 Z	3100	2950
LK 1200/24	SSM 72/1 Z	3150	2800
LK 2000/24	SSM 72/7 Z	2900	2650

Der Rückstrom vou Sammler über den Regler zum Generator darf 6 bis 12 Amp. betragen.

Die **Störspannung** kann geprüft werden, indem bei niedrigster und höchster Drehzahl (hierbei Leerlauf und Nennleistung) an den Ausgangsklemmen des Reglers (Klemmen 4 und 5) gemessen wird.

Durchführung dieser Prüfung und Prüfwerte s. Seite 294.

C. Wartung und Instandhaltung

1. Zu beachtende Termine

Im Abstand von längstens **500 Betriebsstunden** sind Generator und Regler auszubauen. Es sind folgende Arbeiten vorzunehmen:

Stromwender prüfen und säubern. Bürsten prüfen, säubern, gegebenenfalls auswechseln. Generator und Regler auf dem Prüfstand prüfen.

Im Abstand von längstens **1000 Flugstunden** sind folgende Arbeiten durchzuführen:

Generator neu einfetten. Anschließend kurzer Prüflauf auf dem Prüfstand bei Nennleistung und höchster Drehzahl.

In Abständen von längstens **einem Monat** sind Stromwender, Bürsten, Leitungsanschlüsse, Anschlüsse der Kühlluftrohre und Innenteile durch Augenschein zu überprüfen.

Während des **normalen Betriebes** bedürfen Generator und Regler keiner besonderen Wartung. Das ordnungsgemäße Arbeiten ist lediglich vor jedem Abflug mit Hilfe des Stromspannungsmessers während des Abbremsens zu überprüfen.

Es wird empfohlen, mit jeder **Grund- oder Teilüberholung** des Flugmotors bzw. des Flugzeuges diese Arbeiten an Generator und Regler zu verbinden, ohne die geforderten 500 bzw. 1000 Betriebsstunden jeweils abzuwarten. Beachte die Zeitkarten.

2. Durchführung der Instandhaltungsarbeiten in der Werkstatt

Zur Prüfung der **Kohlebürsten** Verschlußkapsel abnehmen. darauf ist zu untersuchen, ob die Kohlebürsten sich in den Haltern leicht bewegen lassen. Dann verschmutzte Kohlebürsten und Bürstenhalter mit sauberem weichen Lappen mit Benzin reinigen und gut trocknen lassen (Explosionsgefahr). Bürstenhalter ausblasen.

Kohlebürsten mit einer kleineren Kohlenlänge als 17 mm bei LE- und LI-Generatoren und 22 mm bei LK-Generatoren (Bosch), gemessen zwischen Federauflage und Schleiffläche, sind auszuwechseln.

Nur vorgeschriebene Kohlebürsten verwenden. Beachte Ersatzteilliste, besonderes Einlaufen der Kohlebürsten ist nicht erforderlich, da sie bereits eingeschliffen geliefert werden.

Blanke Schleifflächen nie mit Feile oder Schmirgelpapier bearbeiten, nach Auswechslung 15 Minuten Probelauf auf dem Prüfstand mit Nennleistung und Reisedrehzahl (5300 U/min).

Der **Stromwender** ist wie folgt zu behandeln: Bei Verschmutzung mit sauberem weichen, nicht fasernden Lappen und Benzin reinigen und gut trocknen lassen (Explosionsgefahr). Den Stromwender nie mit Schmirgelpapier bearbeiten, Stromwender, die durch normalen Abbrand oder Überlastung rauh oder unrund geworden sind oder die durch schlechte Bürsten Rillen bekommen haben, in der Werkstatt überdrehen lassen.

Zur **Einfettung** wird der Generator zerlegt. Dann Kugellager sorgfältig mit reinem Benzin auswaschen und neues Heißlagerfett (Bosch Ft 1 v 4) einfüllen. Filzdichtscheiben ebenfalls mit gleichem Fett gut sättigen.

Alle **nichtaufgeführten Arbeiten** am Generator, z. B. Erneuerung von Wicklungen bei Isolationsfehler oder Verbrennungen, Einlöten von Kollektorfahnen, Erneuerung der Ankerbandagen usf., sind den besonders hierfür eingerichteten Werkstätten zu überlassen.

Regler sind hochempfindliche Geräte und daher durch Plombierung vor jedem Eingriff geschützt. Gestörte Regler sind stets zur Instandsetzung an die besonders hierfür eingerichtete Werkstatt (meist Herstellerwerk) zu übersenden.

II. Bordsammler

A. Im Flugzeug

1. Einbau

Der **Einbauort** ist so gewählt, daß der Bordsammler im Flugzeug gut zugänglich ist, damit er bequem durch einen Mann aus- und eingebaut werden kann. Höchstgewicht der Sammler ist aus diesem Grunde etwa 25 kg. Gute Zugänglichkeit zu den Klemmanschlüssen ist besonders wichtig. Der Sammler darf nicht dazu verleiten, ihn als Fußstütze zu benutzen.

Der Deckel, insbesondere der neue Preßstoffdeckel, hält das Gewicht eines Mannes nicht aus.

Als **Halterung** ist ein besonderes Bett vorgesehen, um auslaufende Säure aufzufangen. Die Säure wird meistens durch eine Filzunterlage aufgesaugt. Die Filzunterlage darf nicht durch den Sammler zusammengepreßt werden, da sie sonst ihre Saugfähigkeit verliert. Die Befestigung erfolgt durch leicht lösbares Spannband.

Entlüftung des Sammlerraumes während des Fluges erforderlich! Zu starke Belüftung jedoch vermeiden, da der Sammler bei längeren Flügen in großer Höhe zu stark gekühlt und Kapazität verlieren würde.

2. Ein- und Ausbringung

Beim **Transport** darauf achten, daß durch den verhältnismäßig schweren Sammler im Flugzeug kein Schaden angerichtet wird. Erschütterungen, z. B. durch hartes Aufsetzen, vermeiden! Auf guten Festsitz des Spannbandes achten!

Abb. 218. Durch Knallgasbildung explodierter Bordsammler.

Vor dem Anschluß ist die **Ausschaltung** von Ferntrennschalter und gegebenenfalls Außenbordstromquelle erforderlich. Anschließen und Abklemmen stets in stromlosem Zustand!

Anschlüsse sind mit vorgeschriebenem Steckschlüssel Fl Nr. 34 281 herzustellen, der in jedem Elektrikerwerkzeugkasten vorhanden ist. Besonders pflegliche Behandlung der Anschlußklemmen ist erforderlich, um sicheren Kontakt zu erhalten und um Beschädigung des Sammlers zu verhüten. Auf richtige Polung des Anschlüsse achten!

Funkenbildung durch Anschließen unter Strom oder Berührung eines Leitungsendes mit Masse (auch Blechkasten des Sammlers) oder gar durch Kurzschluß an den Klemmen oder Polbrücken (grobe Nachlässigkeit!) verhüten, andernfalls Gefahr der Explosion. Explosives Knallgasgemisch ist besonders nach Aufladung vorhanden, d. h. nach Beendigung des Fluges und nach Aufladung im Sammlerladeraum. Durch die Explosion wird in der Regel der Sammler zerrissen (s. Abb. 218). Die anschließende Person ist stark gefährdet.

3. Wartung im Flugzeug

Säureauslauf (Risse in den Zellen oder undichte Stopfen) führt zu Anfressungen von Zellenteilen.

Stoffbespannungen zerfallen häufig erst später, dann jedoch sehr schnell (s. Abb. 219). Sorgfältige Beobachtung und Sauberhaltung sind erforder-

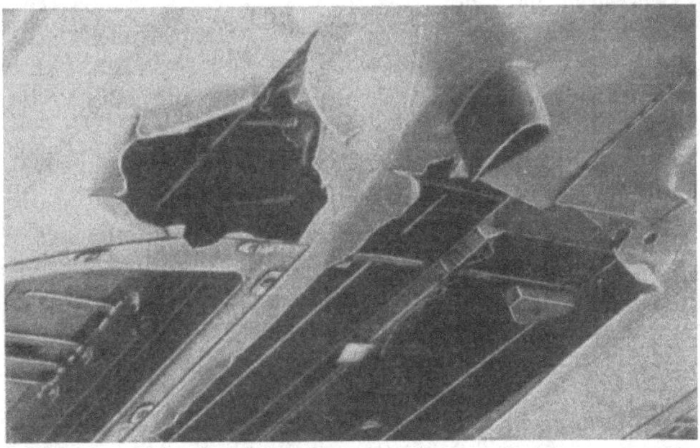

Abb. 219. Anfressen der Stoffbespannung durch ausgelaufene Säure.

lich. Insbesondere Stopfen fest anziehen und auf Dichtigkeit laufend prüfen. Ausgelaufene Säure muß sofort durch 10%ige Sodalösung neutralisiert und die Stelle mit klarem Wasser nachgewaschen werden. Schwächung des Materials nachprüfen. Es ist Sache der Wartung, derartige Schäden zu verhüten.

B. Ladung und Entladung

1. Allgemeine Werte des Sammlers

Der **Ladestrom** ist im Sammlerladeraum bei den einzelnen Sammlermustern nach folgender Tabelle einzustellen:

Sammlermuster Varta	Zellenzahl	Kapazität bei 10 stdg. Entladung Ah	Ladestrom A
6 A 2	6	15	1,5
6 DL 4	6	30	3
6 DL 6	6	45	4,5
3 FL 2	3	7,5	1
6 FL 2	6	7,5	1
12 FL 2	12	7,5	1
12 GL 3	12	20	2

Eine Überschreitung dieser Werte ist nicht zulässig. Vollständig entladene Sammler sind mindestens 4 Stunden lang mit halber Nennstromstärke zu laden. Kleinere Stromstärken schaden dem Sammler nicht, sondern verlängern nur entsprechend den Ladevorgang und lassen die Spannung am Ende der Ladung nicht voll erreichen.

Die **Ladespannung** jeder einzelnen Zelle eines Sammlers während des gesamten Ladevorganges am Boden muß sorgfältig verfolgt werden. Die Spannung pro Zelle steigt nach etwa 10 Stunden (Abschluß der chemischen Umbildung) auf 2,7 Volt pro Zelle und bleibt konstant auf diesem Wert. Nach Erreichen von 2,7 Volt pro Zelle mit der gleichen Stromstärke ist solange weiter zu laden, bis Spannung und Säuredichte nicht mehr ansteigen, jedoch höchstens 2 Stunden lang.

Die **Säuredichte** bei jeder einzelnen Zelle am Anfang und Ende des Ladevorganges prüfen! Die Säuredichte eines vollaufgeladenen Flugzeugsammlers beträgt 1,285 ± 0,01, eines nahezu entleerten Sammlers 1,200 g/ccm, bei + 20°C gemessen. Die Säuredichte ändert sich in diesem Bereich fast gradlinig mit der eingeladenen Strommenge.

2. Im einzelnen ist zu beachten:

Beobachtung von Säuredichte und Spannung während der ganzen Ladung ist an jeder einzelnen Zelle erforderlich. Schadhafte Zellen machen sich durch Zurückbleiben bemerkbar.

Im **letzten Ladebereich** (2,7 Volt pro Zelle) darf die Stromstärke nicht höher als vorgeschrieben sein, andernfalls tritt starke Auflockerung der aktiven Masse ein. Wegen lebhafter Knallgasbildung (auch bei vorgeschriebener Stromstärke) besteht Explosionsgefahr. Die Gase sind bei abgeschraubten Stopfen erst 5 Stunden nach Beendigung der Ladung entwichen.

Die **Säuredichte** ist stets auf dem vorgeschriebenen Wert zu halten, andernfalls ist sie kein Maß für den Ladeinhalt und ordnungsmäßigen Betriebszustand. Eine höhere Dichte als 1.285 ist zu vermeiden, da sie zu frühzeitiger Zerstörung der Platten führen würde (Änderung tritt ein durch Verdunstung, besonders im Sommer, und durch Gasung, besonders bei Vollaufladung, weniger im Flugzeug).

Ergänzung der Säuremenge darf nur durch Nachfüllen von destilliertem Wasser erfolgen. Nie konzentrierte Säure nachfüllen! Eine Zerstörung der Platten würde die Folge sein. Bei guter Wartung (Vermeidung der Sulfatierung) wird regelmäßig ursprüngliche Höhe von Säuredichte und Säuremenge durch Nachfüllen von destilliertem Wasser wieder erreicht. Starke Sulfatierung der Platten vermindert die Säuredichte und verleitet zur Säurenachfüllung. Daher muß in jedem Falle ein Flüssigkeitsausgleich nach beendeter Voltaufladung vorgenommen werden. Zum Einfüllen der Flüssigkeit Säuremesser Fl Nr. 34 284, bzw. Spezialpipette Fl Nr. 34 280 (bei Fl 2-Zellen) verwenden.

Zu hoher Säurespiegel im Sammler hat Ausfließen von Säure zur Folge. Der Stopfen würde dann mit seinem unteren Ende in die Säure hineinragen. Die Gase könnten nicht mehr entweichen, sondern müßten sich im oberen Raum sammeln und würden die Säure durch den Stopfen nach oben drücken. Die Folgen sind Anfressungen von Zellenteilen. Alle beobachteten Fälle wären durch gute Wartung vermeidbar gewesen.

Zu niedriger Säurespiegel vermindert die Leistung des Sammlers und führt zu stärkerer Erwärmung und damit schnellerer Verdunstung. Die verbleibende Säure nimmt eine unzulässig hohe Dichte an. Die Folge ist eine Zerstörung der Platten (Krümmung, Beschädigung der Scheider, Masseausfall, Kurzschlüsse).

Die sorgfältige Regulierung des Flüssigkeitsinhaltes bezüglich Dichte und Menge ist von ausschlaggebender Bedeutung für lange Lebensdauer und Erhaltung der Prüfmöglichkeit.

C. Prüfungen

1. Belastungsprobe

Der innere **Widerstand** eines Sammlers ist ein Maß für den Ladeinhalt und den ordnungsmäßigen Betriebszustand. Bei einem vollgeladenen Sammler Muster 6 DL 6 sinkt die Klemmenspannung bei einem Prüfstrom von 610 Amp. auf 6,1 Volt.

Als **Prüfgerät** wird der Elementprüfer benutzt. Der Elementprüfer wird mit seinen Prüfspitzen unter festem Druck auf die Pole der Zellen aufgesetzt. Der Zeiger des Spannungsmessers soll hierbei in dem rot gekennzeichneten Feld stehen. Prüfdauer 5—10 sec. Die Prüfung ist an jeder einzelnen Zelle vorzunehmen.

Für die Sammlermuster 6 DL 4, 6 DL 6 und 12 Gl (zum Anlassen der Flugmotore geeignet) ist Elementprüfung Fl Nr. 34 282 mit einem Belastungswiderstand von 0,01 Ohm, für die Sammlermuster 3 Fl 2, 6 Fl 2 und 12 Fl 2 Elementprüfer Fl Nr. 34 283 mit einem Belastungswiderstand von 0,1 Ohm zu verwenden. Verwechslung muß vermieden werden, andernfalls Gefahr der Beschädigung der letztgenannten und der Fehlmessung bei den erstgenannten Sammlern.

Fehlerquellen: Übermäßig starke Sulfatierung der Platten, erkennbar an einem zu starken Absinken der Säuredichte.

Ursachen: Ungenügendes Arbeiten des Sammlers. Längere Lagerung ohne genügende Pflege.

Abb. 220. Plattenkurzschluß infolge Schlammablagerung.

Plattenkurzschluß erfolgt durch Schlammablagerung (s. Abb. 220), defekte Scheider oder herausgefallene Masseteilchen und ist daran zu erkennen, daß bei einer einzelnen Zelle die Klemmenspannung um einen wesentlichen Betrag absinkt. Der Sammler ist für den Betrieb unbrauchbar. Er ist auszuwechseln und dem Herstellerwerk auf dem Nachschubwege zur Instandsetzung einzusenden.

Ursachen: Hohes Lebensalter, starke Überladung (zu lange Gasung), zu hohe Säuredichte, Erschütterungen durch rauhe Behandlung. Innerhalb der normalen Lebenszeit (mindestens 2 Jahre) liegt meistens Wartungsfehler vor.

2. Säureprüfung.

Die **Säuredichtung** wird mit dem Säuremesser gemessen. Zu verwenden sind der große Säuremesser Fl Nr. 34 284 und der kleine Säuremesser Fl Nr. 34 285. Zur Entnahme der Säure muß der Stopfen entfernt und der Sammler so umgelegt werden, daß das Geräteschild oben liegt. Darauf wird das gebogene Saugrohr des Säuremessers eingeführt, durch den Gummiball Säure angesaugt und Säuredichte abgelesen. Nach der Messung gibt man die Säure wieder in die gleiche Zelle zurück.

Die **Höhe des Säurespiegels** bei den Sammlern mit Säurestandsrohr (Baumuster 6 A 2, 6 Dl 4, 6 Dl 6 und 12 Gl 3) wird wie bei der Säuredichtemessung geprüft, indem der Sammler so auf die Seite gelegt wird, daß das Geräteschild oben liegt. Der Flüssigkeitsspiegel muß in der Mitte des Säurestandsrohres (roter Eichstrich) liegen. Kurz nach der Vollaufladung liegt der Säurestand infolge der Gasbildung etwa 5 mm höher.

Zum Aus- und Einfüllen von Flüssigkeit ist der große Säuredichtemesser FL Nr. 34 284 zu verwenden.

Die Höhe des Säurespiegels bei Sammlern wird ohne Säurestandsrohr (Baumuster 3 FL 2, 6 FL 2 und 12 FL 2) mit Hilfe der Spezialpipette FL Nr. 34 280 geprüft.

Fehlerquellen: Abgesehen von normaler Verdunstung liegt meistens Bedienungs- oder Wartungsfehler vor. Sulfatierung der Platten und Säuredichteverminderung treten in der Regel durch langes Lagern oder ungenügendes Arbeiten des Sammlers oder ungenauen Ausgleich von Flüssigkeitsmenge und -dichte ein. Jede Nachlässigkeit vermindert die Lebensdauer und beeinträchtigt die Betriebssicherheit.

3. Prüfung im Flugzeug

Der **Ladestrom** ist ein Maß für den Ladezustand. Bei einem vollgeladenen Sammler fließen nur einige Amp., bei leerem Sammler je nach Baumuster bis zu 60 Amp. Die Beobachtung ist während des Abbremsens des Flugmotors am Stromspannungsmesser möglich.

Die **Belastungsprobe** gibt Aufschluß darüber, ob der Sammler erschöpft ist oder einzelne Zellen fehlerhaft sind. Zur Prüfung schaltet man einen Schwungkraftanlasser oder einen anderen großen Verbraucher, z. B. Scheinwerfer, ein und beobachtet die Spannung am Stromspannungsmesser. Auch die Laufzeit des Schwungkraftanlassers gibt einen Anhalt. Diese Prüfung ist vor jedem Abflug auszuführen.

Andere Prüfungen, wie z. B, Säuremessung und Belastungsprobe durch Elementprüfer, dürfen im Flugzeug nicht durchgeführt werden. Sie sind, falls erforderlich, außerhalb des Flugzeuges oder am besten in der Sammlerwerkstatt vorzunehmen.

D. Behandlung im Betrieb

1. Wartung

Im **normalen Flugbetrieb** muß jeder Sammler monatlich einmal aus dem Flugzeug herausgenommen und in den Sammlerladeraum zur Durchführung folgender Arbeiten gegeben werden:

Prüfen durch Augenschein auf Zerstörungen, z. B. Reißen der Zellenwandungen und der Vergußmasse;

Prüfung mit Elementprüfer und Säuredichtemesser, ob alle Zellen fehlerfrei und in gleichmäßigem Ladezustand sind;
Vollaufladung, wobei gleichzeitig Säuredichte und Flüssigkeitsmenge auf vorgeschriebene Werte zu bringen sind;
Prüfung der Verschlußstopfen auf Dichtigkeit, Säuberung des Sammlers von allen Säureresten und Oxydbildungen; leichte Einfettung aller Metallteile mit Vaseline, hierbei Verschlußstopfen einsetzen, um Verunreinigung zu verhüten.

Bei **Temperaturen unter 0°** ist der Sammler aus im Freien parkenden oder in ungeheizten Hallen abgestellten Flugzeugen herauszunehmen und in die Ladewerkstatt zu liefern. Bleisammler sind gegen Kälte besonders gefährdet, wenn sie entladen sind. Beim Gefrieren der Säure entstehen Risse in den Gefäßen. Die elektrischen Werte verändern sich derart (Erhöhung des inneren Widerstandes), daß der Sammler für den Betrieb unbrauchbar geworden ist und ausgewechselt werden muß.

Nicht arbeitende Sammler bedürfen einer besonderen Überwachung. Alle Sammler werden vom Herstellerwerk in gefülltem und geladenem Zustand angeliefert. Sammler aus abgestellten oder in Überholung bzw. Instandsetzung befindlichen Flugzeugen müssen sofort herausgenommen und dem Sammlerladewart zur Lagerung und Pflege übergeben werden.

Lagernde Sammler sind in halbmonatlichen Abständen mit der vorgeschriebenen Stromstärke voll aufzuladen (2,65 bis 2,7 Volt pro Zelle und Säuredichte 1,28 — 2 Stunden lang). In Abständen von 1½ Monaten ist vor der Vollaufladung eine Tiefentladung auf 1,8 Volt pro Zelle erforderlich. Gleichzeitige Prüfung und Säuberung wie beschrieben.

Lagernde Sammler bleiben nur bei vorschriftsmäßiger Wartung voll arbeitsfähig. Andere Maßnahmen dürfen nicht angewandt werden. Z. B. würde ein Ausgießen der Säure zu einer unmittelbaren starken Oxydierung der Platten führen und den Sammler unbrauchbar machen.

2. Instandsetzung

Bei **Fehlern,** z. B. Plattenkurzschluß in einer Zelle infolge Schlammablagerung oder fehlerhafter Scheider, sind die Sammler zur Instandsetzung an die Lieferfirma oder eine besonders hierfür eingerichtete Werkstatt auf dem Nachschubwege einzusenden. Das Öffnen von Bleisammlern und die Auswechslung bzw. Instandsetzung fehlerhafter Innenteile erfordert besondere Kenntnisse und Einrichtungen und soll daher niemals in der Sammlerladewerkstatt vorgenommen werden.

Besondere Mittel, wie sie immer wieder zur Erhöhung der Kapazität und zur Erleichterung der Wartung angeboten werden, dürfen nicht verwandt werden. Es sind keine Mittel bekannt, die eine wirkliche Besserung bringen können. Im allgemeinen wirken sie nur kurzzeitig und verkürzen die Lebensdauer der an sich bereits hochempfindlichen Flugzeugsammler beträchtlich.

E. Arbeiten in der Sammlerladewerkstatt

1. Aufladung

Säure prüfen und hinsichtlich ihrer Menge gegebenenfalls durch Nachfüllen von destilliertem Wasser auf den vorgeschriebenen Stand bringen.

Verschlußstopfen vor Beginn der Ladung herausnehmen, damit die Gase entweichen können.

Den **positiven Teil** (+) des Sammlers mit der positiven Klemme der Ladestromquelle, in gleicher Weise die negativen Pole (—) miteinander verbinden. Bei Hintereinanderschaltung sinngemäß verfahren.

Elektrische Anschlüsse niemals unter Strom herstellen oder lösen, andernfalls Explosionsgefahr! Anschlüsse sorgfältig herstellen, um einerseits Übergangswiderstände und Erwärmung und andererseits unbeabsichtigtes Lockern der Anschlüsse und damit Funkenbildung zu verhüten.

Bei **Hintereinanderschaltung** nur Sammler gleicher Nennkapazität und damit gleichen Ladestromes in Reihe schalten. Bezüglich der Zellenzahl Behandlungsvorschrift der Ladestromquellen beachten.

Nach der Ladung Säure bezüglich Dichte und Menge auf vorgeschriebene Werte bringen, Sammler säubern, Verschlußstopfen einsetzen und auf Dichtigkeit prüfen, Karteikarten ausfüllen.

Den **Ladebetrieb** nur dann ohne Aufsicht lassen, wenn gewährleistet ist, daß inzwischen kein Sammler überladen wird und zu übermäßiger Gasbildung kommt bzw. wenn ausreichende Entlüftung des Laderaumes, ordnungsgemäße Anschlüsse und sichere Aufstellung der Sammler gegeben sind.

Noch gasende Sammler dürfen aus der Ladewerkstatt nicht herausgegeben werden.

Eine **Kennzeichnung** jedes Sammlers mit den Daten des Flugzeuges (Baumuster und Werknummer) muß vorgesehen werden. Bei Auswechslung eines unbrauchbaren Sammlers muß der neue die Kennzeichnung erhalten.

2. Vorsichtsmaßregeln

Für **Blei- und Alkalisammler** sind getrennte Räume vorhanden. Säure und Lauge, alle Gefäße und Werkzeuge streng auseinanderhalten, Gefäße gut beschriften. Geringe Spuren von Lauge im Bleisammler beeinflussen dessen Wirkungsweise bereits entscheidend und ebenso umgekehrt.

Beim Umgang mit Säure und Lauge stets größte Vorsicht walten lassen. **Schutzbekleidung** und Gummihandschuhe benutzen.

Säure möglichst fertiggemischt beziehen. Muß in besonderen Fällen ein **Verdünnen von Schwefelsäure** vorgenommen werden, dann konzentrierte Schwefelsäure sehr langsam in das Wasser gießen! Die Säure würde sonst mit starker Wärmeentwicklung hoch aufspritzen.

Verschüttete Säure sofort mit Sodalösung (eine Handvoll Soda auf einen Eimer Wasser) **neutralisieren.** Verschüttete Lauge mit Bittersalzlösung (eine Handvoll Bittersalz auf einen Eimer Wasser) neutralisieren. Säurespritzer auf Anzügen sofort gründlich mit Salmiakgeist behandeln.

Bei **Körperverletzung** durch Säure sofort mit reichlich reinem Wasser spülen, gegebenenfalls nach Entfernung der Kleider unter die Wasserbrause. Bei Verletzung durch Kalilauge sofort mit 3%iger Borsäurelösung und anschließend reichlich reinem Wasser abwaschen. Spritzer im Auge in gleicher Weise behandeln. Augen nie reiben! 2—3 Liter fertige Borsäurelösung müssen griffbereit vorrätig gehalten werden. In allen Fällen von Körperverletzung sofort zum Arzt!

III. Leitungen und Leitungsgeräte

A. Einbringung

1. Anschlüsse

Das anderwärts übliche **Verlöten des Litzenendes** widerspricht den Sicherheitsforderungen im Flugzeug. Gefahr des Abbrechens des verlöteten Endes besonders unter dem Einfluß der Erschütterungen im Flugzeug, umständlichere Ausführung, ferner Verbrennung der Isolation möglich.

Für das Leitungsende sind bis zu Leitungsquerschnitten von 2,5 mm² Leitungsröhrchen zu verwenden. Sie sollen nach Möglichkeit für alle Querschnitte vorgesehen werden. Sie sollen einen einwandfreien elektrischen Kontakt herstellen, indem sie die dünnen Litzendrähtchen vor Zerstörung durch die Klemmschraube schützen und ihr Ausweichen verhindern. Beim Überschieben über die Litze dürfen keine Drähtchen abgespleißt werden, da sonst Masseschlüsse hervorgerufen würden.

Bei der Entfernung der Isolierung am Leitungsende darf die Litze nicht angeschnitten werden.

Zum **Anziehen der Klemmanschlüsse** ist ein Schraubenzieher passender Größe zu verwenden; mit Gefühl anziehen, um ein Überdrehen der Schraube und Zerstörung des Leitungsendes zu vermeiden! Weitgehende Normung soll die Gewöhnung erleichtern.

Unbenutzte Klemmschrauben sind fest anzuziehen, um ein Lockern und Herausfallen und damit Kurzschlußbildung zu vermeiden.

Beim Anschluß des **Abschirmgeflechtes** an eine Tülle auf festen und guten Sitz der Schelle achten. Die Schelle darf nicht auf dem Bund der Tülle aufsitzen (häufiger Fehler). Die Leitung muß gerade in die Tülle hineingeführt werden, damit keine Scheuerstelle an der Kante der Tülle entsteht.

Einwandfreie **Kennzeichnung von Leitungsende und Anschlußklemme** muß erhalten bleiben, da sie Voraussetzung für die Fehlerbeseitigung ist. Einzelne Adern von mehradrigen Leitungen sind mit besonderen Röhrchen zu versehen, die mit Tinte beschriftet die Nummer der betreffenden Klemme tragen, um das Auswechseln von Geräten mit vielen Anschlüssen zu erleichtern.

2. Leitungen

Beim **Ersatz fehlerhafter Leitungen** muß die ursprüngliche Lage eingehalten werden. Die Leitungsführung wird im Herstellerwerk sorgfältig geplant und konstruiert. Bei anderer Verlegung können Änderungen der magnetischen Verhältnisse und damit Störungen der Kompaßanzeige die Folge sein.

Die vorgeschriebenen Mindestbiegedurchmesser (zweifacher Leitungsdurchmesser bis 4 mm² und fünffacher Leitungsdurchmesser über 4 mm² sind einzuhalten, um ein Reißen der Lackschicht zu verhüten.

Scheuerstellen sind durch entsprechende Führung und Halterung der Leitung zu verhüten! Häufige Fehlerursache sind scharfe Kanten, an denen durch Erschütterungen Isolationsfehler und damit Masseschluß entsteht (s. Abb. 221).

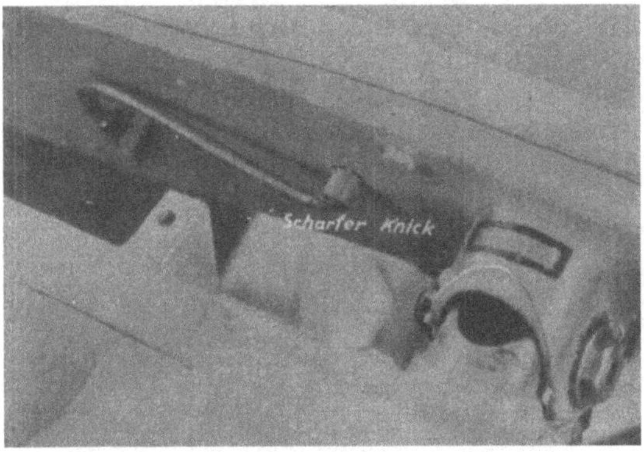

Abb. 221. Isolationsfehler durch Erschütterungen.

Bei Halterung der unabgeschirmten Leitung durch eine Schelle Ölleinenzwischenlage verwenden. Die scharfe Kante der Schelle würde andernfalls die Lackschicht, den empfindlichsten Teil der Leitung, anschneiden.

Korrosionen sind durch Verwendung entsprechender Schellen zu vermeiden. Bei Abschirmgeflecht aus Aluminiumdrahtgeflecht eignen sich Schellen aus z. B. Aluminium, Dural oder feuerverzinktem Eisen.

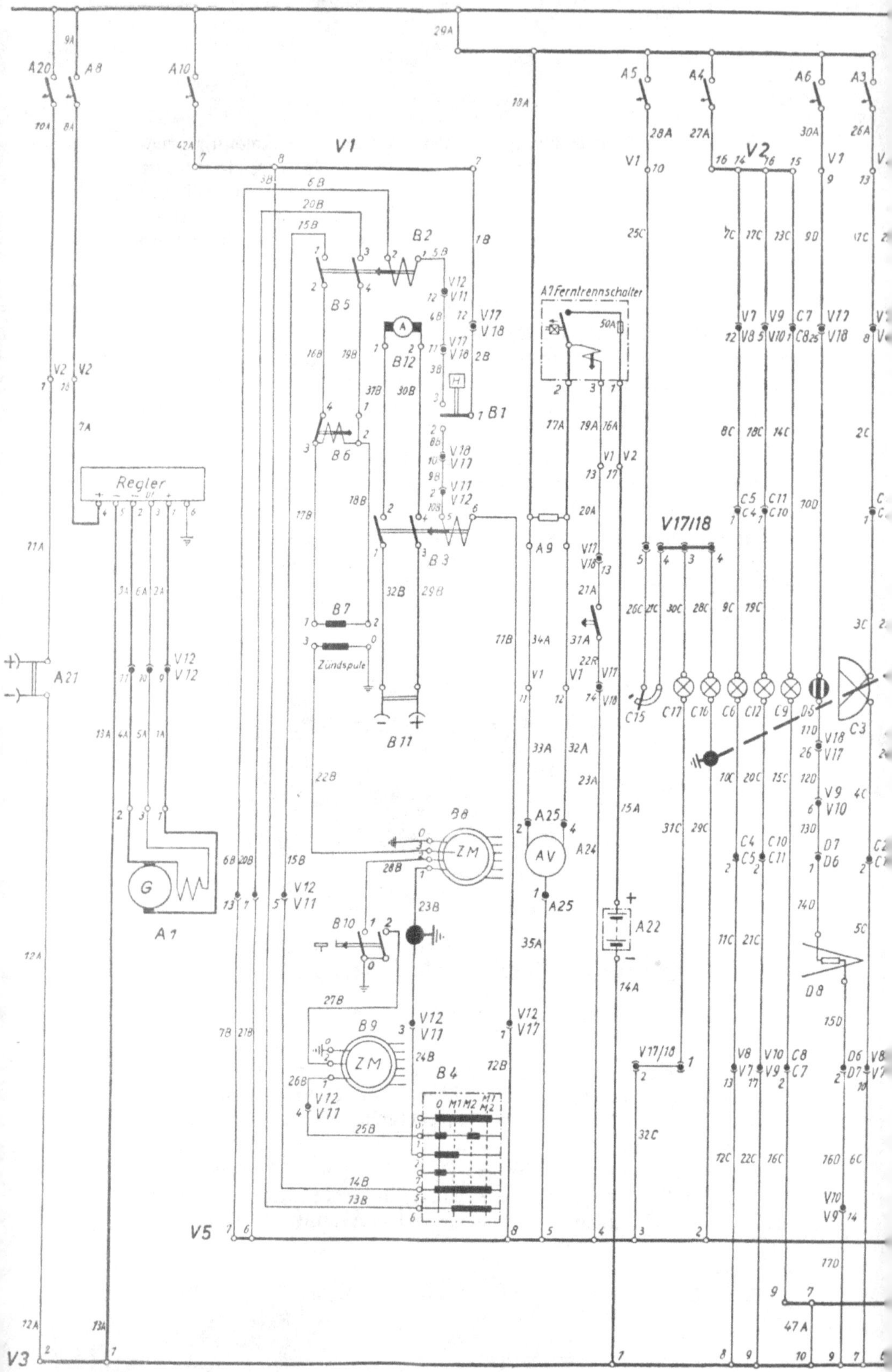

V1
V2
V3
V5
A20
A8
A10
A5
A4
A6
A3
Regler
A1
G
A21
B1
B2
B3
B4
B5
B6
B7
B8
B9
B10
B11
B12
Zündspule
ZM
A7 Ferntrennschalter
A9
A22
A24
A25
AV
V17/18
C3
C6
C9
C12
C15
C16
C17
D5
D8

Tabelle 6: St

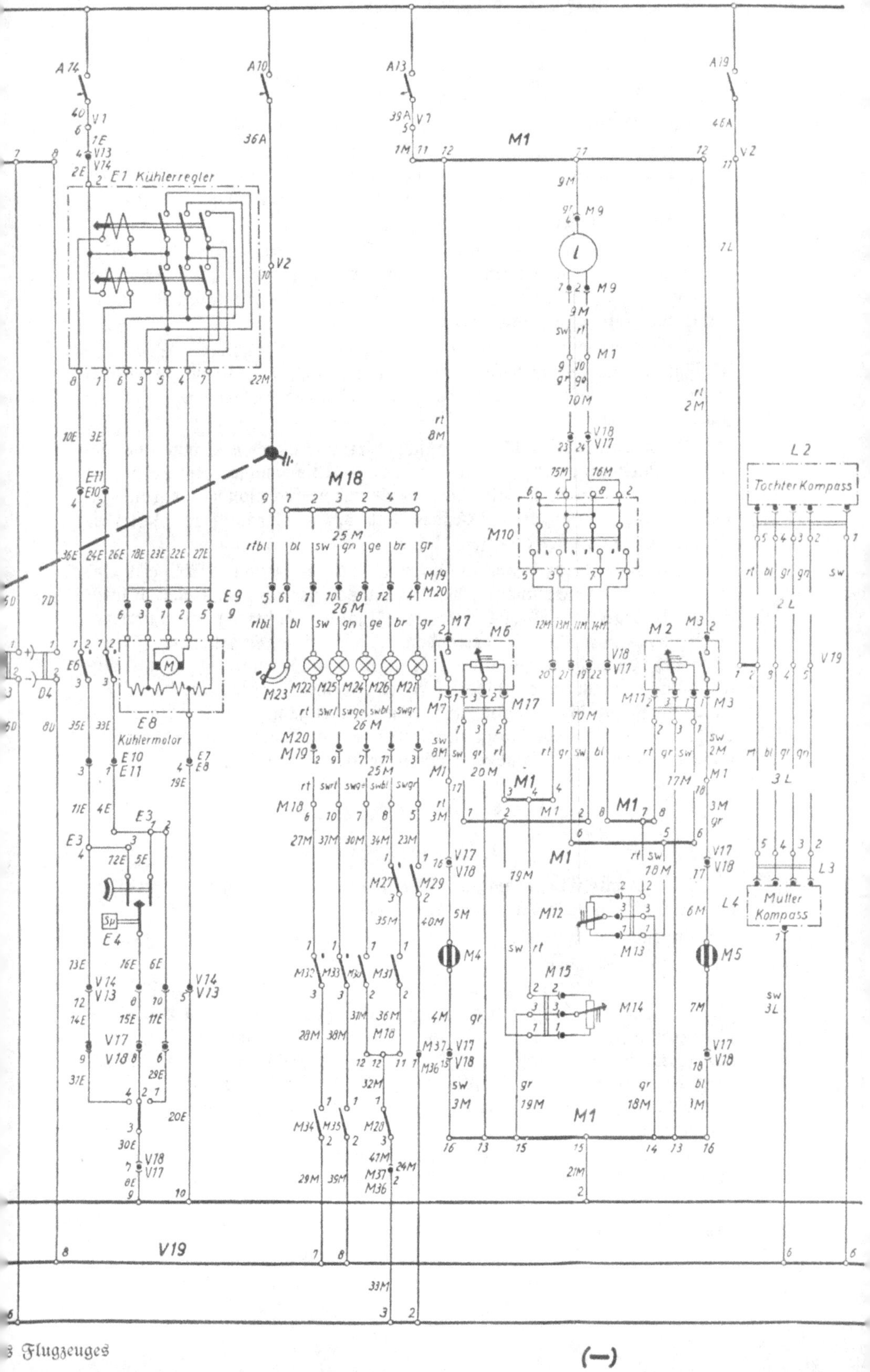

3 Flugzeuges

Zur Vermeidung der Korrosion wurde die Abschirmung aus Aluminiumgeflecht eingeführt. Kupferabschirmung und Zellenwände aus Aluminium führen insbesondere in der Nähe der See zu starken Korrosionen. Berührung von Materialien, die ein wirksames Element bilden — z. B. Kupfer und Aluminium — ist zu vermeiden.

An der Abbindungsstelle Schutzschicht des betreffenden Zellenteiles entfernen, um einwandfreien elektrischen Kontakt herzustellen. Die blanken Stellen mit reiner Vaseline einfetten. Überstehende blanke Stellen nachher wieder mit Schutzschicht versehen.

Belederung von Leitungen ist unbedingt zu vermeiden! Schädliche Flüssigkeit, wie Öl, Benzin, Glykol, Wasser und Petroleum, wird aufgesaugt und zerstört die Leitung. Am Ende der Belederung wird die Isolierung scharf geknickt.

Beim **Leitungsschacht**, der außer dem mechanischen Schutz und bequemer Auswechselarbeit auch die Sammelabschirmung der Leitungen bringen soll, muß beim Ein- und Ausbringen insbesondere darauf geachtet werden, daß gutes Festsitzen und damit einwandfreie elektrische Abbindung der Deckel erhalten bleibt.

Jede Abbindung kommt in ihrer Wichtigkeit einem elektrischen Anschluß gleich. Die **Abbindung der Leitungsabschirmung** und aller beweglichen Metallteile soll das gesamte Flugzeug äußerlich zu einer zusammenhängenden Masse verbinden. Sorgfältige Ausführung ist erforderlich, da andernfalls Veränderungen des Gegengewichtes zur Antenne und Schwankungen in der Frequenz, ferner Ausstrahlung von Störspannungen auf die Antenne und damit Erzeugung von Störungen im Nachrichtenbetrieb die Folge sind. Einzeln verlegte abgeschirmte Leitungen werden im Abstand von höchstens 60 cm angeschellt.

B. Fehler und Prüfungen

1. Isolationsfehler

Die gesamte Einrichtung wird bei jedem Isolationsschaden betroffen, da alle Anlagen elektrisch zusammenhängen.

Ungewollte Stromwege über Masseschlußstellen können **störende Folgen auslösen**, z. B.:

2 Masseschlüsse an verschiedenen Polen im Netz ergeben einen Kurzschluß und damit Ausfall einer Anlage, weil das ganze Netz zweipolig isoliert verlegt ist. Bei Auftreten von Masseschlüssen, wie z. B. im Stromlaufplan (Tabelle 6) eingezeichnet, löst die Sicherung der M-Anlage aus. Gleichzeitig ist die Minusleitung bis zum Masseschlußpunkt infolge Übersicherung auf der Plusseite gefährdet (Brandgefahr).

2 Masseschlüsse am gleichen Pol können einen Schalter überbrücken und eine ungewollte störende oder gefährdende Funktion aus-

lösen, z. B. Fahrwerks- oder Klappenbetätigung usw. Bei Masseschluß an den Niederspannungsleitungen zwischen Zündmagnet und Zündschalter und Zündverstellschalter wird der Flugmotor stillgesetzt.

Bei Masseschluß in der Generatorfeldwicklung oder -feldleitung und gleichzeitigem Masseschluß an irgendeiner Stelle im Minusnetz wird der Regler außer Betrieb gesetzt. Der Generator gibt seine höchste Spannung ab, die Verbraucher sind gefährdet:

bei Masseschluß zwischen der Hochvolt- und Niedervoltwicklung eines Umformers (z. B. für FT oder für Bombenzünder) kann die gesamte elektrische Einrichtung des Flugzeuges das Potential der Hochvoltseite dieses Umformers gegenüber Masse des Flugzeuges annehmen (bis zu 1500 Volt).

Hierdurch wird die Flugzeugbesatzung gefährdet und die Leitungsisolation durchschlagen. Zur Abwehr sind alle stromführenden Teile gegen Berührung gesichert. Ein Schutzgerät, das aus einer Glimmlampe und einem Anzeigerelais besteht, verhindert bei neueren Flugzeugen, daß das Bordnetz eine höhere Spannung als etwa 100 Volt annimmt.

Fernmeßanlagen, z. B. Geräte für Flug- und Triebwerksüberwachung, können falsche Werte anzeigen. Dies ist bereits bei ungenügendem Isolationszustand (Schwitzwasser und Korrosionen) möglich.

Starke Störspannungen und damit Störungen der Funkgeräte können infolge der Erschütterungen durch den Flugmotor entstehen, sofern nicht ein fest anliegender metallischer Masseschluß entstanden ist (Wackelkontakt).

Unzulässige Kompaßablenkungen können sich einstellen, da stärkere über die Zelle fließende Ströme die magnetischen Verhältnisse ändern.

Die Ursachen von Isolationsfehlern. Der Isolationsfehler kann in einer satten metallischen Verbindung oder in einer Brückenbildung mit mehr oder weniger hohem Übergangswiderstand bestehen. Häufige Fehler sind:

Anschlüsse, bei denen infolge unsorgfältiger Ausführung Litzenadern abgespleißt sind und Masse berühren, Schmutz und Feilspäne nach dem Zusammenbau nicht entfernt wurden;

Durchscheuern der Leitungen an scharfen Kanten, z. B. an Einführungstüllen, in die die Leitung nicht gerade hineingeführt ist (fliegendes Leitungsende);

Schwitzwasser, das von hygroskopischen Isolierstoffen aufgesogen ist oder selbst eine leitende Brücke herstellt;

Korrosionen an Anschlußklemmen, insbesondere in Seenähe (s. Abb. 222);

Beschädigung einer Leitung durch Beschuß; Bruch einer Leitung an der Anschlußklemme infolge Erschütterung;

durchgeschlagene Kondensatoren;

Niederschlag am Sammler;

Kohlestaubablagerung am Bürstenapparat von hochbelasteten Motoren und Umformern (häufige Fehlerquelle: Schwungkraftanlasser);

Klemmschrauben, die sich durch Erschütterung gelöst haben und herausgefallen sind.

Prüfung der Isolationen. Prüf-Richtwerte für fabrikneue Flugzeuge: Mindestens 200 000 Ohm bei einmotorigen Flugzeugen mit bis zu 1000 W Generatorenleistung, mindestens 100 000 Ohm bei größeren Flugzeugen und 5 000 000 Ohm bei einzelnen Geräten.

Die Werte sollen bei 100%iger Luftfeuchtigkeit noch vorhanden sein. Bei trockener Luft ergibt sich ein Vielfaches dieser Werte.

Als Isolationsmesser wird das Baumuster JK 6 Fl, Fl Nr. 56 701 verwandt. **Keinen Kurbelinduktor verwenden!**

Abb. 222. Korrosionen an Anschlußklemmen.

Messung des Isolationswertes eines Flugzeuges. Zunächst wird der Sammler an beiden Polen abgeklemmt, da sich andernfalls die Spannung des Sammlers zur Spannung der Elemente im Prüfgerät addieren bzw. subtrahieren und den angezeigten Wert fälschen würde;

Plus- und Minuspol des Netzes durch Einschaltung einiger Verbraucher, z. B. in der Beleuchtungsanlage, miteinander verbinden;

Isolationswert zwischen einem beliebigen Punkt des Netzes, z. B. an der Sammelschiene oder an den abgeklemmten Leitungen des Sammlers, und der Masse des Flugzeuges messen. Hierbei auf guten Kontakt an den Anschlußstellen achten. Messung zweckmäßig bei laufendem Flugmotor wiederholen, da manche Fehlerquellen (Wackelkontakte) sich nur unter dem Einfluß der Erschütterungen bemerkbar machen.

Isolationswert der Sammlerklemmen gegenüber Masse besonders messen, da der Sammler infolge Säureniederschlag einen geringen Isolationswert aufweist.

Die Prüfung ist in Abständen von längstens einem Monat durchzuführen.

Beseitigung von Isolationsfehlern. Ein bei der Prüfung festgestellter Masseschluß kann sich an einer beliebigen Stelle des Flugzeuges befinden. Das Auffinden erfordert einige Übung. Die Eingrenzung erfolgt mit Hilfe des Stromlaufplanes. Man verfährt am besten wie folgt:

Öffnen der Selbstschalter oder Entfernung der Sicherungseinsätze auf der Plusseite, dadurch Auftrennung an der Plussammelschiene;

Öffnen der Hauptverteiler auf der Minusseite und Messung der einzelnen abgehenden Leitungen; Leitungen mit Masseschluß einzeln weiterverfolgen, weitere Abzweigungen auf der Minusseite in gleicher Weise öffnen und einzelne Abgänge zu einzelnen Anlagen messen.

Grundsätzlich ist also nach Abschalten der Leitungen auf der Plusseite von der Minussammelschiene her mit der Messung zu beginnen.

Abhilfe: Auswechslung der Leitung bzw. des gestörten Gerätes. Eine Umwicklung einer beschädigten Leitungsstelle mit isolierendem Band ist unzulässig. Sollte es sich im Notfall nicht umgehen lassen, dann ist ordnungsgemäße Instandsetzung bei der nächsten Gelegenheit unbedingt nachzuholen. Leitungen werden im Nachschub in größeren Längen (Rollen) mitgeführt. Die Ersatzleitung wird nach dem Muster der fehlerhaften ausgebauten Leitung hergerichtet. Die Herrichtung der Leitungsenden erfolgt ebenfalls vor der Einbringung und nicht nach der Verlegung im Flugzeug, wo die Arbeit infolge des engen Raumes stark erschwert ist.

2. Leitungsfehler

Unterbrechung einer Leitung oder Versagen eines Kontaktes in einem Schaltgerät äußert sich immer in dem Ausfall der Funktionen der gestörten Anlage. Die Feststellung erfolgt also während des Fluges oder während der Funktionsprüfung des gesamten Flugzeuges.

Ursachen von Leitungsfehlern. An den Klemmen können die Leitungen brechen bzw. ausreißen durch

- Korrosionen,
- Erschütterungen,
- zu scharfes Anklemmen,
- unbeabsichtigtes Darauftreten.

Leitungsunterbrechungen können durch Beschuß auftreten. In der Regel weichen jedoch die Leitungen aus, so daß höchstens eine Querschnittsverminderung oder ein Masseschluß entsteht.

Kontaktversager in Schaltgeräten, z. B. beim Regler, bei Schützen und Schaltern, können entstehen infolge

Kontaktbrand,
zu hoher Belastung,
Verschmutzung (Staub),
schadhafter Wicklungen (Schütze und Relais),
müde gewordener Federn.

Prüfungen auf Leitungsfehler erfolgen mit dem Leitungsprüfer und Voltmeter oder mit der Prüflampe.

Beseitigung von Leitungsfehlern erfolgt durch Suchen mit Hilfe des Stromlaufplanes, und zwar zweckmäßigerweise wie folgt:

Prüfung möglichst in spannungslosem Zustand durchführen, um Gefahr der Kurzschlüsse an den Klemmen infolge Schwierigkeiten in der Durchführung (z. B. Dunkelheit, Kälte, Nässe) zu verringern;

Abschaltung aller Anlagen durch Ausschaltung des Ferntrennschalters;

Prüfung des ganzen Leitungszuges von der Sammelschiene zum Verbraucher auf Durchgang, und zwar auf der Plusseite und der Minusseite;

Abtastung des ganzen Leitungszuges von Klemme zu Klemme, wenn eine Unterbrechung in einem der Stränge festgestellt wird, Prüfung der Klemmanschlüsse durch Augenschein;

Prüfung in verwickelteren Anlagen oftmals langwieriger, grundsätzlich jedoch nach gleichem Verfahren;

falls anders nicht durchführbar, Anlage unter Spannung setzen und Vorhandensein der Spannung von Klemme zu Klemme durch Spannungsmesser oder Probierlampe feststellen.

Abhilfe: Auswechslung des gestörten Teiles (Leitung oder Gerät) oder Einsetzen eines Leitungsbinders.

3. Vorsichtsmaßregeln bei Arbeiten im Flugzeug

Stets für genügende Belüftung der Flugzeuge sorgen. Niemals während der Durchführung von Instandsetzungs- oder Prüfarbeiten gleichzeitig im Flugzeug mit Waschbenzin arbeiten. Während des Arbeitens mit Waschbenzin das gesamte Bordnetz spannungslos machen durch Abschalten der Außenbordstromquelle (sofern eine solche angeschlossen war) und Auslösen des Ferntrennschalters. Vor Beginn des Tankens im Flugzeug und in der Nähe des Flugzeuges alles spannungslos machen. Ferntrennschalter auslösen, Außenbordstromquelle ausschalten. Während des Tankens niemals an elektrischen Arbeiten irgendwelche Arbeiten ausführen.

Vor Inangriffnahme von Instandsetzungs- oder Änderungsarbeiten Bordnetz stets spannungslos machen. Vor Beendigung der Arbeiten den Arbeitsplatz nicht ohne besondere Vorsichtsmaßregeln verlassen. Warnschilder verwenden.

Wartung des eingebauten Bordnetzes. Es wird empfohlen, alle Klemmanschlüsse, Steckverbindungen und Leitungen monatlich durch Inaugenscheinnahme nachzusehen. Scheuerstellen an Leitungen und Wackelkontakte (an Klemmanschlüssen und Abbindestellen) sind sofort in Ordnung zu bringen und, falls sie grundsätzlicher Art sind, also wiederkehren, zu melden. Wackelkontakte sind Wartungsfehler. Keinesfalls die Klemmanschlüsse mit dem Schraubenzieher regelmäßig nachziehen. Das Leitungsmaterial fließt etwas unter dem Druck der Klemme, so daß dauerndes Nachziehen zur Zerstörung der Leitung führen würde. Leitungen vor Glykol, Konservierungsöl und überhaupt Schmier- und Treibstoffen schützen. Glykol sorgfältig einfüllen, nichts vergießen. Übergelaufenes Glykol sofort beseitigen. Glykol und Öl zusammen greifen die Isolierung der Leitungen an (s. Abb. 223). Auch längerer Einwirkung

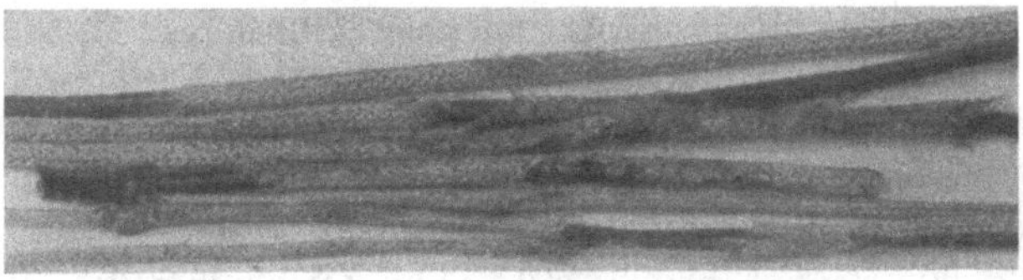

Abb. 223. Durch Glykoleinwirkung zerstörte Leitungen.

von Schmier- und Treibstoffen halten die Leitungen nicht stand. Beim Konservieren elektrische Leitungen durch Ölpapier schützen. Das Spritzen mit Nitrolack ist zu vermeiden. Nitrolack löst die Lackschicht der Leitungen auf.

Werkzeuge. Für die Auswechslung von elektrischen Leitungen und Geräten sind Spezialwerkzeuge nicht erforderlich. Im allgemeinen reichen aus: Kombinationszange, einige Schraubenzieher und Messer.

C. Wichtige Leitungsgeräte

1. Sicherungen

Einbringung. Guter Festsitz der Klemmanschlüsse und der Einspannfedern ist Voraussetzung für richtiges Funktionieren. Lose Kontakte bringen Spannungsabfälle und Verlustleistungen, heizen also die Sicherung auf und verändern die Auslösekennlinie.

Auseinanderzuhalten sind alte „flinke" Sicherungen und neue „träge" Sicherungen. Die letzteren (Fl Nr. 32 719 und Fl Nr. 32 714) sollen nach Verbrauch der alten „flinken" Sicherungen ausschließlich eingesetzt werden.

Im Ferntrennschalter (Fl Nr. 32 314) und im einpoligen Sicherungshalter (Fl Nr. 32 360) sind ausschließlich Preßstoffsicherungen zu verwenden, da Glasrohrsicherungen bei den zum Einsetzen erforderlichen Kräften zu Bruch gehen können.

Die Sicherungseinsätze sind nicht unverwechselbar, daher müssen bei Auswechslung die Angaben im Schaltbild unbedingt beachtet werden. Falscher Sicherungseinsatz kann zu Brandgefahr und Störung der gesamten Stromlieferung (Übersicherung) oder zum ungewollten Ausfall einzelner Anlagen (Untersicherung), in jedem Fall zur Gefährdung der Flugsicherheit führen. **Ein Flicken von Sicherungen mit Draht kann im Flugzeug auch als Notbehelf nicht in Frage kommen und ist verboten.**

Zu beachten ist, daß bei Hintereinanderschaltung einer flinken und trägen Sicherung unter Umständen die flinke Sicherung auch dann zuerst anspricht, wenn sie einen höheren Stromwert hat.

Prüfung und Ersatz von Schmelzsicherungen. Das Auslösen einer Sicherung ist äußerlich erkennbar bei Glasrohrsicherungen am Durchschmelzen des Fadens, bei Preßstoffsicherungen am Verschwinden der Marke an der Oberseite. Die Glasrohrpatrone Fl Nr. 32 714 (z. B. vierpoliger Sicherungskasten) muß hierzu herausgenommen werden, während die Auslösung der Preßstoffsicherung nach Öffnen des Deckels geprüft werden kann. **Die Auswechslung einer Sicherung darf nur in ausgeschaltetem Zustand vorgenommen werden.** Andernfalls können beim Einsetzen erhebliche Lichtbogen entstehen. Ersatzsicherungseinsätze für dreimaligen Ersatz jeder Sicherung sind griffbereit mitzuführen.

Selbstschalter. Bei Selbstschaltern fällt die umständliche Mitführung von Ersatzteilen und die Verwechslungsgefahr der Einsätze fort. Die Erkennung der Auslösung ist durch einfache Draufsicht oder Abtasten möglich. Die Wiedereinschaltung darf auch auf einen bestehenden Kurzschluß erfolgen.

Gerät ist empfindlich gegen Verletzungen, benötigt jedoch keine besondere Prüfung oder Wartung.

2. Steckverbindungen

Einbringung. Steckerteile gerade und gefühlvoll zusammenstecken, Verkanten vermeiden, nicht an den Leitungen reißen, Steckverbindungen mit schlechtem Kontakt lieber gegen neue ersetzen, Zurechtbiegen bleibt Notbehelf; an der Einführung Leitung gegen Zug und Verdrehung gut festlegen; wo hierfür keine Einrichtung vorhanden (ältere Stecker), ist besondere Vorsicht beim Zusammenstecken und Lösen nötig, um ein Herausreißen aus den Klemmen und Verwürgen der Adern zu vermeiden.

Wartung. Monatliche Nachprüfung auf Festsitz der Klemmen und Korrosionserscheinungen an Klemmen und Steckerstiften bzw. Buchsen. Hierzu müssen die Steckverbindungen gelöst werden.

IV. Bordnetzentstörung

A. Allgemeines.

Von der Entstörung des Flugzeuges hängt die Flugsicherheit in entscheidendem Maß ab. Eine ungenügende Entstörung vermindert die

Leistung derjenigen Bordeinrichtungen, die mit elektrischen Wellen arbeiten, also der Nachrichten-, Peil-, Blindlande- usw. Geräte, und zwar u. U. bis zur völligen Unbrauchbarkeit.

Nur peinliche **Erhaltung des Serienzustandes** sichert ausreichende Störfreiheit. Zur Entstörung werden bei der technischen Durchbildung ausschließlich übliche und serienmäßige Mittel angewandt. Sie erleichtern Wartung und Instandsetzung, indem sie langes Probieren im Einzelfall und auf unbekanntem Gebiet unnötig machen, und sollen Überraschungen ausschließen.

Ausreichende Kenntnis der Zusammenhänge und gutes Zusammenwirken zwischen Elektriker und Funker sind unbedingt erforderlich. Die sichere und rasche Erkennung der Funkstörungsursachen und ihre Beseitigung sind eine der schwierigsten Aufgaben im Flugbetriebe überhaupt.

B. Funkstörungen, Ursachen und Auswirkungen

1. Das Empfängerrauschen

Das Empfängerrauschen ist um so stärker, je höher die Verstärkung und je größer die Bandbreite des Empfängers ist. Es ist stark abhängig von der Größe der Heizspannung. Die Ursachen sind molekulare Vorgänge im Eingangskreis. Es macht sich im Kopfhörer als gleichmäßiges mehr oder weniger starkes Zischen bemerkbar.

2. Atmosphärische Störungen

Atmosphärische Störungen können durch Ausgleich von statischen Ladungen in der Atmosphäre (z. B. Gewitter) entstehen. Die Störwirkung dieser Entladungen umfaßt den gesamten Wellenbereich. Sie erzeugen, da dauernd derartige elektrische Entladungen stattfinden, ein ständiges mehr oder weniger starkes Rauschen, ähnlich dem Empfängerrauschen. Es enthält unregelmäßige Knackgeräusche. Empfängerrauschen und Rauschen infolge atmosphärischer Störungen bilden zusammen den Grundstörspiegel des Empfängers. Er ist als unveränderbare Größe anzusehen.

3. Platzstörspiegel

Entstehung durch Störquellen in der Umgebung des Flugzeuges, wie z. B. elektrische Kraftanlagen, elektrische Bahnen, störende Hallen- und Werkstattanlagen und nicht entstörte Kraftfahrzeuge und Flugzeuge. Gestört wird ebenfalls der gesamte Wellenbereich. Er macht sich in Form von Prasselgeräuschen mit mehr oder weniger häufigem Knacken bemerkbar und kann ganz beträchtliche Werte annehmen.

4. Akustischer Störspiegel

Einwirkung vom Flugmotor und den Luftwirbeln des Fahrtwindes her unmittelbar auf das Ohr des Hörers. Das Ohr paßt sich dem akustischen Störspiegel an. Bei 110 Phon (Reiseflug in offenen Flugzeugen) ist für Telefonie im Empfängerausgang eine Nutzspannung von einigen Volt nötig, um die Telefonie vom Geräusch abzuheben und eine Verständigung zu erreichen.

5. Störungen durch elektrostatische Aufladungen

Durch Eigen- oder Fremdaufladung kann sich das Flugzeug bis zu 50 000 Volt gegenüber seiner Umgebung elektrostatisch aufladen. Aufladungen von etwa 5000 Volt an führen zu Sprüh- und Büschelentladungen (Elmsfeuer). Dadurch empfindliche Störung des gesamten Wellenbereiches, starkes zischendes Prasselgeräusch.

Die zu Störungen führende Eigenaufladung tritt bei Dieselmotoren auf. Bei Otto-Motoren ist die Eigenaufladung erheblich geringer und führt nicht zu diesen FT-Störungen. Diese störende Eigenaufladung tritt nur beim Flug in klarer und trockener Luft oberhalb der Wolkengrenze auf. Sie wächst mit Flughöhe und Motorendrehzahl.

Fremdaufladung erfolgt durch geladene Regentropfen und Schneeflocken.

6. Zündanlage der Flugmotoren (Otto-Motoren)

Die Zündfunken der Zündanlage erregen energiereiche hochfrequente elektrische Ausgleichsvorgänge auf den Zündleitungen. Diese hochfrequente Störenergie wird abgestrahlt und gelangt über die Antenne in die Empfänger. Besonders stark werden hierdurch die Ultrakurz- und der untere Kurzwellenbereich gestört (z. B. Blindlandeempfänger). Aber auch der Mittel- und Langwellenbereich wird häufig beeinträchtigt (hochempfindliche Peilempfänger). Da möglichst energiereiche Überschläge an den Zündkerzen Voraussetzung sind für gutes und zuverlässiges Arbeiten der Zündung, kann die Ausstrahlung der damit verknüpften starken Ausgleichsvorgänge nur durch die vollständige und lückenlose Abschirmung und Abbindung der gesamten Zündanlage (einschließlich der Niederspannungsleitungen der Zündmagnete) und der Leitungen zum Anlaßzünder unterbunden werden. Die Kurzschlußleitungen zum Zündschalter werden daher auch getrennt von anderen Bordnetzleitungen über eigene Trennkupplungen geführt. Störspannungen durch die Zündanlage machen sich als Prasselgeräusche bemerkbar, die im Takte der Drehzahl der Flugmotoren erfolgen. Zündstörungen sind stets ein Zeichen für Fehler in der Abschirmung und Abbindung der Zündanlage.

Eine häufige Fehlerquelle ist die starke Verölung bei luftgekühlten Motoren. Diese wirkt sich insbesondere an den Abschirmhauben älterer Zündkerzen aus. Übergangswiderstände infolge Verölung zwischen Abschirmhaube und Masse des Motors müssen peinlichst ferngehalten werden. Gerade in der Zündkerze treten die höchsten Störspannungen auf.

7. Störungen durch Erschütterungen.

Durch den Flugmotor und den Fahrtwind werden im gesamten Flugzeug kräftige Erschütterungen hervorgerufen, die die Ursache von hochfrequenten Störspannungen sein können. Gestört werden hierdurch besonders der untere Kurz- und der Ultrakurzwellenbereich. Folgende Arten von Störungen werden dadurch bedingt:

Sämtliche Metallteile (Masse, Gegengewicht zur Antenne), die wohl elektrisch aber nicht starr miteinander verbunden sind (z. B. abgeschirmte elektrische Leitungen, die nicht oft genug abgebunden sind), geraten gegenseitig in Schwingungen. Hierdurch beeinflussen diese Teile im selben Rhythmus, wenn sie sich in der Nähe der Antenne oder ihrer Niederführung befinden, den Schwingungszustand des Abstimmkreises. Es entsteht dadurch ein Störton. Erfolgt darüber hinaus noch ein Berühren der schwingenden Metallteile, so erhält man ein kratzendes Störgeräusch.

Metallmassen, die elektrisch nicht miteinander verbunden sind, nehmen beim Durchfliegen des Potentialfeldes der Erde unterschiedliche Aufladungen an. Berühren sich diese Metallteile infolge der Erschütterungen, so erfolgt bei jeder Berührung ein Ladungsausgleich, der unter Funkenbildung vor sich geht und damit starke Störspannungen ausstrahlt. Der Erfolg können Prasselgeräusche im ganzen Wellenbereich sein.

Mikrophoneffekt. Die mechanische Erschütterung ebenso wie der Geräuschschall des Antriebsmotors (auch Luftschraube) regen den Niederfrequenzteil des Empfängers und seine Röhren mehr oder weniger zu Eigenschwingungen an, die als klingendes Störgeräusch (Röhrenklingen) bemerkbar werden; durch Klopfen gegen das Empfängergehäuse nachzuweisen (Mikrophoneffekt). Diese Eigenschaften besitzen einige ältere Empfangsgeräte, z. B. besonders der E 3-Empfänger des Fu G VI.

Abhilfe: Gut federndes Aufhängen und Verwendung von „klingfreien" Röhren.

Wackelkontakte können vorhanden sein an all den Stellen, an denen durch Lockerung eines Klemmanschlusses, Leitungsunterbrechung (z. B. durch Beschuß) oder durch Isolationsfehler eine lose elektrische Verbindung vorhanden ist, die sich unter dem Einfluß der Erschütterungen rhythmisch schließt und öffnet. Als mögliche Störquellen sind in erster Linie sämtliche Klemmanschlüsse und Abbindungen anzusehen. Diese Störungen ergeben Knackgeräusche. Abhilfe erfolgt durch sorgfältigste Behandlung der Klemmanschlüsse und Abbindung aller einzelnen Metallmassen und Abschirmungen. Eine Abbindung ist die gute metallische, d. h. elektrisch einwandfreie Verbindung (Anstrichlack an Klemmstelle entfernen!) durch Litze oder Anschellen mit der Masse des Flugzeuges. Höchstabstand der Abbindestellen 60 cm! Abgebunden werden sämtliche Gelenkverbindungen, soweit sie nicht innerhalb von metallischen geschlossenen Flächen liegen bzw. das mit ihnen verbundene Gestänge nicht aus der Fläche herausragt. Ist die Abbindung nicht möglich (z. B. sich kreuzende Spanndrähte), dann müssen diese Teile gegeneinander isoliert werden. **Jede Abbindung ist in ihrer Wichtigkeit einem Leitungsanschluß gleichzusetzen.** Durch sorgfältige Wartung der Abbindungen und Klemmanschlüsse lassen sich diese Störungen im allgemeinen völlig fernhalten.

8. Störungen durch die elektrische Einrichtung des Flugzeuges

Störquellen sind die Stromwender von Generator, Elektromotoren und Umformern, ferner häufig arbeitende Kontakte, z. B. der Spannungsregler des Generators, automatische Schaltgeräte für Klappenverstellung usf. Es stören einmal die hierdurch erzeugten hochfrequenten Störspannungen, die abgestrahlt werden können und über die Antenne in den Empfänger gelangen. Sie machen sich als Prasselgeräusche mit starkem einzelnen Knacken bemerkbar. Bei ihrer Ausbreitung über das gesamte Netz des Flugzeuges werden sie stark gedämpft. Ferner werden niederfrequente Störspannungen (Tonfrequenzbereich) erzeugt, die über den Netzanschluß in den Empfänger gelangen (Regelfrequenz des Spannungsreglers und Nutenoberschwingungen von elektrischen Maschinen). Sie machen sich in der Regel in einem Brummen im Empfänger bemerkbar. Sie breiten sich über das Netz verhältnismäßig ungedämpft aus, werden jedoch nicht abgestrahlt. Störspannungen durch den Regler setzen bei einer bestimmten Drehzahl des Flugmotors (wenn die Einschaltdrehzahl des Generators erreicht ist) ein. Hieran sind die Reglerstörungen leicht zu erkennen und von den Prasselgeräuschen der Zündstörungen zu unterscheiden.

Zur Abhilfe werden sämtliche elektrischen Geräte und Leitungen metallisch abgeschirmt. Die abschirmenden Teile (Gerätekasten. Abschirmgeflecht, Leitungsschacht) werden miteinander und mit der Masse der Zelle bestens metallisch verbunden (Abbindung). Störspannungen höherer Frequenz werden am Ort des Entstehens durch Hochfrequenz-Kondensatoren weitgehend unschädlich gemacht (z. B. am Regler-Ausgang). Am Eingang in das FT-Gerät werden die restlichen Störspannungen durch eine besondere Verdrosselung (Siebketten aus Kondensatoren und Drosselspulen) am Eindringen in das Gerät gehindert.

Die Hochfrequenz-Kondensatoren in der Nähe des Störers, die völlige Abschirmung und Abbindung, die Verdrosselung am Eingang in das Empfangsgerät und besondere Abnahmebedingungen für alle elektrischen Geräte sind mit ihren Prüfwerten so aufeinander abgestimmt, daß sich im ordnungsmäßigen Betriebe Störungen durch diese Störquellen nicht mehr einstellen können.

Treten **neue Störer** auf oder erzeugt irgendein Gerät infolge Schadhaftwerdens (z. B. Auslötung eines Anschlusses am Stromwender an der elektrischen Maschine) höhere Störspannungen als zugelassen, dann muß das betreffende Gerät herausgefunden und ausgewechselt werden.

Im einzelnen ist folgendes zu beachten:

Die drei Leitungen zwischen Generator und Spannungsregler führen sehr hohe Störspannungen. Sie müssen daher besonders gut abgeschirmt werden, auch dann, wenn sie in dem gemeinsamen Kabelschacht verlegt sind. Das gleiche gilt von den Niederspannungsleitungen zwischen Zündmagnet und Zündschalter.

Bei geheizten Anzügen und Handlampen ist eine Abschirmung nicht möglich. Zur Verringerung des Strahlungswirkungsgrades wird der Heizanzug im Heizregler zweipolig abgeschaltet. Die Benutzung der Handlampen erfolgt im allgemeinen während des Fluges so selten, daß die Möglichkeit einer Störung in Kauf genommen werden kann.

Über Masseanschlußstellen der elektrischen Leitungen und Geräte können sich die Störspannungen auf die ganzen Flugzeugzellen ausbreiten und damit die Schutzwirkung der Abschirmung aufheben.

C. Prüfungen und Fehlerbeseitigung

1. Prüfverfahren

Am einfachsten wird die Störspannung im Empfängerausgang durch den **Kopfhörer** bestimmt. Man kann so das Vorhandensein einer Störung feststellen und bis zu einem gewissen Grade auf den Ursprung schließen. Zuverlässige oder vergleichbare Werte sind jedoch nicht erreichbar, besonders wegen des Einflusses des akustischen Störspiegels.

Durch einen **Endleistungsmesser** (Outputmeter) am Empfängerausgang ist eine zuverlässige Messung möglich. Besonders geeignet: Gerät der Firma Hartmann & Braun mit 15 000 Ohm eigenem Widerstand. Das Outputmeter kann parallel zum Kopfhörer geschaltet werden, ohne das Störgeräusch im Hörer merklich zu beeinflussen.

Die Messung durch Endleistungsmesser im Empfängerausgang erfolgt bei Empfängern mit regelbarer Rückkopplung einmal bei größter Empfindlichkeit (schwingender Zustand), außerdem bei zurückgedrehter Rückkopplung (nichtschwingender Zustand). Treten Störungen bei einer bestimmten Wellenlänge besonders stark auf, so sind alle Messungen bei dieser Welle durchzuführen. Empfänger mit selbsttätiger Lautstärkeregelung können benutzt werden, wenn diese Regelung abgeschaltet wird.

2. Prüfwerte

Für die Messung am Ausgang aus dem Empfangsgerät gelten folgende Werte:

Die im Empfängerausgang gemessene noch als zulässig zu bezeichnennde Störspannung richtet sich allgemein nach dem Verwendungsort des Gerätes. Im offenen Flugzeug ist wegen des akustischen Störspiegels eine Nutzspannung von mindestens 5 V, im geschlossenen Flugzeug eine solche von mindestens 3 V zur Verständigung durch Telefonie erforderlich. Im ersten Fall ist eine Störspannung von etwa 2 V, im zweiten Fall von etwa 1 V zulässig. Allgemein gilt ein Flugzeug als gut entstört, wenn die Störspannung (nach Zuschalten der Antenne und Betrieb der Geräte) die Rauschspannung nicht mehr als das 1,5fache übersteigt (Platzstörspiegel beachten).

3. Fehlerbeseitigung

Zunächst ist der gestörte **Empfänger** auf einwandfreies Arbeiten zu **prüfen**. Das Vorhandensein der normalen Rauschspannung ist nicht immer ein Zeichen für einwandfreies Arbeiten des Empfängers. Behelfsmäßig kann durch Fernempfang bzw. Vergleich mit einem überwachten Normalempfänger (Empfänger derselben Bauart) die Brauchbarkeit des Empfängers geprüft werden. Fehlerhafte Empfänger sind, soweit der Fehler durch Röhrenwechsel nicht behoben werden kann, gegen ein Ersatzgerät auszuwechseln. Keinen Eingriff in den Empfänger vornehmen! Klingfreies Arbeiten prüfen (Gehäuse des geheizten Empfängers abklopfen), falls erforderlich „klingfreie" Röhren einsetzen.

Die **Rauschspannung** (Messung bei Speisung aus Sammler, abgeschalteter Antenne und Abschaltung sämtlicher Verbraucher) ist stark abhängig von der Heizspannung. Je leistungsfähiger das Empfangsgerät, desto größer im allgemeinen die Rauschspannung. Sie ist eine gegebene Größe. Beim E 5-Empfänger (Fu G VII) **beträgt** sie z. B. bei 10 Volt Heizspannung 0,8 Volt und bei 12 Volt Heizspannung 1,5 Volt, gemessen mit Endleistungsmesser von 15 000 Ohm.

Nach der Bestimmung des Empfängerrauschens Antenne zuschalten. Die nun hinzutretenden atmosphärischen Störungen bilden mit dem Empfängerrauschen den **Grundstörspiegel**, der etwas höher liegt als die Rauschspannung allein. Diese Messung ist jedoch nur dann zuverlässig, wenn keine fremden Störer (Platzstörspiegel) vorhanden sind. Der Platzstörspiegel schwankt dauernd, er muß daher immer wieder überwacht werden, um Fehlschlüsse bei den folgenden Messungen zu vermeiden. Übersteigt er oder reicht er an den zulässigen Störspiegel des Flugzeuges heran, so muß ein störfreier Platz ausgesucht oder die Messung auf ruhigere Zeiten (nach Feierabend oder Sonntage) verlegt werden.

Nunmehr kann die **Suche nach dem Störer** in der elektrischen Einrichtung oder der Zelle des Flugzeuges erfolgen. Man geht am besten wie folgt vor:

Der Flugmotor wird angelassen. Störungen der Zündanlage sind vorhanden, wenn im Kopfhörer am Empfängerausgang ein gleichmäßiges Prasseln zu hören ist, das sich mit der Drehzahl des Flugmotors ändert.

Störquellen sind dann meistens verölte oder verrostete Kerzenabschirmhauben, unsaubere Anschlüsse der Abschirmung der Zündleitungen bzw. der Kurzschlußleitungen oder gelockerte Abbindestellen. Treten bei laufendem Flugmotor bei der Drehzahl, bei der der Regler des Generators zuschaltet, zusätzliche Prassel- und Knackgeräusche auf, so liegt die Ursache im Generator oder im Regler, z. B. können ein beschmutzter oder abgenutzter Stromwender oder abgenutzte Kohlebürsten im Generator oder auch Spitzen- und Kraterbildung an den Reglerkontakten des Spannungsreglers die Ursache sein. Diese beiden Geräte sind einzeln gegen neue auszuwechseln. Die Messung ist zu wiederholen. Bei dieser Prüfung muß der Ferntrennschalter eingeschaltet sein, um einen Stromfluß zu bekommen. Als häufige Fehlerquelle wurde lückenhafte Abschirmung der Verbindungsleitungen zwischen Generator und Regler gemeldet. Solche Abschirmlücken entstehen, wenn diese Leitungen zwischen Generator und Regler über Aufbauverteiler und Klemmleisten geführt werden.

Einzelne störende Bordgeräte, wie z. B. Elektromotoren, Umformer, Schaltgeräte u. s. f., können ohne weiteres gefunden werden durch aufeinanderfolgendes Zuschalten der einzelnen Geräte bzw. Anlagen. Derartige Störer werden in der Regel bereits während des Fluges beim Zuschalten erkannt.

Man mißt abwechselnd bei zu- und abgeschalteter Antenne. Ohne Antenne erhält man fast ausschließlich nur den niederfrequenten, mit Antenne zusätzlich den hochfrequenten Störanteil. Störungen durch die Zündanlage kommen im wesentlichen über die Antenne in das Empfangsgerät und sind bei abgeschalteter Antenne nicht vorhanden.

Die niederfrequente Störspannung kann mit dem Tonfrequenz-Störspannungsanzeiger direkt gemessen werden, und zwar zweckmäßig an den Sammelschienen. Zur (groben) Prüfung auf Wackelkontakte schüttle man, wenn der Empfänger eingeschaltet ist, die Antenne, ihre Zuführung, Erdanschluß- und Speisekabel. Es dürfen hierbei keine knackenden oder kratzenden Krachgeräusche auftreten. Solche Geräusche werden verursacht durch lose Verbindung in den Leitungen oder unsichere Kontakte der Masseverbindungen (Erdanschluß der Abschirmungen). Sicherungen und Lampen auf festen Sitz prüfen. Z. B. ergeben sich in einzelnen Fällen starke Störungen durch losen Anschluß der Netzleitungen am Sammler. Man achte besonders darauf, daß das Bordnetz in unmittelbarer Nähe der Antenneneinführung völlig abgeschirmt ist. Abschirmlücken und schlechte Abbindungen lassen sich allgemein nur durch augenscheinliche Untersuchung feststellen und beseitigen (z. B. Ruderflächen, Verwindungsklappen, Steuerzüge usw.). Alle diese Messungen erfolgen zweckmäßig am Boden beim Abbremsen des Flugzeuges. Anschließend ist eine Entstörmessung im Fluge durchzuführen, die zur Ermittlung des Störspannungsanteils durch die betriebsmäßigen Erschütterungen dienen soll. Hier wirken sich schlechte Abbindungen der Zelle, Wackelkontakte an der

Antenne (Kauschen, Ringe, Karabinerhaken usw.) sowie scheuernde Metallteile in Antennennähe besonders stark aus.

Zum Abschluß erfolgt nunmehr die Prüfung der gesamten Anlage auf ihre Güte durch Reichweitenmessungen.

Instandsetzung. Grundsätzlich wird jedes Flugzeug und jedes Gerät bei der Abnahme im Herstellerwerk geprüft. Auftretende Störungen sind durch Ersatz des störenden Gerätes bzw. Wiederherstellung der schadhaften Anschluß- oder Abbindestellen und nicht durch zusätzliche Entstörmaßnahme wie Zuschaltung von Kondensatoren und Drosseln zu beseitigen. Treten an einzelnen Flugzeugmotoren häufig die gleichen Störungen auf, so ist eine Änderung zu veranlassen. Keinesfalls ist eine dauerhafte Entstörung und Erfassung der häufigsten Störer, damit Erfahrungssammlung, möglich, wenn der Einzelne hieran herumbastelt; vielmehr ist es Sache einer ordnungsgemäßen Wartung und Instandhaltung, die Störung der Nachrichtengeräte auf dem Stand der Anlieferung zu erhalten.

V. Stromversorgungsanlage im Flugzeug

A. Bedienung während des Fluges

1. Sammleraufladung

Mit völlig erschöpftem Bordsammler darf kein Flug angetreten werden. **Bei Abflug** mit teilweise entleertem Bordsammler ist die Wiederaufladung am Stromspannungsmesser zu verfolgen. Ein nur durch Anlassen der Flugmotoren erschöpfter Sammler ist nach etwa einer halben Flugstunde wieder voll aufgeladen. Bei längeren Flügen erfolgt also die Wiederaufladung mühelos. Bei häufigen Kurzflügen (Übungsbetrieb), bei denen immer wieder die elektrischen Anlasser und der Fahrwerkseinzug betätigt wurden, kann die Erschöpfung des Sammlers zur Gefährdung der Flugsicherheit führen. Für eine Landung kurz nach dem Abflug ist ebenfalls ein ausreichend geladener Sammler erforderlich.

Der Sammler ist voll aufgeladen, wenn der Ladestrom während des Fluges noch einige Amp. beträgt. Ein völlig entleerter Sammler nimmt je nach Sammlermuster einen Ladestrom von 20—60 Amp. auf.

Beim Niederschweben aus größerer Höhe mit gedrosselten Motoren (Landung, Zielanflug) setzt die Stromlieferung der Generatoren aus, so daß die Deckung der Gesamtbelastung des Netzes durch die Sammler erforderlich wird. Die Speisung des gesamten Netzes ist durch einen voll aufgeladenen Sammler im allgemeinen etwa 15 Minuten lang möglich. Da für die Landung selbst genügend Leistung des Sammlers für die Speisung der Nachrichten- und Blindlandegeräte, des Fahrwerks, des Scheinwerfers u. s. f. zur Verfügung stehen muß, soll der Sammler beim Schwebeflug nicht länger als 10 Min. mit der Gesamtlast beansprucht werden. Ist längerer Ausfall der Generatorenleistung vorauszusehen, dann muß die Leistungsentnahme, beginnend mit Heizbekleidungen, Selbststeuerungen, also solchen Geräten, die für die Flugsicherheit nicht unmittelbar erforderlich sind, soweit irgend möglich, eingeschränkt werden. Hierbei ist der Stromspannungsmesser laufend zu beachten.

Bei einem Schaden an einem Generator ist ähnlich zu verfahren. Da Warneinrichtungen für den Ausfall der Generatoren im allgemeinen nicht vorhanden sind, ist die Beobachtung des Stromspannungsmessers erforderlich.

Bei starker Kälte muß die Kapazitätsverminderung des Sammlers berücksichtigt werden. Der Bleisammler besitzt bei — 15° noch ein Drittel seiner Nennkapazität. Abflug im Winter mit bereits unterkühltem Sammler vermeiden (Wartungsfehler!).

Unmäßige Auskühung während des Fluges wegen der hohen Wärmekapazität des Sammlers im allgemeinen dann nicht zu befürchten.

Notgewasserte Flugzeuge sollen die Möglichkeit haben, mindestens eine halbe Stunde Nachrichtenverkehr zu betreiben. Die Erfüllung dieser Forderung ist ohne Schwierigkeiten möglich, wenn für jederzeit voll aufgeladene Sammler während des Fluges gesorgt wird.

2. Stromverteilung

Eine Sicherung spricht an, wenn

K u r z s c h l u ß v o r h a n d e n i s t, entweder direkt, z. B. in einem Gerät oder über zwei Masseschlüsse an verschiedenen Polen,

o d e r w e n n unvorhergesehen h o h e A n l a u f s t r ö m e von Elektromotoren und Umformern eintreten, z. B. bei starker Kälte.

Bei Ansprechen einer Sicherung ist dreimal der Versuch zu machen, die Anlage durch Auswechseln des Sicherungseinsatzes oder Wiedereinschaltung des Selbstschalters wieder in Betrieb zu setzen. Vor Auswechseln des Sicherungseinsatzes ist die Ausschaltung der betreffenden Anlage erforderlich. Einschaltung eines Selbstschalters auf bestehenden Kurzschluß ist ohne Gefahr möglich. Nach dem dritten mißlungenen Versuch ist der Ausfall dieser Anlage für den Weiterflug oder die Kampfhandlung in Rechnung zu setzen.

Durch den **Ferntrennschalter** ist das Bordnetz vom Sammler zu trennen, wenn eine Bruchlandung zu erwarten ist.

Während des Fluges muß der Ferntrennschalter stets eingeschaltet sein. Der Sammler kann andernfalls nicht geladen werden und bei hohen Belastungsspitzen (z. B. Einlaufsströme von Elektromotoren im Pufferbetrieb) einspringen. Beim Niederschweben, z. B. zur Landung, würden Fahrwerkseinzug, Scheinwerfer, Blindlandegeräte u. s. f. ausfallen. **Nicht ordnungsgemäße Einschaltung des Ferntrennschalters gefährdet die Flugsicherheit.**

Nach dem Abstellen des Flugzeuges ist der Ferntrennschalter auszuschalten und damit das Bordnetz spannungslos zu machen.

B. Versorgung am Boden

1. Bordsammler

Die **Stromentnahme am Boden** ist auf das äußerste Mindestmaß zu beschränken. Der Bordsammler ist nur für den Flugbetrieb vorgesehen.

Es gelten folgende Regeln:

Speisung der elektrischen Anlasser für Flugmotoren durch den Bordsammler grundsätzlich vermeiden, wenn häufige Anlaßvorgänge zu erwarten sind, besonders im Winter beim Anlassen kalter Flugmotoren.

Anmerkung: Zum Betätigen eines Schwungkraftanlassers Baumuster SGC von Bosch für 24 Volt ist bei 20° Raumtemperatur eine Anlaßhäufigkeit bis zur völligen Erschöpfung der einzelnen Bordsammler möglich von

Sammler: 2 × 6 DL 6/30 bis 40 mal
2 × 6 DL 4 15 bis 20 mal
12 GL 3 8 bis 10 mal.

Bei Kälte tritt starke Kapazitätsverminderung ein, z. B. ist die Kapazität bei — 15°C auf etwa ein Drittel gesunken entsprechend sinkt die mögliche Anlaßhäufigkeit ebenfalls auf ein Drittel. Die geringeren Werte beziehen sich auf Flugzeuge mit großen Zuleitungslängen (2 × 15 m).

Speisung eines einmaligen Anlaßvorganges zur Wiederinbetriebsetzung eines bereits warmgelaufenen Flugmotors ist aus dem Bordsammler möglich.

Beleuchtungsgeräte können durch kurzzeitige Inbetriebnahme geprüft werden.

Speisung der Funkgeräte (zur Empfangsbereitschaft am Boden und zur Abstimmung) niemals aus dem Bordsammler betreiben, sondern hierzu Außenbordstromquelle benutzen!

Einzelne Anlagen, z. B. Selbststeuerungen, Funkgeräte, Klappenverstellungen, Beleuchtung u. s. f. erst unmittelbar vor dem Abflug einschalten, um übermäßige Stromentnahme am Boden zu verhüten!

Bei kurzzeitigen Prüfungen einzelner Anlagen auf geringste Stromentnahme achten! Länger dauernde Prüfungen (Fehlersuche) und insbesondere die monatlich durchzuführende Funktionsprüfung der gesamten Einrichtung sind niemals unter Speisung aus dem Bordsammler, sondern unter Benutzung von Außenbordstromquellen durchzuführen.

Allgemein: **Stromentnahme aus dem Bordsammler am Boden peinlichst vermeiden. Der Bordmonteur ist verantwortlich. Unkontrollierte Einschaltung irgendwelcher angeschlossenen Verbraucher gefährdet die Flugsicherheit.**

Rechtzeitige Ausbringung des Sammlers ist erforderlich, wenn ein Flugzeug länger als zwei Wochen abgestellt wird oder beim Stand im Freien Temperaturen unter 0° ausgesetzt ist.

2. Außenbordstromquellen

Verwandt wird das **Gerät Fl Nr. 65 950** (s. Abb. 226). Es besteht im wesentlichen aus einem Bleisammler von 150 Amp. Std. Kapazität und 14 Zellen. Die Nennspannung ist demzufolge 28 Volt. Es enthält ferner einen Benzinmotor mit Generator von 600 Watt Leistung, durch den der Sammler in den Betriebspausen wieder aufzuladen ist. Bedienung und Wartung des Gerätes siehe besondere Beschreibung! Das Gerät wird an das Flugzeug über ein Kabel von 2 × 25 mm² Querschnitt, das am Ende den **Stecker Fl Nr. 32 644** trägt, und über die Außenbordsteckdose am Flugzeug an das Bordnetz angeschlossen. Das

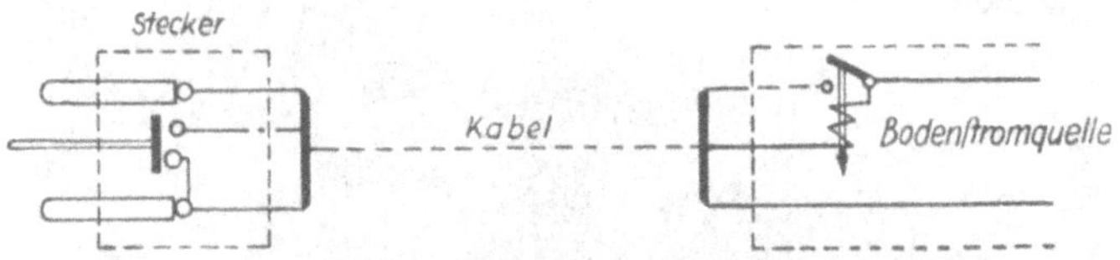

Abb. 224. Schaltbild des Steckers.

Flugzeug trägt also den Buchsenteil und das Gerät den Steckerteil der Steckverbindung. Durch ein zurückschiebbares Isolierstück am Stecker werden die Stifte vor Beschädigungen geschützt. Zuleitungskabel und Steckerstifte sind zunächst spannungslos. Beim Einführen des Steckers in die Außenbordsteckdose wird durch Zurückschieben des Führungsstiftes ein Kontakt im Stecker geschlossen, der über eine besondere Prüfader im Zuleitungskabel den Stromweg für ein am Gerät vorgesehenes Schütz

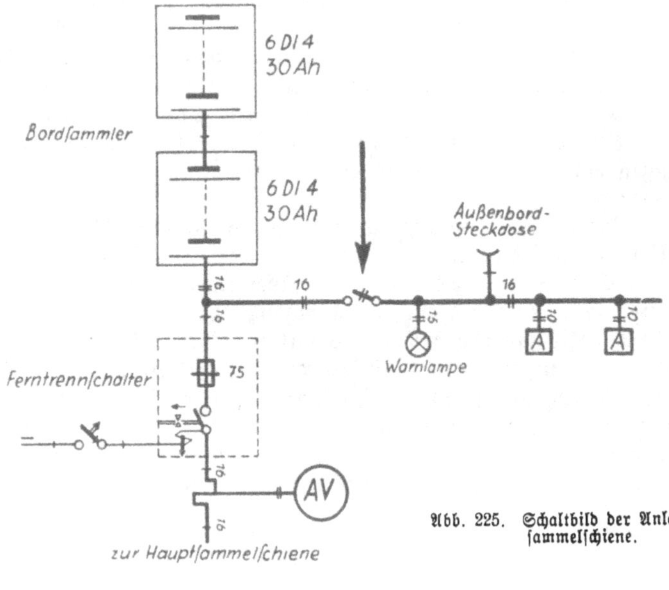

Abb. 225. Schaltbild der Anlassersammelschiene.

schließt (s. Abb. 224). Die Zuleitung zum Flugzeug bleibt solange geschlossen, bis der Stecker aus der Steckdose wieder herausgezogen wird.

Schaltung im Flugzeug allgemein so, daß Außenbordsteckdose bei Vorhandensein elektrischer Anlasser an eine besondere Anlassersammelschiene angeschlossen ist (s. Abb. 225). Betätigung des Schalters zwischen Bordsammler und Anlassersammelschiene:

Abb. 226. Anlaßgerät.

Während des Fluges Schalter grundsätzlich ausschalten. Einschalten am Boden nur, solange unbedingt erforderlich.

Der Schalter bleibt offen, wenn von außen nur ein elektrischer Anlasser gespeist werden soll.

Der Schalter wird geschlossen, wenn vom Bordsammler her ein elektrischer Anlasser gespeist werden soll.

Der Schalter wird geschlossen, wenn zur Schonung des Bordsammlers eine Speisung der Hauptsammelschiene zur Durchführung von Prüfungen einzelner Geräte und Anlagen, z. B. der Funkgeräte, durchgeführt werden soll.

Die Parallelschaltung von Außenbordgerät und Bordsammler ist unbedenklich, obwohl das Außenbordgerät eine um 4 Volt höhere Spannung hat. Der Bordsammler nimmt hierbei einen Ladestrom auf, dessen Größe von seinem Ladezustand abhängig ist. Die höhere Spannung des Außenbordgerätes wurde gewählt, damit bei Parallelschaltung mit dem Bordsammler der wesentliche Anteil der Stromlieferung vom Außenbordgerät übernommen wird. Für den Betrieb von Schwungkraftanlassern ist zu beachten, daß die erforderliche Drehzahl in kürzerer Zeit erreicht wird als bei Speisung aus dem Bordsammler und daß auch die Enddrehzahl höher liegt. Die Einschaltzeit muß entsprechend verkürzt werden.

C. Prüfungen am Boden

1. Vor jedem Abflug

Generator und Regler sind während des Abbremsens des Flugmotors zu prüfen. Der Stromspannungsmesser zeigt einen Ladestrom an, wenn der Schalter im Spannungsregler zugeschaltet hat (Ferntrennschalter muß eingeschaltet sein). Man geht hierzu mit der Drehzahl des Flugmotors von Leerlauf einmal auf Vollgas herauf und wieder herunter. Bei der entsprechenden Einschaltdrehzahl schlägt der Zeiger des Strommessers bei ordnungsmäßigem Betrieb aus und geht beim Heruntergehender Drehzahl wieder zurück. Hierbei sind alle Verbraucher abzuschalten. Bei Vorhandensein mehrerer Flugmotoren mit je einem Generator ist das Gleiche aufeinanderfolgend für alle Generatoren durchzuführen. Bei Flugzeugmustern mit einem besonderen Strommesser in jeder Generatorzuleitung kann außerdem die gleichmäßige Verteilung des Stromes auf die einzelnen Generatoren überprüft werden

Erfolgt die ordnungsmäßige Einschaltung des Generators nicht, so liegt ein Fehler vor, der die Flugsicherheit gefährdet. Eingehende Prüfung ist erforderlich. Abflug ist vor Abstellung des Fehlers verboten.

Der Bordsammler ist auf die gleiche Weise während des Abbremsens zu prüfen. Ladestrom am Stromspannungsmesser beträgt bei fehlerfreiem, vollaufgeladenem Sammler wenige Ampere, dagegen bei völlig entleertem Sammler je nach Sammlermuster bis zu 60 Amp.

Abflug mit leerem Sammler gefährdet die Flugsicherheit und ist verboten. Leeren Sammler gegen vollaufgeladenen auswechseln.

Hauptverteilung. Sicherungen durch Augenschein prüfen. Durchgebrannte Sicherungen ersetzen bzw. ausgelöste Selbstschalter, soweit sie die Funktion einer Sicherung haben, wieder einschalten! Nach dem Ersatz bzw. der Wiedereinschaltung ist eine kurze Funktionsprüfung dieser Anlage anzuschließen, um die Ursache zu finden. Fehlerhafte Sicherungen vor allem in der Zuleitung der Stromquellen (Generatoren und Bordsammler) gefährden die Flugsicherheit.

2. Prüfung im Abstand von einem Monat

Im Abstand von einem Monat ist eine eingehende Prüfung erforderlich, und zwar wie folgt:

Ein einwandfreier **Isolationswiderstand** und **Funkstörfreiheit** aller elektrischen Anlagen sind nachzuprüfen und, falls erforderlich, wieder herzustellen (s. Seite 282 und 293).

Die **Stromversorgungsanlage** (Generatoren mit Reglern, Bordsammler und Stromverteilung) ist zu überprüfen und, falls erforderlich, instandzusetzen. Es ist zweckmäßig, die monatliche Prüfung bzw. Wartung von Generatoren und Bordsammlern gleichzeitig zu erledigen, um nicht den Flugbetrieb durch häufige Prüfungstermine unnötig zustören.

Alle angeschlossenen **Verbrauchsanlagen** sind einer kurzen Funktionsprüfung zu unterziehen, um festzustellen, daß ihre Stromversorgung gewährleistet ist und keine schädlichen und die übrigen Verbraucher störenden Rückwirkungen, z. B. infolge Kurzschluß, Erzeugung von Funkstörungen u. s. f., vorhanden sind.

Die eingehende Prüfung dieser Anlagen selbst wird an anderer Stelle beschrieben.

VI. Zünd- und Anlaßanlage

A. Einbau und Einbringung

1. Allgemein

Zündmagnet, Zündkerzen und Anlasser werden im 2. Abschnitt behandelt. Im folgenden wird nur die Schaltanlage besprochen.

Bei älteren Flugzeugbaumustern sind verschiedene Schaltungen anzutreffen. Es ist in jedem Fall erforderlich, sich mit der Schaltung des betreffenden Flugzeuges vertraut zu machen.

2. Zündleitungen

Die **Abschirmung** der gesamten Zündleitungen, des Zündmagneten und der Zündkerzen ist restlos und sorgfältigst durchzuführen.

Beim Anschluß an der Zündkerze ist beste metallische Verbindung des Abschirmgeflechtes mit Zündkerzengehäuse besonders wichtig.

Die Halterung der einzelnen abgeschirmten Zündleitungen erfolgt durch metallische Schellen ohne isolierende Zwischenlagen, um gute Abbindung zu erzielen. Scheuerstellen sind sorgfältig zu vermeiden.

Schutz vor zu hohen Beanspruchungen muß gewährleistet sein.

Der Krümmungsradius soll 30 mm nicht unterschreiten, um zu starke elektrische Felder und damit Ozonbildung und ein Gefährden der Leitung zu verhüten.

Temperaturen von mehr als 90° an den Zündleitungen werden vermieden, indem für ausreichende Kühlluft und ausreichenden Abstand vom Motor gesorgt wird. Leitungseinführungen in die Sammelrohre werden von unten oder schräg unten angeordnet, um das Eindringen von Flüssigkeit (Wasser, Schmierstoff, Öl, Benzin, Glykol) zu verhindern. Abflußlöcher für Kondenswasser werden vorgesehen.

Eine Umhüllung von Leitungen mit Ledermanschette wird vermieden, da Schmierstoff u. s. f. dochtartig aufgesogen und festgehalten und damit die Leitung dauernden Beanspruchungen ausgesetzt wird, die sie nicht aushält. Die Zündleitungen werden so angebracht, daß sie vor Verölung weitestgehend geschützt sind.

Die Auswechselmöglichkeit des ganzen Leitungsgeschirres soll vorhanden sein, ohne daß andere Teile des Motors abgebaut werden müssen. Die Leitungen werden vor Anbau an den Motor in das Geschirr eingebracht.

3. Leitungsgeräte und Niederspannungsleitungen

Die Abschirmung derjenigen Leitungen, die mit dem Zündmagneten direkt verbunden sind (Leitungen zum Zündschalter und zum Zündzeitpunktumschalter), ist ebenfalls sorgfältigst durchzuführen. Unabgeschirmte Verlegung im Leitungsschacht, Führung über offene Klemmen an gemeinsamen Verteilern bzw. die Benutzung von Kontakten in gemeinsamen Steckkupplungen verursachen mit Sicherheit unzulässige Störspannungen.

Die Summeranlaßzündung wird während des Einkuppelns des Schwungkraftanlassers eingeschaltet. Zweipolige Abschaltung ist erforderlich, um Übertragung von Störspannungen vom Zündmagneten her auf das Bordnetz zu verhüten.

Die Masseverbindung am Zündschalter ist besonders wichtig. Aus diesem Grunde eigene Leitungsausführung zur Flugzeugmasse (Klemme 0). Anschluß an Masse ist sicher ausgebildet und gut prüfbar. Gummigelagerte Motoren werden ebenfalls gut mit Masse der Zelle verbunden. Schadhafte Masseverbindungen an diesen Stellen können Propellerschlagunfälle zur Folge haben.

Der Schleppschalter für Umschaltung von Spät- auf Frühzündung und umgekehrt wird mit dem Gasgestänge so verbunden, daß bei Blockierung des Schalters der Gashebel frei beweglich bleibt. Prüfung auf Leichtgängigkeit und richtige Justierung ist wichtig.

Bei der Zündspule auf einwandfreien Masseanschluß des Gehäuses achten! Wo besondere Masseklemmen nicht vorhanden sind, isolierende Zwischenlage vermeiden.

B. Wartung und Instandsetzung

1. Fehlerquellen

Aussetzen der Betriebszündung. Ursachen: Eine Zündleitung hat I s o l a t i o n s s c h a d e n infolge von langdauernder Beeinflussung durch Schmierstoff oder Benzin, mechanischer Beschädigung infolge von Scheuerstellen; elektrischem Durchschlag an der Einführung in die Zündkerze durch übermäßig hohe Wärmebeanspruchung, Reißen in der Lackschicht (meist mechanische Beschädigung) und darauf folgender Auflösung des Gummis durch Schmierstoff, Treibstoff, Wasser oder Ozon.

Aussetzen der Betriebszündung äußert sich durch unruhigen Lauf und Leistungsabfall des Motors, da einzelne Kerzen ausgefallen sind.

Ferner können **Niederspannungsleitungen** vom Zündmagneten zum Zündschalter Masseschluß haben. Äußerung: der Motor bleibt gänzlich stehen; oder sie können Leitungsunterbrechung haben, z. B. an den Anschlüssen oder am Masseanschluß des Zündschalters, Äußerung: der Motor läßt sich nicht abschalten.

Fehler im Zündschalter (selten).

Propellerschlag. **Falsche Stellung des Zündschalters** als Ursache ist ein Mangel an Verantwortungsbewußtsein, der schärfste Ahndung verdient.

Unbeabsichtigtes Eingeschaltetsein der Summeranlaßzündung ist durch Hängenbleiben des Schleppschalters am Einrückgestänge des Schwungkraftanlassers bei älteren Flugzeugmustern vorgekommen. Daher regelmäßige Überprüfung der Anlaßzündanlage auf Funktion und Masseschluß in Abständen von längstens einem Monat unbedingt erforderlich.

Zu hohe Drehzahl des Anlassers infolge zu langer Einschaltdauer kann zum Reißen der Bandagen (s. Abb. 227), zum Auslösen der Kollektorfahnen und zur Beschädigung des Bürstenapparates führen. Äußerung: Der Motor läuft nicht an. Hierbei ist längeres Probieren unbedingt zu vermeiden, da bei Stillstand sehr hohe Ströme auftreten, durch die die Leitungen und das Schütz verbrennen können.

Abb. 227. Gerissene Bandagen am Anlassermotor.

2. Wartung der Leitungen

Auf das **Fernhalten von zerstörenden Flüssigkeiten**, wie Schmierstoff, Benzin, Glykol, muß mit großer Sorgfalt und, falls erforderlich, unter Inkaufnahme besonderer Aufwendungen (Abdeckung) geachtet werden. Dem Umstand, daß die Leitungen nun einmal nicht unzerstörbar sind, muß Rechnung getragen werden. Die Beachtung dieser Vorschrift ist entscheidend für Lebensdauer und Betriebssicherheit der Zündanlage und damit für die Flugsicherheit.

Die Abschirmung der Zündkerzen und die Anschlüsse der Abschirmung der Leitungen sind ebenfalls vor Verölung zu schützen bzw. peinlich sauber zu halten, da andernfalls Funkstörungen entstehen können.

Leitungen, ihre Abschirmung und Abbindung sind in Abständen von längstens einem Monat regelmäßig durch Inaugenscheinnahme und Funktionsprüfung zu überprüfen auf

Scheuerstellen (Masseschluß und Kurzschluß);
Leitungsunterbrechung, insbesondere auf der Niederspannungsseite;
festen Sitz der Schellen und damit gute Abbindung der Abschirmung;
gute elektrisch leitende Verbindung des Abschirmschlauches an den Leitungsenden, insbesondere an den Zündkerzen.

Elektrische Leitungsanschlüsse sind ebenso zu überprüfen auf festen Sitz sämtlicher Klemmschrauben, auch der nicht benutzten.

3. Anlassen mit elektrischem Schwungkraftanlasser

Die **Zeit für das Hochlaufen** des Schwungrades beträgt etwa 10 bis 20 Sekunden je nach Temperatur. Hierbei wird eine Drehzahl von 15 000 U/min erreicht. Der Anlaßschalter (Zug-Druckschalter) wird hierbei gedrückt.

Zu langes Einschalten erzeugt zu hohe Drehzahl und gefährdet den Anlasser. Häufige Auswirkung: Zerstörung der Bandagen des Ankers (s. Abb. 227). Einige Übung ist erforderlich, um von dem Ton des Anlassers auf die Drehzahl zu schließen, daher ist das beste Mittel: Abzählen der 10 bis 20 sec. Hierbei lieber zu schnell als zu langsam zählen.

Einkuppeln des Schwungrades durch Ziehen des Anlaßschalters. Solange ziehen, bis der Motor entweder anspringt oder wieder gänzlich zum Stillstand gekommen ist.

Beim Zurückschlagen des Motors wird das Schwungrad häufig in umgekehrtem Sinne in Drehung versetzt. **Wiedereinschaltung ist nur nach Stillstand des Schwungrades zulässig,** andernfalls sind zu hoher Anlaßstrom und u. U. Beschädigung des Anlaßmotors die Folge. Bis zum Windereinschalten ist daher eine Pause von einer Minute einzulegen.

C. Fehler und ihre Beseitigung

1. Funkstörungen

Bei guter Wartung treten Funkstörungen im allgemeinen nicht auf. Bei Umrüstung auf ein Funkgerät mit anderem Wellenbereich und höherer Empfindlichkeit werden Maßnahmen für zusätzliche Entstörung jeweils durch Änderungsanweisung vorgeschrieben.

F o l g e n d e U r s a c h e n sind möglich:

Die Abschirmung der Zündleitungen ist lückenhaft infolge Beschädigung des Abschirmgeflechtes.

Die Abbindung der Abschirmung ist fehlerhaft. Häufige Fehlerquelle: Anschlüsse an den Kerzen und am Sammelrohr. — Feste metallische Verbindung zum Abschirmgeflecht ist erforderlich. Anstrich an den Kontaktstellen beseitiggen. —

Aufgesetzte Entstörkappen in älteren Anlagen verursachen Störungen, wenn Kerze und Abschirmhaube verölt oder verschmutzt sind. Nur peinliche Sauberhaltung schafft Abhilfe.

Die Befestigungsschellen für die einzelnen Zündleitungen und das Geschirr müssen festsitzen und einwandfreie Verbindung mit der Masse ergeben.

Niederspannungsleitungen zum Zündschalter stören, wenn ihre Abschirmung auch nur auf eine kurze Länge, z. B. an Verteilern und in Kupplungen, unterbrochen ist. Wenn derartige Ausführungen bei älteren Flugzeugen angetroffen werden, dann Änderungsanweisung beantragen.

In Flugzeugen mit Ultrakurzwellenbetrieb ist die **Zündanlage** der Hauptstörer. Einzelleitungen werden hier in beweglichen (gewellten) Metallrohren verlegt. Beste Abbindung der Abschirmung ist von äußerster Wichtigkeit. Alle Abbindungen, auch die Kerzenanschlüsse, fest anziehen!

2. Instandsetzung der Zündleitungen

Der Ausbau des ganzen Leitungsgeschirres ist im allgemeinen erforderlich, wenn eine Zündleitung schadhaft geworden ist (Masseschluß, elektrischer Durchschlag bzw. Leitungsunterbrechung).

Bei neueren Geschirren sind die hauptsächlich dem Verschleiß unterworfenen Leitungsstücke vom Sammelrohr zur Kerze einzeln auswechselbar (Steckverbindung am Sammelrohr).

Abschirmschläuche, die z. B. durch Scheuern oder Glykoleinwirkung Beschädigungen aufweisen, sind ohne Verzug auszuwechseln. Niemals solche Stellen durch Löten ausbessern wollen, da hierbei unter allen Umständen die Leitung beschädigt und eine Störung in allernächster Zeit vorbereitet wird!

Die Auswechslung von Zündleitungen mit größter Sorgfalt vornehmen. Das Einziehen in die Sammelrohre ist teilweise nur unter Aufwendung einiger Mühe möglich. Beschädigungen der Lackschicht führen mit Sicherheit zu einer Betriebsstörung nach kurzer Zeit.

Scheuerstellen müssen durch andere Verlegung oder feste Verbindung der einander reibenden Teile schnellstens beseitigt werden (metallische Schelle). Andernfalls Beschädigung der Leitung und Funkstörung bzw. Betriebsstörung die Folge. (Falls ein grundsätzlicher Fehler vorliegt, Änderung beantragen.)

Eine Einkleidung mit Ledermanschetten ist verboten, da Schmierstoff, Waschbenzin, Glykol aufgesogen und auf der Leitung festgehalten werden können.

Auch die Verwendung von Isolierband ist unstatthaft, da es bei den auftretenden Temperaturen in kurzer Frist hart und brüchig wird und außerdem die Gefahr der Selbstentzündung besteht.

3. Anlasser

Der Verschleiß der Kohlebürsten muß in regelmäßigen Abständen von längstens einem Monat nachgeprüft, und gegebenenfalls müssen die Kohlebürsten ausgewechselt werden. Hierbei ist der Stromwender zu prüfen und gegebenenfalls zu behandeln. Äußere Fehler, wie z. B. Korrosionen, sind festzustellen.

Fünfter Abschnitt

Die Wartung der Funkanlage

Die Funkanlage unterteilt sich in Einbau und Geräte. **Zum Einbau gehören** Antennenanlage, Umformer bzw. Luftschraubengenerator, Verkabelung, Batteriekasten, Verteilerkasten, Sicherungskasten, Tastgerät, Anschlußdosen, Anzeigeinstrumente, Bedienungsgeräte und Einhängevorrichtungen für die Geräte. **Zum Gerät gehören** Empfänger und Sender (s. Abb. 228 und 229).

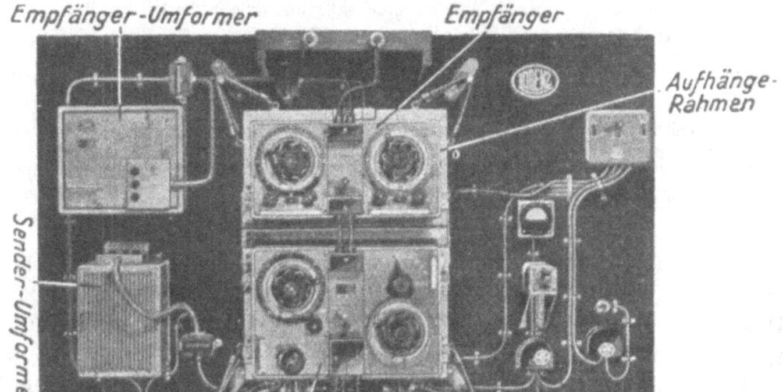

Abb. 228. Kurz- und Langwellenstation (20/40 Watt) für Telegrafie und Telefonie.

Die Geräte, Sender und Empfänger, die Umformer bzw. Luftschraubengeneratoren und die Batteriekästen sind auswechselbar und werden teils in Rahmen, die in Gummiexpandern hängen, teils in feste Spannvorrichtungen eingesetzt. Die elektrischen Anschlüsse werden durch Kabelschwänze — bei neuerem Gerät durch Messerkontakte — getätigt, die am Gerät eingeschraubt werden und über ein- oder mehrpolige Kupplungen mit der Verkabelung verbunden werden.

Vorbereiten der Geräte (s. Abb. 230). Die Röhren werden gemäß besonderer Vorschrift eingesetzt, ebenso die auswechselbaren Widerstände (Eisenwasserstoffwiderstände). Man achte auf festen Sitz und saubere Kontakte. Dann werden die Kabelschwänze angeschraubt.

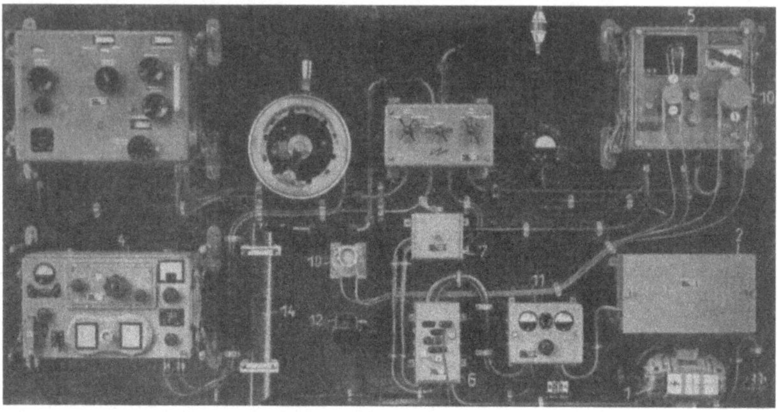

Abb. 229. Kurz- und Langwellenstation (20/40 Watt).
Kurzwellenstation für Telegrafie und Telefonie; Langwellenstation: Festwellen für Flugsicherungsverkehr. Die Aufhängung der Geräte ist anders als auf Abb. 228

1 = Einankerumformer	6 = Relaiskasten	11 = Ladeeinrichtung
2 = Batteriekasten	7 = Senderwähler	12 = Taste
3 = Kurzwellensender	8 = Antennenwähler	13 = Antennenhaspel
4 = Kurzwellenempfänger	9 = Antennenamperemeter	14 = Antennenschacht
5 = Langwellensender	10 = Fernbedienung	15 = Antennendurchführung

Einsetzen der Geräte. Das Gerät wird eingehängt, die Kabelschwänze werden angeschlossen. Man achte auf Zusammenschaltung; Kabelschwanz und Kupplungsnummer müssen übereinstimmen (auf den Abbildungen zu erkennen!). Die Batteriekasten werden mit Anodenbatterien bzw. Sammlern nach Vorschrift bestückt bzw. eingesetzt. Hierbei ist auf richtiges Stecken der Anodenstecker auf der Batterie zu achten, Sicherungen und Spannung sind zu prüfen. Dann wird der Batteriekasten-Kabelschwanz angeschlossen, der Umformer bzw. Luftschraubengenerator eingesetzt, gesichert und angeschlossen (s. Abb. 231 und 232) und ebenso die Fernbedienungen, falls solche vorgesehen sind (s. Abb. 235).

Abstimmen der Geräte. Alle Geräte, die mit Festantenne arbeiten, können vor dem Flug abgestimmt werden. Dies geschieht mit Hilfe eines Wellenmessers. Hierbei ist zu berücksichtigen, besonders bei Geräten, die während des Fluges nicht bedient werden können, daß das Gerät vor endgültiger Abstimmung eine genügende Betriebstemperatur erreicht hat.

Abb. 230. Kurzwellenempfänger. Röhrenhalterung, Sitz des Eisenwasserstoff-widerstandes und des Spannungsstabilisators.

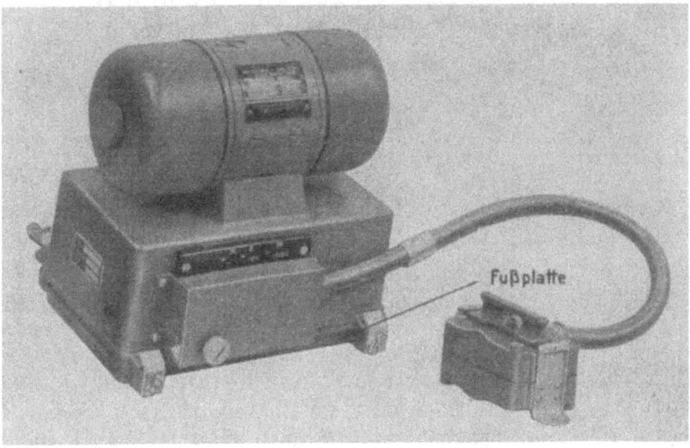

Abb. 231. Umformer. Die Fußplatte wird fest im Flugzeug eingebaut.

Geräte, die mit Schleppantenne arbeiten, lassen sich nur vorabstimmen. Die genaue Abstimmung läßt sich während des Fluges ausführen.

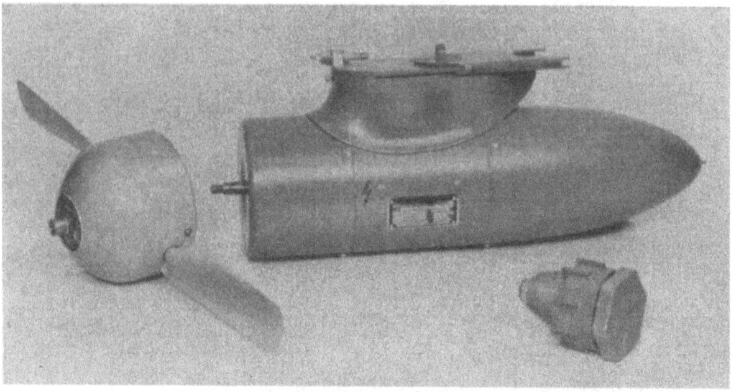

Abb. 232. Luftschraubengenerator. Die Fußplatte wird fest im Flugzeug eingebaut.

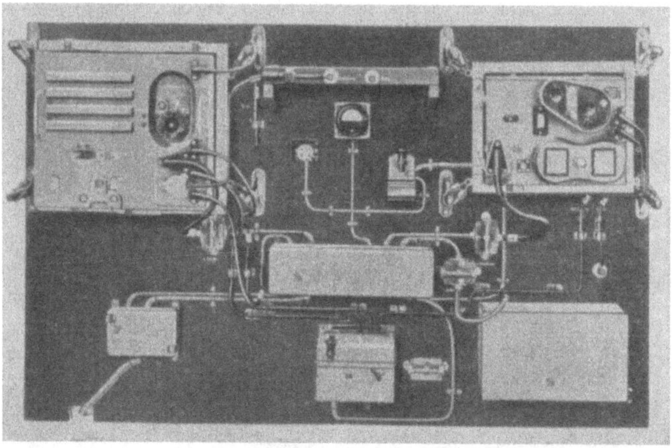

Abb. 233. Mittelwellenstation für Telegrafiebetrieb.
Auf den Verteilerkasten ist eine Prüfkappe aufgesetzt, um alle Betriebsspannungen des Senders und Empfängers überwachen zu können.

Wartung der Geräte. Bei sämtlichen Geräten ist auf saubere Kontakte und auf festen Sitz aller auswechselbaren Teile, z. B. der Röhren zu achten. Röhren haben nur beschränkte Betriebsdauer und müssen gegebenenfalls ausgewechselt werden. Das Kennzeichen hierfür ist zu geringe Empfangslautstärke bzw. zu geringe Senderleistung.

Wartung des Umformers. Kollektoren und Kohlebürsten sind sauber zu halten bzw. einzuschleifen, Lager zu fetten.

Wartung der Verkabelung. Bei Beschädigungen bzw. Aderbrüchen muß grundsätzlich das Kabel ausgewechselt werden. Die Kabel müssen fest verlegt sein, um Störgeräusche durch gegenseitige Reibung der Kabelabschirmungen zu vermeiden.

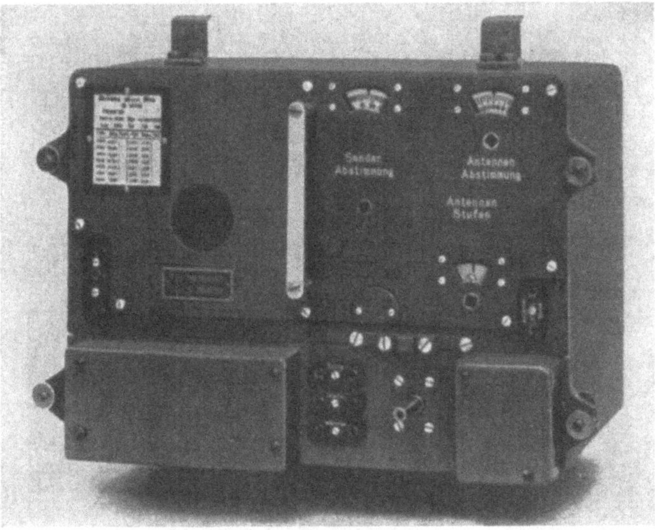

Abb. 234. Kurzwellensender für Telegrafie und Telefonie.

Wartung der Leitungskuppelungen. Die Leitungskuppelungen und die Kontakte müssen einwandfrei sauber sein und müssen öfter gereinigt werden. Die Federn und Messer der Kupplungen dürfen nicht verbogen sein, daher müssen bei Nichtgebrauch immer Blindkupplungen zum Schutze der Kontakte aufgesetzt werden.

Wartung der Erdung. Sämtliche Masseanschlüsse müssen einwandfreie metallische Verbindungen zum Metallaufbau des Flugzeuges haben. Zu diesen Anschlüssen gehören sowohl die direkten Erdpole der Geräte als auch die Erdung der Gehäuse, der Aufhängevorrichtung, der Kabelabschirmungen und aller Einbau-Einzelteile. Die Befestigungsschellen der Kabel müssen die Kabelabschirmungen gut mit Masse verbinden.

Wartung der Antenne. Die Antennenanlage ist auf hochwertige Isolation gegen Masse zu prüfen. Die Isolatoren sind sauber zu halten. Häufiger Fehler: Isolatoren mit Lack (metallhaltig) überstrichen.

Durch schlechte Isolation wird die Antennenwirksamkeit stark beeinträchtigt. Antennen, deren Litzen durch Scheuern an harten Kanten, z. B. Antennenei, teilweise beschädigt sind, müssen ausgewechselt werden. Bei Festantennen werden als Vereisungsschutz Metallkappen in die Isolationskette über die Isoliereier eingesetzt. Es ist besonders bei Sendern größerer Leistung darauf zu achten, daß diese Kappen genügend Abstand von der Antenne haben. Andernfalls treten Leitungsverluste durch Übersprühen und Funkenbildung auf.

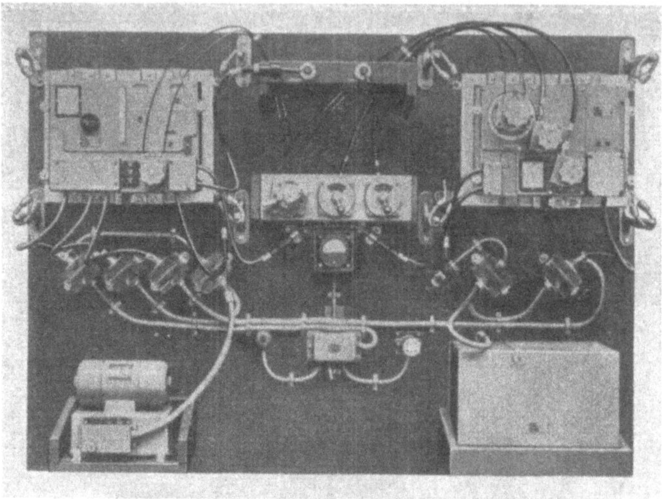

Abb. 235. Kurzwellen-Sende- und Empfangsstation mit Fernbedienungen. Fernbedienungen müssen immer im flachen Bogen verlegt werden, da nur dann leichte Gangbarkeit gewährleistet ist.

Wartung der Bordnetz- und Funkverkabelung. Sowohl in der gesamten Funkverkabelung als auch im allgemeinen Bordnetz dürfen keinerlei Verbindungen mit Masse vorhanden sein, wenn die Geräte elektrisch vom Netz getrennt, d. h. alle Kabelschwänze abgenommen sind.

Störungen. Bei Störungen suche man festzustellen, ob ein Teil des Gerätesatzes oder des Einbausatzes oder die Verkabelung gestört ist.

Bei A u s b l e i b e n d e s E m p f a n g e s ist zu prüfen, ob alle Betriebsspannungen vorhanden sind. Ist dies der Fall, so sind Antenne und Erdung nachzusehen (s. o.). Sind diese in Ordnung, so wechsle man den Empfänger gegen einen andern aus. Ist immer noch kein Empfang vorhanden, so ist der Einbau, besonders die Antenne, genauer zu untersuchen.

Entsprechend gehe man bei Störungen des Senders, des Umformers oder anderer Teile vor.

Wird der Empfang durch Störgeräusche beeinträchtigt, so ist die Antenne vom Empfänger abzuschalten. Liegt der Störer außerhalb der Funkanlage, so muß im Kopfhörer völlige Ruhe sein. Bleiben die Störgeräusche, dann ist der Fehler entweder im Gerät (Gerät auswechseln), im Einbau oder im Bordnetz zu suchen. Besondere Beachtung bedürfen die

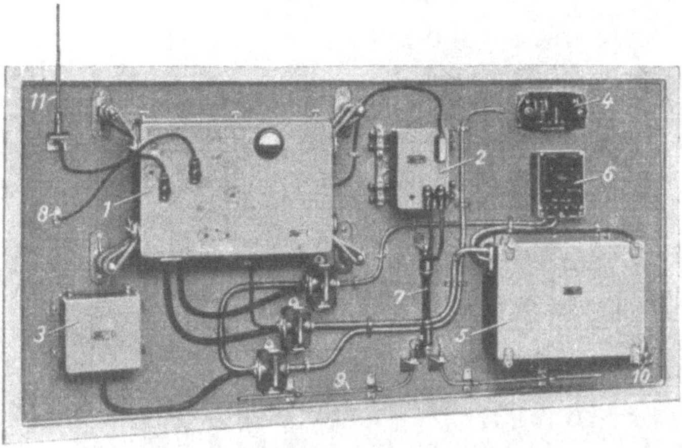

Abb. 236. Funkbaken-Empfangsanlage.

1 = Empfänger (9 m)
2 = Vorsignal-Audion
3 = Frequenzsieb
4 = Optischer Anzeiger mit Glimmlampe
5 = Batteriekasten
6 = Bedienungsgerät
7 = Dipolzuführung (Kapa-Kabel)
8 = Flugzeugrumpf
9 = Dipolantenne
10 = Bordbatterie
11 = Stabantenne

Anodenbatterien (evtl. auswechseln) und *Umformer* (Kontakte reinigen). Störgeräusche, die über die Antenne in den Empfänger gelangen, brauchen nicht immer von außen (atmosphärische Entladungen und Störungen durch benachbarte Maschinen) zu kommen, sondern rühren häufig von Funkenbildung durch Isolationsfehler, insbesondere Masseschluß irgendwelcher Leitungen oder Geräte des Gesamtbordnetzes, her. Man suche durch Abtrennen der einzelnen Bordnetzzweige den Fehlerort. Häufige Störquellen sind die Heizkörper der Staudruckmeßdüse und deren Zuführungen.

MESSERSCHMITT
JÄGER
ZERSTÖRER

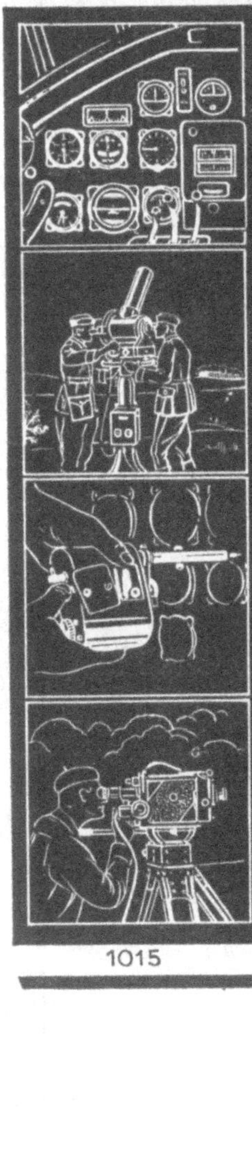

Sum
Vergaser und Geräte
für Triebwerk u. Zelle
Schlauch-Anschluß Gerät
Tankventil für Schmier und Kraftstoffbehälter
Anlaß Pumpe für Starthilfe
Druckausgleich Ventil
Preßluft Bordanschluß
Kunstflug Vergaser für Flugmotoren
Kühlstoff Ablaßventil
SUM VERGASER-GESELLSCHAFT
CARL WIRSUM & Co. KOMMANDITGESELLSCHAFT
Berlin SO 16

Flugzeugscheiben?
Wir empfehlen SIGLA!
splitterbindend - nie vergilbend - kältebeständig
SIGLAS
MEHRSCHICHTENGLAS
in allen Stärken.
SIGLA Sicherheitsglas G.m.b.H.
KUNZENDORF N.-L.
ZWEIGWERKE: WERNBERG-OPF. UND WIEN

FSC
www.fsc.org
MIX
Papier | Fördert gute Waldnutzung
FSC® C083411

Kolibri 360 GmbH
Ferdinand-Jühlke-Straße 7
99095 Erfurt, Deutschland
produktsicherheit@kolibri360.de